U0020759

藍學堂

學習・奇趣・輕鬆讀

思辨

看穿局勢、創造優勢的策略智慧

賽局

《修訂版》

Avinash Dixit & Barry J. Nalebuff

The Art *of* Strategy

A Game Theorist's Guide to Success in Business and Life

阿維納什‧迪克西特 & 貝利‧奈勒波夫——著　董志強、王爾山、李文霞——譯

目次

第1篇

導讀

通俗與深度之間的平衡

馮勃翰（臺大經濟系副教授）

市面上關於賽局理論的書，多如過江之鯽，所以我們為什麼又要再多讀一本《思辨賽局》？

事情是這樣的。賽局理論原本是數學的一個分支，在第二次世界大戰初期因為軍事上的需要得到進一步發展，而後憑藉約翰‧馮‧紐曼（John von Neumann）與奧斯卡‧摩根斯坦（Oskar Morgenstern）的經典名著《賽局理論與經濟行為》（*Theory of Games and Economic Behavior*）奠定基礎，然後開始被借用來分析人與人之間的互動、競爭、合作與溝通，得到極其廣泛的應用。

正因為賽局分析的本質是「數學」，題材又多元有趣，因此市面上關於賽局理論的書大致可以分為兩類：第一類走的是通俗路線，常常會講一些「囚徒困境」之類的寓言故事，但多半點到為止；讀者的興致被挑起來，然後就沒有了。第二類書籍則是為保留了賽局分析的嚴謹、精確和複雜，但是通篇的數學語言往往讓一般讀者敬而遠之。

就我所知，鮮少有書可以在通俗與深度之間取得一個平衡，但這本《思辨賽局》是一個例外。本書完全沒有數學語言（除了偶爾會用到一些簡單機率計算），但是內容卻涵蓋了「經濟學研究所等級」的賽局課所會介紹到的每一個重要觀念。正因如此，本書在史丹佛等諸多名校的 MBA 課程都被列為必讀。

一本書能夠做到這樣，兩位作者自非等閒之輩。

前幾年才從普林斯頓大學退休的迪克西特可以說是全能型的經濟學家，擅長運用賽局觀念解析各種經濟現象，但更難能可貴的是，他是一個教書天才，也非常會說故事。迪克西特在教學上追求趣味的極致，講解賽局觀念喜歡從電影、歷史和案例故事出發；比方說，他借用電影名導庫柏力克（Stanley

Kubrick）的經典作品《奇愛博士》（*Dr. Strangelove*）來解釋賽局裡的複雜思路，堪稱一絕，在本書中你也會讀到。另外迪克西特也喜歡在課堂上透過互動性強烈的趣味遊戲來帶學生體驗賽局策略的思考模式。別以為寫成書遊戲就不能玩了，在這本書中，迪克西特同樣會透過文字來與你互動，不信的話，翻開第一章就有一個關於「猜數字」的遊戲⋯⋯

如果迪克西特是賽局理論的教育家，那麼至今仍任教耶魯大學管理學院的另一位作者奈勒波夫就應該是賽局理論的實踐家。怎麼說呢？一方面奈勒波夫是麥肯錫和 Google 等多家跨國企業的商業策略顧問，另一方面他也親身運用賽局理論的觀念來創業。在一九九〇年代後期，奈勒波夫與他的 MBA 學生共同創辦了 Honest Tea 瓶裝茶飲料品牌，在美國飲料市場上的眾多甜飲料當中，開拓出一系列講求有茶味與品味但是不太甜的飲品；他也曾經以顧問的身分參與耶魯大學另外幾位師生共同創辦的 Stickk 公司，這家網路公司很特別，賣的產品是「決心」，專門幫助意志不堅的人減肥、戒菸，或是養成規律運動的習慣。

不僅如此，奈勒波夫還運用賽局理論的觀念幫 ABC 電視台設計真人實境秀節目。其中有一集是幫幾位胖女士（和一位胖大叔）減肥，只要他們無法在期限內達到減肥目標，製作單位就會在電視上公布他們事前拍下來的比基尼照片。在另一集當中，奈勒波夫把幾位彼此不認識的人丟到紐約市的曼哈頓，而這些參賽者的目標，就是要限時在茫茫人海中找到彼此（請注意：他們甚至連彼此的名字、年齡、性別、長相都不知道，更沒有互相連絡的方法）。在本書中，你也會讀到這些創意與電視節目的點子背後所涉及的賽局思維，以及這些思維可以如何幫助我們面對生活、工作與商業上的問題。

本書的 6、7、8 章我認為是最精采的段落，內容包括了如何克服意志力不夠的問題、如何讓自己能夠說到做到、如何取信於人、如何辨別其他人是否可信，以及如何解讀與操縱資訊。這些內容牽涉到賽局理論近年來的重要發展，但是坊間大多走通俗路線的賽局書籍卻常將之略過，因為要把這些觀念用淺白

的語言說清楚，實非易事。

多年來，《思辨賽局》的英文原作一直名列我的私房書單，也是我年復一年推薦給學生的讀物，很高興現在中文版終於問世，可以讓更多讀者領略賽局策略思考的趣味，並且得到幫助。

推薦序

所有的問題都是一場賽局，玩一場理性與偏誤共存的遊戲

劉奕酉（鉑澈行銷顧問策略長）

說到賽局，你會想到什麼？

打撲克、對弈、賽局理論或囚徒困境，這些是我演講時常聽到的答案。也許你能想到更多，但其實賽局比你想像的還要廣泛存在於生活與工作中。

中午和同事要吃什麼午餐、晚上該不該留下來加班，甚至搭電扶梯時選擇靠右站，都是賽局權衡下的結果。我們已經身在局中，卻渾然沒有察覺自己是如何做出決定的，而賽局理論就是在探討這件事：人們是如何以原本的模樣處理問題與做出決策的？

賽局，可以說是一門設身於對方的立場，推測和影響他人行動的藝術。

這是一門策略科學，講究理性邏輯與科學，卻也融入了人類的心理邏輯與偏見。唯有如此，才能更好的理解與判讀人們在特定場景下可能做出的選擇，也就能明白為什麼人們會為了自身利益而做出對群體不利的選擇，有時候卻相反，選擇犧牲自身利益只為了群體利益。

因為人是有限理性的，會以理性邏輯來思考，也會遵循自己的信念與價值觀。這些因素會如何發揮作用，又會受到哪些條件的影響，得出最終做出的決定，就是賽局理論要解決的問題。有人的地方就有賽局的存在，而幾乎所有的問題都離不開人。

可以說所有的問題都是一場賽局，我們要學會玩一場有限理性的遊戲。

企業家需要開發競爭策略來謀求生存、尋求合作機會；政治家必須設計競選和立法策略以實現他們的願景；教練也需要為球場上的選手制定策略；父母想要誘導孩子的良好行為也需要教養策略。在這些策略思維背後的基礎，正是賽局理論。

談論賽局理論的書有很多，但這本《思辨賽局》是其中的翹楚，更是超過三十年的經典。兩位作者奈特波夫和迪克西特分別是賽局理論的實踐家和教育家；書中不僅有嚴謹的理論基礎、也有豐富的實務案例，卻又不是枯燥無味的教科書內容，而是以淺顯易懂、有

趣的故事形式呈現，讓你輕鬆理解複雜的賽局理論。

說來我和這本書也有著奇妙的緣分。

早在二十年前就讀研究所時，就已經選修讀過原文版的內容。這次收到掛名推薦的邀約時，我正在籌備一門以賽局思維為主題的線上課程《劉奕酉的職場致勝賽局》並為此蒐集相關的資料，書中的內容來得正是時候，也重新串起了我與這本書的緣分。

原本我已經忘了這本書，而喚起我記憶的正是書中提到的「巴菲特困境」這個案例。作者用巴菲特的故事，解釋了「囚徒困境」這個經典的賽局概念。

「當每個人都按照自己的利益來行動時，結果對群體來說卻會是災難性的。」

這是「囚徒困境」所要傳達的概念；它是賽局理論中最廣為人知、最棘手的賽局，也是多數人對於賽局理論僅有的認識。但你可能不知道的是：

．囚徒困境只是諸多賽局結構中的一種形式。

．囚徒困境是一種靜態賽局，此外還有受到時間因素影響的動態賽局。

．囚徒困境是可以突破的，只要能理解和改變賽局的運作機制。

囚徒困境不只是書中的理論，也發生在真實生活中。比方說疫情期間，民眾瘋搶口罩、衛生紙等物資的行為就是一種囚徒困境下的選擇。理解了囚徒困境，自然也能看懂政府採取一連串應對措施背後的緣由，以及對於扭轉局面所帶來的成效。

這僅僅是賽局理論中的一個知識點，更別說其他有價值的觀點與洞見了。

在這本書中，你可以學到三件事：

一、掌握賽局理論的基礎，理解賽局如何運作與判讀？

二、遇到旗鼓相當的賽局高手，如何運用「隨機性」打破僵局？

三、藉由多位諾貝爾得主的案例，理解「資訊操縱」如何影響賽局結果？

學習賽局理論會改變我們看待世界的方式，在進行策略思考時能更好的看清局勢、洞察與理解對手接下來可能採取的行動，進而做出合理的判斷及回應。

很高興看到修訂版的問世，期許它能幫助更多人，用更少的心力、發揮更大的優勢。

前言
人們在社會該如何行動

我們並不打算要寫一本新書，原本計畫只對我們 1991 年的《策略思維》（*Thinking Strategically*）一書進行修訂，但結果卻遠不止於此。

創作修訂版的一個榜樣是波赫士（Jorge Luis Borges）筆下的皮埃爾·蒙納。蒙納決定重寫塞萬提斯的《唐吉訶德》，經過艱苦努力，修訂工作最終以字字句句皆與原著相同而告終。而今，自《唐吉訶德》以來的文學和歷史，包括《唐吉訶德》本身，已歷經 400 年滄桑。儘管蒙納隻字未改，但其行為現在看來已另有深意。

可惜我們的著作不是《唐吉訶德》，所以修訂版確實需要改一些內容。事實上，本書的絕大部分內容都是全新的。既有理論的新應用、新發展，又有新觀點。面對如此多的新內容，我們決定還是另取一個新書名比較好。儘管內容是新的，我們的意圖也一如往昔，但我們想要改變你看這個世界的方式，透過介紹賽局理論的概念和邏輯，來幫助大家做策略性的思考。

就像蒙納一樣，我們有個新的觀點。在撰寫《策略思維》時，我們還太年輕，當時的主流思潮乃是以自我為中心的競爭。後來，我們才徹底認識到合作在策略情境下具有重要作用，好的策略必須將競爭與合作加以混合。

我們曾在原版前言的開頭寫道：「策略思維是戰勝對手的藝術，請牢記你的對手也正在做同樣的算計來對付你。」現在我們要在這句話後面繼續補充：策略思維也是發現合作途徑的藝術，即使他人受利己之心而不是仁慈之心的驅動。這是說服別人、也說服你自己按照你所說的去做的藝術。策略思維是設身於對方的立場，以便推測和影響他人行動的藝術。

我們相信本書涵蓋了上述雖然古老但更加明智的觀點。不過，傳承性還是

有的。儘管有些囉唆，但我們始終保持著引導讀者的目的，以幫助讀者發展出自己的思維方式，去對付可能面臨的策略局勢。本書並非《確保策略成功的七大步驟》之類在機場候機時的讀物。讀者將面臨的情境各不相同，掌握一些基本原理，並將其應用於正在進行的策略賽局，你將更容易成功。

公司和企業家必須開發出良好的競爭策略以謀求生存，並尋求合作機會以做成大生意；政治家必須設計競選策略和立法策略以實現他們的願景；足球教練必須為場上的選手擬定策略；父母想要誘導孩子的良好行為，就必須成為業餘的策略家（孩子可是專業的）。

在如此多元的情境中，良好的策略思維仍然是一種藝術，但其基礎則由一些簡單的基本原理組成，這些原理就是正在興起的策略科學──賽局理論。我們寫作的前提是，來自不同背景和職業的讀者在掌握這些基本原理後，都可以成為更好的策略家。

有人質疑，我們何以能將邏輯和科學應用於人們非理性行動的世界，但其實應付瘋狂行為也有辦法。事實上，我們已從行為賽局理論的新近發展獲得了某些令人興奮的新洞見；行為賽局理論融合了人類的心理和偏見，並因而為賽局理論注入了社會元素。結果是，賽局理論更能讓人以其本來的樣子（而不是我們希望的樣子）處理問題。我們也把這些洞見整合到本書的討論中。

賽局理論是相對年輕的科學──迄今才 70 多歲，但它已經給實戰策略家們提供大量的有益洞見。不過，與所有的科學一樣，它已被深藏在數學和術語中，兩者固然是精要的研究工具，卻阻礙了非專業人士理解賽局理論的基本概念。我們撰寫《策略思維》的主要動機，就是認為讓賽局理論擺脫學術期刊真是太有趣、太重要了。賽局理論的洞見在很多應用（商業、政治、體育，以及日常社會往來）中被證實其有用性。而我們則將這些重要洞見轉換成文字描述，用直觀的例子和案例分析取代理論化的命題。

很高興看到，我們的主張已經成為主流。賽局理論課程在普林斯頓和耶魯

以及其他開課學校中是最受歡迎的選修課之一。它充實了 MBA 學程的策略課程。用 Google 搜索賽局理論得到的結果超過 600 萬條。讀者在報紙新聞、專欄文章以及公共政策辯論中都可以發現賽局理論的影子。

當然，上述發展多半歸功於其他人：歸功於諾貝爾評審委員會，它在 1994 年將經濟學獎授予約翰·海薩尼（John Harsanyi）、約翰·納許和萊因哈德·澤爾騰（Reinhard Selton），又在 2005 年將獎項授予羅伯特·奧曼（Robert Aumann）和湯瑪斯·謝林；歸功於西爾維亞·娜薩（Sylvia Nasar），她撰寫了《美麗境界》（*A Beautiful Mind*），該書是納許的暢銷傳記；也歸功於獲多項奧斯卡獎提名的同名電影；歸功於所有撰寫通俗讀本使該學科大眾化的人。我們也沾了一點點功勞，因為《策略思維》一書出版發行了 25 萬冊，並譯成了多種語言，其中日文譯本和希伯來文譯本甚為暢銷。

我們特別受益於謝林。他關於核武戰略的著作，特別是知名的《衝突的策略》（*The Strategy of Conflict*）和《軍備與影響力》（*Arms and Influence*）。事實上，謝林在將賽局理論應用於核武衝突的過程中，創立了大量的賽局理論。而麥可·波特（Michael Porter）的《競爭策略》（*Competitive Strategy*）也同樣重要並且影響深遠，該書推動了賽局理論知識與商業策略的結合。在本書「深入閱讀」部分，我們列出了謝林、波特及其他許多人著作的摘要導讀。

在本書中，我們沒有把概念限制在特定的背景。相反的，對每條基本原理，我們都列舉了各種領域的案例加以闡釋，讓來自不同背景的讀者皆可以在本書中讀到某些熟悉的內容，也可以看到同樣的策略原理如何應用於不那麼熟悉的情境。我們希望帶給大家一個全新的視野去觀察世事，無論新聞或歷史。我們也從文學、電影以及體育運動等各種例子中提取讀者的共同經驗。正經八百的科學家可能會認為這些不值一提，但我們卻認為影視和體育運動中的知名案例也是重要觀念的有效載體。

寫一本通俗讀物而不是教科書的想法來自哈爾·范禮安（Hal Varian），他

現在任職於 Google 和加州大學柏克萊分校。他對本書初稿提出了評論和很多有價值的建議。諾頓（W. W. Norton）出版公司負責《策略思維》一書的麥克費利（Drake McFeely）是一位優秀而嚴謹的編輯，他付出非比尋常的努力，將我們的學術語言變為生動活潑的文本。《策略思維》的許多讀者給予我們很多鼓勵、建議以及批評，所有這一切都對我們撰寫本書有所助益。在這極易遺忘的時代，我們必須提到值得特別感謝的人。我們在相關或無關的寫作專案上的其他合作者，厄爾斯（Ian Ayres）、布蘭登伯格（Adam Brandenburger）、平迪克（Robert Pindyck）、瑞尼（David Reiley）以及斯凱絲（Susan Skeath），他們慷慨地給予我們諸多支持。在本書中繼續發揮影響力的其他人士包括奧斯騰－史密斯（David Austen-Smith）、布林德（Alan Blinder）、格蘭特（Peter Grant）、瑪斯特爾斯（Seth Masters）、波拉克（Benjamin Polak）、夏皮羅（Carl Shapiro）、沃恩（Terry Vaughn）以及威利格（Robert Willig）。諾頓出版公司負責本書的瑞契克（Jack Repcheck）是一位積極、寬容而令人尊敬的編輯。手稿編輯珍妮（Janet Byrne）和凱薩琳（Catherine Pichotta）精心糾正了我們的失誤。大家找不到錯誤，都要歸功於她們。

我們特別感謝《金融時報》的書評人喬治（Andrew St. George）。他將《策略思維》列為 1991 年最樂於閱讀的書籍，他說「這簡直是推理運動的賽局健身之旅」（《金融時報》週末版，1991 年 12 月 7/8 日）。這也帶給我們一個靈感，我們把本書對讀者提出的有趣問題加上了「賽局思考題」的欄目，做為健身工具。最後，加州大學伯克萊分校的約翰·摩根（John Morgan）曾向我們提出強烈的刺激和威脅：「如果你們不寫修訂版，我就會寫一本與你們競爭的書。」在我們免除了他的麻煩後，他提供了很多靈感和建議，對我們的協助不遺餘力。

第 1 篇

第1章
10個策略故事

　　我們從取材自生活不同面向的 10 個策略故事開始，就如何獲致最佳結果提供一些初步思考。許多讀者一定也在日常生活中碰過類似問題，而且，經過一番思考或試誤後，也找到了正確的解決方法。對某些讀者來說，本書提出的一些答案可能令人意外，不過，這不是我們舉這些例子的主要目的。我們只想指出，類似的情況普遍存在，而且會引出一連串問題，系統性地思考這些問題，可幫助你事半功倍。

　　隨後各章，我們將把這套思考系統發展為協助讀者找出有效策略的良方。請把這些故事當做主菜之前的開胃菜，作用是促進大家的食欲，而不是馬上把大家餵飽。

①選數遊戲

　　信不信，我們將邀請你與我們玩一場遊戲。我們已經從 1 到 100 之間選出某個號碼，而你的任務是猜中這個數字。若你一猜即中，我們將付你 100 美元。

　　實際上，我們不會真的付給你 100 美元。那對我們來說代價太高，更何況我們只是想以這種方式給你某些幫助。不過，當你在玩這場遊戲時，我們希望你假裝我們真的會給錢，而我們也會這樣假裝。

你一猜即中的機率很小，只有 1%。為了增加你贏的機會，我們可以讓你猜五輪，且每輪猜錯後都會告訴你猜得太高還是太低。當然，越早猜中則獎金也越豐厚。若你在第二輪猜中，你將得到 80 美元；第三輪才猜中，獎金就降為 60 美元；然後第四輪是 40 美元，第五輪 20 美元。若五輪都沒猜中，遊戲便結束，你將拿不到半毛錢。

準備好出招了嗎？我們也準備好了。如果你不太清楚如何跟一本書玩遊戲，可能會有一點挑戰性，但也絕非辦不到：你可以上 artofstrategy.info 網站玩裡頭的互動式遊戲。現在，我們假設你正在與我們玩這場遊戲。

你第一輪猜的號碼是 50 嗎？這是絕大多數人第一輪的猜測，不過告訴你，這個數字太高了。

或許你第二輪會猜 25？猜過 50 之後，大多數人都會猜 25。但是抱歉，太低了。很多人接下來就會猜 37，但恐怕 37 也太低了。那麼猜 42 如何？還是太低了。

讓我們暫停，退回一步，分析一下現在的情況。這是你即將迎來的第五輪選碼機會，也是你贏得獎金的最後機會了。你已知道那個數將大於 42 而小於 50。中間有 7 個選擇：43、44、45、46、47、48 和 49。你認為它會是這 7 個數中的哪一個呢？

目前為止，你的猜測方式是把區間二等分並選擇其中間數。在以隨機方式選取號碼的遊戲中[*]，這是一個理想的策略。你可以從每一輪猜測中獲得最多的資訊，從而讓你可以盡快收斂到那個號碼。確實，據說微軟的前總裁史蒂夫・鮑爾默（Steven Ballmer）曾以此遊戲作為其面試題目。對鮑爾默而言，50、25、37、42……就是正確答案。他感興趣的是要看看候選人能否用最有邏輯和最有效的方式去分析問題。

---

[*] 這種搜索方法的專業術語叫「最小化平均資訊量」(minimizing the entropy)。

我們的答案和他不一樣。在鮑爾默的問題中，號碼都是隨機挑選的，所以工程師們把數字一分為二加以攻克的策略完全正確。從每一輪猜測中得到最多資訊，能減少你猜測的次數，因而也可以讓你贏得最多獎金。但在我們這個遊戲中，數字不是隨機挑選的。請記住我們曾說過，我們是像真的要付錢給你那樣來玩這場遊戲的。假如我們需要付錢給你，沒人會補償金錢給我們。儘管因為你買了這本書而令我們非常喜歡你，但我們更珍惜自己的利益，寧願留下這些錢而不是給你。所以，我們當然會挑一個你難以猜中的數字。試想一下，若挑選 50 作為這個數字，對我們意味著什麼？那可是會讓我們損失一大筆錢的。

賽局理論的關鍵啟示就是，把自己放在對方的立場。我們站在你的立場，預料你會猜 50，然後是 25，接著是 37、42。弄清楚你會怎樣玩這場遊戲，我們便可以降低你猜中我們號碼的機會，從而也大大降低了我們需要付出的金額。

在遊戲結束之前對你所做的這一切解釋中，我們已經給了你很大的提示。所以現在你弄清楚了所玩的真實遊戲，你要為 20 美元做最後一搏。那你將挑選哪個數？

49?

恭喜。不過，是恭喜我們，不是你。你剛好落入我們的圈套。我們選的數字是 48。實際上，整個關於選取一個難以根據「分割規則」選出號碼的長篇大論，都是要刻意進一步誤導你。我們想讓你猜 49，這樣我們選定的 48 才不會被猜中。記住，我們的目的是讓你贏不到錢。

要想在遊戲中擊敗我們，你必須比我們更進一步：「他們想讓我們猜 49，那我們就應該猜 48。」當然，如果我們早料到你如此聰明，那我們可能就選了 47 甚至 49。

這場遊戲的重點，不在於我們是自私的教授或狡詐的騙子，而在於盡可能清晰地指出使得某些事件成為一場賽局的是什麼：你必須考慮到其他參與者的目標及策略。在猜測一個隨機挑出的號碼時，這個號碼不會被刻意掩飾。你可

以用工程師的思維將數字除以二，盡可能做到最好。但在賽局中，你需要思考其他參與者將如何行動，以及那些人的決策將如何影響你的策略。

②以退為進

我們兩位作者承認：我們只有看過《倖存者》（*Survivor*，或譯《我要活下去》）實境秀節目，就算參加這個節目也活不下去；因為就算沒餓慘，其他人肯定會因為我們是學究而投票請我們離開。對我們兩人來說，我們的挑戰是要預測比賽結果。當那個矮矮胖胖的理查·哈奇（Richard Hatch）機智地戰勝對手，最終成為哥倫比亞廣播公司（CBS）系列節目的首屆冠軍得主，並獲得百萬美元獎金時，我們毫不意外。他之所以獲勝，是因為他具有不動聲色地開展策略性行動的天分。

理查最巧妙的一招表現在最後一回合。當時比賽進行到只剩下三位選手。理查的兩位對手，一個是72歲的海豹特種部隊退役海軍魯迪·伯什（Rudy Boesch），另一個是23歲的河川嚮導凱莉·維格斯沃斯（Kelly Wiglesworth）。在最終挑戰中，他們三人都需要站在一根柱子上，一手扶在豁免神像上。堅持到最後的人將進入決賽。而同樣重要的是，勝出者要選擇他的決賽對手。

大家的第一印象可能認為，這只不過是體能競賽。再仔細想想，這三個人都很清楚，魯迪是最受歡迎的選手；一旦魯迪進入決賽，他就極可能獲勝。因此理查最希望的就是在決賽中與凱莉對戰。

有兩種方式可以讓這種情況出現。一種是凱莉在柱子站立比賽中勝出，並選擇理查為決賽對手。另一種是理查勝出，然後選擇凱莉。理查有理由認為凱莉會選他，因為凱莉也知道魯迪最受歡迎。她只有進入決賽，並與理查對戰，才有希望獲得最後勝利。

事情似乎是這樣：不論理查或凱莉中的哪個進入決賽，都會選擇對方做為

自己的對手。因此，理查應該盡量留在比賽中，最起碼也要等到魯迪跌下來。唯一的問題是，理查和魯迪之間有相當長一段時間的盟友關係。若理查贏得此次挑戰卻不選擇魯迪，就會使得魯迪（和魯迪的所有朋友）反過來與理查為敵，這可能讓理查付出失敗的代價。節目高潮迭起，其一正是由被淘汰的選手投票決定最終的獲勝者。因此，選手在如何擊敗對手的問題上，必須深思熟慮。

從理查的角度來看，終極挑戰會以如下三種方式之一呈現：

（1）魯迪贏。然後魯迪選擇理查，但魯迪最有可能成為贏家。

（2）凱莉贏。凱莉很聰明，知道只有淘汰魯迪，與理查對戰，她才有獲勝的希望。

（3）理查贏。若他選擇魯迪繼續對戰，魯迪就會在決賽中打敗他。若他選擇凱莉，凱莉也將擊敗他，因為理查將失去魯迪及其諸多朋友的支持。

比較這幾個選擇，理查最好讓自己先輸掉比賽。他希望魯迪被淘汰，但倘若有凱莉替他完成這件有點卑鄙的事，那就更好了。賭盤都押在凱莉身上。因為在此前的四輪挑戰中，她贏了三次。身為一個戶外嚮導，她的身材是三個選手中最好的。

附帶的好處是，放棄比賽使理查免去了在烈日下比賽的煎熬。比賽剛開始，主持人傑夫·普洛布斯特（Jeff Probst）為每個自願放棄的選手提供了一片柳橙。理查從柱子上下來，接了柳橙。

4 小時 11 分鐘後，魯迪在改變姿勢時跌了下來，他鬆開了抓在豁免神像上的手，最終失敗了。凱莉選擇了理查繼續對決。魯迪投出了關鍵的一票，最終理查·哈奇成為《倖存者》節目的首屆冠軍。

以後見之明來看，一切似乎都很簡單。理查的比賽之所以令人印象深刻，是因為他能夠提前預料到所有不同的行動[*]。在第 2 章，我們將提供某些工具，

幫助你預測一場賽局的結果，甚至給你分析另一場「倖存者」比賽的機會。

♟ 賽局思考題

你會看到本書穿插了一些標有「賽局思考題」的欄目，這些欄目將檢視我們在賽局中被忽略的進階要素。例如，理查本來可以選擇等待，看誰先跌落下來。如果凱莉先跌下來，那麼理查更偏向於與魯迪對陣，而不會去選擇凱莉，最終魯迪會勝出。他或許也料想到凱莉會很明智地做出和他一樣的推理，然後選擇先跌落。下面各章將告訴你如何以更有系統的方法來解決賽局問題。我們的最終目的是幫助大家改變處理策略性問題的方法，使你不必一直花時間分析每個可能的選擇。

---

③妙手傳說

運動員究竟有沒有百發百中的「妙手」（hot hand）一說？有時候，乍看起來，大陸籃球明星姚明或印度板球明星沙奇・德魯卡（Sachin Tendulkar）真的是百發百中，永不失手。運動賽事解說員對這樣連續命中、永不失手的成功事蹟，就會宣稱這種運動員具有出神入化的妙手。不過，按照心理學教授湯瑪斯・吉洛維奇（Thomas Gilovich）、羅伯特・瓦隆（Robert Vallone）和阿莫斯・特沃斯基（Amos Tversky）的說法，這其實是一種誤解。[1]

他們指出，假如持續拋硬幣一段夠長的時間，也會出現連續很久全都拋出同一面的情況。這幾位心理學家懷疑運動賽事解說員其實是找不到更有意思的話題，只好在一個漫長的賽季中尋找某種模式，而這些模式與長時間拋硬幣得到的結果其實沒什麼兩樣。因此，他們提出了一項更加嚴格的檢驗。比如，在

---

* 理查若能預測到他贏得100萬美元獎金後不繳稅的後果，那就更好了。2006年5月16日，他由於逃稅被判處51個月徒刑。

籃球比賽中，他們只看一個運動員投籃命中的資料，據此預測這名運動員下一次出手仍然命中的機率究竟有多大。他們也用同樣的方法研究這名運動員在這次出手沒有命中，卻在下一次出手時命中的比率。假如「接連命中」的機率高於「無法接連命中」的機率，那就證明妙手一說不無道理。

他們選擇美國 NBA 費城 76 人隊進行檢驗，結果與妙手一說不符：一名運動員在投籃命中之後，下一次出手就不大可能命中了；假如在上一次沒有命中，再出手時反倒更可能命中。就連有「得分機器」稱號的安德魯・東尼（Andrew Toney）也不例外。這是否意味著，我們應該說是「閃光燈之手」，因為運動員的表現有起有伏，就像閃光燈忽明忽滅一樣？

賽局理論提出了一個不同的解釋。儘管統計資料駁斥了萬無一失、百發百中之說，卻沒有否定一個手氣正旺的運動員，很可能在比賽中透過其他方式熱身，漸入佳境。「得分機器」之所以會不同於「妙手」，原因在於攻方和守方的策略會相互影響。比如，假設安德魯・東尼真有那麼一雙妙手，對手們一定會對他實施圍堵包抄戰，從而降低他的投籃命中率。

事實還不僅如此。當防守方集中力量對付東尼時，他的某個隊友就無人看管，因而讓隊友更有機會投籃得分。換句話說，東尼的妙手大大改善了 76 人隊的**團隊表現**，儘管東尼自己的**個人表現**可能有所下降。因此，我們也應該透過檢視團隊合作連續得分的數據，來檢驗妙手一說。許多其他團隊競賽也存在類似情況。比如在一支橄欖球隊裡，一個出色的助攻後衛將大大改善全隊的傳球品質，而一個擁有出色接球才能的運動員，則有助於提升全隊的攻擊力，因為對方將被迫把大部分防守資源用於看管這些明星。在 1986 年的世界盃足球決賽上，阿根廷隊的超級明星馬拉度納（Diego Maradona）自己一個球也沒進，不過，全靠他從一群西德後衛當中把球傳出來，讓阿根廷隊兩次射門得分。明星的價值不能單憑他的得分表現來衡量，對其他隊友的貢獻更是至關重要，而助攻數據有助於衡量這種貢獻的大小。在冰上曲棍球競賽的個人排名中，助攻次

數和射門得分次數占有同等比重。

　　一個運動員甚至可能透過一隻妙手帶動另一隻手，進而也變成妙手，幫他提升個人表現水準。比如克利夫蘭騎士隊的明星雷霸龍·詹姆斯（LeBron James）用左手吃飯和寫字，但他喜歡用右手投籃（雖然他的左手投籃技術同樣遠在大多數人之上）。防守一方知道雷霸龍通常用右手投籃，自然會不惜集中一切兵力防守他的右手。不過，他們這一計畫無法畢竟全功，因為雷霸龍的左手投籃技術亦十分了得，他們不敢大意，非得同樣派人防守不可。

　　假如雷霸龍在兩個賽季之間苦練左手投籃技術，又會怎樣呢？防守一方的反應就是增派兵力阻止他用左手投籃，結果卻讓他更容易用右手投籃得分。左手投籃得分提高了，右手投籃得分也會提高。在這個案例中，左手不僅知道右手在做什麼，而且幫了大忙。

　　再進一步，我們會在第5章說明左手越厲害，用到的機會反而可能越少。許多讀者大概在打網球時已經遇到類似的情況。假如你的反手不如正手，你的對手會逐漸看出這一點，進而專攻你的反手。最後，多虧了這樣頻繁的反手練習，你的反手技術大有改善。等到你的正反手技術幾乎不分上下，對手再也不能靠攻擊你的弱勢反手占便宜時，他們攻擊你的正手和反手的機會就會漸趨相同，而這可能就是你透過改善自己的反手技術得到的真正好處。

④領先還是當老二

　　1983年美洲盃帆船決賽前4輪結束後，丹尼斯·康納（Dennis Conner）的「自由號」在這項共計7輪比賽的重要賽事中暫時以3勝1負的成績排在首位。那天早上，第五輪比賽即將開始，「整箱整箱的香檳送到自由號的甲板。而在他們的觀禮船上，船員們的妻子全都穿著紅白藍相間的背心和短褲，迫不及待要在丈夫奪取美國失落132年之久的獎盃後參加合影。」[2] 可惜事與願違。

　　比賽一開始，由於「澳大利亞二號」搶在鳴槍之前起步，不得不退回起點

線後重新開始,這使「自由號」獲得 37 秒的優勢。澳大利亞隊的船長約翰．伯特蘭(John Bertrand)打算轉到賽道左邊,滿心希望風向發生變化,可以幫助他們趕上去。丹尼斯．康納則決定將「自由號」留在賽道右邊。這一回,伯特蘭大膽押對了寶,因為風向果然依澳大利亞人的心願偏轉了 5 度角,最終使得「澳大利亞二號」以 1 分 47 秒的巨大差距贏得這輪比賽。人們紛紛批評康納策略失敗,沒能跟隨澳大利亞隊調整航向。再賽兩輪之後,「澳大利亞二號」贏得了決賽桂冠。

帆船比賽提供了好機會,讓我們觀察「跟隨領頭羊」策略的一個很有意思的反例。成績領先的帆船,通常會遵循「尾隨策略」,一旦所尾隨的船隻改變航向,那麼成績領先的船隻也會依樣照做。實際上,即便尾隨在後的船採取的策略顯然非常差勁,成績領先的船隻通常也會照樣模仿。為什麼?因為帆船比賽與在舞廳跳舞不同,在這裡,成績接近是沒有用的,只有在最後勝出才有意義。假如你成績領先了,那麼,維持領先地位最可靠的辦法,就是看別人怎樣做,你就跟著做[*]。

股市分析師和經濟研究員也會受到這種模仿策略的感染。業績領先的分析師總是想方設法跟隨主流,製造出一個跟其他人差不多的預測結果,這麼一來,大家就不太可能對這些分析師能力改觀。另一方面,初出茅廬者則會採取一種冒險策略;他們喜歡預言市場會出現繁榮或崩盤,但通常都預測錯了,以後便再也沒有人會相信他們,不過,偶爾也會有人預測正確,一夜成名,躋身名家行列。

產業和技術競爭提供了進一步的證據。在個人電腦市場,戴爾的創新能力遠不如它將標準化的技術大量生產、推向大眾市場的本事那麼知名。新觀念多

---

[*] 一旦競爭者超過兩個,這一策略就不再適用了。即使只有三艘船,如果一艘偏右邊,另一艘偏左邊,成績領先者就要擇其一,確定自己要跟哪一艘。

半來自蘋果電腦、昇陽電腦和其他新創公司。冒險創新是這些公司脫穎而出奪取市占的最佳機會，可能也是唯一的機會。這一點不止在高科技市場領域成立，寶僑（P&G）相當於尿布市場的戴爾，靠著模仿金百利（Kimberly Clark）發明的可再貼紙尿褲，再度奪回了市場領先地位。

　　跟在別人後面採取行動有兩種方式。一是一旦看出別人的策略，你立即模仿（好比帆船比賽）；二是再等一等，直到這個策略被證明成功或失敗後再說（好比電腦產業市場）。而在商界，等得越久越有利，這是因為，商界與運動賽事不同，商業競爭通常不會出現贏者通吃的局面。結果是，市場上的領頭羊企業，只有在對新興企業選擇的航向有十足把握時，才會跟隨他們的腳步。

⑤我將堅持到底

　　天主教會曾要求馬丁・路德（Martin Luther）公開悔過，收回他抨擊教皇及教會議會的主張。他拒絕公開認錯：「我不會收回任何一點主張，因為違背良心做事既不正確，也不安全。」而且他也不打算妥協：「我將堅持到底，我不能屈服。」[3] 路德拒不讓步的態度是以其自身立場的神聖為基礎的。在確定大是大非的問題上，根本沒有妥協的餘地。長期看來，他的堅定立場產生了深遠的影響，最後引發了新教改革運動，從根本上改變了中世紀的天主教會。

　　與此類似，戴高樂（Charles de Gaulle）也藉助拒不妥協的力量，在國際關係競技場上成為一個強有力的參與者。正如他的傳記作者唐・庫克（Don Cook）描述的那樣：「（戴高樂）單憑自己的正直、智慧、人格和使命感就能創造力量。」[4] 不過，說到底，他的力量是「拒不妥協的力量」。第二次世界大戰期間，他作為一個戰敗且從被占領國家逃亡出來的自封的領導人，與羅斯福和邱吉爾談判時仍然堅持自己的立場。1960年代，他做為總統說出的「不！」迫使歐洲經濟共同體（歐盟前身）多次按照法國的意願修改決議。

　　在討價還價當中，他拒不妥協的態度怎樣賦予他力量？一旦戴高樂下定決

心堅持一個立場，其他各方只有兩個選擇：要麼接受，要麼放棄。比如，他曾經片面宣布要將英國拒於歐洲經濟共同體之外，一次是 1963 年，一次是 1968 年；其他各國不得不從接受戴高樂的否決票和分裂歐洲共同體兩條路中做出選擇。當然，戴高樂非常謹慎地衡量過自己的立場，以確保這一立場會被接受。不過，他這麼做往往使法國獨占了大部分好處，很不公平。戴高樂的不妥協，剝奪了另一方重新考量全局、提出一個可被接受的不同意見的機會。

在實務上，「堅持到底，拒不妥協」說起來容易做起來難，理由有二。首先，討價還價通常會將今天談判桌上的議題以外的事情牽扯進來。大家如果知道你一直以來總是貪得無厭，以後就不願跟你談判。又或者，下一次他們可能採取一種更加堅定的態度，力求挽回他們認為自己將要輸掉的東西。在個人層面上，一次不公平的勝利很可能破壞商業關係，甚至破壞人際關係。事實上，傳記作者尚布倫（David Schoenbrun）這樣批評戴高樂盲目的愛國主義：「在人際關係中，不願付出愛的人，不會得到愛；不願做別人朋友的人，最終一個朋友也沒有。戴高樂拒絕建立友誼，最後受傷的還是法國。」[5] 有時短期的妥協，長期而言可能才是上策。

第二個理由在於，達到必要程度的拒不妥協並不容易。路德和戴高樂透過他們的特質做到了，不過這樣做是要付出代價的。頑強的個性可不是你想有就有，想改變就能改變的，儘管有時頑強的個性能拖垮一個對手，迫使他讓步，但同樣可能使小損失變成大災難。

費迪南德・雷塞布（Ferdinand de Lesseps）是個能力不特別突出的工程師，卻具有不同常人的遠見和決心。由於他在外人看來幾乎不可能的情況下建成了蘇彝士運河，從而名噪一時。他認為沒什麼不可能而完成了這一偉業。後來，他以同樣的思路，試圖建造巴拿馬運河，結果卻演變成一場大災難*。儘管不再有尼羅河的沙子問題了，熱帶瘴氣卻讓他措手不及。斐迪南德・雷塞布的問題在於哪怕戰役全盤皆輸，頑強的個性不允許他承認失敗。

我們怎樣才能做到有選擇的頑強呢？雖然沒有完美的解決方案，卻有幾個辦法可以幫助我們達成承諾，並且堅持下去；這是第 7 章要討論的主題。

⑥策略思維

辛蒂想要減肥。她知道該怎樣做：少吃，多運動。她非常了解食物金字塔還有各種飲料中所含的卡路里。可是這一切都沒有用，對她的減肥大計沒有產生任何效果。在第二個孩子出生後，她的體重增加了 40 磅†，而且一直都沒有瘦下來過。

這就是為什麼她接受了美國廣播公司（ABC）為她提供減肥協助的原因。2005 年 12 月 9 日，她來到了曼哈頓西部的一間攝影工作室，她先換上一件比基尼。從 9 歲起，辛蒂就再沒有穿過比基尼，而且現在也不是重穿比基尼的時候。

攝影工作室感覺就像是《體育畫報》泳裝專輯拍攝的後臺一樣。到處都是燈光和照相機，而辛蒂只穿了一件小小的淡黃綠色的比基尼。製作人還十分細心地準備了隱蔽的暖氣為她保暖。咔嚓！笑一個；咔嚓！笑一個。此時，辛蒂到底在想什麼？咔嚓。

如果結果如她所願，那麼，將沒有人會看到這些照片。她和美國廣播公司黃金時段節目組簽了一份協議，如果她能在接下來的兩個月內減掉 15 磅，他們就會銷毀這些照片。美國廣播公司不會為她提供任何減肥協助，不提供教練、不提供培訓師、也不提供專門的減肥食譜。她已經知道自己該怎樣做，她需要

---

* 蘇彝士運河是一條位於海平面的通道。由於地勢低且處於沙漠，挖掘起來相對容易。巴拿馬運河的海拔則要高得多，沿途分布著許多湖泊和茂密的原始森林，費迪南德·雷賽布打算一直挖到海平面高度的計畫落空了。又過了很久，美國陸軍工兵採取一種完全不同的思路，建起一串船閘，充分利用沿途的湖泊，最終取得成功。

† 1 磅=0.4536 公斤。

的僅僅是一些額外的激勵，以及從今天、而不是從明天起開始減肥的理由。

現在，她已經有了額外的激勵。如果不能成功減肥，美國廣播公司就會把這些照片和錄影展現在黃金時段電視節目上。她已經和美國廣播公司簽下協議，授予他們這個權利。

兩個月減掉15磅是安全的，但卻不是一件易如反掌的事。在此期間，她將面臨一連串的假期派對和聖誕大餐。她不能冒著等過完新年再開始減肥的風險，必須現在就開始行動。

辛蒂清楚知道肥胖所帶來的風險——患糖尿病、心臟病和死亡的風險。但這還沒有恐怖到能讓她立即採取減肥行動。她更擔心的是，前男友可能會在國家電視臺上看到她的比基尼照片。而且，他幾乎毫無疑問的會看這個節目。因為如果她減肥失敗了，她最好的朋友就會告訴他。

羅莉討厭自己的體型和肥胖的感覺。她在酒吧做兼職，身邊盡是20歲左右的辣妹，但這對減肥沒有任何幫助。她曾經上過減肥中心，試過邁阿密減肥計畫、速瘦減肥計畫，還有你能想到的其他方法。但她走錯了方向，需要靠一件事幫她修正方向。當羅莉告訴朋友她要參加這個節目時，她們認為這是她所做過最愚蠢的事。照相機捕捉了她臉上「我到底在幹什麼」的表情，還有許多其他動作。

雷也需要減肥。他才二十幾歲，剛剛結婚，但看起來像40歲。當他穿著泳衣走在紅地毯上時，拍出的照片一定不好看。咔嚓！笑一個！咔嚓！

他別無選擇。妻子希望他減肥，並願意幫助他，還和他一起節食。所以她決定冒險，也換上了比基尼。雖然她沒有像雷那麼胖，但她也不適合穿比基尼。

她的協定與辛蒂的有所不同。她不必在比賽前稱重，甚至也不須減肥。她的比基尼照片只有當雷減肥失敗時才會秀出。

對雷來說，這個賭注更大了。他要麼減肥，要麼失去他的妻子。

攝影機前總共有四位女士和一對夫妻，他們幾乎什麼也沒穿。那是在做什

麼？他們並不是暴露狂。美國廣播公司的製作人很用心地把照片篩選出來。他們這幾個人，誰也不希望看到這些照片在電視上出現，甚至連想都不願意去想。

他們是在和未來的自己打賭。今天的自己想讓未來的自己節食和運動；而未來的自己想吃雪糕和看電視。但多數時候是未來的自己獲勝，因為人們總是最後才行動。解決這一問題的方法是，對未來的自己提供激勵，從而改變行為。

在希臘神話中，奧德修斯想聽海妖塞壬唱歌。但他知道，如果他允許未來的自己聽塞壬的歌，未來的自己就會把船開向礁石。所以，他綁住了自己的手——確實綁了。他命令船員們（把自己的耳朵塞住後）將他的雙手綁在桅杆上。這就是減肥中的「空冰箱」策略。

辛蒂、羅莉和雷，比奧德修斯多走了一步。他們把自己綁住了，只有節食才能把他們鬆開。你可能以為有更多選擇總是一件好事。但在策略思維裡，去掉一些選擇往往能讓你做得更好。經濟學家湯瑪斯·謝林描述了雅典將軍色諾芬（Xenophon）是如何在峽谷邊背水一戰。色諾芬故意讓自己的部隊處於這種困境，讓士兵們沒有退路。[6] 他們只好負隅頑抗，最終取得了勝利。

同樣的，來自西班牙的科爾特斯（Cortés）在抵達墨西哥後，便將自己所有船隻毀壞殆盡。這個決定也得到士兵們的支持。由於敵眾我寡，所以他的六百壯士決定，要麼打敗阿茲特克（Aztecs）的軍隊，要麼壯烈成仁。阿茲特克的軍隊可以往內陸撤退，但對科爾特斯來說，根本連逃跑或撤退都不可能。科爾特斯讓作戰處境更加嚴峻，反而提高了戰勝的機率，而且確實獲得了最終勝利[*]。

科爾特斯和色諾芬的策略對辛蒂、羅莉和雷同樣有效。兩個月後，剛好是情人節那天，辛蒂減掉了 17 磅；雷減掉了 22 磅，腰帶鬆了兩扣。雖然公開照片的威脅是讓他們開始減肥的動力，但一旦他們開始減肥，接下來的努力就得

---

[*] 阿茲特克軍隊把科爾特斯誤認為凱茲·阿爾克·阿多爾——某個白皮膚的神，這也幫了科爾特斯的忙。

靠自己。羅莉在第一個月就減掉了所要求的 15 磅；她繼續努力，第二個月又減掉了 13 磅。羅莉減掉了 28 磅，相當於減掉了她 14% 的體重，她因此能穿上比以前小兩碼的衣服。這時，她的朋友不再認為參加這個節目是件蠢事了。

此時，當你得知我們（作者）中有一人曾參與這個節目的策畫時，就不會驚訝了。[7] 或許，本書書名應改成《策略瘦身》，這樣銷量肯定會更高。唉，但我們沒有這麼做，我們會在第 6 章再次對這些類型的策略行動進行研究。

⑦巴菲特困境

在一個推動競選經費改革的專欄中，被稱為「奧馬哈先知」的華倫·巴菲特提議，將個人捐款的限額從 1,000 美元提高到 5,000 美元，並禁止其他所有形式的捐款。禁止公司捐款，禁止工會捐款，禁止政治獻金。這個提議聽起來很不錯，但永遠都不會通過。

競選經費改革之所以難以過關，原因在於，如果通過這個法案，現任立法諸公的損失最大。募款帶給他們的好處在於能為自己提供職業保障[*]。你怎麼能要求人們去做有悖於自身利益的事情呢？我們可於以下情境中分析[†]。根據巴菲特的說法：

> 好，暫且假設有個怪怪的億萬富翁（不是我！）提出以下提議：如果這一法案沒有通過，本人（富翁）就會透過法律容許的方式對該法案投贊成票最多的政黨捐贈 10 億美元（政治獻金使這一切成為可能）。有了賽局理論的這一惡毒應用，該法案在國會一定能順利通過，

---

[*] 1992~2000 年，丹·羅森考斯基是唯一一個連任失敗的在職國會議員。連任的比例是 604/605，或 99.8%。他之所以失敗，是因為遭到了敲詐、妨礙司法以及濫用資金等 17 項指控。

[†] 雖然單人囚徒困境更常用到，但我們更偏向研究多人參與的情況，因為，只有涉及兩個或更多的囚犯，才會產生困境。

而這位怪怪億萬富翁根本用不著花一分錢（這證明他其實並不怪）。[8]

假設你是民主黨的國會議員，思考一下你會怎麼選擇。如果你預料共和黨會支持這一法案，但你卻選擇極力反對，那麼，如果你成功了，就相當於你白白奉送給共和黨 10 億美元，等於把未來 10 年掌握的資源交給他們。所以，如果共和黨支持這一法案，你反對這個法案將得不到任何好處。現在，如果共和黨反對這一法案而你卻採取支持的態度，那麼，你就有可能獲得 10 億美元。

所以，無論共和黨的立場如何，民主黨都應該支持這一法案。當然，同樣的邏輯也適用於共和黨：無論民主黨的立場如何，共和黨都應該支持這一法案。結果，雙方都支持這一法案，而我們的這位億萬富翁免費獲得了其提議的通過。此外，巴菲特還注意到其計畫有效性這一事實「恰好支持了金錢不會影響國會表決這一謬論」。

上述情況稱為「**囚徒困境**」（prisoners' dilemma），因為雙方都採取了背離其共同利益的行動*。在典型的囚徒困境中，員警隔離審問兩個嫌犯。每個嫌犯都有動機先坦白，因為如果他保持沉默而另一個人坦白，他受到的處罰就會嚴厲得多。因此，他們都發現坦白比較有利；儘管若兩人都保持沉默，結果會更好。

楚門・卡波提（Truman Capote）在《冷血》（*In Cold Blood*）一書中生動地描述了囚徒困境。狄克・希柯克（Richard Dick Hickock）和貝利・史密斯（Perry Edward Smith）因無情殺害克拉特（Clutter）一家而被捕。雖然這場犯罪沒有目擊者，但一個監獄告密者向員警舉發了他們。在審問過程中，員警採用了離間法。楚門把我們帶到了史密斯的思維中：

---

* 雖然積極的賽局參與者失敗了，局外人卻得到好處。同樣，雖然在位政客可能對競選經費改革不滿，但我們這些局外人的處境卻變好了。

　　他認為這與那個假冒的「活的證人」一樣，只是他們用來套他口供的伎倆罷了。不可能有那樣的證人。他們是否別有所指呢？如果他能與狄克談一談，就什麼問題就沒有了。但是他與狄克卻被隔離了，狄克關在另一層樓的牢房裡……至於狄克，可以想像，他們必定也套過他的口供。狄克固然很精明，「表演」也逼真；可是他的「膽識」卻靠不住，太容易心慌。……「你們離開那座宅邸之前，把那一家人都殺死了。」哼！他敢打賭，堪薩斯州的前科犯大概沒有一個沒聽過這句話的。他們不知問過多少人了，大概也抓過上打的嫌犯了。現在不過添上他與狄克兩個罷了……狄克在樓下的一間牢房裡，醒著。他也同樣渴望能與貝利通上話，想要知道那個沒用的傢伙到底跟他們招了些什麼。[9]*

　　最終，狄克先招認了，接著貝利也坦白了[†]。這就是上述賽局自然而然的結果。

　　集體行動問題是囚徒困境的一種變形，通常牽涉到兩個以上的囚徒。在「給貓掛鈴鐺」的童話故事中，老鼠們意識到：假如可以在貓的脖子上掛個鈴鐺，那麼，大家的小命就大有保障。問題在於，誰會願意冒賠掉小命的風險去給貓掛上鈴鐺呢？

　　人類也會遇到這樣的問題。不得民心的暴君為何能長期控制數目龐大的百姓呢？為什麼一個暴徒出現，就足以讓整個校園陷入恐慌？在這兩個例子裡，只要大多數人同時採取行動，其實是很容易取得成功的。

---

* 本段譯文取自遠流 2009 年繁體中文版全新校譯本。

† 雖然他們兩人都認為坦白會帶來較輕的處罰，但在這個例子中，這種狀況不會發生──兩人都被判死刑。

不過，統一行動少不了溝通與合作，偏偏溝通與合作在這個時候變得非常困難；而且壓迫者深知群眾的力量有多大，所以還會採取特別措施，阻止他們溝通與合作。一旦人們不得不各自行動，卻指望能在同一時間採取一致行動，問題就來了：「誰該率先行動？」擔當這個任務的領頭羊意味著可能要付出重大代價——鼻青臉腫甚至壯烈成仁，而他得到的回報只是身後哀榮或流芳百世。確實有人在責任或榮譽面前熱血沸騰，挺身而出，但大多數人還是認為這樣做得不償失。

當每個人都按照自己的利益來行動時，結果對群體來說卻會是災難性的。囚徒困境可能是賽局理論中最廣為人知且最棘手的賽局。我們將會在第 3 章重提這個話題，討論如何才能走出囚徒困境。有必要強調，我們從不假設賽局結果一定對參與者有利。許多經濟學家，包括作者自己在內，都在鼓吹自由市場的好處；自由市場背後的原理來自引導個人行為的價格體系。但在大多數策略互動中，並不存在價格這隻看不見的手來引導麵包師傅、屠夫或者其他任何人的行動。因此，我們沒有理由指望賽局的結果一定對參與者或社會有利。擅長賽局之道可能遠遠不夠——你必須確定你要玩的是一場正確的賽局。

⑧混合出招

日本蒐藏家橋山高志看來很難做出決定。蘇富比（Sotheby）和佳士得（Christie）兩家拍賣公司都提供了極具吸引力的條件，可以負責拍賣他公司中價值 1,800 萬美元的藝術收藏品。橋山高志沒有選出哪一家，而是讓兩家公司玩剪刀—石頭—布的遊戲，以此決定勝出者。沒錯，剪刀—石頭—布。石頭可以砸爛剪刀，剪刀可以剪布，而布可以包住石頭。

佳士得出剪刀，而蘇富比出布。佳士得贏得了這次藝術收藏品拍賣的機會，獲得了將近 300 萬美元的佣金。賭注那麼大，賽局理論在這裡有用嗎？

此類賽局中，很明顯的一點是，參與者無法預測對方的行動。要是蘇富比

能預先知道佳士得會出剪刀，那麼，它就會出石頭了。因此，使對方無法預測到你的選擇，這一點非常重要。準備階段，佳士得請教了附近的專家，其實就是公司員工的孩子們，他們經常玩這個遊戲。據 11 歲的愛麗絲說：「每個人都知道你第一次總是出剪刀。」愛麗絲的雙胞胎妹妹弗蘿拉補充了愛麗絲的見解：「出石頭的動作太容易被看出來，而剪刀可以贏布。因為是第一次出，所以，出剪刀一定是最安全的。」[10]

蘇富比則採取了不同的方法。它認為這只不過是一個碰運氣的遊戲，因此，根本不存在策略的空間。出布與出剪刀或石頭，最後的結果都差不多。

在這裡，有趣的是，雙方都只對了一半。如果蘇富比公司隨機選擇策略，出石頭、剪刀和布的機會相等，那麼，佳士得無論選什麼，結果都一樣。每個選擇都有 1/3 的機會獲勝，1/3 的機會失敗，以 1/3 的機會打成平手。

但是，佳士得並沒有隨機選擇策略。所以，蘇富比最好還是先思考一下佳士得可能得到的建議，然後再出招，打敗佳士得。如果每個人都知道你第一次會出剪刀，那麼，蘇富比應該先出霸子辛普森（Bart Simpson）最愛出的石頭。

這樣說的話，雙方也都錯了一半。如果蘇富比隨機選擇策略，那麼佳士得再努力也沒有用。但如果佳士得仔細思考該出什麼，那麼，蘇富比的策略性思考就很有用。

在單次賽局中，隨機選擇並不難。但如果賽局是重複進行的，隨機選擇的方法就複雜得多了。混合出招並不等於按照一個可預期的模式輪流使出你的策略。若是那樣的話，你的對手就會觀察出這個模式，從而全力還擊，其效果幾乎和你使用單一策略一樣。實施混合出招的關鍵在於**不可預測性**。

事實證明，絕大多數人都會陷入可預測的模式。你可以進行線上自測，網路上有很多電腦程式可以發現你的模式，進而把你打敗[11]。在混合出招時，參與者的策略通常太常重複，這導致了連續三度出石頭的「雪崩」策略意外成功。

人們也常常受到對方上一次行動的影響。如果蘇富比和佳士得同時出了剪刀，則雙方打成平手，需要再賽一局。根據弗蘿拉的說法，蘇富比預計佳士得會出石頭（來贏他們的剪刀）。這樣一來，蘇富比就會出布，所以佳士得應該堅持出剪刀。當然，這種死板的方法也不可能正確。不然的話，蘇富比就應該出石頭並且獲勝了。

設想一下，假如存在某個盡人皆知的準則，用以確定誰會被美國國稅局查稅，那麼你在填寫報稅單時就可以套用這個準則，看看自己會不會被查稅。假如你推測自己會被查稅，而你又找到一個辦法「修改」你的報稅單，使其不再符合那個準則，你很可能就會這麼做。但假如被查稅無可避免，你就會選擇據實以告。國稅局的查稅行動若是具有完全可預測性，結果將會把查稅目標鎖定在有過錯的民眾身上。所有那些被查稅的人早就預見自己的命運，早就選擇據實以告，而對於那些逃過查稅的人，能夠監視他們的就只有他們自己的良心了。假如國稅局的查稅準則在一定程度上是模糊而籠統的，那麼，大家都會有一點面臨查稅的風險，也就會更加傾向於保持誠實。

隨機策略的重要性是賽局理論早期提出的一個深謀遠慮的觀點。這個觀點本身既簡單又直接，不過，要想在實務上發揮作用，則還需要精心設計。比如，對於網球選手，僅僅知道應混合出招，時而攻擊對方的正手，時而攻擊對方的反手，這還不夠；他還必須知道自己應該將 30% 的時間還是 64% 的時間用於攻擊對方的正手，以及如何根據雙方的力量做出相對的選擇。在第 7 章，我們會介紹一些解決上述問題的方法。

最後，我們還想向大家說明一點：在猜拳遊戲中，最大的失敗者不是蘇富比，而是橋山高志先生。他做出以遊戲競爭的決定，使這兩家拍賣公司都有 50% 的機會贏得這筆佣金。與其任由兩個競爭者達成共識平分佣金，不如他自己經營拍賣。這兩家公司都希望甚至渴望接下這項佣金高達銷售額 12% 的拍賣

業務[*]。獲勝的拍賣公司將會是那家願意接受最低佣金的公司。我聽到的是 11% 嗎？11% 第一次，11% 第二次……

⑨別跟笨蛋對賭

在《紅男綠女》（*Guys and Dolls*）一片中，賭棍斯凱·馬斯特森（Sky Masterson）想起父親給自己的一個很有價值的忠告：

> 孩子，在你的旅途中，總有一天會遇到一個傢伙走上前來，在你面前拿出一副漂亮的新撲克牌，連塑膠包裝都沒有拆掉的那種；這傢伙打算跟你打一個賭，賭他有辦法讓梅花 J 從撲克牌裡跳出來，並把蘋果汁濺到你的耳朵裡。不過，孩子，千萬別跟這個傢伙打賭，因為就跟你確確實實站在那裡一樣，最後你確確實實會落得蘋果汁濺到耳朵裡的下場。

這個故事的背景是，納森要跟斯凱打賭，看看明迪糕餅店的蘋果酥和乳酪蛋糕哪樣賣得比較好。正好，納森剛剛發現了答案。（蘋果酥！）他當然願意打賭，只要斯凱把賭注押在乳酪蛋糕上[†]。

這個例子聽上去也許有些極端。當然沒有人會打這麼一個愚蠢的賭。不過，仔細看看芝加哥交易所的期貨合約市場吧。假如有個交易員提議要賣你一口期

---

* 佣金的行規是先支付20%，即80萬美元，之後超過80萬美元的部分按12%的比率支付。橋山高志先生的4幅畫一共賣了1,780萬美元，所以總佣金應該是284萬美元。

† 我們應該補充一點，斯凱從來沒有認真聽進他父親的教誨。1 分鐘後，他就和納森打賭說納森不知道他的領結是什麼顏色。如果納森知道是什麼顏色，他一定願意打賭，而且會賭贏。結果是，納森不知道什麼顏色，所以他沒有跟斯凱打賭。當然，這不是他們真正所賭的。斯凱賭的是納森不會接受這個提議。

貨合約，那他只會在你虧損的情況下才能賺到錢[*]。

如果你恰好是將來有黃豆要賣的農民，那麼這份合約可以提供價格保證，避免將來的價格波動給你帶來損失。同樣的，如果你是生產豆奶的廠商，需要在將來買入黃豆，那麼，這份合約就是一份保障，而不是一場賭博。

但是，交易所中的期貨合約交易量證明，大部分買家和賣家是商人，而非農民或製造商。對他們來說，這個交易是個零和（zero-sum）賽局。當雙方同意交易時，每一方都認為這個交易會給他帶來收益。但一定有一方錯了。這就是零和賽局的特性：不可能出現雙贏的局面。

這真是矛盾。為什麼雙方都認為自己比對方更聰明？一定有一方是錯的。為什麼你會認為錯的是對方，而不是你？讓我們假設你沒有任何內幕消息。如果有人願意賣給你一口期貨合約，那麼，你賺多少，他們就損失多少。為什麼你自認為比他們聰明？記住，他們願意和你交易，意味著他們自認為比你聰明。

在撲克牌遊戲中，當有人增加賭注時，玩家就開始在這種矛盾中掙扎。如果一個玩家只在牌好時下注，其他的玩家很快就會發現。當他增加賭注時，其他玩家大多會棄牌，這樣，他永遠也贏不了大的。那些跟在後面加注的人，通常牌會更好，所以，那個可憐的玩家最後反而變成大輸家。為了讓其他人跟注，你必須讓他們覺得你是在虛張聲勢。為了取信於他們，適當的頻繁下注會很有用，這樣他們會認為你有時只是在虛張聲勢。這會導致一個有趣的困境。你希望你在虛張聲勢時他們棄牌，這樣牌不好時也能贏。但這不會讓你大贏。要讓他們相信你，跟著你加注，你還需要讓他們知道你確實是在虛張聲勢。

隨著玩家越來越老練，說服他們跟著你下大賭注也變得越來越困難。思考下面艾瑞克・林葛蘭（Erick Lindgren）和丹尼爾・內格里諾（Daniel

---

[*] 投資股票和把賭注押在期貨上不同。在買股票時，你投資在公司的資金讓股價上漲得更快，因而你和公司可能會雙贏。

Negreanu）這兩個世界排名頂尖的撲克牌高手之間的智慧賭局。

　　……內格里諾感覺自己的牌比較小，他加注 20 萬美元。「我已投
了 27 萬，還剩下 20 萬，」內格里諾說，「艾瑞克仔細察看了我的籌碼，
說，『你還剩多少？』然後把他全部的籌碼投進去」——他所有的賭
注。根據特定的賭局規則，內格里諾只有 90 秒的時間決定是跟注還是
棄牌；如果選擇跟注，而林葛蘭並不是虛張聲勢，他就面臨輸光所有
錢的風險。如果選擇棄牌，就等於放棄已投注的大筆賭金。

　　「我想他不可能這麼蠢，」內格里諾說，「但這不是蠢，而是更
上一層。他知道我知道他不會做蠢事，因此，他透過做這種似是而非
的『蠢事』，實際上是讓這場賭注變得更大了。」[12]

　　很顯然，你不該和這些撲克牌冠軍對賭，但你該在什麼時候賭上一把？美
國喜劇演員格魯喬·馬克斯（Groucho Marx）曾經說過，他拒絕任何接收他為
會員的俱樂部。同樣的道理，你可能不願接受別人提供的賭注。即使你在拍賣
中贏了，你也應該為此感到擔憂。因為，你是最高的出價者，這一事實意味著
其他人覺得這件物品不值你出的那個價錢。贏得拍賣後卻發現自己出價過高，
這種現象稱為「贏家的詛咒」（winner's curse）。

　　一個人所採取的每個行動，都在向我們傳達他所知道的訊息；你應該利用
這些推論和自己掌握的資訊來引導自己的行動。怎樣出價才能使自己贏的時候
不被詛咒？這是本書第 10 章的主題。

　　某些賽局規則有助於你獲得平等的地位。使資訊不對稱交易可行的一種方
法是，讓擁有訊息量較少的一方選擇把賭注押在哪一邊。如果納森事先同意，
無論斯凱選擇押哪一邊，他都會參加賭博，那麼，納森的內幕消息就沒什麼用
了。在股票市場、外匯市場和其他金融市場，人們可以自由選擇把賭注押在哪

一邊。確實，在有些交易市場，包括倫敦股票市場，當你詢問一檔股票的價格時，按照規定，證券商必須在知道你打算買入還是賣出之前，同時報出買入價和賣出價。如果沒有這樣一個監察機制，證券商就有可能單憑自己掌握的資訊獲利，而外部投資者對受騙上當的擔心，可能會導致整個市場崩潰。買入價和賣出價並不完全一致；兩者的差價稱為買賣價差。在高流動性市場，這個買賣價差非常小，代表所有買入或賣出的訂單中包含的訊息量都是很少的。在第11章，我們將再次討論訊息的作用。

⑩聰明反被聰明誤

　　耶路撒冷的某個深夜，兩個美國經濟學家（其中一個就是本書作者）在結束學術會議之後，找了輛計程車，告訴司機該怎麼去酒店。司機立刻就認出我們是美國觀光客，於是拒絕跳表；卻聲稱自己熱愛美國，承諾會給我們一個低於跳表金額的價錢。自然，我們對這樣的承諾有點懷疑。在我們表示願意按照跳表金額付錢的前提下，這個陌生的司機為什麼還要提出這麼一個奇怪的少收一點兒的承諾？我們怎麼才能知道自己沒有多付車錢？

　　另一方面，除了答應按照跳表金額付錢之外，我們並沒有承諾再向司機支付其他報酬，此時我們運用了賽局理論。假如一開始就和司機討價還價，而這場談判破裂了，那麼我們就不得不另找一輛計程車。但是，如果我們按兵不動，那麼，一旦我們到達酒店，我們討價還價的局面將較占上風。何況，此時此刻再找一輛計程車實在並不容易。

　　於是我們坐車到達了酒店。司機要求我們支付以色列幣 2,500 謝克爾（相當於 2.75 美元）。誰知道什麼樣的價錢才是合理的呢？因為在以色列，討價還價非常普遍，所以我們還價 2,200 謝克爾。司機生氣了。他嚷嚷著說從那邊來到酒店，這點兒錢根本不夠。他不等我們說話就用自動裝置鎖死了全部車門，按照原路沒命地開車往回走，一路上完全無視紅綠燈和行人。結果我們被綁架

到貝魯特去了？不是。司機開車回到出發點，非常粗暴地把我們趕出車外，一邊大叫：「現在你們自己去看你們那 2,200 謝克爾能走多遠吧！」

我們又找了一輛計程車。這名司機開始跳表，跳到 2,200 謝克爾時，我們也回到了酒店。

不用說，為區區 300 謝克爾折騰這麼多時間，實在不值得。不過，這個故事卻很有價值。它指出了跟那些沒有讀過本書的人討價還價可能存在什麼樣的風險。更普遍的情況是，我們不能忽略自尊和非理性這兩種要素。有時候，假如總共只不過要多花 20 美分，更明智的選擇可能是到達目的地之後乖乖付錢。

這故事的另一個教訓是，我們當時確實思慮不周，沒進一步細想。設想一下，假如我們下車之後再討論價格問題，我們討價還價的地位該有多大改善。（當然了，若是租一輛計程車，思路應該反過來。假如你在上車之前告訴司機你要去哪裡，那麼，你很有可能眼巴巴看著計程車棄你而去。記住，你最好先上車，然後再告訴司機你要去哪裡。）

在這個故事首次在本書出版數年之後，我們收到了以下這封信。

親愛的教授：

您一定不知道我的名字，但我想您一定清楚記得我的故事。當時，我是一個學生，在耶路撒冷兼職做司機。現在，我是一名顧問，偶然間讀了您二位大作的希伯來語譯本。你大概會覺得很有趣，我跟我的客戶也分享了這個故事。是的，那件事的確發生在耶路撒冷的一個深夜，但是，至於其他方面，我的記憶跟你們所寫的略有出入。

在上課和夜間兼差當計程車司機之間，我幾乎沒有時間和我的新婚妻子在一起。我的解決方法是讓她坐在前排座位上，陪我一起工作。雖然她沒有出聲，但是你們沒在故事裡提起她是一個很大的失誤。

我的里程表壞了，但你們好像不相信我。我也太累了，懶得跟你

們解釋。當我們到達酒店時，我索價 2,500 謝克爾，這個價錢很公平，我當時甚至希望你們能付我 3,000 謝克爾呢。你們這些有錢的美國人當然付得起 50 美分的小費。

我真不敢相信你們竟然想騙我。你們不肯支付公平的價格，使得我在我妻子面前難堪。雖然我窮，但我並不缺你們給的那丁點兒錢。

你們美國人以為我們無論從你們那裡得到點兒什麼就會很開心。我就認為應該給你們上一課，教教你們什麼叫生活中的賽局。現在，我和我妻子結婚已經 20 年了。當我們想到那兩個為了節省 20 美分而花上半個小時坐在計程車裡來回折騰的美國蠢蛋時，仍不禁失笑，呵呵。

您真誠的，

（不留名字了）

呃，說實話，我們並沒有收到這封信。我們捏造這封信的目的是為了說明賽局理論中的一個關鍵啟示：你需要了解對方的想法。你需要思考他們知道些什麼，是什麼在驅動著他們，甚至他們是怎麼看你的。喬治‧蕭伯納（George Bernard Shaw）對金科玉律的譏諷是：己所欲，亦勿施於人——他們的品味可能與你不同。在策略性思考時，你必須竭盡全力去了解賽局中所有參與者的想法及其相互影響，包括那些可能保持沉默的參與者在內。

這使我們得到了最後一個重點：你可能以為自己是在參與一場賽局，但這只不過是更大賽局中的一部分。更大的賽局總是存在。

後面的寫作形式

前面的例子讓我們初步領略了進行策略決策的原理。我們可以藉助前述故事的「寓意」歸納出以下原理：

在選數遊戲中，如果你不清楚對方的目的是什麼，就猜 48 吧。再回想一下理查・哈奇，他能夠預測出所有未來的行動，從而決定他該如何行動。妙手傳說告訴我們，在策略裡，就跟在物理學中一樣，「我們所採取的每個行動，都會引發一個反向行動」。我們並不是在一個真空世界裡生活和工作，因此，我們不應該以為，當我們改變了自己的行為時，其他事情還會保持原樣。戴高樂在談判桌上獲得成功，這證明「只有卡住的輪子才能得到潤滑油」*。不過，堅持強硬姿態並不那麼容易，尤其當你遇到一個姿態比你還強硬的對手。這個強硬的對手很可能就是未來的你自己，尤其是遇到節食問題時。作戰或節食時，把自己逼向死角，反而有助於強化你的決心。

《冷血》以及「給貓掛鈴鐺」的故事說明，需要協調和犧牲個人才能有所成就的事，做起來可能頗有難度。在技術競賽中，就跟帆船比賽差不多，後發的新企業總是傾向於採用更創新的策略，而龍頭企業則寧願模仿自己的追隨者。

剪刀—石頭—布遊戲指出，策略的優勢在於不可預測性。不可預測的行為可能還有一個好處，就是使人生變得更有趣。計程車的故事讓我們明白賽局中的其他參與者是人，不是機器。自豪、蔑視或其他情緒都可能會影響他們的決策。當你站在對方的立場上時，你需要和他們一樣夾雜著這些情緒，而不是只想到你自己。

我們當然可以再講幾個故事，藉由這些故事再講一些道理，不過，這不是系統思考策略賽局的最佳方法。從不同角度研究一個主題會更有效。我們每次只講一個原理，比如承諾、合作和混合策略。在每種情況下，我們還篩選了一些以這個主題為核心的故事，直到說明整個原理為止。然後，讀者可以在每章後面所附的「案例分析」中運用該原理。

---

* 卡住的車輪更需要潤滑油。當然，有時候它會被換掉。

案例分析》多項選擇

我們認為，生活中的每件事幾乎都是一場賽局，雖然很多事情可能第一眼看上去並非如此。請思考下面一道選自 GMAT（研究生管理科學入學考試）的問題。

很不幸，智財權條款不允許我們採用這一問題，但這並不能阻止我們。下面哪一個是正確答案？

a. 4π 平方英寸　　　b. 8π 平方英寸　　　　c. 16 平方英寸

d. 16π 平方英寸　　　e. 32π 平方英寸

好，我們曉得你不知道題目對你有點兒不利。但我們認為運用賽局理論同樣可以解決這個問題。

:: 案例討論

這些答案中較為奇怪的是 c 選項。因為它與其他答案很不同，所以可能是錯誤的答案。單位是平方英寸，這表示正確答案中有一個完全平方數，例如 4π 和 16π。

這是一個很好的開始，並且是一種很好的應試技巧。但我們還沒有真正開始運用賽局理論。假設出題者參與了這場賽局，這個人的目的會是什麼呢？

他希望，理解這個問題的人能夠答對，而不理解這個問題的人答錯。因此，錯誤的答案必須小心設計，以迷惑那些真正不知道正確答案的人。例如，當遇到「一英里等於多少英尺？」的問題時，「長頸鹿」或「16π」的答案選項不可能引起任何考生的注意。

反過來，假設 16 平方英寸確實是正確答案。什麼問題的正確答案是 16 平方英寸，但又會使有些人認為 32π 是正確答案？這樣的問題並不多。通常，沒有人會為了好玩而把 π 加到答案中。就像沒有人會說：「你看到我的新車了嗎？——1 加侖油可以走 10π 英里。」我們認為不會。因此，我們確實可以把

16 從正確答案中排除。

現在，我們再回過頭來看看 4π 和 16π 這兩個完全平方數。暫且假設 16π 平方英寸是正確答案。那問題就有可能是「半徑為 4 的圓面積是多少」，正確的圓面積公式是 πr^2。但是，不太記得這個公式的人很可能會把它與圓的周長公式 $2\pi r$ 混淆。（是的，我們知道，周長的單位是英寸，不是平方英寸，但犯錯誤的人未必能意識到這個問題。）

注意，如果半徑 r=4，那麼 $2\pi r$ 就是 8π，這樣的話，考生就會得出錯誤的答案即 b 選項了。這個考生也有可能混淆後又重新配成公式 $2\pi r^2$，從而得出 32π 或者 e 選項為正確答案。他也有可能漏掉 π，結果得出 c 選項；或者他可能忘記將半徑平方，簡單地把 πr 用做面積公式，結果得出 a 選項。總之，如果 16π 是正確答案，我們就可以找到一個使所有答案都有可能被選的合理的題目。對出題者而言，它們都是很好的錯誤答案。

如果 4π 是正確答案（那麼 r=2）又會怎麼樣？現在，想想最常見的錯誤——把周長和面積混淆。如果學生用了錯誤公式 $2\pi r$，他仍然能得到 4π，雖然單位不正確。在出題者看來，沒有什麼事情比允許考生用錯誤的推算得到正確的答案更糟糕了。因此，4π 是一個很糟糕的正確答案，因為它會令太多不知所為的人矇對答案。

至此，我們分析完了。我們信心十足地認為正確答案是 16π，而且我們是正確的。透過揣摩出題者的目的，我們可以推斷出正確的答案，甚至常常不用看題目。

現在，我們並不是建議你在參加 GMAT 或其他考試時為了省事甚至連題目都不看。我們認為，如果你聰明到足以了解這邏輯，那麼，你很可能也知道圓面積的公式。但是你永遠不會知道什麼時候會出現這樣的情況：你不明白其中一個答案的意思，或者這種個問題的知識領域不在你的課程範圍內。當你遇到這種情況時，回想一下這個考試賽局的例子，可能有助於你得出正確答案。

第2章
逆推可解的賽局

該你了，查理·布朗

連環漫畫《史努比》中有一個反覆出現的主題，說的是露西將一顆足球按在地上，招呼查理·布朗跑去踢那個球。但在最後一刻，露西卻拿走了足球，讓查理·布朗一腳踢空，跌個四腳朝天，而心懷不軌的露西則開心得不得了。

任何人都會勸查理不要再上露西的當。即便露西去年（以及前年和大前年）沒有在他身上玩過這個花招，他也應該從其他事情了解她的性格，完全可以預見她會玩什麼花招。

雖然在查理盤算要不要接受露西邀請去踢球時，露西的行動還沒有發生。不過，單憑她的行動還沒有發生這一點，並不意味著查理就應該把這個行動看做不確定的。他應該知道，在兩種可能的結果中，讓他踢中那個球以及看他四腳朝天，露西是偏好後者的。因此，他應該能料想得到，一旦真要出腳，露西就會把球拿開，露西根本不可能讓他踢中那顆球。但查理卻仍然抱持信心，借用詹森博士（Dr. Johnson）描述的再婚特徵，是一種「希望」壓倒「經驗」的勝利。查理不該那樣想，而應該預見到接受露西的邀請最終會不可避免地讓自己四腳朝天。他應該拒絕露西的邀請。

史努比

主角：好人查理·布朗

作者：舒爾茲

查理·布朗
♪♪

查理·布朗，我會按住這個球，你跑過來踢吧…

不，我不要！你會拿走那個球，然後我會摔倒在地，賠上自己的小命！

你現在已經不能退出…因為節目流程已經印好了…

節目流程？

下午一點，露西·范·佩特會按住一個橄欖球，查理·布朗則會衝上去踢那個球。

她說得沒錯，假如節目流程已經印好了，現在退出就太晚了。

10-13

Tm Reg U.S. Pat Off —All rights reserved
©1974 by United Feature Syndicate Inc.

這次我一定要把球踢出宇宙！

啊！

啪！

查理·布朗，無論節目流程寫什麼，最後一刻總是會改的！

策略互動的兩種方式

策略賽局的本質在於參與者的決策相互依存。這種相互作用或互動透過兩種方式表現出來。第一種方式是**逐步**（sequential）**發生**，比如查理‧布朗的故事。參與者輪流出招。當輪到查理時，他必須預測一下他當前的行動將會給露西隨後的行動產生什麼影響，反過來又會對自己以後的行動產生什麼影響。

第二種互動方式是**同步**（simultaneous）**發生**，比如第1章的囚徒困境故事。參與者同步出招，完全不顧及其他人的行動。不過，每個人必須心中有數，明白這個賽局中還有其他積極的參與者，而這些人反過來同樣非常清楚這一點，依此類推。從而，每個人必須將自己置身於他人的立場，來評估自己的這一步行動會招致什麼後果；其最佳行動將是全盤考量的重要一部分。

一旦你發現自己正在參與一場策略性賽局，你必須確定其中的互動究竟是逐步發生還是同步發生的。有些賽局，比如足球比賽，同時具備上述兩類互動元素，這時你必須確保自己的策略符合整個環境的條件。在本章，我們將初步介紹一些有助於參與逐步行動賽局的概念和法則；而同步行動賽局則是第3章的主題。我們從非常簡單、有的是刻意設計出來的案例開始，比如查理‧布朗的故事。我們故意這麼做，是因為這些故事本身並不太重要，正確的策略通常也可由簡單的直覺就能發現，而這麼做卻可以更加清晰地凸顯故事中蘊涵的思想。我們所用的例子將在案例分析及以後的章節中變得越來越接近現實生活，也越來越複雜。

:: 第一條策略法則

逐步行動賽局的一般原則是，每個參與者必須推測其他參與者接下來的反應，並據此盤算自己當前的最佳行動。這一點非常重要，值得確立為一條基本的策略行為法則。

法則1：向前預測，倒後推理

預測你最初的決策最後可能導致什麼後果，藉此確定自己的最佳選擇。

在查理・布朗的故事裡，做到這一點對所有人來說應該都不費吹灰之力（只有好人查理・布朗例外）。查理只有兩個選擇，其中一個會導致露西在兩種可能行動之間進行決策。大多數策略情境都會涉及一長串的決策序列，每個決策又對應著幾種選擇。在這樣的賽局中，以一個可以涵蓋賽局中全部選擇的樹狀圖，作為視覺輔助工具，有助於我們進行正確的推理。現在就示範如何運用。

決策樹與賽局樹

即使一個孤立的決策者，置身於一個有其他參與者的策略賽局中，也可能會面對需要向前預測、倒後推理（look forward and reason backward）的決策過程。例如，走在黃樹林中的美國詩人佛洛斯特（Robert Frost）：

> 兩條路在樹林裡分岔，而我，
> 我選擇人跡罕至的那一條，
> 從此一切變了樣。[1]

我們可以對此圖示如下：

到此未必就不用再選擇了。每條路後面可能還會有分岔，這個圖相對地會變得越來越複雜。以下是我們親身經歷的一個例子。

從普林斯頓到紐約旅行會遇到幾次選擇。第一個決策點是選擇旅行的方式：搭乘巴士、火車還是自己開車。選擇自己開車的人接下來就要選擇走費拉扎諾橋、霍蘭隧道、林肯隧道還是華盛頓橋。選擇火車的人必須決定是在紐華克換

乘 PATH 列車，還是直達紐約 Penn 車站。等進入紐約，搭乘火車或巴士的人還必須決定怎樣抵達目的地，是步行、搭地鐵（本地地鐵還是高速地鐵）、公車還是計程車。最佳選擇取決於多種因素，包括價格、速度、不可避免的交通堵塞、最終目的地所在，以及對紐澤西收費公路上的空氣污染的厭惡程度等等。

　　這個路徑圖畫出了你在每個岔路口的選擇，看起來就像一棵枝繁葉茂的大樹，所以稱為「決策樹」。正確使用這張圖的方法，絕不是選擇第一個分支看上去最簡單的路線。例如，各種方式的其他條件相同時，你會更喜歡自己開車而不是搭火車，然後「到達下一個岔路口的時候再穿過費拉扎諾橋」。相反的，你應該推估以後將面臨的選擇，然後做出初步決策。舉個例子，如果你想去市區，搭 PATH 列車會比開車好，因為搭 PATH 列車可以從紐華克直達市區。

　　我們可以透過下圖來描述一個策略賽局中的選擇。不過，現在圖中出現了一個新元素。我們遇到了一個有兩個人或更多人參與的賽局。沿著這棵樹的各個決策點，可能是不同的參與者在進行決策。每個參與者在前一個決策點做決策時必須向前預測，不僅要預測他自己的未來決策，還要預測其他參與者的未來決策。他必須推測其他人的下一步決策，辦法就是想像自己站在他們的位置，按照他們的思維方式思考。為了強調這個做法與前一個做法的區別，我們把反映策略賽局中決策過程的樹稱為**賽局樹**（game tree），而把**決策樹**（decision tree）用來描述只有一人賽局的情形。

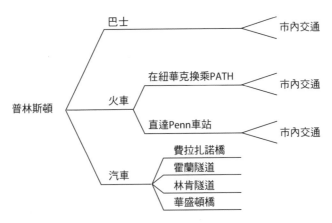

:: 足球賽和商界中的查理布朗

儘管本章開頭提到的查理・布朗的故事非常簡單，不過把故事轉化成以下的圖示，你就可以更加熟悉賽局樹。在賽局起點，當露西發出邀請時，查理・布朗面臨是否接受邀請的決策。假如查理拒絕了，那麼這場賽局到此為止。假如他接受邀請，露西就面臨兩個選擇，一是讓查理踢球，二是把球拿開。我們可以透過在路上添加另一個分叉的方法說明這一點。

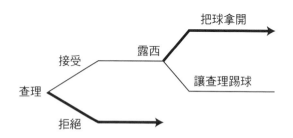

正如我們先前所述，查理應該預料到露西一定會選擇上面那個分支。因此，他應該站在露西的立場，從這棵樹上剪掉下面那個分支。現在，如果他再選擇自己上面的那個分支，結局一定是四腳朝天。因此，他最好選擇下面的分支。我們用加粗的帶箭頭的分支來表示這些選擇。

你是否認為這個賽局太微不足道？以下是一個商業界的版本。設想以下情況，已成年的查理目前正在（假設）弗里多尼亞國（Freedonia）度假。他和當地的一個生意人弗里多（Fredo）聊了起來，弗里多談起一個只要投入資金就可以獲利的絕佳機會，他大聲說道：「你給我 10 萬美元，一年後我會把它變成 50 萬美元，到時候我和你平分這筆錢。所以，你將在一年內獲得兩倍以上的錢。」弗里多所說的機會確實令人嚮往，何況他很樂意按照弗里多尼亞的法律規定簽訂一份正式合約。但弗里多尼亞的法律有多可靠？如果一年後弗里多捲款潛逃，已經返回美國的查理能向弗里多尼亞的法院要求執行這份合約嗎？法院有可能會偏袒自己的國民，或者可能效率很低，又或者可能被弗里多收買。

因此，查理實際上是在和弗里多進行一場賽局，賽局樹如下圖所示。（注意，如果弗里多遵守合約，他會付給查理 25 萬美元；則查理獲得的利潤等於 25 萬美元減去初始投資 10 萬美元，即 15 萬美元。）

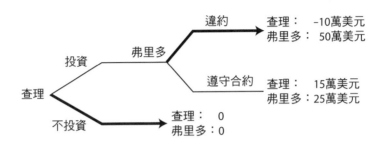

你認為弗里多會怎麼做？在沒有十足相信弗里多承諾的情況下，查理應該預料到弗里多一定會捲款潛逃，就像小查理確定露西一定會把球拿開一樣。事實上，兩個賽局樹在本質上是相同的。但是，面臨這樣的賽局時，多少「查理」做出了錯誤的推理？

有什麼理由可以讓查理相信弗里多的承諾？或許，弗里多同時也和某些企業做生意，這些企業需要在美國融資或者出口商品到美國去。那麼，為了報復弗里多，查理很有可能會破壞弗里多在美國的聲譽或者直接扣押他的貨品。所以，這個賽局可能只是更大賽局的一部分，或許是一個持續進行的過程，以此確定弗里多的誠信。但是，在我們上述說明的一次性賽局中，這種倒後推理的邏輯已經是非常清楚了。

我們希望藉由這個賽局得到三點結論。第一，不同的賽局可以採用相同的或者極為相似的數學形式（賽局樹，或者在以後章節中提到的用來描述賽局的圖表）。用這種形式來進行思考，反過來又凸顯出各種賽局的相似性，你會更得心應手地將某個賽局的知識運用到其他賽局。這是所有學科理論的重要功能：它萃取出各種不同狀況的相同本質，使得個人能夠以一種統一而簡化的方式對各種情況進行思考分析。許多人本能地討厭所有理論，但我們認為這反應是錯

誤的。當然，理論確實有其侷限性，特殊的情境和經驗通常會擴充或修正理論的某些方法。但是，拋棄所有理論就相當於拋棄一個有價值的思考出發點，一個克服難題的立足點。當你進行策略思維時，你應該把賽局理論當朋友，而不是困擾。

第二，弗里多應該意識到，具有策略思維的查理一定會懷疑他所說的話的可靠性，而且根本不會投資，這樣，弗里多就失去了賺取 25 萬美元的機會。因此，弗里多有強烈的動機使其承諾值得相信。作為一個生意人，他對弗里多尼亞國脆弱的法律體系幾乎沒有任何影響力，因此並不能以此來打消這位投資者的疑慮。他還有其他辦法讓自己的承諾可信嗎？我們將會在第 6 章和第 7 章檢視常見的誠信問題，並介紹一些達到可信的方法。

第三，或許也是最重要的一個結論，比較參與者「不同的」選項所帶來不同結果。一個參與者得到更多，並不一定代表另一個參與者會得到更少。查理選擇投資而弗里多選擇遵守合約這種對雙方都有利的情形，優於查理根本不投資的情形。和運動賽事或其他比賽不同，賽局不一定非要有勝出者和失敗者；用賽局理論的術語來說就是，它們並不一定是**零和賽局**，即賽局可能出現雙贏（win-win）和雙輸（lose-lose）的結果。事實上，共同利益（比如，若弗里多有辦法給出遵守合約的堅定承諾，則查理和弗里多雙方都能獲益）和衝突（比如，若弗里多在查理投資之後捲款潛逃，查理就要付出極高的代價）的結合同時存在於商界、政界以及社會往來活動的大多數賽局中。這正是使得分析這些賽局如此有趣並具挑戰性的原因。

:: 更複雜的樹

我們從政界找到了一個例子，用來介紹更複雜一點的賽局樹。有一幅諷刺美國政界的漫畫提到，國會希望增加建設經費支出，而總統則希望削減國會通過的這些巨額預算。當然，在這些經費支出中，有總統喜歡的、也有總統不喜

歡的，而他們也只想削減那些不喜歡的經費支出。要達到這個目的，總統必須有削減一些特定預算專案的權力或者逐項否決權。1987 年 1 月，雷根總統在國情咨文談話中口若懸河地說道：「給我們和 43 位州長一樣的權力——逐項否決權，我們就可以減少不必要的經費支出，削減那些永遠不應獨自存在的計畫。」

乍看之下，似乎擁有法案的部分否決權是在擴張總統的權力，而絕對不會給他帶來任何負面結果。但是，總統沒有這個權力可能更好。原因在於，逐項否決權的存在，會影響國會通過法案時的策略。以下這個簡單的賽局說明了逐項否決權將如何影響國會的策略。

為方便說明，假設 1987 年的局勢如下：有兩個支出計畫正在被評估：都市更新（U）和反彈道飛彈系統（M）。國會喜歡前者，而總統喜歡後者。但相對於維持現狀來說，雙方都更想讓兩個法案都通過。下面的表格顯示雙方參與者對可能出現的情況的評價，其中 4 代表最好，1 代表最差。

結果	國會	總統
U 和 M 都通過	3	3
只有 U 通過	4	1
只有 M 通過	1	4
U 和 M 都未通過	2	2

當總統沒有逐項否決權時，賽局樹如下圖所示。總統會簽署同時包括 U 和 M 的法案，或者只包括 M 的法案，但會否決只包括 U 的法案。國會很清楚這一點，所以會選擇兩個項目都包括的法案。同樣，我們還是用加粗的箭頭來表示每一個決策點的選擇。注意，我們有必要在總統必須做出選擇的所有決策點都做這樣的標記，即使其中一些決策點已經標記了國會的上一步選擇。這麼做的理由在於，國會的實際行動深受其對每種選擇之後總統將如何行動的算計所影響；要說明這一邏輯，我們必須把所有邏輯上可能的情況下，總統的行動選擇表示出來。

我們對該賽局的分析結果是，雙方都只得到了自己次佳的結果（評價為3）。

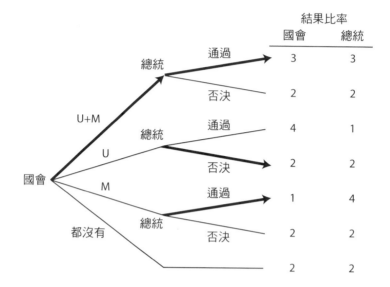

接下來，我們假設總統擁有逐項否決權。於是該賽局變成了如下所示。

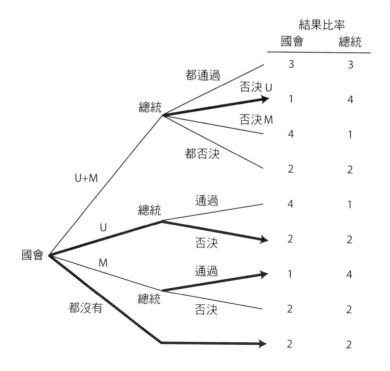

現在，國會預料到若自己讓兩個計畫都通過，則總統就會選擇否決 U，只留下 M。因此，國會的最佳行動是，要麼只通過 U，然後眼睜睜地看著它被否決，要麼哪個專案也不通過。或許，如果國會可以藉由總統否決獲得政治積分，那麼國會可能會傾向於前一種行動，但總統同樣也有可能透過拒絕預算來得分。我們假設兩者相互抵消，於是這兩個選擇對國會來說是無差別的。但是，這兩個選擇只給雙方帶來了第三好的結果（評價為 2）；甚至對總統而言，他得到的結果也因其擁有的額外選擇自由而變得更糟。[2]

這場賽局指出了一個重要且具有普遍性的觀點。在單人決策中，更大的行動自由可能永遠沒壞處；但是在賽局中，它卻可能對參與者不利，這是因為他擁有的行動自由，會影響其他參與者的行動。反之，「綁住自己的雙手」可能會有幫助。我們將在第 6 章和第 7 章探討「承諾優勢」。

我們已經將賽局樹的倒後推理方法運用到一個微不足道的賽局中（查理・布朗的故事），之後又擴展到一個更複雜的賽局中（逐項否決權）。無論賽局多麼複雜，基本的原理仍然是適用的。但是如果在賽局樹中，每個參與者在每個決策點上都有幾個選擇，而且每個參與者都要開展多次行動，那麼，賽局樹可能會變得太複雜，以至於畫不出或者難以使用。舉個例子，在西洋棋賽局中，有 20 個分支從第一個決策點發散出去——白方可以將自己的 8 個兵中的任何一個往前走一格或兩格，或者 2 個馬中的任何一個往前走一格或兩格。對應於白方的每種選擇，黑方也有 20 種走法，因此，我們就已經得到 400 種不同的路徑了。其後的各個決策點發散出的分支可能會更多。要運用賽局樹的方法使西洋棋問題得到完全解決，是大多數現存的乃至往後數十年內可能發明出來的最強大的電腦也力所不及的。在本章後面部分，我們將討論棋藝大師是如何解決這個問題。

在這兩種極端的情況中間，還有很多中等複雜的賽局，這些賽局出現在商界、政界以及日常生活中。有兩種方法可以用來解決這樣的賽局。第一，電腦

程式可以構建賽局樹並計算出結果[3]。或者，很多中等複雜的賽局可以透過樹形的邏輯分析得到解決，而無須真的畫出賽局樹。我們將藉由一個電視遊戲節目中的賽局，來說明這種方法。在這個賽局中，每個參與者都盡力去比其他人玩得更好、更聰明且留在場上更久。

「倖存者」的策略

CBS 的《倖存者》節目以許多有趣的策略賽局著稱。在《倖存者：泰國》第 6 集中，由兩個小組或兩個部落參與的遊戲，無論在理論上還是在實務上，都不失為一個向前預測、倒後推理的好例子[4]。在兩個部落之間的地面插著 21 支旗，雙方要輪流移走這些旗。在輪到自己時，可以選擇移走 1 支、2 支或 3 支旗。（這裡，0 支旗代表放棄移走旗的機會，是不允許的，也不允許一次移走 4 支或 4 支以上的旗。）由拿走最後 1 支旗的一組獲勝，無論這支旗是最後 1 支，還是 2 支或 3 支旗中的一支[5]。輸的一組必須淘汰掉自己的一個組員，這樣該組在以後比賽中的能力就會減弱。事實證明，這種損失會非常關鍵，因為對方部落的成員將繼續參加比賽，爭奪 100 萬美元的最終獎金。因此，找出比賽的正確策略會非常有價值。

這兩個部落名為 Sook Jai 和 Chuay Gahn，由 Sook Jai 先發。他們一開始拿走了 2 支旗，還剩下 19 支。在繼續讀下去之前，先停下來想一想。如果你是 Sook Jai 部落的成員，你會選擇拿走多少支旗？

把你的選擇記下來，然後繼續往下讀。為了搞清楚這個遊戲應該怎麼玩，並且把正確策略與兩個部落實際上採取的策略進行比較，兩個十分有啟發性的小事件值得注意。第一個小事件是，在遊戲開始前，每個部落都有幾分鐘時間讓成員討論。在 Chuay Gahn 部落的討論過程中，其中一個成員、非裔美國軟體開發工程師羅格斯指出：「最後一輪時，我們必須留給他們 4 支旗。」這是正確的：如果 Sook Jai 部落面臨 4 支旗，他們只能移去 1 支、2 支或 3 支旗，

與此相對應，Chuay Gahn 部落在最後一輪中分別移去剩下的 3 支、2 支或 1 支旗，最終 Chuay Gahn 部落就可以取勝。實際上，Chuay Gahn 部落確實得到並正確地利用了這一機會：在面臨 6 支旗時，他們拿走了 2 支。

但是，還有另外一個有啟發性的小事件。在前一輪，就在 Sook Jai 從剩下的 9 支旗中拿走 3 支返回後，安——一個好辯、能言善道、很為自己的分析能力自豪的參賽者，突然意識到：「如果 Chuay Gahn 現在取走 2 支旗，我們就糟了。」所以，Sook Jai 剛才的行動其實是錯誤的。他們本應該怎麼做呢？

安或者 Sook Jai 部落的其他成員本來應該像羅格斯那樣推理，除了實踐在下一輪給對手留下 4 支旗這一邏輯推理之外，你又怎樣才能確保在下一輪時給對手留下 4 支旗呢？方法是在前一輪中給對方留下 8 支旗！當對方在 8 支旗中取走 3 支、2 支或 1 支時，接下來輪到你時，你再取走 3 支、2 支或 1 支，才能依計畫給對方留下 4 支旗。所以，Sook Jai 本來可以只在剩下的 9 支旗中取走 1 支，從而扭轉局面。雖然安的分析能力很強，但為時已晚！或許羅格斯有著更好的分析洞察力。但真的是這樣嗎？

Sook Jai 怎麼會在前一輪面臨 9 支旗呢？因為 Chuay Gahn 在前一輪中從剩下的 11 支旗中取走了 2 支。羅格斯的推理本來應該再倒後一步。Chuay Gahn 本來可以取走 3 支旗，留給 Sook Jai 8 支旗，這樣，Sook Jai 就會面臨輸掉比賽的局面。

同樣的推理可以再倒後一步。為了給對方留下 8 支旗，你必須在前一輪給對方留下 12 支旗；要達到這個目的，你還必須在前一輪的前一輪給對方留下 16 支旗，在前一輪的前一輪的前一輪給對方留下 20 支旗。所以，Sook Jai 本來應該在遊戲開始時只取走 1 支旗，而不是實際上取走的 2 支。這樣的話，Sook Jai 就可以在連續幾輪中分別給 Chuay Gahn 留下 20 支、16 支……4 支旗，確保取勝*。

現在來思考一下 Chuay Gahn 部落在第一輪應該選擇多少支旗。他們面臨

著19支旗。如果他們當時充分利用倒後推理的邏輯，他們就本應該取走3支旗，給 Sook Jai 留下 16 支旗，也就踏上了必勝之路。在比賽中間，無論對方在哪一個點犯了錯誤，接下來輪到的那個部落都可以抓住主動權，從而獲勝。但是很遺憾，Chuay Gahn 也沒有很完美地玩好這個遊戲[†]。

下表對賽局的每個決策點上的實際行動和正確行動進行對照。（「不行動」表示若對手的行動是正確的，那麼自己的任何行動選擇都必然會失敗。）你可以看到，除了 Chuay Gahn 在面臨 13 支旗時的選擇是正確的之外，幾乎所有的選擇都是錯的。而當時 Chuay Gahn 一定是偶然選對的，因為在下一輪面臨 11 支旗時，他們本應取走 3 支旗，卻只取走了 2 支。

部落	移動前旗子數	拿走的旗子數	獲勝應取走的旗子數
Sook Jai	21	2	1
Chuay Gahn	19	2	3
Sook Jai	17	2	1
Chuay Gahn	15	1	3
Sook Jai	14	1	2
Chuay Gahn	13	1	1
Sook Jai	12	1	不移動
Chuay Gahn	11	2	3
Sook Jai	9	3	1
Chuay Gahn	6	2	2
Sook Jai	4	3	不移動
Chuay Gahn	1	1	

---

* 是不是在所有賽局中，先採取行動的人一定會贏呢？並不是。在旗子遊戲中，如果一開始時的旗子是 20 支而不是 21 支，那麼後行動者一定會贏。另外，在一些賽局中，比如 3×3 的連環遊戲，每個參與者一定都可以透過正確的策略打成平手。

† 這兩個核心人物的命運也很有趣。安在下一集時又一次嚴重誤判而出局，在 16 個參賽者中排名第 10。泰德顯得更加冷靜，或許在某種程度上也更有技巧，他在倒數第 5 集時出局。

　　在你苛責這兩個部落前必須意識到，即使學會怎樣玩一個非常簡單的賽局，也是需要時間和經驗的。我們已經在課堂上讓各組學生玩過這個遊戲，結果發現，常春藤聯盟的一年級學生需要玩三次甚至四次後才能進行完整的推理，並且從第一步行動開始就一直採取正確的策略。（當時我們叫你選擇的時候，你選擇了多少支旗？你是如何推理的？）順便提一句，人們似乎透過觀察別人玩賽局，比自己玩賽局學得更快；也許這是因為作為一個觀察者比當參與者更容易觀照全局，並冷靜地進行推理。

　　為了加深你對推理邏輯的理解，我們提供了本書第一個「賽局思考題」——你可以練習一下這些問題，以此磨練對策略思維的運用技能。答案請參閱本書「賽局思考題題解」。

　　既然你已透過這些練習而深受鼓舞，那我們就繼續來檢視整個賽局課題中普遍存在的策略問題吧。

♟ 賽局思考題①

讓我們把這個旗子遊戲改成一個棘手的問題：現在，拿到最後 1 支旗的隊伍就輸了。現在還剩 21 支旗，該你行動了，你會如何取旗子呢？

賽局何以逆推可解

　　21 支旗賽局有個特性使該賽局完全可解，那就是：沒有任何不確定性存在：不論是某些自然的機會因素，或是其他參與者的動機和能力，或者是他們的實際行動，都沒有不確定性。這似乎是很容易得出的結論，但仍需要詳細闡述。

　　首先，在賽局的任何一個決策點，當輪到一個部落行動時，該部落清楚知道當時的情況，也就是還剩下多少支旗。而在許多賽局中，會有一些自然產生或由機率之神決定的純偶然元素。例如，在許多卡片遊戲中，當一個玩家做出

選擇時，他並不確定別人手中拿的是什麼牌，雖然其他人先前的行動可能會露出一些蛛絲馬跡，讓人據此推測他們手中的牌。在接下來的一些章節中，我們的例子和分析將會涉及一些包含這種自然機會元素的賽局。

其次，當一個部落做出選擇時，它清楚地知道對方部落的目標，那就是要取得最後勝利。而查理‧布朗也本應知道露西喜歡看到他出糗。在很多簡單的遊戲或運動賽事中，參與者也能清楚知道對手的目的。但是在商界、政界以及社交活動中的賽局未必如此。在這樣的賽局中，參與者的動機是自私或利他、關注正義或公平、短期考量或長期考量等的複雜混合體。為了弄清楚其他參與者將在賽局中隨後的決策點做出何種選擇，有必要知道他們的目標是什麼，以及在多重目標的情況下，他們如何權衡這些目標。但你幾乎永遠無法確切知道這點，所以必須做有根據的猜測。你不可以假定對方有著和你一樣的偏好，或者是像虛構的「理性人」那樣行動，你必須真正考量他們的處境。要站在對方的立場思考並不容易，而且當你的情緒捲入到自己的目標和追求時，常常會使情況變得更複雜。我們將在本章後面部分以及本書的不同重點中，繼續討論這種不確定性。在這裡，我們僅僅指出：對於其他參與者動機的不確定性問題，向客觀的第三方（策略顧問）尋求建議，可能對你會有所幫助。

最後，在許多賽局中，參與者必然面臨其他參與者選擇的不確定性問題；為了將這種不確定性與自然機率（如發牌的順序或者球在不光滑表面上反彈的方向）加以區隔，我們有時把這種不確定性稱為策略不確定性。21支旗賽局中沒有策略不確定性，因為每個部落都能看到並清楚知道對方之前的行動。但是在很多賽局中，參與者同步採取行動，或者由於輪換的速度太快，使參與者無法看清對方到底採取了什麼行動，然後再據此做出反應。足球守門員在面對罰球時，必須在不知道射門員會把球踢向哪個方向的情況下，決定向左移還是向右移；一個優秀的射門員會一直隱藏自己的意圖，直到最後一分鐘，而那時守門員已經來不及做出反應了。同樣的道理也適用於網球和其他運動中的發球和

傳球。在密封競標拍賣中，每個參與者都必須在不知道其他競標者選擇的情況下做出自己的選擇。換句話說，在很多賽局中，參與者必須同步行動，而不是按事先設定的順序行動。在這樣的賽局中，選擇自己行動的思維方法，會和像21支旗這種單靠倒後推理的逐步行動賽局非常不同，甚至在某些方面還要更難；每個參與者必須意識到，其他參與者是在進行有意識的選擇，而且反過來也在思考他的對手在想什麼。在接下來的幾章中，我們討論的例子將闡述**同步行動賽局**（simultaneous-move games）的推理和解決方法。但是，在本章，我們只集中討論**逐步行動賽局**（sequential-move games），比如21支旗賽局，以及我們後面將討論的更複雜的西洋棋賽局。

:: 人們真的是用倒後推理來求解賽局嗎？

沿著賽局樹倒後推理，是分析和求解逐步行動賽局的正確方法。既非出於自覺、也無法靠直覺這樣做的人，實際上是在降低自己的成功機會；這些人應該讀讀本書，或者請一位策略顧問。但逐步行動賽局只是對倒後推理理論的一個參考性或原則性的應用。該理論是否跟大多數科學理論一樣，具有更廣泛的解釋力或者真實的價值呢？換句話說，我們能否在實際參與賽局時，得到正確的結果？從事行為經濟學和行為賽局理論這兩個新奇有趣領域的研究者已經進行了試驗，並得到了各種各樣的證據。

看起來最具破壞力的批判來自**最後通牒賽局**（ultimatum game）。這是最簡單的談判賽局：只有一個「要麼接受，要麼放棄」的提議。最後通牒賽局中有兩個參與者，一個是「提議者」A，另一個是「回應者」B，還有一筆錢100美元。賽局開始時，參與者A先提出一個兩人瓜分100美元的方案。然後參與者B決定是否同意A的提議。如果B同意，就實施這提議，然後每個人將獲得A提議的比例的錢，賽局結束；如果B不同意，那麼兩個人都將一無所獲，賽局結束。

暫時停下來想一想。如果你是 A，你會提議怎樣分配 100 美元？

現在思考一下，如果兩位參與者是傳統經濟理論觀點下的「理性人」，即，每個人只關心自己的利益，且總能找到追求自身利益的最優策略，那麼賽局會怎樣進行下去？提議者 A 會這樣想：「無論我提議怎樣分，B 都只能在接受提議或一無所獲之間進行選擇。（這個賽局是一次性賽局，因此 B 沒有理由建立一種強硬的形象；或者在將來的 B 可能成為提議者的賽局中，對 A 的行動針鋒相對；或者任何諸如此類的事。）所以，無論我的提議是什麼，B 都會接受。我可以給 B 最少的錢，使自己得到最好的結果，例如只給他 1 美分，如果 1 美分是賽局規則所允許的最低金額的話。」因此，A 一定會提議給 B 這一最低金額，而 B 只能選擇接受[*]。

再停下來想想。如果你是 B，你會接受 1 美分嗎？

這個賽局已經做過大量的實驗[6]。實驗者通常先讓 24 個左右的受試者聚集在一起，並讓他們隨機配對。每一對都要指定一個提議者和一個回應者，然後進行一次賽局。接著再次隨機組成新的組合，重來一局。通常，參與者不知道他們會在賽局中和誰配對，因此，雖然實驗者能從同一個群體的同一種試驗得到幾個不同的觀察結果，但其中並不會有足以影響人們行為的持續性關係。在這個常態性架構下，實驗者嘗試了許多不同的條件，來分析這些條件對結果的影響。

你從對自己作為提議者和回應者應該如何行動的思考中，可能已經意識到，這個賽局的實際結果應該與上述的理論預測結果不同。的確，它們之間有差異，而且通常差異很大。給予回應者的金額隨著提議者的不同而不同。但是，實際提議 1 美分或 1 美元，或者低於總金額 10% 的情況非常罕見。平均提議金額（一半提議者提議的金額比這個金額少，另一半則比這個金額多）在總金額

---

[*] 此論證是無須畫出賽局樹來進行樹邏輯分析的另一個例子。

的 40% ～ 50% 之間；很多實驗中，50：50 的平分比例是唯一最常見的提議。少於總金額 20% 的提議被拒絕的機率是 50%。

♛ **賽局快速思考題》反向最後通牒賽局**

在這個最後通牒賽局的變形中，A 向 B 提議怎樣分配 100 美元。如果 B 接受，這 100 美元就按提議在兩人之間分配，賽局結束。如果 B 不同意，那麼 A 必須決定是否再提出別的建議。之後 A 的每個提議都一定對 B 更有利。直到 B 同意提議或 A 不再提出建議時，賽局結束。你認為這個賽局的結果會怎樣？現在，我們可以假設 A 會一直提出建議，直到他提議給 B 99 美元，給自己 1 美元時才會停止。因此，根據樹邏輯分析，B 應該得到幾乎整個大餅。如果你是 B，你會一直等到 99:1 的分配比例才接受嗎？我們建議你最好別這樣。

不理性 vs. 利他的理性

為什麼提議者會給回應者相當大的比例呢？有三個原因可以解釋這個現象。第一，提議者可能不懂如何正確的倒後推理。第二，除了是拿越多越好的極端自私鬼之外，提議者可能還有其他考量；比如利他傾向，或者在乎公平問題。第三，他們可能擔心回應者會拒絕較低的金額。

第一個原因不可能，因為在這個賽局中倒後推理的邏輯實在太簡單了。在比較複雜的情況下，參與者有可能無法完全地或正確地進行必要的推理，尤其是當參與者初次參與這個賽局時，就像我們在 21 支旗賽局中所看到的。但是，最後通牒賽局實在太簡單了，即使對初次接觸的參與者來說也一樣。所以，一定是第二個或第三個原因，或者兩者兼具。

早期的最後通牒實驗得出的結果傾向於第三個原因。事實上，哈佛大學的艾爾・羅斯（Al Roth）及其團隊發現，如果給大多數受試者一定的拒絕權，提

議者將會在「讓自己取得最多」的可能性，與「遭到拒絕」的風險之間，找到最佳平衡方案。這代表提議者相當具有一般所認知的理性。

然而，我們對第二個和第三個原因的區分，得出了另外的觀點。為了區分利他主義和策略擬定，我們使用該賽局的變形做了一些實驗，該變形稱為**獨裁者賽局**（dictator game）。在獨裁者賽局中，提議者獨自決定怎麼瓜分這筆錢；而對手（回應者）對這件事情根本沒有發言權。結果是，獨裁者賽局中提議者分給回應者的平均金額遠遠小於最後通牒賽局中他們所提供的平均金額，但他們分配給回應者的金額又明顯大於零。因此，上述兩個解釋都有其道理。在最後通牒賽局中，提議者的行為既有慷慨的一面，也有策略性的一面。

慷慨的一面是出於利他主義還是出於對公平的重視？這是人傾向「會關心他人」的兩個不同面向。這個實驗的另外一個變形也有助於區分這兩個可能性。在之前的基本賽局中，受試者先隨機配對，然後透過隨機的方式指定提議者和回應者，例如透過拋硬幣的方式。這可能使參與者有一種公平或公正的感覺。為了免去這種感覺，該實驗的一個變形是透過舉行一場初賽來指定受試者的角色，例如一個常識測驗，然後指定獲勝者為提議者。這會使提議者有一種權力感，導致他們給回應者的金額平均減少了 10%。然而，平均金額仍遠遠大於零，這表示，在提議者的思維中有一種利他主義的成分。要記住，他們並不知道回應者的身分，因此，這一定是一種普遍的利他意識，而不是只關心個人福利。

個人偏好選擇實驗的第三個變形也是可能的：奉獻可能源自羞恥心的驅動。伊利諾州立大學的傑森・達納（Jason Dana）、耶魯管理學院的黛莉安・凱恩（Daylian Cain）以及卡內基美隆大學的羅賓・道斯（Robyn Dawes）用如下的獨裁者賽局變形做了一項實驗[7]。實驗者要求獨裁者分配 10 美元。在獨裁者做出分配決定之後，還沒有把錢交給回應者之前，獨裁者得到了如下提議：你可以得到 9 美元，而對方將一無所獲，並且他們永遠也不會知道自己曾是這個實驗的一部分。大多數獨裁者都接受了這個提議。他們寧願放棄 1 美元，來確保

對方永遠不知道他們有多貪婪。（一個利他的人會更願意給自己留 9 美元，把 1 美元給對方，而不是給自己留 9 美元，卻讓對方一無所獲。）甚至當獨裁者只能拿到 3 美元時，為了讓對方一無所知，他也寧願拿走這點兒錢。這就像為了避免給乞丐一點施捨，而花大筆錢繞行別的街道那樣。

　　觀察一下這些實驗的兩個要點。第一，它們都遵循科學的標準方法：透過設計合適的變形實驗來檢驗假說。人們在這裡提及幾個主要變形。第二，在社會科學中，通常同時存在多個原因，每個原因都能解釋同一個現象的一部分。假設不一定是完全正確或完全錯誤的；接受其中一個假設並不表示排斥其他所有假設。

　　現在，思考一下回應者的行為。在知道接下來的拒絕提議金額所獲得的可能更少之下，為什麼會拒絕？這麼做的理由不可能是想要建立一個強勢談判者的形象，以便在以後的賽局中或其他分配賽局中得到較好的結果。同一對參與者不會再次對陣，並且以後的搭檔也不會知道對方以往的行為記錄。即使隱約有建立形象的動機，它也必須採取更深刻的形式：回應者遵循某個普遍的行動規則，而無須在各種情況下都進行仔細的思考和算計。這種形式一定是一種直覺的行動，或者是一個情感驅動的回應。而這也的確是事實。在實驗研究領域新誕生的一個分支——神經經濟學（neuroeconomics）中，當受試者做出各種經濟決策時，實驗者用功能性磁共振造影（fMRI）或正子斷層掃描（PET）掃描了他們的大腦活動。在最後通牒賽局實驗時，實驗者發現，當提議者的提議越來越不公平時，回應者的前腦島（anterior insula）也越來越活躍。由於前腦島對情緒（如生氣、厭惡）敏感，所以它有助於解釋回應者為什麼會拒絕不平等的提議。相反的，當它接受不平等的提議時，回應者左邊的前額皮質會更加活躍，這表示他在進行有意識的控制，在做自己厭惡的事和獲得更多金錢之間進行權衡[8]。

　　許多人（尤其是經濟學家）認為，雖然在實驗中，回應者可能會拒絕實驗

室提供的微小金額的微小比例，但在現實世界中，利益金額通常大得多，回應者再拒絕微小的比例就非常不可能了。為了檢驗這個說法，人們改在幾個比較貧窮的國家做最後通牒賽局實驗，在這些國家，實驗金額相當於參與者幾個月的收入。拒絕的可能性確實變得微乎其微，但是提議者卻沒有明顯變得更加吝嗇。因為對提議者而言，遭到拒絕的後果變得更嚴重，比他們的行為給回應者帶來的後果還要嚴重，因此，擔心遭到拒絕的提議者，可能會更加謹慎行事。

雖然一些行為可以透過本能、荷爾蒙或者大腦中的情感得到部分解釋，但有些行為也會隨著文化的不同而不同。在不同國家所做的實驗中，實驗者發現，關於怎樣的提議才算合理的觀念，不同文化之間的差異度高達 10%，但是像侵略性或強硬性這樣的感受，不同文化之間的差異則較小。只有一個群體與其他群體有明顯的不同：在秘魯亞馬遜河畔的馬奇根加部落（Machiguenga），提議者提供的比例很小（平均 26%），卻只有一個提議遭到拒絕。人類學家解釋說，那是因為馬奇根加人以小家庭為單位生活，他們和社會隔離，而且沒有什麼分享原則。與此相反，有兩個國家提議額超過了 50%；這兩個國家有一種習俗，那就是當一個人好運降臨時，他會十分慷慨地贈予其他人，而接受者有義務在將來更慷慨地給予回報。這個準則或習慣似乎也影響了這個實驗，雖然參與者並不知道他將要把錢給誰，或者誰將要把錢分給他[9]。

:: 公平和利他主義的演化

從這些最後通牒賽局實驗以及類似的相關實驗中，我們應該學到什麼？基於每個參與者都只關心自身利益的假設，運用倒後推理理論所得到的結果與實驗結果大相徑庭。正確的倒後推理和自私自利，哪個假設是錯誤的？或者是否有一個組合？它們意味著什麼？

我們首先思考倒後推理假設。在《倖存者》節目中的 21 支旗賽局中，我們看到，參與者沒能正確或徹底進行倒後推理。但那是他們第一次玩這個遊戲，

甚至在當時，他們的討論也顯示出了短暫的正確推理。我們的課堂實驗顯示，學生在玩或看別人玩這個賽局三、四次之後，便徹底學會了倒後推理。許多實驗不可避免或者基本上是有意選擇那些初次接觸賽局的人作為受試者，這些人在賽局中的行動通常也是學習賽局的過程。現實的商界、政界和專業運動賽事中，人們對他們參與的賽局十分有經驗。我們希望參與者能積累更多經驗，不論是利用推理，還是靠訓練出來的本能，都能採取大致正確的策略。對於一些稍微複雜的賽局，有策略意識的參與者可以使用電腦或聘請顧問來進行推理；這種做法雖然比較少見，但一定很快就會推廣開來。因此，我們相信，倒後推理仍然是我們分析這類賽局以及預測其結果的出發點。接下來，我們將在特定背景下對第一步分析做出必要的修改，我們必須認識到初學者可能會犯錯，而且某些賽局可能會變得太過複雜，以至於無法單靠自己解決。

我們認為，從這些實驗性研究中所得到更重要的啟示是，人們在選擇時，除了考量自身利益之外，還會考量許多其他因素和偏好。這使我們超越了傳統經濟學的範疇，在進行賽局理論分析時，我們還應當思考參與者對公平或利他主義的態度。「行為賽局理論**延伸**了理性假設，而非拋棄了理性假設。[10]」

這一切都在往好的方向發展；更全面地理解人們的動機，可以加深我們對經濟決策制定和策略互動的理解。而且這的確實實在在地發生著；在賽局理論的新研究中，正日益將平等、利他主義及類似的動機納入參與者的目標（甚至包括對獎勵或懲罰那些遵守或違背這些規範的參與者的評價）[11]。

但我們的推理卻不應就此停步；應再前進一步，思考一下為什麼利他主義和公平動機，以及對違反規範者的生氣或厭惡感，對人們會有如此強烈的影響？這把我們帶入了猜測，不過我們在演化心理學中可以找到看來比較合理的解釋。那些向其成員灌輸公平主義和利他主義準則的集團，比那些由純粹自私的個人組成的集團，更少發生內部衝突。因此，他們的集體行動更容易取得成功，例如提供有利於全體成員的商品，或者保護公共資源。而且，在解決內部衝突時，

他們花費的努力和資源也要少得多。結果是，無論是在絕對意義上，還是在與其他沒有類似準則的集團競爭時，它們都會做得更好。換句話說，某種公平和利他的措施，可能具有演化的生存價值。

拒絕不公平提議的某個生物學證據來自泰瑞‧柏翰（Terry Burnham）做的實驗[12]。在他的最後通牒賽局版本中，利益總額是 40 美元，受試者都是哈佛大學的男研究生。分配者只有兩個選擇：給對方 25 美元，自己保留 15 美元；或者給對方 5 美元，自己保留 35 美元。對於那些只提供對方 5 美元的提議，有 20 個學生接受，6 個學生拒絕，結果自己和分配者都一無所獲。妙的是，結果證明，拒絕提議的那 6 個人的睪固酮，比那些接受提議的人高出 50%。就睪固酮與身體狀況和攻擊性相關這一點來說，這可能提供了有關基因的說法，可以解釋演化生物學家羅伯特‧崔弗斯（Robert Trivers）所謂的「道德攻擊性」（moralistic aggression）的演化優勢。

除了潛在的基因因素，社會團體在傳遞社會準則時還會採用非基因方式，即對家中嬰兒和學校孩子的教育過程及社會化過程。我們通常能看到家長和老師教育璞玉般的孩子關心他人、與人分享和友善的重要性；其中一些教誨無疑會終身牢牢印在他們的腦海裡，並影響他們一生的行為。

最後，我們想指出，公平動機和利他主義都有其侷限性。一個社會的長期進步和成功需要不斷地創新和改變。這反過來又要求人們有個人主義觀念，以及向社會準則和傳統觀念挑戰的企圖；而自私自利通常也是這些性格的特徵之一。因此，我們需要正確地平衡利己和利他的行為。

非常複雜的賽局樹

當有了一點倒後推理的經驗後，大家會發現，日常生活或工作中很多策略局勢都可以遵循「樹邏輯」加以處理，而不必特意畫出賽局樹來進行分析。其他許多中等複雜的賽局可以透過越來越完善的專業電腦套裝軟體來處理。但對

於像下棋這樣的複雜賽局，想透過倒後推理完全求解，則幾乎是不可能的。

　　理論上而言，下棋是一個理想的可以透過倒後推理加以解決的逐步行動賽局[13]。在這個賽局中：參與者輪流行動；參與者之前的所有行動都是可觀察且起手無回；局勢和參與者動機沒有不確定性。如果相同的局勢重複出現，比賽就算平局，這一規則確保比賽能在有限次行動後結束。我們可以從最末端那個決策點（或者終點）開始倒後推理。然而，理論和實踐完全是兩碼事。據估計，象棋中的決策點總共大約有 10^{120} 個，也就是 1 後面加 120 個零。一台比普通電腦速度快 1,000 倍的超級電腦，也需要 10^{103} 年才能把這些決策點全部檢視完。等待是徒勞的；即便是可以預見的電腦進化，也不可能有太大幫助。而與此同時，棋手和電腦下棋軟體工程師都做了什麼？

　　在比賽即將結束之際，棋藝大師在找出最佳策略方面一直做得非常成功。一旦棋盤上只剩下很少幾個棋子，大師級棋手就能預測比賽的結局，然後透過倒後推理來判斷一方是否一定取勝，或者另一方能否確保打成平局。但在賽局中盤階段，當棋盤上還有好些棋子時，預測局勢就困難得多了。向前預測十步，這與象棋大師在適當的時間內所能預測的步數差不多，也不可能使局勢簡化到可以使當時的局勢直到終局都得到完全解決。

　　務實的方法是將預測分析和價值判斷相結合。前者屬於賽局理論科學——向前預測，倒後推理。後者屬於下棋藝術，能夠根據棋子的數目和棋子之間的相互關係判斷出所處局面的價值，而無須從某個決策點開始向前預測，明確找出這個賽局的解決方法。棋手通常把這稱為「知識」，但你也可以把它稱為經驗、本能或者藝術。我們通常可以根據棋手掌握「知識」的深度和精度，來鑑別出誰是最佳棋手。

　　我們可以透過對大量的象棋賽局和棋手進行觀察，提煉「知識」，然後歸納出規則。對此的大部分研究都集中在開局，即棋局剛走了 10 步或 15 步時。有很多書籍對不同的開局進行了分析和比較，討論它們的優缺點。

　　電腦是怎樣做到這一點的？編寫電腦下棋程式曾經被認為是新興人工智慧科學的一部分；目的是為了設計出能像人類一樣思考的電腦。後來，人們的注意力開始轉向利用電腦做它們最擅長的事情——數位運算。電腦可以向前多預測幾步，而且預測得比人類更快[*]。到 1990 年代末期，像弗里茨（Fritz）和深藍（Deep Blue）這樣的下棋電腦，已經可以利用純粹的數位運算，與人類最優秀的象棋選手進行較量了。再後來，一些中盤局面的知識也被寫進電腦程式，這些知識是由一些最優秀的人類棋手所傳授的。

　　人類棋手的等級是根據他們的積分來評定的；最高等級的電腦已經達到了相當於 2,800 等級，這相當於世界最強的西洋棋大師加里・卡斯帕羅夫（Garry Kasparov）的水準。2003 年 11 月，卡斯帕羅夫與最新版的弗里茨電腦 X3D 進行了一場四輪賽。結果是雙方各勝一局，打平兩局。2005 年 7 月，水螅（Hydra）電腦在一場六輪賽中，以五勝一平的成績打敗了世界排名第 13 位的麥可・亞當斯（Michael Adams）。估計在不久的將來，電腦可能會成為頂級高手，然後它們之間開始相互較量，爭奪世界西洋棋冠軍。

　　大家從中學到什麼呢？它說明了思考複雜賽局的方法，這些複雜賽局是大家可能會面臨的。你應該在最大推理範圍內，把向前預測、倒後推理的規則和引導你判斷中盤局面價值的經驗結合起來。成功源於對賽局理論科學和實戰賽局藝術的綜合，而不只單憑其中之一。

一心二用

　　下棋策略說明了向前預測、倒後推理方法的另一個實用特性：你必須從參與雙方的角度來進行賽局。雖然根據複雜的賽局樹來推算自己的最佳行動已經

---

[*] 但是，優秀的棋手可以利用他們掌握的知識，立即判斷出哪步棋不該走，而不需要向前預測四五步棋後才知道其結果，這樣他們就省下了推理哪步棋比較好的時間和精力。

不容易，但預測對方的行動將比這還要困難得多。

如果你和對方真的可以分析出所有可能的行動和反行動，那麼，你們倆就會事先在整個賽局的結果將會如何的問題上達成一致。但是，一旦這個分析只限於檢視整個賽局樹的某些分支，對方就可能獲得一些你沒有、或者錯過的資訊。這樣一來，接下來對方就可能採取一個你未曾預料到的行動。

要真正做到向前預測、倒後推理，你必須預測對方實際會採取什麼行動，而不是你站在他們的立場將會採取什麼行動。問題在於，當你嘗試站在對方的立場時，要忘掉自己的立場，這雖然不是不可能，但仍然非常困難。你太清楚自己下一步的行動計畫了，而且當你從對方的角度看這場賽局時，你也很難將自己的意圖抹掉。的確，這解釋了為什麼人們不自己和自己下棋（或玩撲克）。你不可能對自己虛張聲勢，然後再出其不意地攻擊自己。

這個問題並沒有完全的解決方法。當你嘗試站在對方立場看問題時，你必須知道他們知道的資訊，不知道他們不知道的資訊。你的目標必須是他們的目標，而不是你所希望的他們的目標。在實務中，試圖對潛在商業情境中的行動和反行動進行模擬的公司，通常都會聘請局外人來扮演其他參與者的角色，這樣才可以確保他們的賽局搭檔不會知道得太多。通常，最大的收穫來自於看到了未預料到的行動後，找出導致這個結果的原因，以避免或者催化這一結果。

在本章結束時，我們回到查理·布朗是否該去踢球的問題。這是足球教練湯姆·奧斯朋（Tom Osborne）在錦標賽最後時刻面臨的真正問題。我們認為他也做錯了。透過倒後推理分析，我們可以知道他錯在哪裡。

案例分析》湯姆·奧斯朋與橘子盃決賽

在 1984 年的橘子盃橄欖球決賽中，戰無不勝的內布拉斯加州鄉巴佬隊（Cornhuskers）與曾有一次敗績的邁阿密旋風隊（Hurricanes）狹路相逢。因為鄉巴佬隊晉身決賽的戰績高出一截，所以只要打平，它就能以第一的排名結

束整個賽季。

在第四節，鄉巴佬隊以 17：31 落後。接著，它發動了一次反擊，成功觸底得分，將比分追至 23：31。這時，鄉巴佬隊的教練湯姆・奧斯朋面臨一個重大的策略抉擇。

在大學橄欖球比賽中，觸底得分一方可以從距離入球得分只有 2.5 碼的標記處開球。該隊可以選擇帶球突破或將球傳到底線區，再得 2 分；或者採用一種不那麼冒險的策略，將球直接踢過球門柱之間，再得 1 分。

奧斯朋選擇了安全至上，鄉巴佬隊成功射門得分，比分變成了 24：31。該隊繼續全力反擊，在比賽最後階段，再一次觸底得分，比分變成了 30：31。只要再得 1 分就能戰平對手，取得冠軍頭銜。不過，這樣取勝似乎不夠過癮。為了漂亮地拿下冠軍爭奪戰，奧斯朋認為他應該在本場比賽取勝。

鄉巴佬隊決定要用得 2 分的策略取勝。但歐文・費賴爾（Irving Fryar）接到了球，卻沒能得分。旋風隊與鄉巴佬隊以同樣的勝負戰績結束了全年比賽。而由於邁阿密旋風隊擊敗了鄉巴佬隊，因而最終獲得冠軍的是邁阿密旋風隊。

假設你自己處於奧斯朋教練的位置。你能不能做得比他更好？

:: 案例討論

許多星期一出版的橄欖球評論文章紛紛指責奧斯朋不應該貿然求勝，沒有保守求和。不過，這不是我們爭論的核心問題。核心問題在於，在奧斯朋甘願冒更大風險一心求勝的前提下，他選錯了策略。他本來應該先嘗試得 2 分的策略。然後，假如成功了，再嘗試得 1 分的策略；假如不成功，再嘗試得 2 分的策略。

讓我們更仔細地研究這個案例。在落後 14 分時，奧斯朋知道他至少還要得到兩個觸底得分外加 3 分。他決定先嘗試得 1 分的策略，再嘗試得 2 分的策略。假如兩個嘗試都成功了，那麼使用兩個策略的先後次序便無關緊要。假如得 1

分的策略失敗，而得 2 分的策略成功，那麼先後順序仍無關緊要，比賽還是以平局告終，鄉巴佬隊贏得冠軍。先後順序影響戰局的情況只有在鄉巴佬隊嘗試得 2 分的策略沒有成功時才會發生。假如採行奧斯朋的計畫，將導致輸掉決賽以及冠軍頭銜。相反的，假如他們先嘗試得 2 分的策略，那麼，即便嘗試失敗，他們也未必會輸掉這場比賽。他們仍然以 23：31 落後。等他們下一次觸底得分，比分就會變成 29：31。這時候，只要他們嘗試得 2 分的策略成功，比賽就能打成平局，他們就能贏得冠軍榮譽[*]！

我們曾經聽到有人反駁說，假如奧斯朋先嘗試得 2 分的策略，卻沒有成功，那麼他的球隊就會只為了打成平局而努力；這樣做將無法鼓舞士氣，他們也很可能第二次無法觸底得分。而且，等到最後才來嘗試這個已經變得生死攸關的得 2 分策略，他的球隊就會陷入成敗取決於運氣的局面。這種看法是錯的，理由有幾個。記住，如果鄉巴佬隊等到第二次觸底得分才嘗試得 2 分的策略，一旦失敗，他們就會輸掉比賽。假如他們第一次嘗試得 2 分的策略失敗，他們仍有機會打成平局。即使這個機會可能比較渺茫，但有還是比沒有強。激勵效應的論點也站不住腳。雖然鄉巴佬隊可能會在冠軍決賽這樣重大的場合大力加強進攻，但我們也可以預期邁阿密旋風隊也會加強防守。因為這場比賽對雙方同樣重要。相反的，假如奧斯朋第一次觸底得分後就嘗試得 2 分的策略，那麼在一定程度上確實存在激勵效應，從而提高第二次觸底得分的機率。這也使他可以透過兩個 3 分的射門打成平手。

從這個故事中可總結的啟示之一是，如果你不得不冒一點風險，通常是越早冒險越好。這一點在網球選手看來再明顯不過了：人人都知道應該在第一次發球時冒風險，第二次發球則必須謹慎。這麼一來，就算你第一次發球失誤，

---

[*] 而且，這將是嘗試取勝的努力失敗之後導致的平局，因此沒有人會因為奧斯朋一心想打成平局而批評他。

比賽也不會就此結束。你仍然有時間思考其他策略，並藉此站穩陣腳，甚至一舉領先。越早冒險越好的策略同樣適用於生活中的大多數方面，無論是職業選擇、投資還是約會。

更多關於向前預測、倒後推理原理的實際運用，請看第 14 章的一些案例分析：「祝你好運」「紅色算我贏，黑色算你輸」「弄巧成拙的防鯊網」「硬漢軟招」「三方對決」和「糊塗取勝」。

第3章

囚徒困境及其解方

多種情境,一個概念

以下的情境有何共同點?

- 位於同一個街角的兩家加油站,或者同一條街上的兩家超市,有時會展開激烈的價格戰。

- 在美國大選活動中,民主黨與共和黨通常都會採取中間路線,以吸引那些處於政治光譜中間的選民,卻忽略了他們那些分別持極左或極右態度的核心支持者。

- 「新英格蘭漁業的多樣性和生產力曾經是舉世無敵的。然而在過去一個世紀,由於過度捕撈而最終導致物種相繼滅絕已成為一種趨勢。大西洋比目魚、海鱸、黑線鱈和黃尾比目魚……(均被列入了)商業滅絕的物種行列。」[1]

- 在約瑟夫·海勒(Joseph Heller)的知名小說《第22條軍規》(Catch-22)結尾,第二次世界大戰勝利在望。尤塞里安不想成為勝利前夕最後一批犧牲者,因為這對於戰爭結果毫無影響,他向上司丹比少校解釋。丹比問:「可是,尤塞里安,如果大家都這麼想呢?」尤塞里安說道:「那

麼，我若是不這麼想，豈不就成了大傻瓜？」[2]

答案：這些都是囚徒困境的實例[*]。就像《冷血》第 1 章所寫到對希考克和史密斯的審訊，當人人都按照自己的個人利益行事時，每個人都有其個人動機，最終採取了對各方都不利的行為。若其中一個人招供，那麼另一個人最好也認罪，以免因抗拒從嚴而遭到嚴厲判決；反之，若其中一個人堅持沉默，另一人卻可以透過坦白從寬大大減輕自己的刑罰。的確，促使招供的力量實在太強大了，以至於每個囚徒都有招供的動機，不論雙方是真有罪（正如《冷血》中的情況），還是明明無罪卻被警方誣陷（正如電影《鐵面特警隊》〔L.A. Confidential〕中的情況）。

價格戰也是一樣。如果奈克森（Nexon）加油站的汽油較便宜，那麼盧納科（Lunaco）加油站最好也降低自己的價格，以免流失太多顧客；如果奈克森的汽油價格較高，那麼盧納科可以透過低價優勢，將奈克森的部分顧客吸引過來。但是，當兩家加油站的價格都過低時，它們誰也不會賺到錢（只有讓顧客撿了便宜）。

在美國大選中，如果民主黨採用吸引中間派的競選策略，那麼，共和黨要是只迎合他們那些處於經濟和社會右翼的核心支持者，就很可能失去中間派選民的支持，從而導致大選落敗；反之，如果民主黨只迎合其在少數民族和工會中的核心支持者，那麼共和黨可以透過採取更加中間的態度，贏得中間派的支持，從而贏得絕大多數的選票。在過度捕撈案例中，如果所有人都有節制地捕撈，那麼單憑一個漁民的過度捕撈並不會造成魚源的消耗殆盡；但是，如果所有人都過度捕撈，那麼任何一個試圖單槍匹馬保護魚源的漁民都是傻瓜[3]。而

---

[*] 答對了也沒有獎勵。畢竟，囚徒困境是本章討論的主題。但是，正如我們在第 2 章中所做的，我們藉此機會指出，賽局理論的概念性架構可能有助於我們理解各種各樣的變形問題，以及看似無關的現象。我們也應該指出，毗鄰的商店並不經常忙於打價格戰，政黨也並非總是圍繞權力中心而戰。事實上，分析和說明這類賽局中的參與者，如何能避免或解決困境，才是本章的重點。

最終結果就會是過度捕撈和物種滅絕。而在《第 22 條軍規》中，尤塞里安的邏輯，正是使得人們很難繼續支持一場敗仗的原因。

一段小小的歷史

對於這個涵蓋了經濟、政治和社會各種活動的囚徒困境賽局，理論家當時是如何建構和命名的呢？這要追溯到賽局理論學科早期的歷史。作為賽局理論先驅之一的哈樂德·庫恩（Harold Kuhn）在 1994 年諾貝爾獎頒獎典禮的專題討論會上，講述了下面的故事。

那是 1950 年春天，艾爾·塔克（Al Tucker）在史丹佛大學學術休假期間，由於辦公室不足，他駐進了心理學系。一天，有位心理學家來敲他的房門，問他正在做些什麼。塔克回答：「我正在研究賽局理論。」心理學家於是邀請他就他的研究舉辦一場研討會。為了那次研討會，塔克發明了「囚徒困境」作為賽局理論、納許均衡（Nash equilibria）以及隨之而來的非社會期望均衡（non-socially-desirable equilibria）的例子。作為一個真正有創意的例子，囚徒困境賽局激發了許多學術論文乃至數本相關巨著[4]。

坊間的說法或略有不同。另有一說，囚徒困境的數學架構早在塔克之前就形成了，這可以歸功於兩位數學家，即就職於蘭德公司（Rand，美國冷戰時期的智囊團）[5]的梅里爾·弗勒德（Merrill Flood）和梅爾文·崔希爾（Melvin Dresher）。塔克的才華在於，他發明了這個故事來闡釋這個數學原理。之所以稱它為一種才華，是因為其表現手法可以形成或者打破一種觀念；一種令人難忘的表現方法能夠傳播開來，並被大多數人更容易理解吸收，而乏味枯燥的表現手法則可能讓一個觀念被大眾忽略及遺忘。

:: 一個商業案例

我們用一個商業實例，來提出表示和求解該賽局的方法。彩虹之巔（Rainbow's End）和比比里恩（B.B.Lean）是兩家互為競爭對手的服裝郵購公司。每年秋天，它們都要印製其冬季產品型錄寄給客戶，且每家公司都必須遵守其產品型錄上印刷的價格。由於產品型錄的準備時間需要早許多，因此，兩家公司必須在不知道對方價格的情況下，同時做出定價決策。它們很清楚兩家的產品型錄擁有共同的潛在顧客，而這些顧客很聰明，會不斷追求低廉的價格。

兩家公司的產品型錄上通常都會重點促銷一件幾乎完全相同的商品，如高級格子襯衫。對兩家公司而言，該襯衫的單位成本為 20 美元[*]。它們估計，如果它們都對這件襯衫定價 80 美元，那麼，每家公司將銷售出 1,200 件襯衫，這樣，每家公司都將得到（80 − 20）× 1,200 ＝ 72,000 美元的利潤。而且，事實證明，這個價格能讓它們的共同利益極大化：如果兩家公司聯手統一定價，那麼 80 美元就是使它們的利潤總和極大化的價格。

這兩家公司還估算出，如果其中一家公司降價 1 美元，而另一家價格不變，那麼降價的公司將多爭取到 100 名顧客，其中 80 名是從另一家公司轉移過來的，另 20 名是新顧客。他們可能決定買下價格較貴時未買的襯衫，也可能從其他競爭店家轉移過來。因此，每家公司都有制定較對手低價的動機，以搶得更多顧客；我們討論這個故事的主要目的在於，找出這些動機是如何影響雙方的行動。

首先，我們假設每家公司只有兩種價格選擇：80 美元和 70 美元[†]。如果

---

[*] 這不僅包括了向中國供應商買進襯衫的成本，也包括運送至美國的運輸成本、出口稅以及存貨成本和訂單履行成本。換句話說，總成本包括所有與該產品相關的成本。這樣規定的目的是為了全面計入經濟學家所謂的邊際成本。

[†] 只有兩種可能的價格選擇只是一個假設，主要是為了以最簡單的案例，找出這類賽局的分析方法。在之後的章節，我們將讓公司有更大的價格選擇自由。

一家先降價到 70 美元，而另一家公司仍然賣 80 美元，那麼，降價者將多得到 1,000 名顧客，而另一家則失去 800 名顧客。使得降價者售出 2,200 件襯衫，而另一家的銷售量降到 400 件；降價者的利潤為（70 - 20）×2,200 = 110,000 美元，而另一家公司的利潤為（80 - 20）×400 = 24,000 美元。

如果兩家公司都降價到 70 美元，結果會怎樣？如果它們都降價 1 美元，雖然現有的顧客數量不變，但它們各自都得到了 20 名新顧客。而當它們都降價 10 美元時，就能各自在原先 1,200 件的基礎上多銷售 200 件。即每家公司的銷售量是 1,400 件，獲得的利潤為（70 - 20）×1,400 = 70,000 美元。

我們希望能夠直接算出利潤（即公司在賽局中的收益）。但是，我們無法運用第 2 章中的賽局樹來做到這一點。因為在這裡，兩個參與者是同步行動的。雙方在採取行動時，都不知道對方做了什麼，也預料不到對方將如何回應。相反的，雙方都要思考對方同時在想什麼。這種「想對方之所想」的出發點是，列出雙方所有同時選擇組合的所有結果。因為每家公司各有兩個價格選擇：80 美元或 70 美元，所以總共會有四種組合。我們可以用一種由行和列組成的試算表簡單表示出來，通常我們稱之為賽局表或報酬表。彩虹之巔（簡稱 RE）的選擇表示在行中，比比里恩（簡稱 BB）的選擇表示在列中。在這四個儲存格中的每個儲存格，我們都展示了與每個 RE 行選擇和 BB 列選擇相對應的兩個數字──襯衫的銷售利潤，單位是千美元。在每個儲存格中，左下角的數字屬於行參與者，右上角的數字屬於列參與者[*]。在賽局術語中，這些數字稱為「報酬」

---

[*] 湯瑪斯・謝林在區分哪個報酬屬於哪個參與者時，發明了這種在同一個表格上表示兩個參與者報酬的方法。他用過分謙虛的文字寫道：「假如真有人問我有沒有對賽局理論做出一點貢獻，我會回答有的……我發明了用一個矩陣反映雙方報酬的方法。」事實上，謝林提出了很多在賽局理論中至關重要的概念──焦點、可信度、承諾、威脅與約定、引爆等等。在接下來的章節中，我們將會經常引用他和他的研究成果。

（payoffs）*。同時，在這個例子中，為了清楚區分哪些報酬屬於哪個參與者，我們把這些數字用兩種不同的灰色底表示出來。

比比里恩 (BB)

		80	70
		72,000	110,000
彩虹之巔 (RE)	80	72,000	24,000
		24,000	70,000
	70	110,000	70,000

在求解這個賽局之前，讓我們先來觀察並強調一下該表格的一個特性。比較一下這四個儲存格中的報酬組合。對 RE 而言較好的結果，並不一定會對 BB 造成較壞的結果，反之亦然。具體地說，它們在左上角的儲存格中的報酬，都優於它們在右下角儲存格中的報酬。這種賽局無須分出誰輸誰贏，因為它不是零和賽局。我們在第 2 章也曾經指出，查理・布朗和商人弗里多的投資賽局不是零和賽局，我們在現實生活中遇到的大多數賽局也不是零和賽局。在很多賽局中，比如囚徒困境賽局，主要問題在於如何避免出現兩敗俱傷的結果，或者如何促成雙贏的結果。

:: 優勢策略

現在我們來思考一下 RE 經理的推理。「如果 BB 選擇 80 美元，那麼我可以透過把價格降至 70 美元，得到 110,000 美元的利潤，而不是 72,000 美元的利潤。如果 BB 選擇 70 美元，那麼，若我也定價 70 美元，我的報酬是 70,000 美元；但是如果我定價 80 美元，我只能得到 24,000 美元的利潤。所以，不論

---

* 一般來說，對參與者而言，報酬數字越高越好。有時則不然。比如對接受審訊的囚徒而言，報酬數字指的是監禁的期限，因此每個參與者都希望數字更小。同樣的情況也適用於報酬數字代表排名時，在這時候，1 是最佳結果。當你在看一個賽局表時，應該先弄明白該表中報酬數字的含義。

在哪種情況下，選擇 70 美元都優於選擇 80 美元。不論 BB 如何選擇，我的較佳選擇（實際上是最佳選擇，因為我只有兩種選擇）都是相同的。我根本不需要考慮他的想法；我只要直接把價格定為 70 美元就好了。」

在一個同步行動賽局中，如果存在這樣的特性：對某個參與者而言，無論其他參與者如何選擇，他的最佳選擇都是一樣的，那麼這種特性將大大簡化參與者的思考過程以及賽局理論學家的分析過程。因此，為了簡化賽局求解方法，深入探討並找出這個特性將很有價值。賽局理論學者將這種特性命名為**優勢策略**（dominant strategy）。如果對某個參與者而言，無論其他參與者選擇什麼策略或者策略組合，他的同一種策略總是優於所有其他可選策略，我們就說這個參與者擁有優勢策略。於是，我們得到了一個簡單的同步行動賽局的行為法則[*]。

法則 2：假如你有一個優勢策略，就那麼做。

囚徒困境是一種更特別的賽局——不是只一個參與者，而是兩個（或者所有）參與者都有優勢策略。BB 經理的推理與 RE 經理的推理完全類似，你應該自己練習運用這個法則，來鞏固上述觀念。你將發現，70 美元也是 BB 公司的優勢策略。

結果會得到如賽局表右下角儲存格中所示的數字。即兩家公司都選擇定價70 美元，且每家公司均獲得 70,000 美元的利潤。正是優勢策略使得囚徒困境成為如此重要的賽局。當參與者雙方都選擇他們的優勢策略時，他們得到的結果將不如它們聯合起來共同選擇另一個策略（劣勢策略）時得到的結果。在這個賽局中，它們本來都應該定價為 80 美元，從而得到賽局表左上角儲存格的結

---

[*] 在第 2 章中，我們已經提供了一個簡單法則來定出逐步行動賽局的最佳策略。那就是我們的法則 1：向前預測，倒後推理。但在同時行動賽局中就不是這麼簡單了。不過，同時行動所需的「想對方之所想」，可歸納為三個簡單的行動法則。這些法則主要來自兩個簡單的觀念——優勢策略和均衡。本章討論了法則 2；法則 3 和法則 4 將在第 4 章介紹。

果,即每家公司獲得 72,000 美元利潤[*]。

只有一方定價 80 美元是不行的;這會導致這家公司損失慘重。在某種程度上,它們必須都定出高價,但在每家公司都有降價動機的情況下,很難達到這個結果。每家公司都只會追求自身的利益,並不會帶來對雙方都是最好的結果,這與亞當·斯密(Adam Smith)教給我們的傳統經濟學大相徑庭[†]。

由此產生了很多問題,其中有些屬於賽局理論的一般問題。例如假設只有一個參與者有優勢策略會怎樣?如果參與者都沒有優勢策略又會如何?當每個參與者的最佳選擇取決於對方的同時選擇時,他們是否能預測彼此的選擇,然後解決這個賽局呢?我們將在以後的章節中繼續討論這些問題,那時我們會介紹一個解決同步行動賽局的常用概念——納許均衡。本章我們先聚焦討論關於囚徒困境賽局本身的問題。

一般情況下,每個參與者可選擇的兩個策略分別被標記為「合作」和「背叛」(或稱「欺騙」),我們將沿用這個用法。對每個參與者而言,背叛都是優勢策略,而對雙方而言,他們都選擇背叛時,整個策略組合得到的結果,會比雙方合作所得到的結果更糟。

∷解決困境的初步思考

深知囚徒困境的參與者,就會有強烈的動機達成合作協定,以避免陷入這種困境。例如,新英格蘭的漁民可以達成協議,限制捕撈,為將來儲備魚源。困難點在於,當大家都面臨欺騙的誘惑時,例如都想得到超過配額的魚,怎樣

---

[*] 事實上,80 美元是給雙方帶來最高總利潤的共同價格;若它們能聯手組成策略聯盟,這也是它們會選擇的價格。這個論點的嚴謹證明需要一些數學知識,所以,暫且先記住我們說的話。希望知道該證明過程的讀者,可上本書英文版網站。

[†] 公司降價的獲益者當然是顧客,但他們並不是賽局中的積極參與者。因此,常常會有更大的社會利益動機阻撓企業解決其價格困境,這就是各國反壟斷政策的作用。

才能鞏固這樣的協議？關於這個問題，賽局理論是如何解釋的呢？在實際賽局中，又會發生什麼狀況？

自從囚徒困境發明 50 年來，相關理論已經有了很大的進展，而且累積了大量證據，這些證據不僅來自對真實世界的觀察，也來自實驗室中的對照實驗。讓我們來檢視一下這些資料，看看能從中學到什麼。

達成合作的另一個方式就是避免背叛。透過給參與者一些適當的獎勵，將可以激勵參與者選擇合作而不是選擇最初的優勢策略「背叛」；或者，透過設計一種適當的可能懲罰，也可以嚇阻參與者選擇背叛。

基於以下原因，獎勵方法可能會有問題。獎勵可以是內部的，一方對另一方的合作進行獎勵；有時也可以是外部的，即由在雙方合作中獲利的協力廠商對雙方的合作進行獎勵。不論哪種情形，都不能在參與者做出選擇之前給予獎勵；否則，參與者一定會把獎勵揣入口袋，然後再選擇背叛。如果獎勵僅僅是個承諾，那麼這個承諾可能不可信：在接受對方的承諾而選擇了合作後，承諾方也有可能會食言。

儘管困難重重，但有時獎勵還是可行的、有用的。發揮最大的創造性和想像力，參與者可以同時相互承諾，然後透過把承諾的獎金存入由協力廠商控制的託管帳戶中，使這些承諾顯得可信[6]。更切實際的是，參與者可以在多方面相互作用，一方在一個方面的合作可以換來對方在另一個方面合作的獎勵。比如，在雌黑猩猩群中，分享食物、幫忙照看幼崽，可以換來梳理毛髮的幫助。有時賽局協力廠商可能有非常強烈的利益動機促成合作。例如，為了結束世界上的各種衝突，美國和歐盟不時承諾向戰爭國提供經濟援助，作為對它們和平解決爭端的獎勵。1978 年，美國以這種方式獎勵了以色列和埃及，因為它們合作簽署了大衛營協議。

懲罰是解決囚徒困境時更常用到的方法，且可能立即見效。電影《鐵面特警隊》中有這樣一個場景，警官艾德・艾克斯利向他正在審訊的嫌犯之一雷諾・

方丹承諾，如果他為國家作證，就可以比其他兩個嫌犯少判幾年。但雷諾知道，一旦他出獄，他會發現另兩個人的朋友正等著報復他！

然而，在這種背景下自然而然想到的懲罰，來自於一種現實狀況：即這類賽局大多只是一段長期關係的一部分。欺騙可能使某個參與者短期獲得好處，但卻會損害這種持續關係，產生更長期的代價。如果該代價非常大，就有可能從一開始就起了阻嚇欺騙的作用[*]。

一個明顯的例子來自棒球比賽。美國聯盟隊的打擊手被投球擊中的機率，比國家聯盟的打擊手高出 11% 到 17%。據德林恩（Doug Drinen）和布拉伯瑞（John-Charles Bradbury）所說，這種區別的主要原因在於所設定好的打擊手規則[7]。在美國聯盟隊，投球手不上場打擊，因此，攻擊打擊手的美國聯盟隊投手，不必擔心對手隊的投手會直接報復。雖然投手不太可能被擊中，但如果他們剛剛在上半場攻擊了某個人，那麼，他們被擊中的機率就會增加 1/4，而他們顯然也擔心遭到報復。就像王牌投球手柯特·席林（Curt Schilling）所解釋的：「當你面對的是『巨怪』蘭迪·強森（Randy Johnson）時，你還會鄭重其事地對某個人投球嗎？」[8]

大多數人在思考一個參與者是如何懲罰對方過去的欺騙行為時，就會想到「以牙還牙」的說法。這也許是有關囚徒困境最有名的實驗發現。讓我們詳細看看在實驗中發生了什麼，以及我們能從中學到什麼。

以牙還牙

1980 年代初，密西根大學政治科學家羅伯特·艾瑟羅德（Robert Axelrod）邀請了世界各地的賽局理論學者，以電腦程式形式提出他們的囚徒困境賽局策

---

[*] 由於發展出重複賽局中隱含合作的基礎理論，羅伯特·奧曼（Robert Aumann）於 2005 年獲得諾貝爾經濟學獎。

略。這些程式兩兩配對，反覆進行150次囚徒困境賽局，以最後總積分排定參賽者名次。

冠軍由多倫多大學數學教授拉普波特（Anatol Rapoport）奪下，致勝策略就是以牙還牙，艾瑟羅德對此感到很驚奇。之後又舉辦了一次比賽，這次有更多學者參賽。拉普波特再次採取以牙還牙策略，並再次贏得比賽。

以牙還牙是一種行為法則：人家怎麼對你，你就怎麼對他[*]。說得更精確點，這個策略是在開局時選擇合作，後來則模仿對手在上一回合的行動。

艾瑟羅德認為，以牙還牙法則體現了任何一個有效策略應該符合的四個原則：清晰、善意、報復和寬容。再也沒有什麼字眼會比「以牙還牙」更加**清晰**而簡單，對手不必對你將要採取的行動費力思考推敲；這個法則不會引發欺騙，所以是**善意**的。它有**報復**性，也就是說，它永遠不會讓騙子逍遙法外；它是**寬容**的，因為它不會長期懷恨在心，而願意恢復合作。

「以牙還牙」有個非常大的特色：它在整個賽局中取得相對出色的成績，雖然它實際上並沒有（也不能）在一場正面較量中擊敗任何一個對手。充其量是跟對手打成平手。因此，假如當初艾瑟羅德是按照「贏者通吃」的原則打分，以牙還牙策略的結果只可能是失敗或打成平手，而不可能取得最後勝利[†]。

---

[*] 在舊約聖經〈出埃及記〉（第21章，22~25節）中提到：「人若彼此爭鬥，傷害有孕的婦人，甚至墮胎，隨後卻無別害，那傷害她的，總要按婦人的丈夫所要的，照審判官所斷的，受罰。若有別害，就要以命償命，以眼還眼，以牙還牙，以手還手，以腳還腳，以烙還烙，以傷還傷，以打還打。」新約聖經則提示較多的合作行為。在〈馬太福音〉（第5章，38~39節）提到：「你們聽見有話說：『以眼還眼，以牙還牙。』只是我告訴你們，不要與惡人作對。有人打你的右臉，連左臉也轉過來由他打。」從「別人怎樣待你們，你們也要怎樣待人」轉變成〈路加福音〉（第6章，31節）「愛你們的仇敵」的金科玉律：「你們願意人怎樣待你們，你們也要怎樣待人。」如果人們遵循這「愛仇敵」律法，囚徒困境就不存在了。如果從較高的層次來看，合作雖然會降低個人在任何特定賽局的好處，但論及死後上帝可能給予的賞賜，對自私的個人而言，「愛仇敵」也是理性的策略。你不認為上帝存在嗎？哲學家巴斯卡說，如果相信上帝的代價有限，即使祂不存在，你損失並不大；相對地，有上帝卻不相信則帶來極大的損失，那麼，即使上帝真實存在的機率只有一點點，理性的人都應該要相信。（此為著名的「巴斯卡賭注」）

[†] 因為每個失敗者都必須和一個勝利者配對，所以結果一定是某個參賽者勝利的次數大於失敗的次數，不然就是失敗的次數大於勝利的次數。（唯一例外就是每局單場比賽都打成平局。）

　　不過，艾瑟羅德並沒有按照「贏者通吃」的原則給配對比賽的選手打分，只有比賽結束才算數。以牙還牙策略的一大優點在於，它總是可以讓比賽結果相近。以牙還牙最壞的結果是，以遭到一次背叛重擊而告終，也就是說，它只讓對手占了一次便宜，此後雙方打成平局。

　　以牙還牙策略之所以能贏得這次比賽，是因為它通常會促使雙方盡量尋求合作，避免互相背叛。其他參賽者則要麼太輕信別人，一點不懂防範背叛；要麼太咄咄逼人，一心要把對方踢出局。

　　儘管如此，我們仍然認為以牙還牙策略有其缺陷。只要存在一丁點兒出錯或誤解的可能，以牙還牙策略的勝算就會土崩瓦解。這個缺陷在人工設計的電腦競賽中並不可能發生，因為其中根本不會發生錯誤和誤解。但是，一旦將以牙還牙策略用於解決現實世界的問題，錯誤和誤解就難以避免，而導致災難性的結局。

舉個例子：假設弗勒德和崔希爾都採取以牙還牙策略。剛開始一段時間內，沒有人先發起背叛，一切順利進行。然而到了第 11 輪，假設弗勒德誤選了背叛，或者選擇合作但崔希爾卻誤以為他選擇了背叛，不論是哪種情況，崔希爾在第 12 輪都會選擇背叛，而弗勒德卻會選擇合作，因為崔希爾在第 11 輪中選擇了合作。到了第 13 輪，角色就會轉換過來。這種一方合作而另一方背叛的模式會繼續進行下去，直到出現又一個錯誤或誤解，恢復了彼此合作或導致雙雙背叛。

　　這樣的回擊或報復經常可見於現實生活中的世代仇恨：在中東的以色列與阿拉伯國家之間；在北愛爾蘭的天主教與新教徒之間；在印度的印度教徒與穆斯林之間；以及十九世紀在西維吉尼亞州與肯塔基州的交界處，哈特菲爾德家族（Hatfields）與麥科伊家族（McCoys）令人難忘的家族情仇。在小說中，馬克・吐溫《頑童流浪記》筆下的格倫基福特家族與歇佛遜家族的世仇提供了另一個生動的例子，說明以牙還牙的行動是怎樣導致冤冤相報。當男主角哈克試圖了解兩個家族世仇的源頭時，他卻遇到了「雞生蛋還是蛋生雞」的難題：

「到底是為了什麼，巴克？為了土地嗎？」

「也許吧——我不知道。」

「那麼，究竟是誰開的槍呢？是格倫基福特家的人還是歇佛遜家的人？」

「天哪，我怎麼會知道？那是多久以前的事啊。」

「有沒有人知道呢？」

「噢，有的，老爸知道，我猜還有別的老傢伙知道，不過現在他們也不曉得當初究竟發生了什麼事。」

以牙還牙策略缺少的是一個宣布「到此為止」的方法。它實在太容易被激發，而且不會輕易被原諒。確實，後來的艾瑟羅德比賽的版本考量到失誤和誤解的可能性，結果證明，其他那些更寬宏大量的策略都優於以牙還牙策略[*]。

在這裡，我們甚至可以從猴子身上學到一些東西。一群棉頂狨被放進一個賽局，每隻猴子都有機會拉動一支竿子，餵食另一隻猴子。但是拉動竿子需要力氣。對每隻猴子而言，最理想的策略就是自己偷懶，而讓搭檔拉竿子。但是為了避免遭到報復，猴子們學會了合作。只要一個參與者不連續背叛兩次以上，棉頂狨的合作就會一直持續下去，這種策略也類似以牙還牙策略。[9]

朋友還是敵人？

成千上萬有關囚徒困境的實驗是在課堂和實驗室進行的，這些實驗涉及不

---

[*] 2004年，諾丁罕大學的葛拉漢·康德（Graham Kendall）為了慶祝艾瑟羅德比賽20週年，舉行了一次比賽。「勝出」者是來自英格蘭南安普敦大學的團隊。南安普敦團隊總共推薦了60參名賽者，包括59隻雄蜂和1隻蜂后。所有的參賽者都以獨特的模式開始賽局，以便彼此辨識。接著，雄蜂犧牲自己，以便讓蜂后得到好的結果。蜂后則拒絕與任何對手合作，以降低對手的得分。雖然讓一群雄蜂為了你的利益而犧牲自己，是提高你的報酬的一種方法，但它並沒有教我們太多關於如何進行一個囚徒困境賽局的知識。

同參與人數、不同重複次數等等。下面是一些重要發現。[10]

首先最重要的是，合作發生得相當頻繁，即使每對參與者只達成一次合作。平均而言，幾乎一半參與者都會選擇合作。確實，對此最引人注目的例證來自一個遊戲網路節目「朋友還是敵人」（Friend or Foe）。在這個節目中，兩人為一組，每組都被問了一些瑣碎問題。答對的人所賺得的錢都須存入「信託基金」，在 105 集中，基金總額分別從 200 至 16,400 美元不等。為了分配這筆基金，參賽者雙方將進行一個單次囚徒困境賽局。

節目讓雙方各自寫下「朋友」或「敵人」。當雙方同時寫下朋友時，他們將可平分這筆基金。如果一方寫了「敵人」而另一方寫了「朋友」，那麼，寫「敵人」的那個人將得到全部基金。但若兩方都寫「敵人」，他們將半毛錢也拿不到。不論對方寫什麼，你寫「敵人」得到的錢至少等於或者可能大於你寫「朋友」所得到的錢。然而，幾乎一半參賽者寫下的都是「朋友」。甚至當基金總額增大時，合作的可能性也沒有改變。基金低於 3,000 美元時人們合作的可能性，與高於 5,000 美元時相等。[11]

如果你還在疑惑看電視如何算得上是學術研究，但最後分給參賽者的基金已超過 70 萬美元。這是史上獎金最多的囚徒困境實驗。我們能從中學到許多東西。實驗結果證明，女性比男性更傾向於合作，在第一季，女性和男性合作的機率分別是 47.5% 和 53.7%。第一季的參賽者不具有可以在決策前看到其他比賽結果的優勢。但到了第二季，前 40 集的結果已經公布了，這個模式變得很明顯。參賽者可以從其他人的經驗中學到一些策略。當某一組是由兩個女性組成時，合作的機率增加至 55%。但是當一個女性與一個男性組成對時，這個女性的合作機率降到了 34.2%。而這個男性的機率也降到了 42.3%。總體而言，合作機率降低了 10 個百分點。

如果將一群參賽者集中起來進行幾次配對，且每次的配對不同，那麼，選擇合作的比率一般會隨時間下降。不過，它不會降到零，而是總有固定的一小

部分人堅持合作。

如果同一對參賽者重複進行基本的囚徒困境賽局，常常逐步達成連續的相互合作，直到其中一個參與者在臨近這一連續重複賽局結束時選擇了背叛。在第一次進行的困境實驗中就發生了這樣的事。弗勒德和崔希爾一設計出這個賽局，就立即邀請他們的兩個同事進行了 100 次這個囚徒困境賽局[12]。其中 60 次雙方都選擇了合作。較長的一次連續相互合作是從第 83 輪持續到第 98 輪，直到其中一方在第 99 輪偷偷背叛。

事實上，按照嚴格的賽局理論邏輯，這情況本來不應該發生。當這個賽局恰好重複 100 次時，它就等於是一連串的同步行動賽局，我們可以用倒後推理的邏輯來解決這樣的賽局。預測一下在第 100 輪賽局時會發生什麼事。因為往後不會再有賽局了，所以背叛不可能在以後的任何一輪遭到懲罰。根據優勢策略的推理，雙方都應該在最後一輪選擇背叛。但是，一旦確定雙方都會在最後一輪選擇背叛，第 99 輪實際上就成了最後一輪。儘管後面還有一輪，在第 99 輪的背叛也不會在第 100 輪遭到對方的選擇性懲罰，因為對方在第 100 輪中的選擇是預先注定的，因此，優勢策略的邏輯也適用於第 99 輪。我們可以用這個逐步邏輯一直倒後推理到第 1 輪。不過，在實際賽局中，不論是在實驗室還是在真實世界，參與者似乎忽略了這個邏輯，結果反而受益於相互合作。事實證明，只要其他人同樣都是「非理性」的，那麼，放棄採取非理性的行為優勢策略，卻是正確的選擇。

針對此種現象，賽局理論做了一種解釋。現實世界中存在一種「互惠主義者」，只要對方合作，他們也願意合作。如果你並不是這些相對友好的人中的一員，在一個有限次重複囚徒困境賽局中按照自己的風格行事，那麼你會從一開始就欺騙。而這會讓對方看出你的本性。為了掩蓋真相（至少掩蓋一會兒），你不得不表現出友好的樣子。為什麼你願意這麼做呢？假設你一開始就表現得友好，那麼，即使對方不是互惠主義者，他也會認為你可能是周圍少數友好的

人之一。合作一段時間將會帶來一些實在的好處，於是對方會打算報答你的善舉，以獲取好處；而這對你也有利。當然，你正計畫在賽局快要結束時偷偷欺騙，就像對方一樣；但你們仍然能夠在最初階段維持一段互利互惠的合作。雖然雙方都假裝善良等著占對方便宜，但雙方也都會從這種共同欺騙中受惠。

有些實驗不是把一群實驗對象兩兩配對，進行幾個雙人囚徒賽局，而是讓所有人進行一個多人囚徒困境賽局。下面我們介紹一個來自課堂的例子，它非常有趣並具啟發性。德州 A&M 大學的巴特里歐（Raymond Battalio）教授讓班上 27 名學生進行以下賽局 [13]。假設每個學生都擁有一家企業，他必須決定（同時且獨立地做出決定，並把決定寫在一張紙上）是生產產品 1，幫助維持較低的總供給及較高的價格，還是生產產品 2，在損及別人利益的情況下獲利。根據選擇 1 的學生總數，將收入按照下面的表格分配給學生：

寫1的學生	分配給寫1的學生的錢（美元）	分配給寫2的學生的錢
0		0.50
1	0.04	0.54
2	0.08	0.58
3	0.12	0.62
…	…	…
25	1.00	1.50
26	1.04	1.54
27	1.08	

把這個表用下圖表示出來，我們可以看得更清楚，結果也更明顯：

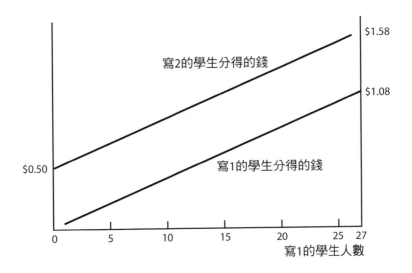

這賽局是「事先設計好」的，目的是確保選擇2（欺騙）的學生都會比選擇1（合作）的學生多得50美分，不過，選擇2的人越多，他們的總報酬就會越少。假設全部27名學生一開始都打算選擇1，這樣每個人將得到1.08美元。現在，如果一個學生打算偷偷改變決定，選擇了2，那麼，選擇1的學生就會變成26名，每個人將得到1.04美元（比原計畫少了4美分），而那個背叛者將得到1.54美元（比原計畫多了46美分）。不管最初計畫選擇1而不是2的學生有多少，他們都一樣。選擇2是一個優勢策略。每一個把選擇1改成選擇2的學生都使自己的報酬增加46美分，卻使他的其他26個同學每人少得4美分，結果全班損失58美分。等到人人都採取自私的行動，都想使自己的報酬最大化時，他們每人只各得到50美分。如果他們成功聯手起來，一致行動，不惜將個人的報酬減到最小，他們將各得1.08美元。如果是你，你會怎麼選擇？

演練這個賽局的時候，起初不允許集體討論，後來允許一點討論，以便達成「合謀」，結果願意合作而選擇1的學生總數從3到14人不等。在最後的一次帶有協議的賽局裡，選擇1的學生總數是4，全體學生的總報酬是15.82美元，比全體學生成功合作可以得到的報酬減少了13.34美元。「我這輩子再也不會

相信任何人了。」領導合謀的學生這樣嘟囔。那麼，他自己又是怎麼選擇的呢？
「噢，我選了 2。」他答道。尤塞里安一定早就知道這一點了。

之後有關多人囚徒困境賽局的實驗室實驗，採用一種叫作捐款賽局的形式。
每個參與者得到一筆初始資金：10 美元。每人可選擇保留其中一部分，再把另
一部分捐給共同基金。然後，實驗者把所累積的共同基金翻倍，平分給所有參
與者，捐款人和非捐款人都一視同仁。

假設在這個組中總共有四個參與者：A、B、C 和 D。不論其他人怎麼做，
A 只要向共同基金捐獻 1 美元，共同基金翻倍後就會增加為 2 美元。但是，增
加後的 2 美元中，會有 1.5 美元分給 B、C 和 D；而 A 只能得到 50 美分。因此，
A 提高了其捐獻量，最後卻虧了本；相反，他減少捐獻量反而會獲益。不論其
他人捐多少（如果有捐款的話），這一點都是成立的。換句話說，對 A 來說，
一分錢也不捐是優勢策略。對 B、C 和 D 來說亦是如此。這個邏輯是說，人人
都應當希望成為一個分享別人成就的「搭便車者」。如果四位參與者都採取他
們的優勢策略，共同基金便空空如也，每個人只保有他們的初始資金 10 美元。
當人人都想搭便車時，車就會停滯不前。如果人人把他們所有的初始資金捐給
共同基金，那麼，翻倍後的共同基金將是 80 美元，每個人將分到 20 美元。然而，
每個人都有背叛這樣協議的個人動機。這就是他們的困境。

捐款賽局不僅僅是實驗室或理論上的奇談；也發生在現實世界的社交活動
中──只要全體成員自願捐款就能共同受益，但卻不能阻止沒捐款的人也能享
受到這些利益。村莊對洪水的防治、自然資源的保護就屬於這類情形：不可能
建了堤壩後，洪水就會有選擇地繞道而行，只淹沒那些沒捐款建設堤壩者的田；
拒絕把魚分給那些過去濫捕的人，也是不可行的。這就產生了多人囚徒困境：
每個參與者都有偷懶或保留貢獻的動機，卻指望能享受別人的貢獻帶來的利益。
如果大家都這麼想，總貢獻量就會很少甚至為零，結果大家都遭受損失。這些
情形普遍存在而且如此嚴重，以致所有社會理論和政策都需要深入思考才能走

出困境。

在該賽局的變形模式中最有趣的是，參與者有機會懲罰那些背叛社會合作默契的人。但是，他們也必須為此承擔個人成本。在捐款賽局結束後，參與者被告知其他參與者的個人捐款金額。然後開始第二階段的賽局，參與者可以採取降低其他人報酬的行動，而其他人的報酬每降低 1 美元，他自己要付出 33 美分的成本。也就是說，如果 A 選擇把 B 的報酬降低 3 美元，那麼 A 的報酬就會減少 1 美元。這些減少的報酬不會再分配給任何人，而是回到實驗者的總基金中。

實驗結果證明，人們會對「社會欺騙者」施予大量懲罰，懲罰的可能性也大大提高了賽局第一階段的貢獻金額，而這樣的懲罰似乎是促成合作、增進群體利益的有效機制。但是首先人們實施懲罰的事實就夠令人吃驚。以付出代價作為懲戒的行為，本身就是對集體利益的貢獻，所以是一種劣勢策略；如果它以後成功引導欺騙者改過，這將對整體有利，而懲罰者將只得到該利益中屬於他的一小部分。所以，懲罰不是自私算計的結果。情況的確如此。在這個賽局實驗進行的同時，參與者的大腦接受了正子斷層掃描[14]。結果證明，實施懲罰的行為會刺激某個大腦區域，該區域被稱為背側紋狀體（dorsal striatum），它與體驗快樂或滿足有關。換句話說，人們從懲戒社會欺騙者的行為中，實際上得到了心理上的好處或滿足。這種本能必定有很深的生物根源，而且可能是因為其進化的優勢而被選擇出來的[15]。

如何達成合作

這些例子和實驗已經說明了成功合作的幾個先決條件和策略。讓我們更系統性地介紹這些概念，並利用它們解決更多的現實生活問題。

成功的懲罰機制必須滿足幾個要求。下面我們逐一列出。

覺察欺騙：懲罰欺騙之前，必須先覺察到欺騙。如果覺察又快又準確，就

能夠立即採取懲罰行動。這在提高欺騙成本的同時，減少了欺騙的好處，從而提高了成功合作的可能性。比如，航空公司常會監視對手的票價；如果美國航空公司打算降低其紐約至芝加哥的票價，聯合航空公司可以在 5 分鐘內就做出反應。但是在某些情況下，想降價的公司可能會跟顧客進行暗盤交易，或者透過一筆涉及飛行時間、服務品質、安全保證等許多方面的複雜交易來掩飾其降價。在極端情況下，每家公司只能觀察到自己的銷售和利潤狀況，不僅取決於其他公司的行動，也取決於一些機會因素。比如，一家公司的機票銷售量可能取決於需求的變化，而不是僅僅取決於其他公司的暗中降價。這樣一來，覺察和懲罰不僅變得反應緩慢，而且也不準確，更增強了欺騙的動機。

最後，當同一個市場上有三家以上公司同時行動時，他們不僅需要找出是否存在欺騙，還要找出欺騙者是誰，否則，懲罰不但不能針對性地懲戒壞人，而且會變得麻木無效，甚至引發價格戰，以致傷害所有人的利益。

懲罰的本質：接下來是懲罰的選擇。有時候，參與者會採取懲罰他人的行動，這些行動會被欺騙行為激發起來，即使在單次互動賽局中也是如此。就像我們在《鐵面特警隊》中的囚徒困境中指出的，如果雷諾因為替國家作證而從輕判刑，那麼，他出獄後將遭到蘇格和蒂龍的朋友報復。在德州 A&M 大學的課堂實驗中，如果學生可以覺察出是誰背叛了所有人的合謀而選擇了 1，他們就可能對欺騙者施以社會制裁，比如排斥這個欺騙者。這樣，就不會有學生願意為了多得 50 美分而冒這個險了。

賽局架構下還有其他類型的懲罰。一般而言，這種情況發生的原因在於這個賽局是重複進行的，這一輪欺騙的所得將導致後面幾輪的損失。而這些是否足以覺察出打算欺騙的參與者，取決於得失的大小以及將來相對於現在的重要性。我們很快就會繼續討論這個問題。

清晰性：可接受行為的界限，以及欺騙的後果，對潛在的欺騙者而言應當是清晰的。如果標準複雜、含糊不清，參與者就可能因為失誤而被視為欺騙，

或者無法做出理性的思考，而是根據某種直覺行事。舉個例子，假設彩虹之巔（RE）和比比里恩（BB）正重複進行定價賽局，RE 決定，如果 RE 過去 17 個月內的平均折扣利潤，比同期間同業的平均報酬率低 10%，它就會推斷 BB 騙了人。但 BB 無法直接知道這個原則，而是必須透過觀察 RE 的行動來推斷 RE 所採用的原則。但是，這個原則太複雜了，BB 根本搞不清楚，所以，這就不是一個阻嚇 BB 欺騙的好方法。而像以牙還牙這樣的策略就相當清楚：如果 BB 欺騙，它就會看到 RE 在下次降價反擊。

確定性：參與者應該相信，背叛將受到懲罰，合作則會得到回報的遊戲規則。在像世界貿易組織（WTO）貿易自由化這樣的國際協定中，這便是一個關鍵問題。當一國控訴另一國家違背貿易協定時，WTO 就會發起一個行政訴訟程序，而這往往一拖就是幾個月，甚至好幾年。但案件真相幾乎對判決沒有任何影響，判決通常大多取決於國際政治規範和外交政策。這種強制執行的判決程序顯然不可能發揮什麼作用。

規模：這樣的懲罰應該要多嚴厲？似乎沒有標準。如果懲罰嚴厲到足以嚇阻欺騙，也就無須實際執行懲罰了。因此，要嚇阻欺騙，最好把懲罰設定在最嚴厲的標準。比如，WTO 可以規定，任何國家要是違背了其保護性關稅協議的承諾，都會遭到核武攻擊。當然，大家都會被這個規定嚇得不敢輕舉妄動；但至少有部分人會認為某種失誤也可能導致規矩被破壞。正如實際中常見的情況，失誤是可能發生的，因此懲罰的規模應該保持在多數情況下能夠成功嚇阻欺騙的最低標準。在某些極端情況下，原諒偶然的背叛甚至可能是最佳策略，例如，對一家明顯快倒閉的公司，其對手可能會允許它降一點價，而不會進行報復。

重複性：現在來檢視一下 RE 和 BB 之間的定價賽局。假設一年又一年過去了，它們彼此相處愉快，一直都把價格維持在其聯合利益的最佳點 80 美元。有一年，RE 的經理考慮降價至 70 美元的可行性。他們估計，70 美元的價格將

會給他們帶來額外的利潤：110,000 美元 – 72,000 美元＝ 38,000 美元。但是這可能導致彼此信任關係瓦解。RE 應該預料得到，以後幾年內 BB 也將選擇 70 美元的價格，導致兩家公司每年將只獲利 70,000 美元。而如果 RE 遵守了最初的協定，每家公司本可以獲得 72,000 美元的利潤。因此，RE 的降價行為將給它帶來以後每年 72,000 美元 – 70,000 美元＝ 2,000 美元的損失。為了 38,000 美元的一次性報酬值，BE 值得以後每年損失 2,000 美元嗎？

決定現在與未來的報酬是否均衡的一個關鍵變數是利率。假設年利率為 10%。那麼，RE 可以把它賺的額外的 38,000 美元存進銀行，然後以後每年賺取 3,800 美元的利息。這遠遠超過日後 2,000 美元的年損失。因此欺騙符合 RE 的利益。但如果年利率只有 5%，那麼，之後每年，38,000 美元只能給 RE 帶來 1,900 美元的利息，小於默契瓦解後的 2,000 美元的年損失；這樣，RE 就不會欺騙了。使二者均衡的利率應為 2/38 ＝ 0.0526，即每年 5.26%。

這裡的關鍵點在於，利率較低時，未來相對更有價值。例如，如果年利率為 100%，那麼未來相對現在而言價值很低，一年後的 1 美元只值現在的 50 美分，因為你可以在一年內把 50 美分變成 1 美元，另外賺到 50 美分的利息。但是，如果年利率為零，那麼一年後的 1 美元的價值還是只有現在的 1 美元[*]。

在我們所舉的例子中，當實際利率稍高於 5% 時，對每家公司而言，把他們的最佳聯合價格 80 美元降低 10 美元的動機就非常小，重複賽局中的合謀便可有可無。我們將在第 4 章中探討，如果沒有對未來的顧慮，且欺騙的誘惑無法抗拒，價格會降到多低。

另一個需要考慮的相關因素是彼此關係延續的可能性。如果這種襯衫僅僅是風靡一時的時尚商品，第二年可能根本賣不出去，那麼，任何未來損失的可

---

[*] 如果你有讀財經報刊，一定會經常看到「利率與債券價格反向變動」的說法：利率越低，債券價格越高。債券是未來收入的保證，反映了未來的重要性。這是牢記利率作用的另一種方法。

能性都不足以抵消今年欺騙的誘惑力。

但是除了襯衫外，RE 和 BB 還銷售很多其他商品。在襯衫價格上欺騙，將來會不會招致在其他商品的報復？這種極力報復的可能性是否大到足以嚇阻背叛？唉！對維持合作關係而言，多產品相互牽制的方法是否有效，其實沒這麼簡單。多產品報復的可能性，牽涉到從所有其他方面的同時欺騙所立即得到的收益。如果所有產品都有完全相同的報酬表，那麼利益和損失都會隨著產品數量而增加，不論最後的報酬是正還是負的，這種變化趨勢都不會改變。因此，在多產品困境賽局中，成功的懲罰必須在不同的產品之間採取更微妙的方式。

第三個需要考慮的因素是經濟規模隨著時間的預期變化。這種變化包括兩個方面——穩定的增加或衰退，以及波動。如果預期經濟會成長，那麼，現在想要背叛的公司就會認知到，由於合作關係破裂，它很可能在將來損失更多，於是更不敢欺騙。反之，如果經濟正走下坡，那麼，企業知道將來沒什麼可拿來冒風險的，就會更傾向於欺騙。至於在經濟波動期，公司更傾向於在暫時的繁榮來時進行欺騙，因為欺騙能為它們帶來更多的立即收益，但是在將來市場胃納只維持平均水準時，由於合作瓦解造成的利潤下滑，則會重擊它們。因此，我們可能預測在需求旺盛時期會爆發價格戰。但情況並不總是如此。如果某時期的需求低迷是由於經濟普遍不景氣造成的，那麼，顧客的收入也會降低，結果顧客可能會變成更精明的消費者，因而對某家公司的忠誠度也可能會降低，而且對價差更加敏感。這種情況下，降價的公司就可以期待從對手那裡吸引來更多顧客，從而從背叛中獲得更大的立即收益。

最後，參與成員的結構十分重要。如果結構穩定而且預期會保持下去，就有助於維持合作。合作協定中無關的或新的參與者更可能違約。如果當前的這群參與者將來可能會有新成員加入，從而動搖這種合作默契，就會增加他們欺騙的動機，謀取一些額外的利益。

康德定然律令

有時候人們認為，在囚徒困境中之所以選擇合作，是因為他們不僅在為自己做決定，也在為其他參與者做決定。實際上這種說法是錯誤的，只不過有些人會假裝是這麼一回事。

這些人其實是希望對方也合作，並且以為對方也和他一樣正經歷著同樣的決策邏輯。所以，對方一定得出與他相同的結論。因此，如果這個參與者選擇合作，他預料對方也將合作，就好像如果他選擇背叛，應該也會導致對方背叛。這與德國哲學家康德（Immanuel Kant）的定然律令（categorical imperative）非常類似：「只做那些會成為普遍法則的行為。」

當然，事實遠遠不是如此。在此類賽局中，一個參與者採取的行動對另一個參與者並沒有任何影響。但人們仍然以為他們的行動或多或少會影響其他人的選擇，即使他們的行動是隱而未顯的。

由夏菲爾（Eldar Shafir）和特沃斯基教授對普林斯頓大學生進行的實驗，揭示了這種概念的力量[16]。在實驗中，他們把名學生置於囚徒困境賽局中。但是與普通的困境賽局不同，在某些處理方法上，他們會告訴其中一方另一方做了什麼。當學生得知對方選擇背叛時，只有 3% 的學生選擇合作作為回應。而當他們得知對方選擇合作時，則會使選擇合作的比率增加到 16%。結果是大多數學生仍然更寧願採取自私的行動。但是，仍有很多人願意報答對方表現出來的合作行為，即使這會讓他們自己付出代價。

當學生對對方的選擇一無所知時，你認為會發生什麼事？合作的比率會在 3% 至 16% 之間嗎？不；而是增加到 37%。從某種程度上來說，這毫無道理。既然你在得知對方背叛的情況下選擇不合作，在得知對方合作的時候也選擇不合作，那麼，你為什麼會在根本不知道對方的選擇時選擇合作呢？

夏菲爾和特沃斯基把這種現象稱為「準神奇式」（quasi-magical）思考。意思是，透過採取某種行動，你能夠影響對方的行動。一旦人們被告知對方的

選擇，他們就會意識到自己不可能改變對方已經做出的決定。但是，如果對方的選擇仍然懸而未決，或者是保密的，那麼他們就會假設自己的行動也許會對對方產生一些影響，或者對方也正採取與自己相同的推理邏輯，並得出相同的結果。既然合作—合作優於背叛—背叛，這個人當然選擇合作了。

我們想要澄清，這種邏輯是完全不合邏輯的。你做了什麼，以及你是如何推理做出決定的，對於對方的思維和行動根本沒有任何影響。他們必須在沒有讀懂你的想法或者看清你的行動的前提下，自己做出決定。然而，這種說法依然成立：如果社會上的人都進行準神奇式思考，那麼就不會有許多囚徒困境的犧牲者，反而都能從彼此之間的相互作用中獲得更高的報酬。社會上的團體有可能為了這樣一個終極目標，而刻意向他們的成員灌輸這種觀念嗎？

檯面下的企業聯盟

掌握了前幾節實驗發現和理論概念，現在我們可以走出實驗室，看看現實世界裡的一些囚徒困境實例，並試著克服這些困境。

讓我們先看看某個行業競爭對手之間的囚徒困境。透過行業壟斷或組成「企業聯盟」（cartel），把價格定在高檔的同業聯盟，他們本可讓共同利益極大化。但是，每家企業都可能透過背叛這種協議，暗中降價，以從對手那裡「偷」走生意，以獲取更大報酬。這些企業聯盟該怎麼做呢？一些有助於成功合謀的因素，比如，市場需求不斷擴張或者缺少破壞性的新競爭者，可能至少有一部分不在他們的掌控之中。不過，他們可以利用偵察欺騙的手段，設計出有效的懲罰策略。

如果這些公司之間定期召開會議，便更容易實現合謀，它們可以就什麼是可接受的行為，以及什麼行為構成了背叛，進行談判和協商。談判的過程以及談判記錄，有助於確保懲罰的清晰性。如果某種行為乍看起來像是欺騙，那麼下一次會議就可以釐清：它是某個參與者不小心犯下的無關緊要的、無傷大雅的錯誤，還是蓄意的欺騙行為，因此就可以避免不必要的懲罰。而且，這個會

議還有助於聯盟採取適當的懲罰措施。

　　問題在於，企業聯盟成功解決了自己的困境，卻傷害了公共利益。消費者被迫支付更高的價格，而這些公司卻為了維持高價而減少供給。就像亞當・斯密說的那樣：「做同一門生意的人很少全部聚在一起，即使是為了娛樂和消遣也一樣，但如果有的話，對話最終總是結束在對抗公眾的合謀或提高價格的詭計。」[17] 政府想要保護公共利益，於是加入賽局，制定「反托拉斯法」規定公司以這種方式合謀是不合法的。在美國，〈謝爾曼反托拉斯法案〉（Sherman Antitrust Act）禁止「以限制貿易或商業為目的」的合謀，在這些合謀中，價格合作或市場分配是最基本的，也是最常發生的。事實上，美國最高法院已經規定，不僅這種明確的合謀協定須被禁止，而且公司之間的任何有價格合作色彩的顯性或隱性的協議，無論其意圖是什麼，都違反了反托拉斯法案。公司一旦觸犯這些法律，執行長就得坐牢，而不僅僅是讓公司繳納罰款就能了事。

　　這些公司無不千方百計規避對其非法行為的制裁。1996 年，美國主要農產品加工商 ADM 公司，與日本競爭對手味之素公司就陷入了這樣一場合謀官司。它們議定了各種產品的市場分配和定價，包括離氨酸（由玉米製成，用於飼養雞豬）。這樣做的目的是犧牲顧客利益，維持其高昂的價格。它們的理念是：「競爭者是我們的朋友，顧客則是我們的敵人。」由於 ADM 公司的某個談判代表正是聯邦調查局（FBI）的線民，他對多次會議進行錄音或錄影，這兩家公司的惡行才得以曝光。[18]

　　在反壟斷史和商學院的個案分析中，有個著名的案例是關於大渦輪發電機。1950 年，美國市場有三家公司生產渦輪發電機：通用電氣最大，占有大約 60% 市場；其次是西屋電氣占約 30%；愛科公司則占 10%。它們採用了一種很細緻的協調方法，以高價銷售同時維持各自的市占率。以下是這種方法的運作過程。電力公共事業單位為計畫購買的渦輪發電機招標。如果招標在曆月的 1 至 17 日發布，西屋和愛科必須各自提出非常高的競價，且該競價必定失敗，讓通用以

最低價（但仍可獲得高額利潤）得標。同樣的，如果招標是在 18 至 25 日發布的，西屋就是指定得標者，而愛科則是 26 至 28 日的指定勝出者。由於電力事業單位不會根據月曆日期發布招標計畫，因此久而久之，每家廠商都得到了協議的市占率，而任何違背協議的公司很快會被對手發現。但是，只要司法部門不把得標者跟日期連結起來，合謀就不會被發現。不過，當局最終確實找出了這種規則，這三家公司某些領導高層最終鋃鐺入獄，有利可圖的合謀就此瓦解。稍後我們還會討論其他不同的合謀陰謀。[19]

後來，1996 至 1997 年，無線電波頻譜拍賣的競標中出現了「渦輪機陰謀」的變形。一家公司如果想得到某個特定地區的許可權，它就會透過把該地區的電話區碼作為其出價的後三位數字，向其他公司暗示自己爭取該許可權的決心。這樣，其他公司就會讓它勝出。當同一個企業聯盟長期在這種拍賣中相互合作，只要反壟斷當局沒有察覺出這種規律，這種陰謀就可能繼續進行下去。[20]

更普遍的情況是，某個行業中的公司會盡力配合或維持未經明確溝通的、默契式的協議。這降低了觸犯反托拉斯罪行的風險，儘管當局仍可以利用其他方法結束這種默契合謀。但也因為協議不夠清楚，且欺騙的行為難以被發現，使得企業也會設計一些方法來改善這兩個問題。

企業可以按照地域、生產線或某種類似的方式協定瓜分市場，而不是協議定價。這樣一來，欺騙的行為就更容易被發現，一旦其他公司「偷」走了分給你的市場，你的銷售人員很快就會知道。

藉由「捉對廝殺或決一死戰」策略，或「最惠顧客條款」（most-favored-customer clause）等方法，商家可以更容易察覺對手的降價行為，而報復也得以迅速、自動執行，在零售業尤其如此。許多銷售家用品和家電公司高調宣稱，其價格將低於任何競爭對手的價格。有些公司甚至保證，如果你購買後一個月內發現其他同類產品價格更低，就會退還差額，有時甚至退回雙倍價差。乍看之下，這些策略似乎以保證低價激化了競爭，但只要有一點點賽局理論觀念就

會知道，實際上它們恰巧引起反作用。假設彩虹之巔（RE）和比比里恩（BB）都採取這樣的策略，且默契是將襯衫定價為 80 美元。現在，兩家公司都知道，如果自己偷偷降價到 70 美元，對手很快就會發現；事實上，該策略最精明的地方在於，它讓那些對低價最敏感的顧客承擔了偵察欺騙者的角色。而且背叛者也知道，對手會立即降價報復，甚至不用等到明年的產品型錄印出來。因此，這就更有效地嚇阻了背叛者。

捉對廝殺或決一死戰的宣誓可以是靈活、間接的。在加拿大普惠公司（P&W）和勞斯萊斯公司（RR）爭奪波音 757 和 767 的噴氣式飛機引擎市場的競爭中，普惠公司向所有潛在客戶承諾，它的引擎比勞斯萊斯的引擎可以節省 8% 的燃料，否則它將賠付燃料成本的差額。[21]

最惠顧客條款則是讓所有客戶享受公司向特定客戶提供的最優惠價格。從表面上看，這些廠商是在保證最低價。不過，讓我們深入檢視一下。該條款意味著，這些廠商不能公然競爭，不能透過提供一個可選擇的折扣價格，將對手的顧客吸引過來；同時卻向它的熟客提供原來的高價。否則，它們必須一起降價，而那樣做的代價會更大，因為這會讓所有產品的利潤都下降。你可以看出這個條款對一個企業聯盟有什麼好處：從欺騙所賺得的相對較少時，企業聯盟就更容易維持。

身為美國反托拉斯執法部門之一的聯邦貿易委員會，曾經審理有關杜邦公司、乙基公司和其他生產抗爆汽油添加劑的公司，都被指控利用最惠顧客條款。聯邦貿易委員會最後裁定其造成反競爭效果，並且禁止這些公司在與客戶簽訂的合約裡使用這個條款[*]。

---

[*] 此一裁決並非沒有爭議。委員會主席米勒（James Miller）就不同意。他寫道，這個條款「按理說能夠減少買家的搜尋成本，使他們能夠在眾多賣家裡找到具有最佳性價比的賣家」。要想得到更多關於此案例的資訊，請參閱「In the matter of Ethyl Corporation et al.」FTC Docket 9128，*FTC Decisions 101*，pp.425 ～ 686。

公共財悲劇

在本章開頭所列舉的例子中，我們提到了過度捕撈的問題，這些問題產生的原因在於，人人都想拿走更多，從中獲益，卻危害了其他人甚至以後幾代人。加州大學生物學家蓋瑞特・哈定（Garrett Harding）把這種問題稱為「公共財悲劇」（tragedy of the commons），他在他的例子中引用了 15、16 世紀英國公有土地上的過度放牧問題[22]。現在，「公共財悲劇」這個名詞已經使這個問題變得眾所周知。如今，全球暖化問題是一個更嚴重的實例；沒有一個人能從減少二氧化碳排放的行動中得到足夠的私人利益，但若每個人都只追逐自身利益，所有人都會遭受嚴重的後果。

這正是一個多人囚徒困境，就像《第 22 條軍規》中尤塞里安在戰爭中所面臨的生命威脅。當然，社會團體已經知道對此類困境放任不管的代價，開始嘗試一些努力以改善結果。這些努力能否成功取決於什麼呢？

印第安那大學政治科學家愛莉諾・奧斯壯（Elinor Ostrom）和她的夥伴及學生，進行了一連串令人印象深刻的研究，試圖克服公共財悲劇，即從整體利益角度使用並保護公共資源，避免過度開發和快速損耗。他們研究了許多成功或不成功的做法，並得到了達成合作的某些前提條件。[23]

第一，必須有清晰的規則界定誰是賽局參與者群體中的一員——那些擁有資源使用權的人。界定的標準通常是地域或住所，但也可以以種族或技能為基礎，也可以透過拍賣或支付報名費取得成員資格[*]。

---

[*] 產權確立問題實際發生在英國。兩次「圈地」浪潮，第一次由都鐸王朝時期的地方貴族發起，第二次由 18 至 19 世紀的議會發起，使得過去的公有土地歸私人所有。一旦土地成為私有財，那隻「看不見的手」就會恰到好處地把門關上。地主將收取放牧費，使其租金收入極大化，而這降低了土地的使用率。此舉將提高總體經濟效益，但也改變了分配狀況；放牧費將使地主更富有，使牧民更貧窮。即使不考慮這種分配的後果，這種方法也不總是可行。公海或 SO_2、CO_2 排放的權利很難在缺少國際政府的前提下界定和執行：魚和污染物會從一個海域漂流到另一個海域，風會攜帶 SO_2 越過國界，任何國家排放的 CO_2 也都升到同一個大氣層中。由於這個原因，捕鯨、酸雨或全球暖化問題都必須透過更直接的控制來解決，但確保這種重要的國際協議落實卻並非易事。

　　第二，必須有清楚的規則界定所允許和禁止的行為。這些規則包括對使用時間（狩獵／漁業開放及禁止的季節、可種植的作物種類、特定年份休耕的要求）、地點（近海捕撈的固定位置或指定輪作）、技術（漁網大小），以及資源量或配額（允許每個人從森林砍伐並取得的木材量）的限制。

　　第三，對違反上述規則的懲罰機制必須明確，並公告周知。不一定訴諸詳細的書面準則；穩定社群中共同遵守的準則同樣也可以清楚有效。對違反規則者的制裁，可以是口頭警告或者社會排擠、罰款、剝奪未來權利，以及在極端情況下的監禁。每種懲罰的嚴格性還可以適當調整。對於第一次疑似欺騙的行為，處理方法通常只是與違規者直接面談，要求其解決問題。而且第一次或第二次違規的罰款較低，只有在違規行為持續發生，或者變本加厲時，懲罰才會升級。

　　第四，必須建立一個偵察欺騙的有效機制。最好的方法就是在參與者的日常生活中建立自動偵察機制。例如，有好壞區域之分的漁業，可以指派漁民輪流在好的區域捕撈。被分配到好區域的人會不自覺地注意是否有人違反規則，並且他們檢舉違規者的動機最強，讓團體能夠採取適當的制裁措施。另一個例子是設下一條規定：所有成員都必須以集體的方式從森林等公有地區取得資源，這能使大家共同監督，而無須雇人看護。

　　有時，規定什麼是允許的行為，必須按照可行的偵察手段來設計。比如，漁民的捕撈量通常難以精確監督，即使是善意的漁民也很難準確控制其捕撈量，以至於以捕撈數量配額為準的規範很少被使用。當數量更容易、更精確地觀測時，數量配額規範才能發揮作用，正如儲水供應和森林砍伐一樣。

　　第五，當上述幾項規則和執行機制設計好後，事實證明，潛在使用者可以輕鬆獲得的資訊特別重要。雖然每個人都有事後欺騙的動機，但優良的制度設計是他們共同的優先利益。他們可以充分利用自己對資源及開採技術的知識，偵察到各種違規漏洞，並具有集體採取聯合制裁的可信度。事實證明，集中式

和自上而下的管理模式會讓此類事情紕漏百出，完全無效。

　　關於人們可以利用本地資訊及規範機制，找到許多集體行動的方法解決這個問題，雖然奧斯壯和她的夥伴抱持大致樂觀的態度，但她也提出了事情並非完美的忠告：「困境永遠不會徹底消失，即使在最佳的運作機制中……監督和制裁無論如何也無法將誘惑降到零。不要只想著如何克服或征服公共財悲劇，有效的管理機制比什麼都管用。」

自然界的腥風血雨

　　正如你所料，除了人類，其他物種之間也會發生囚徒困境。在搭建住所、採集食物、逃避捕食者等種種事情中，動物的行為可能是對自己或直系親屬有利的自私行為，也可能是對較大的群體都有利的行為。什麼樣的環境能促成好的集體結果？進化史生物學家們已經研究過這個問題，並發現了一些有趣的例子和觀點。這裡提出一個簡單的例子。[24]

　　曾經有人問過英國生物學家何爾登（Haldane）這樣的問題：他是否會冒著生命危險去救一個同伴，何爾登回答：「如果是救 2 個以上的兄弟，或者 8 個以上的堂兄弟，那麼我會的。」你和你的兄弟擁有一半相同的基因（同卵雙胞胎除外），和堂兄弟有 1/8 的基因相同；因此，你這樣做，會增加將你的基因數複製到下一代的期望值。這樣的行為具有很大的生物學意義，因為進化過程會促進這種行為。這種近親之間合作行為的純基因基礎，解釋了在蟻群和蜂巢中所觀察到的令人驚歎的複雜的合作行為。

　　在動物中，沒有這種基因紐帶的利他行為非常罕見。但是，如果一個動物群體成員之間的相互作用足夠穩定和長久，那麼即使沒有太多的基因一致性，也有可能培養出互惠的利他行為，並持續下去。結群獵食的狼及其他動物就是這樣。下面的例子有點可怕，卻令人吃驚：哥斯大黎加的吸血蝙蝠通常 12 隻左右群居在一起，但是單獨獵食。每天，總有一些吸血蝙蝠運氣較好，而其他蝙

蝠運氣不好。幸運的吸血蝙蝠飽餐後飛回到洞穴，可以把他們從獵物吸食的血液反芻出來，分給其他蝙蝠。三天沒有吸到血的蝙蝠便會面臨死亡的威脅。這個群體透過這樣的分享，形成了相互「保險」、對抗死亡威脅的有效方法。[25]

馬里蘭大學生物學家威爾金森（Gerald Willkinson）將不同地區的吸血蝙蝠集中放在一起，探討這種行為的原因。他有規律地扣留其中一些蝙蝠的血，以觀察其他蝙蝠是否會把血分給牠們。他發現，只有當蝙蝠快要餓死時，才會有其他蝙蝠把血分給它。蝙蝠似乎能夠將真正的需要和暫時性的壞運氣區分開來。更有趣的是，他發現只有在群體中彼此相識的蝙蝠才會相互分食，而且它們也更願意分給以前幫助過自己的蝙蝠。也就是說，蝙蝠能夠認出其他蝙蝠，記住它們過去的行為，從而形成有效的互惠利他制度。

案例分析》殺雞取卵

加拉巴哥群島（The Galápagos Islands）是達爾文雀的故鄉。在這些火山島上生存十分艱難，因而演化壓力巨大。即使雀喙的一點微小變化，也會使得生存競爭變得截然不同[*]。

每座島的食物來源都不同，雀喙正反映了這些差異。在戴費尼島（Daphne Major）上，仙人掌是主要的食物來源。在這個島上，名為仙人掌雀的鳥已經演化出理想的喙，很適合在仙人掌開花時採集花粉和花蜜。

鳥類並不會有意識地玩賽局；然而，每種鳥喙的演化都可以看作它生存的策略。對採集食物有利的策略可促進生存、配偶選擇和繁殖後代。雀喙是這種自然選擇與性別選擇相結合的結果。

即使看來一切正常，遺傳也會給這種結合帶來些許波折。有句老話說得好，

---

[*] 這個例子最早出現在喬納森‧韋納（Jonathan Weiner）的著作《*The Beak of The Finch: A Story of Evolution in Our Time*》（New York: Knopf, 1994），詳見 chapter 20:「The Metaphysical croosbeak」。

早起的鳥兒有蟲吃。在戴費尼島上，是早起的雀兒有花蜜吃。很多雀鳥不是等到上午九點仙人掌自然開花的時候去採集花粉和花蜜，而是嘗試一種新方法。牠們會掰開仙人掌花，搶占先機。

乍看之下，這樣做似乎使這些雀鳥比它們晚到的對手更有優勢。唯一的問題在於，在掰開花的過程中，雀鳥們往往會弄斷花柱。正如溫納解釋的：

> （花柱）是中空管的頂端，它像一根直長的吸管那樣從花中心伸出來。花柱斷了，花就會絕育。因為花粉中的雄性細胞觸不到花蕊中的雌性細胞，於是，仙人掌花沒有結果便枯萎了。[26]

仙人掌花一旦枯萎，仙人掌雀的主要食物來源就沒了。你可以預測這個策略的最終結果：沒有花蜜，沒有花粉，沒有種子，沒有果實，於是仙人掌雀就沒有了。這是否意味著，演化導致雀鳥陷入了囚徒困境，而最終導致物種滅絕？

:: 案例討論

不完全是這樣，原因有兩點。由於雀鳥有地域性，所以那些仙人掌滅絕地區的雀鳥（及其後代）結果會滅絕。為了今天能多採一點花蜜，就切斷下一年鄰近地區的食物供給，並不值得。因此，相對於其他鳥類來說，這些變異的雀鳥看來不具有適應優勢。但是，如果該策略能得到普遍運用，結論就大不相同了。變異雀鳥可以擴大牠們的食物搜尋範圍，即使是那些等花開的雀鳥也救不了仙人掌花柱。假定接下來一定會發生饑荒，那麼最有可能存活的是那些從一開始就處於最強勢地位的雀鳥。比別人多吸一點點花蜜，就可能導致這種差別。

我們這裡討論的是癌細胞擴散式的適應性。如果遵循「先搶先贏」策略的群體規模不大，最後可能會消失。但如果群體規模越來越大，「先搶先贏」就會成為最佳策略。一旦這種策略變得有利——即使是相對有利，唯一解決方法

便是整個物種淘汰，重新開始。戴費尼島上沒有了雀鳥，就不會有鳥弄斷花柱，仙人掌就會再開花。當兩隻幸運的雀鳥停降在這個島上，它們就有了重新開始演化的機會。

我們接下來討論的賽局類似於囚徒困境，它是關於哲學家盧梭（Jean-Jacques Rousseau）分析的一個生死攸關的「獵鹿」賽局[*]。在獵鹿賽局中，如果眾獵人合作捕鹿，就會成功捕到，所有人都可以吃得很好。但一旦某些獵人在獵鹿過程中突然碰上野兔，問題就來了。如果太多獵人轉而追逐野兔，就沒有足夠的獵人去捕鹿。在這種情形下，每個人都最好去追逐野兔。當且僅當你有信心確定大多數人都會獵鹿的時候，獵鹿才是你最好的策略。你就沒有任何理由不去獵鹿，除非你對其他人沒信心。

結果就成了一個信心賽局。賽局進行的方式可以有兩種：齊心合力，生活美好；或者，各為己利，生活窮困短缺。這不是經典的囚徒困境，因為在經典囚徒困境中，不論別人怎麼做，人人都有欺騙的動機。而在這裡，只要你相信別人跟你做的一樣，就不存在欺騙的動機。但你能信任他們嗎？即使你信任他們，你能相信他們也同樣信任你嗎？或者，你能相信他們會相信你信任他們嗎？就像羅斯福（在不同的背景下得出）的名言：除了恐懼本身之外，我們沒什麼可恐懼的。

更多關於囚徒困境的實例，請參閱第 14 章中的案例研究：「1 美元的價格」和「李爾王的難題」。

---

[*] 關於盧梭的獵鹿賽局，還有一些其他的解釋，我們將在第 4 章再繼續討論。

美麗均衡

協調大賽局

弗瑞德與巴尼是石器時代的獵兔人。在一個狂歡之夜，他們聊到狩獵的事。在交換資訊和想法時，他們意識到，如果兩人合作，就能獵到更大的獵物，比如雄鹿和野牛。但若只有一個人單獨行動，就不可能成功。若兩個人聯手，只要獵到雄鹿或野牛肉，牠們的肉會是野兔肉的 6 倍。合作將帶來巨大的利益：每個獵人從捕得的大獵物所分得的肉，相當於他單獨獵到野兔肉的 3 倍。

兩人一致同意第二天一起捕獵大獵物，然後就分手回到各自的洞穴。遺憾的是，因為他們興奮過度，以至於都忘了當時的決定是先獵雄鹿還是野牛，而這兩種獵物的捕獵地點方向恰好相反。在那個沒有手機的時代，彼此也不是鄰居，因此不可能很快去找到對方做進一步確認；因此第二天早上，他們必須各自做出決定。

兩人最終要進行一場決定去哪個方向的同步行動賽局。如果我們把每人每天獵到的野兔肉數量定為 1，那麼，每人每天從成功捕殺大獵物的合作中分得的雄鹿或野牛肉將是 3。該賽局的報酬表如下表所示。

巴尼的選擇

		雄鹿		野牛		野兔	
弗瑞德的選擇	雄鹿	3	3		0 0		1 0
	野牛		0 0		3 3		1 0
	野兔		0 1		0 1		1 1

　　這個賽局與第 3 章的囚徒困境有很大不同。我們來看一個主要差異。弗瑞德的最佳選擇取決於巴尼的行動，反之亦然。對任何參與者來說，都沒有一個策略是「不論對方如何行動的唯一最佳策略」。這個不像囚徒困境，它沒有優勢策略。因此，每個參與者不得不考慮另一個參與者的選擇，然後根據對方的選擇，找出自己的最佳選擇。

　　弗瑞德是這樣想的：「如果巴尼去了雄鹿獵場，那麼，我要是也去那裡，就能分到大獵物，但我要是去了野牛獵場，就什麼也得不到。如果巴尼去了野牛獵場，情況就正好相反了。與其冒落空的風險，我是不是該去獵野兔以確保雖然少但卻正常的肉量？換句話說，我該不該放棄有風險的 3 或者 0，而確保得到 1 呢？這取決於我認為巴尼可能怎麼做，那麼，讓我來設想自己正處於他的位置，來看看他是怎麼想的。噢，他正在想我可能怎麼做，而且正設想他處於我的位置！這個『我認為他認為』的循環，有沒有盡頭呢？」

價格競爭賽局

　　約翰‧納許的美麗均衡是一種理論方法，可以解開策略賽局中這種「我認為他認為」別人會怎麼選的循環[*]。這種概念是要找出一個模式，在該模式下，賽局中的每個參與者都會選擇最符合其自身利益的策略，以回應另一個參與者

的策略。一旦找到了這個策略組合模式，則任何一方都沒有理由單方面改變其策略。也因此，在參與者各自同時做出策略選擇的賽局中，這是一個潛在的穩定結果。我們先舉幾個實例來闡明這種概念。之後，我們會討論它在預測各種賽局結果的準確度如何；找出需要審慎樂觀的原因，以及為何要將納許均衡作為幾乎所有賽局分析的起點。

讓我們透過思考彩虹之巔（RE）與比比里恩（BB）之間一種更為常見的定價賽局，來引出上述概念。在第 3 章，我們只允許每家公司為襯衫選擇兩種定價，80 美元和 70 美元。我們也承認每家公司都有降價競爭的動機。所以，且讓我們允許各家公司在更低的價格帶有更多的選擇，即 42 美元到 38 美元之間，並以 1 美元為調整間距[†]。在前面的例子中，當兩家公司都定價 80 美元時，每家公司的銷售量是 1,200 件。如果其中一家公司降價 1 美元，而另一家保持不變，那麼，降價的公司將得到 100 名新顧客，其中 80 名是從另一家公司轉移過來的，20 個是從未參與該賽局的其他公司轉移過來的，或者是本不打算購買但在此情形下決定購買襯衫的人。如果兩家公司都降價 1 美元，則現有顧客數量不會改變，但每家公司都會獲得 20 名新顧客。所以，當兩家公司都定價 42 美元而不是 80 美元時，每家公司在最初的 1,200 名顧客的基礎上，可獲得 38×20=760 個新顧客。這樣，每家公司的襯衫銷售量是 1,960 件，利潤為（42－20）×1,960 = 43,120 美元。依此類推，可得到下面的賽局表。

---

[*] 對於沒看過由羅素‧克洛（Rusell Crowe）所主演的納許傳記式電影《美麗境界》，或者沒有讀過希薇亞‧納薩的同名暢銷書的讀者，我們想補充幾句，約翰‧納許在1950年前後提出了賽局均衡的基本概念，之後又繼續在數學界做出了同等重要甚至更為重要的其他貢獻。持續數十年嚴重的精神疾病痙癒後，他被授予 1994 年度諾貝爾經濟學獎。這是賽局理論第一次獲得諾貝爾獎。

[†] 選擇1美元為增加單位，以及對價格帶的限制，只是為了限縮每位參與者的策略選項，以簡化賽局的分析。在本章的後面部分，我們將簡單討論每家公司可以從一個連續取值範圍內選擇價格的情況。

BB的價格

RE的價格	42	41	40	39	38
42	43,120 43,120	**43,260** 41,360	43,200 39,600	42,940 37,840	42,480 36,080
41	41,360 **43,260**	41,580 41,580	**41,600** 39,900	41,420 38,220	41,040 36,540
40	39,600 43,200	39,900 **41,600**	**40,000** **40,000**	39,900 **38,400**	39,600 36,800
39	37,840 42,940	38,220 41,420	**38,400** 39,900	38,380 38,380	38,160 **36,860**
38	36,080 42,480	36,540 41,040	36,800 39,600	**36,860** 38,160	36,720 36,720

這個表格看起來比較棘手，但實際上，運用 Microsoft Excel 或其他試算表程式，很容易製作出這樣一個表格。

賽局思考題②

試著運用 EXCEL 建立以上表格。

::最佳回應

思考一下 RE 公司銷售主管的想法。如果 RE 認為 BB 將選擇 42 美元，則 RE 選擇各種不同價格時的利潤在上表第一列的左下角。這 5 個數字中，最大值是 4 萬 3,260 美元，此時 RE 的定價是 41 美元。所以，這是 RE 對於 BB 的 42 美元選擇的「最佳回應」（best response）策略。同理，如果 RE 認為 BB 將選擇 41 美元、40 美元或 39 美元，那麼它的最佳回應是 40 美元；而如果它認為 BB 將選擇 38 美元，其最佳回應是 39 美元。我們用粗斜體表示這些最佳回應利潤額，使其更加清晰明瞭。我們也在適當的儲存格中的右上角，用粗斜體數字表示出了 BB 對於 RE 的各種可能定價的最佳回應。

在繼續分析之前，我們必須對最佳回應做出兩點說明。首先，這個術語本

身需要進一步澄清。兩家公司的選擇是同時進行的，因此，與第 2 章的情形不同，每家公司將無法觀察到另一家公司的選擇，也就不能據此對另一家公司的實際選擇做出「回應」來決定自己的最佳選擇。相反的，每家公司都會對另一家公司的選擇形成一個想法（該想法可能基於想當然的、經驗的或有根據的推測），然後對這個想法做出回應。

其次要注意，定價低於對手並不一定就是最佳策略。若 RE 認為 BB 將選擇 42 美元，則 RE 應該選擇一個相對較低的價格，即 41 美元；但是若 BE 認為 BB 會選擇 39 美元，RE 的最佳回應就是相對較高的價格，即 40 美元。在選擇最優價格時，RE 必須權衡兩種相反的情況：低於對方的價格會增加銷售量，但也會帶來較低的單位銷售利潤。如果 RE 認為 BB 的定價將非常低，那麼 RE 的定價低於 BB 的利潤損失可能非常大，所以 RE 的最佳選擇可能是，為了獲得較高的單位襯衫利潤，而接受較低的銷售量。一個極端是，RE 認為 BB 將以成本定價，即 20 美元，但這個售價會使 RE 的利潤為零。RE 最好是選擇一個更高的價格，保住一些忠實顧客，並從中賺取利潤。

:: 納許均衡

現在我們回到賽局表，觀察這些最佳回應。立即凸顯出一個事實：兩家公司都定價 40 美元的那個儲存格中，兩個數字都是粗斜體，每家公司的利潤均為 4 萬美元。若 RE 認為 BB 將選擇 40 美元的定價，則它自己的最佳定價也是 40 美元，反過來對 BB 也一樣。如果兩家公司都選擇將襯衫定為 40 美元，則每家公司對於定價的想法，已經由實際結果中得到證實。既然對方的選擇已很清楚，那麼任何一家公司都沒有理由改變它的定價。因此，該賽局中的這兩個選擇即構成了一個穩定的組合。

如果有這樣的賽局結果，即，相信對方會以每位參與者的行動就是其對他人行動的最佳回應，而且每個參與者都相信對方也會這麼想，那麼這類賽局結

果就可以巧妙地解開「我認為他認為」的循環。這樣的結果有一個非常好的名號，叫參與者思考過程的休止符，或者叫作賽局均衡。是的，這正是納許均衡的定義。

我們在賽局表中用灰色儲存格凸顯納許均衡，且對以後出現的所有的賽局表均做同樣的處理。

第 3 章的定價賽局是一個囚徒困境，其中只有兩種定價選擇，即 80 美元和 70 美元。此處具有多個價格選擇的賽局仍然具有這種特性。如果兩家公司達成一個可信的、具強制性的合謀協定，它們就都可以將價格定在遠高於納許均衡價格的 40 美元。正如我們在第 3 章所看到的，一致定價 80 美元可以使每家公司都獲得 7 萬 2,000 美元，而在納許均衡的水準，每家公司只能得到 4 萬美元。這個結果使我們認知到，行業壟斷或企業聯盟對消費者多麼不利！

上述例子中，在自己與對手的每個價格組合下，這兩家公司的成本相同，銷售量也相同。一般而言，這個條件並非必須，在納許均衡結果下，兩家公司的價格可以有所差異。對於那些想更深入掌握此方法和概念的讀者，我們將這個作為「練習」，一般讀者可以隨意瀏覽一下「練習」中的答案。

> ♟ **賽局思考題③**
>
> 假設彩虹之巔（RE）找到了較便宜的襯衫生產原料，使其單位成本由 20 美元下降到 11.60 美元。而比比里恩（BB）的單位成本仍為 20 美元。重新計算兩家利潤，找出新的納許均衡。

定價賽局還有許多特性，但這些特性相對於目前的案例而言太複雜了。所以我們將其延後到後半章來討論。在這裡，我們先對納許均衡做出幾點總結。

每個賽局都存在納許均衡嗎？答案是「原則上如此」，只要我們將行動或策略的概念歸納起來，且允許混合性的行動，這正是納許提出的知名理論。我

們將在第 5 章談到混合行動的概念。不存在納許均衡的賽局，即使允許有混合行動，也是非常複雜難解的，所以我們將它們留給賽局理論的進階解決方案。

對於同步行動賽局，納許均衡是不是一個好的解？在本章後面部分，我們將就有關上述問題的一些論點與爭議進行討論，答案將是「有所保留的肯定」。

每個賽局只有一個納許均衡嗎？不。在本章後面部分，我們將思考一些有多個納許均衡解的重要賽局案例，並討論它們引發的一些新問題。

:: 哪個是首選

讓我們試著用納許的理論來分析狩獵賽局，很容易就能找到最佳回應。弗瑞德的選擇應當和他所認為的巴尼的選擇一致。結果如下。

巴尼的選擇

		雄鹿		野牛		野兔	
弗瑞德的選擇	雄鹿		**3**		0		1
		3		0		0	
	野牛		0		**3**		1
		0		**3**		0	
	野兔		0		0		**1**
		1		1		**1**	

看來，該賽局有三個納許均衡解[*]。哪一個將是最終解呢？或者，這兩個人會不會根本達不到任何一個均衡？納許均衡概念本身並沒有答案。我們需要進行一些額外的、不同的思考。

如果弗瑞德和巴尼曾經在他們共同朋友的雄鹿聚會上見過面，他們就比較可能選擇雄鹿。如果他們有一項規矩是，一家之主當天準備出門狩獵時，在道

---

[*] 如果允許混合行動，還會有更多納許均衡解。但這些解有些吊詭，且大多純為學術趣味。我們將在第 5 章對其進行簡單討論。

別時要大聲喊:「再見,兒子!」,那麼野牛就可能是首選。但如果規矩是在和家人道別時說:「注意安全!」,那麼,不論對方如何選擇,其首選可能是確保得到一定肉量相對安全的做法,即獵野兔。

但具體而言,是什麼構成了「首選」?一個策略,比如在弗瑞德心中,雄鹿可能是他最想獵捕的,但這並不足以使他做出這個選擇。他必須自問,同樣的策略對於巴尼而言是不是首選。反過來,巴尼也會想,它對弗瑞德而言是不是首選。在多個納許均衡解中進行選擇時,也需要解決「我認為他認為」問題。

要解開這個循環,「首選」必須是一個多層次的、反覆檢視的概念。對於兩個獨立思考和採取行動的人,成功的均衡解,在弗瑞德來看,必須顯然知道對巴尼來說顯然知道對弗瑞德來說顯然知道……是恰當的選擇。如果一個均衡解像這樣無數次循環的明顯可知,即,參與者的期望均匯合於這個均衡,我們就稱其為「**焦點**」(focal point)。這個概念正是湯瑪斯·謝林對賽局理論的諸多開創性貢獻之一。

賽局是否有焦點,取決於許多情況,包括參與者重要的共同經驗,經驗可能出於歷史、文化、語言因素,或者純屬偶然。以下是一些例子。

首先,我們來看謝林的經典例子。假設你被告知要於某天在紐約市會見一個人,但未被告知具體時間和地點,你甚至不知道要見的那個人是誰,所以不可能提前與他取得聯繫(但你知道見面後如何認出對方)。你還被告知對方也得到相同的指示。

你成功的機會看起來可能十分渺茫;紐約市太大了,而且一天的時間也很長。但實際上出人意料的是,處於這種情形的人通常能夠成功會面。時間的確定很簡單:正午是個明顯的焦點;兩個人的期望幾乎是本能地匯合於這一點。地點的確定要困難一些,但恰好有幾個地標性的地點,可望讓兩人的期望匯合在一起。起碼這大大縮小了選擇範圍,增加了成功會面的可能性。

謝林做了幾個實驗,受試者來自波士頓或紐哈芬地區。在那個年代,人們

常搭火車到紐約中央火車站；對他們而言，車站的時鐘就是一個焦點。現在，由於電影《西雅圖夜未眠》（*Sleepless in Seattle*）的影響，許多人會把帝國大廈視為一個焦點；而有些人則認為時代廣場顯然才是「世界的中心」。

本書作者之一（奈勒波夫）在美國廣播公司一個叫《生活：賽局》的黃金時段節目中做了這個實驗[1]。將6對互不相識的人帶到紐約市的不同地方，然後讓他們找到其他幾對，除了知道其他幾對也要在同樣的情形下找到他們之外，他們對其他幾對的情況一無所知。每對內部的討論很顯然都遵循了謝林的推論。每一對除了會思考他們認為哪裡是明顯的見面地點，也會思考其他幾對會認為他們是怎麼想的。每一組，如A組，在思考時會意識到這樣的事實，即另一組，如B組，同時也在思考對A而言什麼是首選。最終，三對去了帝國大廈，另外三對去了時代廣場。他們都把時間選在正午。但還有一些問題待解決：帝國大廈有兩個不同樓層的瞭望台，而時代廣場又很大。但只用了點小計謀，包括手勢，這六對就都成功會合了[*]。

成功的關鍵，不在於這個地點對你們組來說是首選，也不在於對其他組來說是首選，而在於這個對每個組都很明顯的地點，對其他組也都很明顯；而且，一旦帝國大廈有這種特點，那麼即使對他們而言到那裡不甚方便，每個組也仍會去那裡，因為那是每個組可以指望其他組也會去的唯一地點。如果只有兩組，其中一組可能認為帝國大廈是明顯的焦點，另一組可能認為時代廣場是明顯的焦點，那麼這兩組的會合就會以失敗告終。

史丹佛商學院的大衛・克雷普斯（David Kreps）教授在他的課堂上做了以下實驗。他選了兩個學生參與這個賽局，兩人都必須在不能與對方交流的情況

---

[*] 其中一對在帝國大廈外面坐了將近一個小時，一直等到正午。如果他們當時決定在裡面等就好了。更有意思的是，由男士組成的各個組，從一個地點跑到另一個地點（港務局、賓州車站、時代廣場、中央火車站、帝國大廈），卻不做任何使他們更容易被其他組找到的手勢。正如所料，男士組甚至在路上相遇了也沒有認出對方。相反的，所有的女士組都會做手勢或揮帽子。她們會選一個特定地點，待在那裡等著被其他組找到。

下，做出他的選擇。他們的任務是分配清單上的城市。一個分配到波士頓，另一個到舊金山（這兩個分配是公開的，他們都知道對方的城市）。然後，他給了每個學生一張清單，清單上列出了其他九個美國城市：亞特蘭大、芝加哥、達拉斯、丹佛、休士頓、洛杉磯、紐約、費城和西雅圖，然後讓學生各自在其中做選擇。如果他們的選擇恰好加起來是完整且無重疊的，那麼他們都可以得到獎品。但如果選擇組合中少了一個城市或有任何重複，他們就什麼也得不到[*]。

這個賽局有幾個納許均衡解？如果分派到波士頓的這個學生選擇了亞特蘭大和芝加哥，而分派到舊金山的學生選擇剩下的幾個城市（達拉斯、丹佛、休士頓、洛杉磯、紐約、費城和西雅圖），這就是一個納許均衡：當其中一個參與者的選擇不變時，另一個參與者的選擇變化會造成缺漏或重疊，進而降低報酬。如果一個學生選擇了丹佛、洛杉磯和西雅圖，另一個選擇其他 6 個城市，則同樣的道理也適用於此。換句話說，有多少種方法可以把這 9 個城市的清單分成 2 個不同子集，就有多少個納許均衡解。這樣的方法總共有 2^9 種，或 512種；因此，該賽局有許許多多納許均衡解。參與者的期望能否匯合在一起，形成一個焦點？當兩個參與者都是美國人或美國居民時，他們有 80% 以上的機率會選擇從地理上進行切割；分派到波士頓的學生選擇密西西比河以東的所有城市，而分派到舊金山的學生選擇密西西比河以西的城市[†]。如果其中一人、或兩人都不是美國居民，達成這種合作的可能性就小得多。所以，國籍或文化可能有助於形成一個焦點。當這兩個學生缺乏這樣的共同經驗時，有時可能依字

---

[*] 這個分派城市的賽局可能看起來十分無趣或毫無意義，但我們來思考一下：兩家公司正試圖瓜分美國市場，每家公司可以在它分到的範圍內取得完全壟斷地位。美國反托拉斯法禁止明顯的企業聯盟。若想達成默契，雙方的期望必須能匯合於一點。克雷普斯的實驗證明，相對於一家美國公司與一家外國公司，兩家美國公司更容易達成這種默契。

[†] 如果關於美國學童的地理常識退步的新聞是真的，或許幾年後，這種方法就不再有用了。

母順序做選擇，但即便如此，也沒有明確的分割點。如果城市的總數是偶數，平分可能是一種焦點，但九個城市是不可能平分的。所以，我們不應判斷參與者總是可以找到一種方法，透過期望的匯合，從多個納許均衡解中選出一個解；而找不到焦點的情況，是極有可能發生的。

接下來，假設讓兩個參與者都選擇一個正整數。如果兩個人選擇了相同的數字，那麼他們都能得到獎勵。如果兩人的選擇不同，則他們什麼也得不到。最常出現的選擇是 1：它是所有數字（正整數）中的第一個數字，是最小的數字等等；因此，它就是焦點。在這裡，選擇 1 就是基於數學上的原因。

謝林舉了一個例子：兩人或兩人以上在某個人潮擁擠的地方走散了。他們應該去哪裡找對方？如果這裡的比如百貨商場或火車站，有一個失物招領窗口，那麼這個窗口就是焦點。在這裡，選擇窗口的原因與語言有關。有時候，會面地點是為了確保期望能匯合而特地建立的，例如，德國和瑞士的許多火車站都有一個很明顯的標誌 Treffpunkt（會面處）。

會面賽局之妙不僅在於兩個參與者要找到對方，也在於焦點最終與很多策略互動有關。最重要的會面賽局可能是股票市場了。堪稱 20 世紀最著名的經濟學家凱恩斯（John Maynard Keynes），曾拿一場報紙選美比賽來解釋股市行為。在他那個時代很流行報紙選美賽，這種選美是在報上登出許多人頭像，讀者必須猜出哪張臉孔是大多數投票者認為漂亮的[2]。當每個人都這樣思考時，問題就演變成「大多數人認為大多數人認為大多數人認為……哪張臉是最漂亮的」。如果一個選手比其他選手漂亮得多，那麼這個選手必然就是焦點。但讀者想的遠遠不是這麼簡單。換個角度想像一下，假設 100 個決賽選手除了頭髮顏色以外，幾乎沒有差別。但在這 100 個選手當中，只有一個人是紅頭髮，那麼你會選這個紅髮女郎嗎？

此時，目標不再是做出誰最漂亮的絕對判斷，而變成了找到思考過程的焦點。我們如何在這一點上達成一致？讀者必須在無法互相交流的情況下找出共

同的規則。「選擇最漂亮的」可能是一種規則，但相較於選擇那個紅髮女郎，或像勞倫‧赫頓（Lauren Hutton）一樣兩顆門牙中間有一條有趣縫隙的，或像辛蒂‧克勞馥（Cindy Crawford）臉上有一顆痣的選手，達成這個規則要困難得多。任何獨門特徵都能成為焦點，使人們的期望匯合。正因如此，我們不必為許多世界最美的模特兒臉蛋並不完美而驚訝；相反的，她們即使近乎完美，也會有點有趣的瑕疵，這些瑕疵使她們的容貌非常有個性，從而成為焦點。

凱恩斯用選美賽來比喻股票市場，在股市，每個投資者都想購買其價格在未來會上漲的股票，這表示大部分投資人看好的股票一定會漲。熱門股票就是每個人認為其他人認為的……熱門股票。有很多原因可以解釋為什麼不同時期的熱門行業或股票也不同──最初公開發行時的正面宣傳、知名分析師的建議等等。焦點的概念還能解釋為什麼人們會注意整數：道瓊指數 10,000 點，或者納斯達克指數 2,500 點。這些指數僅僅是特定股票組合的價值。像 10,000 這樣的數字沒有任何本質上的意義；它之所以成為焦點，僅僅是因為期望更容易匯合於整數。

這些例子都得出了這樣的結論，即，均衡可以輕易地出於心血來潮或一時狂熱所決定，並沒有什麼基本原則可以保證最漂亮的佳麗會被選中，或者最好的股票會漲最快。某些力量會讓事情朝著正確的方向發展。高額預期報酬就像佳麗的膚色，只不過是用來避免突發奇想的許多必要但並不充分的條件之一。

許多數學賽局理論學家反對如下說法，即：賽局結果受賽局的歷史、文化或語言的影響，或者純粹取決於像整數這樣的絕對因素；他們更傾向於認為，賽局結果完全取決於與賽局相關的各種數據──參與者人數、每個參與者策略選項的數量，以及與所有參與者策略選擇相關的每個參與者的報酬。但我們並不同意上述觀點。我們認為如下的說法非常恰當，即：由社會中相互影響的人參與的賽局結果，應當取決於賽局的社會和心理層面。

思考一下討價還價的例子。此時參與者雙方的利益似乎是完全衝突的；一

方利益的增加意味另一方利益的減少。但在許多談判中，如果雙方沒有共識，那麼誰都得不到任何利益，而且可能還會遭受巨大的損失，就像勞資談判破局一樣，如果談判失敗，就會引發罷工或停工，雇主和工人都會蒙受損失。雙方可以在都想避免破局的基礎上達成共識，而如果他們能夠找到一個焦點，就能避免這種不一致，他們共同的期望是，在這一焦點上，雙方都不會做出讓步。這就是為什麼 50：50 的平分模式經常可見的原因。這種分配方法簡單明瞭，有利於表示公平，而且，一旦這樣的思考占有一席之地，就有助於期望的匯合。

思考一下企業執行長（CEO）的超高薪酬問題。通常，CEO 都非常在乎個人聲譽。一個人獲得的報酬是 500 萬美元還是 1,000 萬美元，對他的生活並不會帶來真正巨大的差別。（在我們的立場這樣說更容易，因為兩個數字對我們而言都很抽象。）CEO 關注的焦點是哪裡？它高於平均水準，每個人都想拿到高於平均的薪水，他們都想在那個水準匯合。問題是，這個匯合點的薪水只允許一半人能拿到。但是，他們解決這一問題的方法是逐步抬高薪水。每家公司支付給其 CEO 的薪水都高於前一年的水準，所以每個人都認為他們的 CEO 薪水高於平均水準。最終，CEO 的薪水瘋狂上漲。要解決這個問題，我們需要找出另一個匯合焦點。例如，從歷史上看，CEO 會利用公益活動提高他們在社會的聲望。這種程度的競爭大致說來不錯。目前，薪水的焦點是由美國《商業週刊》調查和薪酬顧問拍板的，而要改變這個焦點可不是件容易的事。

公平問題也是選擇焦點時的問題之一。聯合國的《千禧年發展目標》以及傑佛瑞・薩克斯（Jeffrey D. Sachs）在《終結貧窮》（*The End of Poverty*）一書中強調，每個國家只要捐獻其 1% 的國內生產總值（GDP），到 2025 年，就能終結世界貧窮。但關鍵是，捐獻量的焦點是以收入的比率為基準，而不是一個絕對量。所以，富國應該比貧國多貢獻一些。這種顯著的公平可能有助於期望的匯合。但所承諾設立的基金到底會不會實現，至今仍然是個謎。

性別戰與小雞遊戲

在狩獵賽局中，兩個參與者的利益是完全一致的，他們都寧願達成其中一個大獵物均衡解。唯一的問題是，要怎樣才能使他們有一致的焦點。現在我們轉向另外兩個賽局，這兩個賽局也有多個納許均衡解，但還多了一個利益衝突的元素。由它們引出的策略思考也將有所不同。

這兩個賽局都可以追溯到 1950 年代，那個時代有適合的案例。我們將用石器時代獵人弗瑞德和巴尼之間的賽局的變形，來說明這兩個賽局。但我們也將提及早期的性別歧視事實，一方面是因為這解釋了出現在這兩個賽局中的名字，另一方面也因為回顧古早的陳腐觀點和標準，多少有點娛樂價值。

第一個賽局通常被稱為性別戰。其概念是，丈夫和妻子的電影偏好不同，且兩種選項也截然不同。丈夫喜歡動作和戰爭片，他想看《斯巴達 300 勇士》；妻子喜歡賺人熱淚的溫情劇，她想看《傲慢與偏見》或《美麗境界》。但是，他們都更想與對方一起去看一部電影，而不願意單獨看任何電影。

我們將狩獵賽局中的野兔選項去掉，只保留雄鹿和野牛選項。但是，假定弗瑞德更偏好雄鹿肉，他對聯合獵鹿的結果評價不再是 3，而成了 4，而巴尼的偏好恰好相反。修正後的賽局報酬表如下圖所示。

巴尼的選擇

		雄鹿		野牛
弗瑞德的選擇	雄鹿	**4**	3 0	0
	野牛	0	0 3	**4**

最佳回應仍然用粗斜體表示。我們立刻可以看出，該賽局有兩個納許均衡，一個是兩人都選擇雄鹿，另一個是兩人都選野牛。兩人都想得到一個納許均衡結果，而不是在一個非納許均衡的結果下單獨狩獵。但是，他們對於兩個均衡

的偏好卻有衝突：弗瑞德偏好雄鹿均衡，巴尼則喜歡野牛均衡。

怎樣才能達成兩者之一的結果呢？如果弗瑞德能用某種方式向巴尼傳達一個訊息：他，弗瑞德，說一不二並堅決選擇雄鹿；那麼巴尼只有遵從其選擇，才能實現最佳結果。然而，弗瑞德在祭出這樣的策略時，面臨兩個問題：

第一，在做出實際選擇前，需要某種方法去溝通。當然，溝通經常是雙向的過程，所以巴尼可能也在嘗試同樣的策略。弗瑞德異想天開地想要一個可以用來發送訊息而不是接收訊息的工具。但這不僅僅是工具本身的問題；弗瑞德怎樣才能確定巴尼已經接收而且理解了這個訊息？

其次，更重要的是，所傳遞的堅定訊息的可信性問題。堅定的訊息有可能其實是假裝，所以巴尼可能會反抗弗瑞德而選擇野牛，以測試訊息的真偽；而這將使弗瑞德面臨兩個不佳的選擇：要麼讓步，選擇野牛，這一選擇將顯得他示弱，尊嚴掃地；要麼堅持先前的雄鹿選擇，這個選擇則代表錯過聯手狩獵的機會，一丁點兒肉都得不到，結果是全家挨餓。

在第 7 章我們將檢視一些方法，利用哪些方法，可以讓弗瑞德的堅決聲明變得可信，從而達到他所偏好的結果。但我們也會檢視一些可以使巴尼破壞弗瑞德承諾的方法。

在賽局開始前，如果他們可以進行雙向交流，本質上就會是個談判賽局。這兩個參與者偏好不同的結果，但卻又都不想破局。如果賽局可以重複進行，他們就有可能共同妥協，例如，在不同的日子輪流到兩個獵場。即使在單次賽局中，他們也可以根據統計平均的原理，透過拋硬幣達成妥協。正面朝上時選擇一個均衡，背面朝上時選擇另一個均衡。我們在以後將用一整章來探討這一重要的談判問題。

第二個經典賽局叫**小雞遊戲**（chicken game）。該故事的標準版本是，兩個年輕人在筆直的大路上相向駕駛，先改變方向避免衝撞的人就是小雞（窩囊廢，或是懦夫）。然而，如果兩個人都保持直行，他們就會相撞，對他們兩人

而言都是最糟的結果。為了透過狩獵賽局創建一個小雞遊戲，可去掉野牛和雄鹿選項，但假設有兩個獵野兔的獵場，一個位於南邊，面積較大但野兔稀疏；兩個人都可以去那裡，每人得到 1 單位的肉；另一個在北邊，野兔密集但面積較小。如果只有一個獵人去那裡，他就可以得到 2 單位肉。如果兩個人都去了那兒，他們只會相互妨礙，開始互相爭搶，最終兩個人什麼也得不到。如果一個往南，另一個往北，那麼往北的人可以獨享他的 2 單位肉；往南那個得到 1 單位肉。但是，看到對方晚上帶著 2 單位肉回來，往南的人和他家人的嫉妒會減低他的喜悅，所以我們把他的報酬定為 1/2 而不是 1。這樣，賽局報酬表如下所示。

		巴尼的選擇	
		北邊	南邊
弗瑞德的選擇	北邊	0　　0	*1/2*　　**2**
	南邊	**2**　　*1/2*	1　　1

同樣的，最佳回應以粗斜體表示。我們立刻可以看出，這個賽局有兩個納許均衡解，即一個往北，另一個往南。往南的人就是儒夫；他對對方往北的選擇做出了最佳回應，造成了一個糟糕的局面。

性別戰和小雞遊戲這兩個賽局中，既有共同利益，也有利益衝突：在這兩個賽局中，兩個參與者都更想要達成均衡解，而不喜歡非均衡解，在這一點上他們有共識。但是，對於哪個均衡解更好則意見不同。這種衝突在小雞遊戲中更顯尖銳，因為如果每個參與者都試圖達到其偏愛的均衡解，最終只會導致最壞的結果。

小雞遊戲中選擇均衡解的方法與性別賽局類似。其中一個參與者，比如弗瑞德，可以承諾選擇他偏愛的策略，即往北。和前面一樣，讓承諾可信並確保

對方了解這個承諾至關重要。我們將在第 6 章和第 7 章,更全面地思考承諾及其可信性。

在小雞遊戲中也有可能達成妥協。在重複賽局下,弗瑞德和巴尼可能一致同意在南和北之間輪流;在單次賽局中,他們也可以用拋硬幣或其他隨機方法來決定誰去北邊。

最後,小雞遊戲代表了一個賽局的共通觀點:即使參與者的策略與報酬是完全對稱的,賽局的納許均衡解也可能是非對稱的。即,參與者做了不同的行動選擇。

一段小小的歷史

在本章以及前面幾章的案例討論中,我們介紹了幾個已成為經典的賽局。囚徒困境當然已是眾所周知,不過,石器時代兩個獵人會合的賽局幾乎同樣知名。盧梭在一個幾乎完全相同的場景下引入了這一場賽局;當然,他沒用《摩登原始人》(*Flintstones*)中的角色為故事增色。

獵人賽局不同於囚徒困境,因為弗瑞德的最佳回應是採取與巴尼相同的行動(反之亦然),而在囚徒困境賽局中,弗瑞德會有一個優勢策略(不論巴尼怎麼做,只有一種行動,例如獵野兔是他的最佳選擇),巴尼也一樣。這種區別的另一種表述方式是,在會合賽局中,如果弗瑞德能得到巴尼也去獵雄鹿的保證,不論是透過直接溝通還是由於有一個焦點,那麼,他就會去獵雄鹿,反之亦然。正因為如此,該賽局通常被稱為**信任賽局**(assurance game)。

盧梭並未將他的思想用精確的賽局理論語言表達出來,他的措辭使其意思有多種解釋。在莫里斯・克蘭斯頓(Maurice Cranston)的譯本中,對這一問題的陳述如下:「如果是正在獵鹿,每個人都充分認知自己應該堅守崗位;但是,如果碰巧有一隻野兔從其中一人面前跑過去,我們毫不懷疑這個人將離開崗位去追逐野兔,捉到他自己的獵物後,他絲毫不會關心自己的行為已經導致他的

同伴們沒有獵到鹿。」[3] 當然，如果其他人也去追逐野兔，那麼，任何一個獵人試圖獵鹿都沒有意義了。所以，這個陳述似乎暗示，每個獵人的優勢策略都是去追逐野兔，這使得這個賽局陷入了囚徒困境。然而，人們更常以信任賽局來解釋這種狀況，如果每個人都認為其他人都會選擇獵鹿，那麼每個獵人也都會傾向於獵鹿。

因電影《養子不教誰之過》（Rebel Without a Cause）而聲名大噪的小雞遊戲版本中，兩個年輕人駕車並排駛向懸崖，先跳出車外的人就是懦夫。這個賽局被伯特蘭‧羅素（Bertrand Russell）等人用來隱喻核戰的邊緣策略。湯瑪斯‧謝林在他開創性的策略賽局理論分析中，詳細討論了這個賽局，我們將在第6章進一步探討。

就目前我們所掌握的知識來看，性別賽局並不源自哲學或通俗文化。它出現在鄧肯‧盧斯（R.Duncan Luce）和霍華德‧雷夫（Howard Raiffa）的《賽局與決策》（Games and Decisions）一書中，那是一部早期的賽局理論經典著作。[4]

尋找納許均衡

我們怎樣才能找出一個賽局的納許均衡？在賽局表中，最笨的方法是一個儲存格一個儲存格地檢查。如果某個儲存格中的兩個報酬都是最佳回應，那麼，這個儲存格對應的策略和報酬就構成一個納許均衡。如果賽局表很大，這個過程就變得十分煩瑣了。但是感謝上帝，祂派電腦義不容辭地將人們從煩瑣的檢查與計算中解脫出來。可以找出納許均衡解的套裝軟體早就開發出來了。[5]

有時候，是有一些捷徑的，以下我們談談其中最常用的一種。

:: 逐步剔除法

回到彩虹之巔（RE）與比比里恩（BB）之間的定價賽局。報酬表如下所示。

BB的價格

RE的價格	42	41	40	39	38
42	43,120 / 43,120	*43,260* / 41,360	43,200 / 39,600	42,940 / 37,840	42,480 / 36,080
41	41,360 / *43,260*	41,580 / 41,580	*41,600* / 39,900	41,420 / 38,220	41,040 / 36,540
40	39,600 / 43,200	39,900 / *41,600*	*40,000* / *40,000*	39,900 / *38,400*	39,600 / 36,800
39	37,840 / 42,940	38,220 / 41,420	*38,400* / 39,900	38,380 / 38,380	38,160 / *36,860*
38	36,080 / 42,480	36,540 / 41,040	36,800 / 39,600	*36,860* / 38,160	36,720 / 36,720

RE 不知道 BB 將選擇什麼價格。但它可以找出 BB 不會選擇什麼價格：BB 永遠不會將價格定在 42 美元或 38 美元。原因有二（兩個原因都適用於此例，但在其他情況下，可能只有一個原因適用）[6]。

首先，對 BB 而言，這兩種策略都絕對不如另外一種策略。不論 BB 認為 RE 會選擇什麼，41 美元總是優於 42 美元，而 39 美元總是優於 38 美元。要了解這一點，請將 41 美元和 42 美元進行比較；另一種情況的比較方法與此類似。觀察並對比 BB 選 41 美元（深灰色陰影部分）與選 42 美元（淺灰色陰影部分）時的五組利潤。在 RE 的五個可能選擇的每一種選項下，BB 選擇 42 美元的利潤都低於選擇 41 美元的利潤：

$$43{,}120 < 43{,}260，41{,}360 < 41{,}580，39{,}600 < 39{,}900$$
$$37{,}840 < 38{,}220，36{,}080 < 36{,}540$$

因此，無論 BB 預期 RE 怎麼選，BB 都不會選擇 42 美元，從而 RE 可以確信 BB 將排除 42 美元的策略，同理，38 美元也會被排除。

當一個策略，如 A，對於某參與者而言絕對劣於另一個策略，如 B，我們就說 A **劣於** B。在這種情況下，該參與者就不會採用 A 策略，雖然還不知道他會不會採取 B 策略。另一個參與者可以放心地在這個基礎上進行思考；特

別是，他完全不需要思考採用針對 A 策略的最佳回應策略。在求解賽局時，我們可以剔除劣勢策略，不予考慮，這就縮小了賽局表的規模，進而簡化了分析*。

第二個剔除和簡化的方法是，找出對方所有可能選擇都絕非最佳回應的策略。在本例中，在我們的思考範圍內，無論 RE 可能選擇什麼，42 美元都絕不是 BB 的最佳回應。所以，RE 可以確信，「不論 BB 認為我的選擇是什麼，它都絕對不會選擇 42 美元。」

當然，任何一個劣勢策略永遠不會成為最佳回應。透過思考 BB 的 39 美元定價的選擇，可以更清楚解釋這一點。由於它不是最佳回應，所以**幾乎**可以將其剔除。39 美元的價格僅僅是 RE 定價 38 美元時的最佳回應。只要了解 38 美元是劣勢策略，我們就可以得出結論：無論 RE 如何選擇，BB 定價 39 美元都絕不會成為最佳回應策略。尋找絕非最佳回應策略的優點是，你可以剔除掉那些不是劣勢策略，但也不會被選擇的策略。

我們可以對另一個參與者進行類似的分析。剔除 RE 的 42 美元和 38 美元的策略後，得到一個 3×3 的賽局表：

		BB 的價格		
		41	40	39
RE 的價格	41	41,580 / 41,580	*41,600* / 39,900	41,420 / 38,220
	40	39,900 / *41,600*	*40,000* / 40,000	39,900 / *38,400*
	39	38,220 / 41,420	*38,400* / 39,900	38,380 / 38,380

---

* 如果 A 劣於 B，反過來就是 B 優於 A。所以如果 A 和 B 是那個參與者的唯一兩種可選策略，那麼 B 就是優勢策略。但是，存在兩種以上可選策略時，有可能是 A 劣於 B，但 B 不是優勢策略，因為 B 不優於第三種策略 C。總之，即使在沒有優勢策略的賽局中，剔除劣勢策略也是可行的。

在這個簡化的賽局表中，每家公司都有一個優勢策略，即40美元。因此，由我們的法則2（第3章中）可知，40美元就是賽局的解。

在最初的較大的賽局表中，40美元的策略不是優勢策略。例如，如果RE認為BB會選擇42美元，那麼，它選擇41美元時的利潤，即43,260美元，大於選擇40美元時的利潤，即43,200美元。剔除一些策略後，可以在第二輪繼續剔除其他策略。在這裡，進行兩輪就足以得出結果。其他案例可能需要更多輪的剔除，而且即使可選範圍縮小了，通常也不會縮小到只剩一個選擇。

如果透過逐步剔除劣勢策略（或絕非最佳回應策略）及選擇優勢策略，確實會得到唯一結果，那麼，這個結果就是一個納許均衡。如果這個方法行之有效，就很容易找出納許均衡解。如此，我們可總結一下尋找納許均衡解的討論，得到以下兩個法則：

法則3：剔除所有劣勢策略和絕非最佳回應策略，不予以考慮，如此一步步進行下去。

法則4：走完尋找優勢策略或剔除劣勢策略的捷徑後，下一步就是在賽局表的所有儲存格中，尋找同一儲存格中互為最佳回應的策略，這就是該賽局的納許均衡。

有無限多策略選擇的賽局

目前為止，在我們討論過的各個定價賽局版本中，我們只讓每家公司有少數價格選擇：第3章中只有80和70美元兩種價格，而本章中只有42到38美元中每次變化1美元的幾種價格。我們的目的只是想以盡量簡單的方式，帶出囚徒困境和納許均衡的概念。在現實中，價格可以是由整數和非整數組成的任意數值，而且，不論意圖和目的是什麼，定價似乎都可以從一個連續數值範圍

內訂出來。

我們的理論只採用基本的高中代數和幾何，就可以輕鬆處理這個進一步擴展的賽局。我們可以用一個座標圖來顯示兩家公司的價格，橫軸或 X 軸表示 RE 的價格，縱軸或 Y 軸表示 BB 的價格。我們不再以賽局表來呈現，而是用這個圖來表示最佳回應。

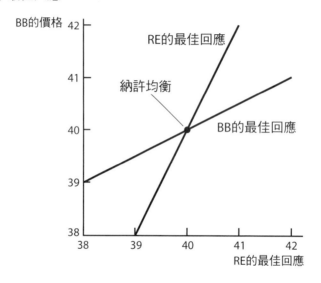

我們用這個圖來分析最初那個例子，其中兩家公司的襯衫單位成本都是 20 美元。我們省略了計算細節，只告訴你最後結果[7]。BB 對 RE 定價的最佳回應方程式（或 BB 對 RE 定價的想法）是

BB 的最佳回應定價 = 24 + 0.4 × RE 的定價（或 BB 對它的想法）

如兩條線中較平緩的那條所示，我們可以看出 RE 的定價每降低 1 美元，BB 的最佳回應是相對小幅降價，即降價 40 美分。這是 BB 的計算結果，是在其顧客流失到 RE 與接受較低利潤之間的最佳平衡點。

圖中的兩條曲線中，較陡的是 RE 對 BB 定價的最佳回應或想法。在兩條曲線的交叉點，表示每家公司的最佳回應都與對方達成共識，我們就得到了一

個納許均衡。這張圖顯示，當兩家公司都定價 40 美元時，就產生了納許均衡，而且這個賽局只有一個納許均衡。在價格必須是 1 美元的倍數的賽局表中，我們找出的唯一納許均衡解，顯然並不是人為限制下的結果。

在這些簡單的例子中，這種可容納更多細節的圖表，是計算納許均衡解的標準方法。紙筆方法可能使計算或繪圖變得非常複雜，而且十分枯燥，電腦正好解決了這個問題。這些簡單的例子使我們有了基本的了解，而我們應該累積我們的人腦思考能力，來解決更高階的問題，即評估它的有用性。沒錯，這正是我們接下來的話題。

美麗均衡？

許多觀念主張，在參與者可自由選擇的賽局中，納許均衡就是賽局的解。或許，對上述觀點最有力的論證就是反駁所有其他的建議解。納許均衡是一個策略組合，在這個策略組合中，每個參與者的選擇，都是對另一個或所有其他參與者所做選擇的最佳回應。假如某個結果不是納許均衡，那麼，必定至少有一個參與者選擇了非最佳回應的行動。這樣的參與者可能有重大的動機，才會背離所提議的行動；而這種背離破壞了建議解。

如果有多個納許均衡解，我們確實需要某種附加方法，才能找出哪個均衡會是最後的結果。但這只是表示，我們需要在納許均衡方法上附加其他方法，而與納許均衡本身並不互相矛盾。

所以這是一個美麗的理論。但這個理論實際上真的有效嗎？你如何回答這個問題？你可以在真實世界中找一些這樣的賽局，或者，你可以做個實驗，然後將實際結果與該理論的預言進行比較。如果兩者非常一致，該理論就是正確的；如果不一致，該理論就應該被揚棄。很簡單，是不是？但事實上，不論是在實務上還是在解釋上，這個過程很快會變得很複雜。而結論也會十分混雜，不僅有一些支持該理論的樂觀理由，也會有一些補充與改變該理論的方法。

觀察與實驗，這兩種方法各有優缺點。實驗室允許適當的科學「控制」，實驗者可以精確地規定賽局的規則以及參與者的目標。例如，在受試者扮演兩家公司經理角色的賽局中，我們可以規定兩家公司的成本，以及與兩家公司的定價相關的銷售量公式，然後透過利潤分享，給予參與者適當的激勵，其中，利潤是參與者在賽局中為他們的公司賺來的。我們可以控制其他因素不變，從而研究我們關注的某個因素的效應。但與此大不相同的是，在實際發生的賽局中，有太多我們不能控制的其他因素，以及太多有關參與者的因素，我們並不了解他們的真實動機、公司的生產成本等因素，因此我們很難透過對結果的觀察，推論其潛在的條件和起因。

另一方面，實驗室裡的人為因素使其無法充分反映真實世界。尤其受試者通常是學生，他們較缺乏工作經驗，也沒有體驗過類似的激勵賽局；許多學生甚至對賽局發生的實驗背景也很陌生。有時他們不得不先對賽局規則進行了解，才能參與其中，所有這些往往要耗費一兩個小時。想像你要弄懂簡單的棋盤遊戲或電腦遊戲的規則，需要花費多長時間；這會讓你明白，在這種背景下進行的賽局將多麼幼稚！我們已經在第 2 章討論過相關例子。第二個問題牽涉到激勵。儘管實驗者也可以在賽局中給學生激勵，但報酬的規模通常較小，即使是大學生也可能看不上眼。相反的，真實世界中的商業賽局和專業運動競賽，是由有經驗的參與者，為了較大的利益而投身其中的。

基於這些原因，我們不應只侷限於其中一種形式的證據——不論它是支持還是駁斥一個理論，而是應該兩種都採納，並互相學習。了解以上注意事項以後，接下來我們來看看這兩種實證方法是如何運作的。

在工業領域，企業間已有大量賽局競爭可做為實證檢驗。人們已深入研究過諸如汽車製造這樣的行業。這些實證研究人員一開始就遇到障礙。他們無法從任何個別的資料中了解企業的成本和需求狀況，所以必須根據同一份資料進行估算。他們也無法精確掌握所有企業的定價策略如何影響個別企業的銷售量。

在本章的這些例子中，我們簡單假設它是種線性關係，但在真實世界中，這種關係（經濟學術語中的需求函數）可能以十分複雜的方式呈現非線性關係；然而學者則必須假設出一種具體的非線性模式。現實中的企業競爭不僅僅有價格競爭，還有許多其他方面的競爭──廣告、投資、研發。現實中的經營者的目標也可能不是經濟理論通常假設的利潤（或股東權益）最大化。而且現實中企業間的競爭通常持續好幾年，所以，必須適當地結合倒後推理和納許均衡概念。另外，許多其他條件，如收入和成本，每年都有變化，而且不斷會有企業進入或退出該行業。學者們必須考量所有這些可能因素，並適當地考量（統計術語為控制）它們對產量和價格的影響。實際結果還受許多隨機因素影響，因而還必須考慮不確定性。

在每一種情況下，學者必須做出選擇，然後推導出包括（並量化）所有相關因素的公式。接著將數據代入這些公式，進行統計檢驗，看看這些公式是否正確。又一個難題來了：我們可以從這些研究結果中得出什麼結論？例如，假設這些數據與你的公式不符合，表示在你的推導過程中，一定有什麼地方出錯了，但是哪裡錯了呢？可能是你選擇的方程式的非線性模式；可能是忽略了某個變數，如收入，或競爭的某個相關面向，如廣告；也或許納許均衡概念並不適用於你的推導過程；或者甚至可能綜合上述所有原因。當其他方面可能出錯的時候，你就不該論斷納許均衡是不正確的。（但如果你對納許均衡的概念產生更多懷疑，那麼，你是對的。）

在所有這些情況下，不同學者做出了不同的選擇，可以預料所得出的結論也不同。史丹佛大學的彼得·賴斯（Peter Reiss）和法蘭克·沃拉克（Frank Wolak）對這項研究做了徹底調查，得出一個模稜兩可的結論：「壞消息是，深層的經濟學可能使實證模型極端複雜。好消息是，目前為止的一些實驗已經開始對需要解決的問題進行解釋。」[8] 換言之，還需要更深入的研究。

另一個活生生的實證領域是拍賣，其中，少數有策略意識的企業在物品（如

電視廣播頻道）競價中會相互影響。在這些拍賣中，資訊不對稱是競爭者和拍賣者面臨的主要問題。所以我們把對拍賣的討論放到第 10 章才討論。這裡，我們只簡單告訴你，拍賣賽局的實證預測已經取得很大的成功。[9]

實驗室要怎麼解釋賽局理論的預測能力？對此，過去的記錄也是含混的。最早的實驗之一是由弗農・史密斯（Vernon Smith）建立的市場。他驚訝地發現對賽局理論和經濟理論而言都符合的結論：當交易者人數不多，且都無法直接得知其他交易者的成本或價值時，就會很快達成納許均衡。

其他對不同類型賽局的實驗得出的結論，似乎與理論預測相悖。例如，在最後通牒賽局中，兩個參與者分配固定的總額，一個參與者向另一方提出「接受或放棄」二選一的提議時，多數提議者出人意料的大方；在囚徒困境中，友善行為發生的次數，也遠比理論上的說法多得多。我們已經在第 2 章和第 3 章討論過這些結果。因此我們的普遍結論是，這些賽局中的參與者有不同的偏好或評價，其不同於經濟學所假設的純粹自利行為。這是一個有趣而重要的發現；然而，一旦將現實中「社會的」或「利他的」傾向考慮進去，均衡的理論概念，在逐步行動賽局中是倒後推理，在同步行動賽局中是納許均衡，就能充分解釋所觀察的結果。

當一個賽局不只有一個納許均衡時，參與者就會遇到額外的問題，即必須找出一個焦點，或者在可能均衡解中進行篩選的方法。理論上來說，能否成功取決於背景環境因素。如果參與者的期望能充分達成共識，那麼，他們將能順利做出一個好的選擇；否則，不均衡可能會持續下去。

大多數賽局實驗是找沒有經驗的受試者參與的，這些新手起初的行為通常與納許均衡理論不一致，但當經驗累積後，他們的行為通常就能匯合於均衡點。至於其他參與者會採取什麼行動，仍然存在不確定性。好的均衡概念應該使參與者意識到這種不確定性，並且對其做出回應。這種延伸自納許均衡的概念已日益普及，這就是**隨機最優反應均衡**（quantal response equilibrium），是由加

州理工學院的理查・麥卡維利（Richard McKelvey）和湯瑪斯・帕菲力（Thomas Palfrey）教授所提出的。這對本書而言太高深了，但讀者若閱讀和研究過它之後，可能會得到一些啟發。[10]

實驗經濟學領域的兩個頂尖學者，維吉尼亞大學的查理斯・霍特（Charles Holt）和哈佛大學的艾爾文・羅斯（Alvin Roth），在對相關工作進行詳細回顧之後，做出了一個謹慎的結論：「在過去 20 年中，納許均衡概念已經成為經濟學家和社會與行為科學家的必備工具……曾經也被修正、概念化和細分化，但基本的均衡分析，仍是策略互動分析的起點（或終點）。」[11] 我們認為這就是正確的態度，所以把這種方法推薦給我們的讀者。當研究或參與一個賽局時，先從納許均衡開始，然後思考為什麼結果與納許均衡的預測不同，以及如何不同。這種雙管齊下的方法將有助於你深入了解一個賽局，或者在實際參與中取得成功。

案例分析》想到第幾層？

納許均衡是兩個條件的組合：

（1）每個參與者都針對他所認為其他參與者會採取的行動，而選擇一個最佳回應。

（2）每個參與者的想法都是對的。其他參與者做的正是別的參與者認為他們正在做的事情。

在只有兩個參與者的賽局中，這一結果比較容易解釋。本案例的兩個參與者阿貝（Abe）和比伊（Bea），兩人對對方的行動都有一個想法。基於這些想法，阿貝和比伊都選擇採取極大化報酬的行動。他們的想法被證明是正確的：阿貝對他所認為的比伊的行動所採取的最佳回應，恰好是比伊認為阿貝會選擇

的行動，而且，比伊對她所認為的阿貝的行動所採取的最佳回應，確實也恰好是阿貝期望她選擇的行動。

讓我們分別思考這兩個條件。第一個條件很自然。如果不是這樣，你就必須解釋為何某人不會選擇他認為的最佳行動。如果他有更好的選擇，為什麼不呢？

大部分情況下，相互作用發生在第二個條件——每個人的想法都是對的。偵探小說《最後一案》（*The Final Problem*）中，對神探福爾摩斯和死對頭莫里亞蒂教授來說，這不是什麼問題：

> 「我要說的話已經穿過你的腦海，」他說。
> 「那麼，或許我的答案已經穿過了你的腦海，」我回答說。
> 「你確定？」
> 「當然。」

正確地預判對方將怎麼做，對於我們這些人來說，通常是個挑戰。

下面這個簡單的賽局將有助於說明這兩個條件之間的相互作用，以及為什麼你應該或不應該接受它們。

阿貝和比伊按照下列規則進行賽局：每個人要在 0 到 100 之間選出一個數字，包括 0 和 100。其數字最接近對方所選數字的一半的人，將得到 100 美元的獎金。

我們將扮演阿貝，你可以扮演比伊。有什麼問題嗎？

如果打成平局怎麼辦？

好，如果那樣，我們就平分獎品。還有其他問題嗎？

沒有了。

好，那我們開始。我們已經選好了數字，該你選了。你的數字是什麼？誠

實起見，請把它寫下來。

我們選擇了 50。不，我們沒選 50。要想知道我們實際選了哪個數字，你得繼續往下讀。

讓我們先倒退一步，然後運用尋找納許均衡的兩步法。第一步，我們認為，你的策略必須是對我們的可能行動的最佳回應。因為我們的數字必須在 0 到 100 之間，所以我們得出，你不可能選擇任何大於 50 的數字。例如，60 只能是在你認為我們會選 120 時的最佳回應，而我們在這裡的規則不可能選擇 120。

這告訴我們，如果你的選擇確實是我們的可能選擇的最佳回應，你就必須在 0 到 50 之間選一個數字。同樣的道理，如果我們在你的可能選擇的基礎上選擇數字，我們就會在 0 到 50 之間進行選擇。

信不信由你，很多人恰好在這兒停下來。當這個賽局是在沒有讀過這本書的人們之間進行時，最常見的回應是 50。坦白說，這是一個非常差勁的答案（如果你也這麼選，我們向你道歉）。記住，50 只是你認為對方將選擇 100 時的最佳選擇。但是，要使對方選擇 100，除非是他們沒搞懂這個賽局。才選擇了一個（幾乎）沒勝算的數字。任何小於 100 的數字都將贏過 100。

我們將假設你的策略是我們的可能行動的最佳回應，因而它在 0 到 50 之間。這意味著我們的最佳選擇應該在 0 到 25 之間。

需要注意的是，這時，我們走出了關鍵的一步。這看起來如此自然，你甚至沒注意到。我們不再依賴第一個條件，即我們的策略是最佳回應。我們已經走出了第二步，假設我們的策略是你的最佳回應的最佳回應。

如果你將要做的事是最佳回應，那麼我們將要做的事應當是最佳回應的最佳回應。

在這一點，我們開始形成關於你的行動的一些想法。我們不預設你可以做規則允許的任何事，而是假設你實際上會選擇最佳回應的行動。在你不會做沒有意義的事這個十分合理的信念下，我們可以得出，我們只應該在 0 到 25 之間

選擇一個數字。

當然，同樣的道理，你應該意識到我們不會選擇比 50 大的數字。如果你這樣想，你就不會選擇比 25 大的數字。

正如你所猜想的，實驗證明，在這個遊戲中，50 是最常見的猜測，25 次之。坦白說，25 是比 50 更好的猜測。至少，如果其他參與者愚蠢到選擇 50，它還有機會贏。

如果我們認為你只會選擇 0 到 25 之間的數字，那麼現在，我們的最佳回應範圍縮小到 0 到 12.5 之間的數字。事實上，12.5 就是我們猜的數字。如果相對於你的數字與我們的數字的一半的接近程度而言，我們的猜測更接近你的數字的一半，那麼我們就贏了。這表示，如果你選擇任何大於 12.5 的數字，我們就會贏。

我們贏了嗎？

我們為什麼選擇 12.5？我們之所以認為你會選擇 0 到 25 之間的一個數字，是因為我們認為你會認為我們會選擇 0 到 50 之間的一個數字。當然，我們可以繼續推理，然後得出結論說，你會料到我們將選擇 0 到 25 之間的數字，這一想法引導你在 0 到 12.5 之間進行選擇。如果你那樣想了，你就會比我們提前一步，然後取勝。但我們的經驗告訴我們，至少在人們第一回合中，大多數人的思考不會多於兩層或三層。

因為你已經有了一些經驗，而且更深入地了解了賽局，所以你可能要求再來一局。這是公平的。再次寫下你的數字吧——我們保證不偷看。

我們非常肯定，你預期我們會選擇小於 12.5 的數字。這意味著，你將選擇小於 6.25 的數字。而且，如果我們認為你會選擇小於 6.25 的數字，那麼我們就應該選擇一個小於 3.125 的數字。

現在，如果這是第一回合，我們可能在這裡打住。但是，剛剛解釋過，大多數人會在兩層推理後打住，而且這次我們預期你決定打敗我們，所以，你至

少會再往前多思考一層。如果你預期我們選擇 3.125，那麼你就會選 1.5625，這又引導我們去選 0.78125。

在這一點，我們猜測你可以看出所有這些將如何繼續推展。如果你認為我們將選擇 0 到 X 之間的數字，那麼你應當選擇 0 到 X/2 之間的數字。而如果我們認為你將選擇 0 到 X/2 之間的數字，那麼我們應當選擇 0 到 X/4 之間的數字。

我們都能選對的唯一的途徑是我們都選擇 0，我們也真的這麼做了。這就是納許均衡。如果你選擇 0，我們也應選擇 0；如果我們選擇 0，你也應該選擇 0。因此，如果我們正確地預期到對方將怎麼做，那麼我們最好都選擇 0，這也是我們期望對方做的。

我們也應該在第一輪就選擇 0。如果你選擇 X，而我們選擇 0，那麼我們贏。這是因為相對於 X 與 0/2 而言，0 更接近於 X/2。我們自始至終都明白這個道理，但是在我們第一次賽局時，我們不想洩露這件事。

事實證明，我們要選 0，實際上不需要知道你可能怎麼做。但是，這是一種極不尋常的情況，而且人為設定賽局中只有兩位參與者。

我們透過增加更多參與者來改變這個賽局。現在，誰的數字最接近平均數字，誰就獲勝。在這些規則下，0 就不一定會贏了[*]。但是，最佳回應匯合於 0 這一點仍然成立。在第一輪推理時，所有參與者都會在 0 到 50 之間進行選擇。（選擇的數字平均值不可能大於 100，所以平均值的一半的上限是 50。）在第二輪邏輯互動中，如果每個人都認為其他人會選擇最佳回應，那麼每個人都應該選擇 0 到 25 之間的數字。在第三輪邏輯互動中，他們都將選擇 0 到 12.5 之間的數字。

人們在這個推理過程中能走多遠，需要進行判斷。我們的經驗再次證明，

---

[*] 如果有三個參與者，另外兩個參與者分別選了 1 和 5，那麼，這三個數字（0、1、5）的平均值是 2，平均值的一半是 1，因而選擇 1 的人將獲勝。

大部分人在第三層就停止推理了。納許均衡需要參與者自始至終都按照邏輯：每個參與者選擇他認為其他參與者所將採取的行動的最佳回應。納許均衡的邏輯引導我們得出所有參與者都會選擇 0 的結論。當參與者都選擇他們認為的其他參與者的行動的最佳回應，且每個參與者對其他參與者的行動的想法都正確時，0 將是每個人都會選擇的唯一策略。

在進行這個賽局時，很少有人在第一回合就選擇 0；這是反對納許均衡預測力的有力證據。另一方面，當他們進行過兩三回合後，他們的結果就會非常接近納許結果；這是支持納許均衡的有力證據。

我們的看法是，兩種觀點都是正確的。要達到納許均衡，所有參與者都必須選擇最佳回應——這相對簡單。然而，他們還必須有對於其他參與者將選擇什麼行動的正確想法，這可困難得多。不參與賽局時，建立一套有邏輯的推論，在理論上是可能的；但是，參與到賽局時通常會更簡單。參與者透過參與賽局，得知他們的推測是錯的，從而學會怎樣更準確地預測其他人的行動，這樣，他們終將匯合於納許均衡。

雖然經驗是有用的，卻不能保證成功。當存在多個納許均衡解時，就會帶來一個問題。想想這個惱人的問題吧：手機通話中斷時該怎麼辦。你應該等對方打給你，還是應該打給對方？如果你認為對方會打給你，等待就是最佳回應；而如果你認為對方會等待，打電話就是最佳回應。這裡有兩個同等誘人的納許均衡解，問題來了。

經驗並不總能幫你達到納許均衡。如果你們兩個人都等待，接下來，你可能決定打電話，但如果你們碰巧同時打電話，那麼，你就會聽到占線音（或者，至少在等電話之前，你們打過電話，聽到過占線音）。為了解決這個困境，我們通常藉助社會慣例，比如讓先打電話的人再次把電話打過去。因為，起碼你知道那個人有你的電話號碼。

—————————— 第1篇　結語 ——————————

　　前面 4 章中，我們舉了一些商業、體育、政治乃至交通工具的例子，介紹了幾個概念和幾種方法。在接下來的章節中，我們將繼續應用這些觀念和技巧。以下，我們進行重點摘要並總結，以備參考。

　　賽局是一種互動的策略局勢：你選擇（策略）的結果取決於另一個或更多有目的的人的選擇。參與賽局的決策者稱為參與者，他們的選擇稱為**行動**。賽局中參與者的利益可能是完全衝突的；一個人的所得總是另一個人的損失。這樣的賽局稱為**零和賽局**。更典型的是共同利益和利益衝突共存，所以，可能存在一些相互有利或相互有害的策略組合。即便如此，我們通常把賽局中的其他人說成是某個參與者的對手。

　　賽局中的行動可能**逐步發生**，也可能**同步進行**。在逐步行動賽局中，帶有思考的線性邏輯：如果我這麼做，我的對手可能那樣做，反過來，我可以根據以下方法進行回應。我們透過畫**賽局樹**來研究這類賽局。運用**法則 1：向前預測，倒後推理**，可以找到行動的最佳選擇。

　　在同步行動賽局中，有一個推理的邏輯循環：我認為他認為我認為……必須解開這個循環；當一個人做出行動選擇時，即使他看不到對手的行動，也要看穿對手的行動。為了解決這樣的賽局，建立一個**報酬表**，表示出所有可選組合的相應結果。然後按照下面的步驟進行。

　　首先，先看看各方有沒有**優勢策略**──不論對手如何選擇，總是有一個優於其他策略的策略。由此引出**法則 2：如果你有一個優勢策略，就那麼做**。如果你沒有優勢策略，但你的對手有，那麼，鑑於他會選擇優勢策略，你就選擇你相應的最佳回應。

　　接下來，如果各方都沒有優勢策略，那麼看看各方有沒有**劣勢策略**──不論對手如何選擇，總是有一個劣於其餘策略的策略。如果有，運用**法則 3：剔除劣勢策略，不予以考慮**。持續進行剔除步驟。如果在這個過程中，出現了任

何優勢策略，那麼就應該連續選擇它。如果這個過程最終得出了唯一結果，表示你已經找到了回應參與者行動的方法，以及賽局的結果。即使這個過程得不出唯一結果，它也可以將賽局的規模縮減到更容易操作的狀態。最後，如果在採用前面步驟將賽局盡可能簡化後，既沒有優勢策略，也沒有劣勢策略，那麼，運用**法則 4：尋找均衡——每個參與者的行動都是對方行動的最佳回應時的一組策略**。如果這種均衡只有一個，那就很容易解釋為什麼所有參與者都選擇它；如果存在多個均衡，則參與者需要有共同理解的規則或慣例，以便選出一個策略。如果不存在這樣的均衡，這就意味著任何系統性的行動都會被對手看穿，所以參與者需要**混合行動**，這將是本書下一章的主題。

在實務上，賽局可以既有逐步行動，也有同步行動；在這種情況下，參與者必須混合採用這些技巧，思考並決定其最佳行動選擇。

第 2 篇

第5章
選擇與機會

聰明人的結局

　　《公主新娘》（*The Princess Bride*）是一部精彩的幻想喜劇，在眾多令人津津樂道的場景中，英雄（維斯特利）與惡棍（西西里島人威茲尼）之間的智慧對弈尤其令人印象深刻。在下面的賽局中，維斯特利向威茲尼挑戰。維斯特利將在威茲尼看不到的情況下，在兩杯酒中的一杯放進毒藥，然後讓威茲尼選擇其中一杯喝下，維斯特利則必須喝下另一杯。威茲尼聲稱自己遠比維斯特利聰明得多：「你聽說過柏拉圖、亞里斯多德、蘇格拉底嗎？……你這個白癡。」因此，他認為自己可以經由推理取勝。

　　　我要做的是根據我對你的了解來進行推測：你是那種會把毒藥放進自己酒杯的人，還是那種會把毒藥放進敵人酒杯的人？現在，聰明的人會把毒藥放進自己的酒杯，因為他知道，只有十足的傻瓜才會伸手去拿給他的酒杯。我不是一個大傻瓜，所以，很明顯我不能選擇你面前的酒。但是，你一定知道我不是大傻瓜，你可能會因為這樣做了決定，所以顯然我不能選擇我面前這杯酒。

他繼續盤算其他的因素，所有這些因素都陷入了類似的邏輯循環。最後他分散了維斯特利的注意力，將酒杯調了包，當兩人都喝下各自酒杯中的酒後，他自信地笑了。他對維斯特利說：「你中毒是因為犯了一個典型的錯誤。最著名的說法莫過於『絕不要捲進亞洲的陸上戰爭，』但還有一個也很有名的說法是『當死亡逼近時，千萬別跟西西里島人鬥。』」他繼續為預期中的勝利笑著，就在這時，突然倒地身亡。

為什麼威茲尼的推理失敗了？他的每一步推理本來就都是自相矛盾的。如果威茲尼推斷維斯特利將在酒杯 A 中下毒，他的推論是他應該選擇酒杯 B。但是維斯特利也可能以同樣邏輯推論，在這種情況下，他應該在酒杯 B 下毒。威茲尼也能預見這一點，所以應該選擇酒杯 A。但是這個邏輯循環將永遠沒有盡頭。

許多賽局中都可能出現威茲尼困境。想像在一場足球比賽中，你即將踢一記罰球。你會把球踢向守門員的左邊還是右邊？考量因素可能包括，你是慣用左腳還是右腳、守門員是左撇子還是右撇子，或者根據你上次踢罰球的記錄，這次你應該選擇左邊。如果守門員能夠猜到你的想法，那麼無論在精神上還是身體上，他都會準備防守左邊，所以，你應該反過來選擇踢向守門員的右邊才對。但是，如果守門員再多思考一層呢？那麼，你最好還是堅持原來把球踢向他左邊的想法。如此一直循環下去，哪裡才是盡頭[*]？

在這種情況下，邏輯上唯一有效的推論就是，如果你的選擇是依循著任何

---

[*] 若有看過這部電影或讀過該書的人都應知道，威茲尼的推理還有一個更明顯的錯誤。這些年來，維斯特利已經對 Iocane 粉（一種無色無味的毒藥）產生了免疫，因而他在兩杯酒中都下了毒。因此，無論威茲尼選擇喝哪杯酒都會死，而維斯特利卻不會有生命危險。威茲尼並不知道這些，他是在資訊不完全的不利條件下進行賽局的。由此可知，當有人提議與你打賭或交易時，你都應該思考：「他們知道一些我不知道的事嗎？」回想一下斯凱·馬斯特森的父親的忠告：別跟有辦法讓梅花 J 從撲克牌裡跳出來，並把蘋果汁濺到你耳朵裡的傢伙打賭（第 1 章故事⑨）。在本書稍後，我們將重新對賽局中的這種資訊不對稱問題進行更全面地討論。這裡，我們將繼續討論循環邏輯的缺陷，因為它本身有獨立的利害關係和很大的應用價值。

規律或模式，另一個參與者就會利用它，把它變成自己的有利條件，而這將變成你的不利條件；因此，你不應遵循任何規律或者模式。如果你是以習慣向左射門而聞名的球員，守門員就會更常嚴加防守他的左邊，反而更常成功攔阻你進球得分。你不得不透過有時不規則或者隨機的射門，讓他們不停地猜測。儘管刻意地隨機選擇行動，從策略思維的角度看來似乎不太理性，但表面的瘋狂下未嘗沒有隱藏著某種策略。隨機選擇的價值可以被精確計算，而不僅僅只是一個意義上模糊的理解。在本章，我們將詳細介紹這種方法。

足球賽中的混合策略

關於需要隨機行動，或者賽局理論中所謂的**混合策略**（mixed strategies），足球比賽中的罰球確實是最簡單也最知名的例子。在賽局的理論和實證研究中，有關混合策略的研究很多，媒體也討論過混合策略[1]。

判罰球是因為球員犯了一連串被規範的不當行為，或是在球門前被劃定的矩形區域內防守犯規。罰球在足球比賽結束時也被做為打破平局的最後辦法。球門寬 8 碼，高 8 英尺。球放在距離球門線 12 碼的地方，恰好在球門中點的前方，球員必須從這點直接射門。而守門員必須站在球門線的中點上，並且在球員踢球前不准離開球門線。

如果這球踢得好，只需 0.2 秒就可以從發球點到達球門線。如果守門員一直等待著，看球會從哪個方向射過來，那麼就別指望可以把球攔住，除非球恰好瞄準他射過來。球門很寬，因此守門員必須事先決定是否應該跳起來防守一邊，如果需要這樣，那麼應該向左還是向右跳？球員在跑向發球點時，也必須在看見守門員向哪邊傾斜之前，決定把球踢向守門員的哪邊。當然，每個人都會盡力掩飾自己的選擇，因此，把這個賽局視為同步行動賽局是最合理的。事實上，守門員很少會站在中間不動，既不向左也不向右跳，相對地，球員也很少把球踢向球門的中點，這種行為理論上也是可以解釋的。因此，我們將透過

限制每個運動員只有兩種選擇來簡化問題的陳述。因為球員通常用腳的內側踢球，所以一個慣用右腳的球員自然會踢向守門員的右邊，而慣用左腳者則自然踢向守門員的左邊。為了簡化表達，我們把每個運動員設定為慣用右手及右腳，而每個人的選擇為左邊和右邊。當守門員選擇右邊時，這意味著球員慣用右腳。

在每個運動員有兩種選擇並且同時行動的情況下，我們可以在一個 2×2 的賽局報酬表中描述結果。在兩個運動員左邊和右邊選擇的每種組合下，仍然存在一些偶發因素；例如，球可能越過球門的橫梁，或者守門員可能觸到了球，不料卻讓球偏轉進了網內。對於參與者的每種選擇組合，我們用進球得分的次數占比來計算球員的報酬，用沒有進球的次數占比來計算守門員的報酬。

當然，每個球員和守門員都有其自己累積的統計數字，詳細資料可從各國的最高專業足球聯盟取得。為了舉例說明，我們取多位球員和守門員的平均值，這些資料是由帕蘭喬斯─胡爾塔（Ignacio Palacios-Huerta）根據 1995 至 2000 年間義大利、西班牙以及英國的資料收集而來的。請記住，在每一個儲存格中，左下角的數字表示的是行參與者（球員）的報酬，右上角的數字表示的是列參與者（守門員）的報酬。當兩人選擇不同邊時，球員的報酬比兩人選擇同一邊時高。而當兩者選擇不同邊時，不管該邊是不是右邊，球員的成功率幾乎相等；失敗的唯一原因是球踢得太偏或太高了。在這兩個結果中，當兩個參與者選擇同一邊時，球員選擇右邊時比他選擇左邊時得到的報酬要高。這些都是很直接的。

		守門員	
		左	右
球員	左	42 58	5 95
	右	7 93	30 70

讓我們找出這個賽局的納許均衡。當兩個參與者都選擇左邊時，將不是一

個納許均衡。因為當守門員選擇左邊時，球員可以透過變換到右邊，使他的報酬從 58 提高到 93；但是這也不是納許均衡，因為接下來守門員也可以透過轉換到右邊，使他的報酬從 7 提高到 30。但是這樣的話，球員又可以透過變換到左邊得到更好的結果，守門員也可以透過變換到左邊得到更好的結果。換句話說，像剛才描述的這類賽局根本不存在納許均衡。

這個轉換的循環完全和威茲尼哪個酒杯毒藥的邏輯相同，而且在既定的賽局策略組合中，沒有納許均衡。這項事實恰好從賽局理論的角度，指出了混合行動的重要性。我們應該做的是把混合策略作為一種新的策略，然後在這擴大的策略組合中找出納許均衡。也因此，我們先把最初設定的策略（每個參與者選擇左邊或右邊），稱作**單純策略**（pure strategies）。

在繼續分析之前，且讓我們先簡化一下賽局表。這個賽局有個特色，即兩個參與者的報酬是完全相對的。在每一個儲存格中，守門員的報酬總是等於 100 減去球員的報酬。因此，透過比較儲存格就會發現：只要球員的報酬較高，守門員的報酬就較低，反之亦然。

許多人對賽局理論的直覺是，每個賽局必須有人勝利、有人失敗，這種直覺源自於他們的運動經驗，就像這個例子一樣。然而，在策略賽局的一般情境中，這種完全衝突賽局相對而言並不常見。經濟學的賽局中，參與者為了共同利益而自願進行的交易，可能會出現每位參與者都是贏家的結果；囚徒困境則指出參與者可能雙輸的情形；而議價賽局和小雞遊戲可能出現贏者全拿的結果，也就是一方的勝利以另一方的失敗為代價。因此，大多數賽局是衝突和共同利益的混合。然而，在理論上，通常會先探討完全衝突的情況，且仍保留了一些特殊的利益，這種賽局稱為零和賽局，主要概念是一個參與者的報酬恰好是另一個參與者報酬的相反數，也就是一個**定和**（constant-sum），所有參與者的總報酬是固定的，就像目前的足球案例一樣，兩個參與者的總報酬加起來等於 100。

我們可以只列出一個參與者的報酬，這讓賽局表看起來比較簡單（因為另一個參與者的報酬可以理解為第一個參與者報酬的相反數，或者是以一個固定值如 100 減去第一個參與者的報酬，正如本例一樣）。通常只明確顯示行參與者的報酬。因此，行參與者喜歡數字大一些的結果，而列參與者喜歡數字小一些的結果。依此慣例，罰球賽局的報酬表就像這樣：

守門員

		左	右
球員	左	58	95
	右	93	70

如果你是球員，這兩個單純策略中你會喜歡哪一種？如果你選擇你的左邊，守門員就可以透過選擇他的左邊，使你的成功率降到 58%；如果你選擇右邊，守門員也可以透過選擇他的右邊，使你的成功率降到 70%[*]。這兩個單純策略中，你會寧願選擇（右，右）的組合。

有沒有可能做得更好？假定你以 50：50 的比例隨機選擇左邊或右邊。例如，當你站著準備跑去踢球時，在守門員看不到的情況下，你拋起一枚硬幣落在入手掌，如果硬幣反面朝上，你就選擇左邊；如果正面朝上，就選右邊。如果守門員選擇他的左邊，你的混合策略成功率是 $1/2 \times 58\% + 1/2 \times 93\% = 75.5\%$；如果守門員選他的右邊，你的混合策略的成功率等於 $1/2 \times 95\% + 1/2 \times 70\% = 82.5\%$。如果守門員認為你是根據這種混合策略做出選擇，那麼他將選他的左邊，以使你的成功率降到 75.5%。但是這仍然比你透過使用兩種單純策略中較優策略所獲得的 70% 的成功率要高。

---

[*] 這是有可能發生的，因為你已累積出「慣選左邊」或「慣選右邊」的印象。當然，你並不想建立這樣的模式和印象，但這恰好是我們在成長過程中隨機選擇的優點。

有種檢查是否有必要採取隨機行動的簡單方法是，看看讓另一個參與者在做出回應之前，看穿你真實的選擇是否對你有害。若會對你不利，讓別人保持猜測的隨機行動就是有利的。

50：50 是你的最佳混合策略嗎？答案是否定的。嘗試一下這個混合策略：你用 40% 的機會選你的左邊，而 60% 的機會選你的右邊。為了這樣做，你可以在口袋裡放一小本書，當你準備踢球時，在守門員看不到的情況下，把書拿出來隨機翻到一頁。如果頁碼的最後一位數是 1 到 4 之間，就選左邊；如果是 5 到 0 之間，就選右邊。現在，當守門員選擇左邊時，你的混合策略的成功率等於 $0.4 \times 58\% + 0.6 \times 93\% = 79\%$；當守門員選擇右邊時，你的成功率等於 $0.4 \times 95\% + 0.6 \times 70\% = 80\%$。守門員可能會透過選擇他的左邊使你的成功率降到 79%，但是這仍優於 50：50 的混合策略的成功率 75.5%。

觀察一下，球員持續優化的混合策略比例，是如何讓自己在守門員不管選擇左邊或右邊時，縮小兩者成功率的差距：從球員選擇兩種單純策略中較佳策略時的 93% 到 70% 的差距，到選擇 50：50 混合策略時 82.5% 到 75.5% 的差距，再到選擇 40：60 的混合策略時的 80% 到 79% 的差距。非常清晰直接的是，不管守門員選擇他的左邊還是右邊，你的最佳混合比例都會使你得到幾乎一樣的成功率。這也符合混合行動較佳的直覺，因為它避免讓另一個參與者利用任何固定規律或選擇模式。

我們把一個小小的計算過程延到本章後面的部分，這個小小的計算顯示，球員的最佳混合策略是 38.3% 的次數選擇左邊，67.3% 的次數選擇右邊。這樣，守門員選擇左邊時，他的成功率為 $0.383 \times 58\% + 0.617 \times 93\% = 79.6\%$；而守門員選擇右邊時，他的成功率為 $0.383 \times 95\% + 0.617 \times 70\% = 79.6\%$。

那麼守門員的策略又如何？如果他選擇單純策略「左邊」，球員可以透過選擇自己的右邊達到 93% 的成功率；如果守門員選擇單純策略「右邊」，球員可以透過選擇自己的左邊達到 95% 的成功率。透過混合策略，守門員能降低球

員的成功率。守門員的最佳策略是使球員選擇左邊和選擇右邊的成功率相等的策略。結果證明，守門員應當分別以 41.7% 和 58.3% 的比例選擇自己的左邊和右邊，這時球員的成功率為 79.6%。

注意一個看似巧合的現象：球員透過選擇其最佳策略所能保證的成功率，即 79.6%，等於守門員透過選擇其最佳混合策略降低了的球員的成功率。實際上這並不是巧合；在完全衝突（零和賽局）賽局中，這是混合策略均衡的一個重要的普遍特性。

這個結果稱為**極小極大定理**（minimax theorem），由普林斯頓數學通才約翰‧馮‧紐曼提出。之後又在他與普林斯頓經濟學家奧斯卡‧摩根斯坦合著的經典著作《賽局理論與經濟行為》[2] 中得到了深入闡釋，這本著作堪稱開創了整個賽局理論學科。

極小極大定理指出，在零和賽局中，參與者的利益完全對立（一個人的所得等於另一個人的所失），每個參與者盡量使對手的最大報酬極小化，而他的對手努力使自己的最小報酬極大化。當他們這樣做的時候，會出現一個令人驚訝的結果，即最大報酬的極小值（極小極大報酬）等於最小報酬的極大值（極大極小報酬）。極小極大定理的證明過程非常複雜，但其結論卻很有用，值得我們牢記。假如你想知道的只不過是當兩個參與者都採取他們的最佳混合策略時，一個選手的所得或另一個選手的所失，那麼，你只需計算其中一個參與者的最佳策略並得出結果就可以了。

::理論和實際

球員和守門員的實際表現與我們對各自最佳混合策略的理論計算結果有多接近？根據帕蘭喬斯－胡爾塔的資料以及我們的計算結果，我們建立了如下表格 [3]。

		左邊混合策略	其他玩家選擇後目標結果比例	
			左	右
球員	最佳	38.3%	79.6%	79.6%
	實際	40.0%	79.0%	80.0%
守門員	最佳	41.7%	79.6%	79.6%
	實際	42.3%	79.3%	79.7%

很接近，是不是？在每種情況下，實際的混合比例與最佳混合比例非常接近。不管另一個參與者如何選擇，實際混合策略得到的成功率幾乎是相等的，因此，混合策略的成功率幾乎不受另一個參與者選擇的影響。

高水準的專業網球比賽中也可發現實際賽局和理論預測一致的類似證據[4]，這是意料中的事。同一批人經常互相較量，並研究對手的打法；他們會留意任何較為明顯的模式，並加以利用。比賽關係重大，牽涉到金錢、成就以及聲譽，因此，運動員有強烈的動機避免失誤。

法則 5：在完全衝突（零和賽局）下，如果讓你的對手事先看清你的真實選擇對你不利，那麼你可以透過隨機選擇自己備選的單純策略而獲益。你的混合比例應該是：不管對手採取任一單純策略，都不可能利用你的選擇，即，當你以混合策略對付他的混合策略中任一單純策略時，你得到的平均報酬都相等。[*]

當一個參與者遵循這個規則時，其對手採取一種單純策略所得到的結果，不會比採取另一種單純策略的結果更好。因此，兩種單純策略對他來說都無差

---

[*] 在此提醒：若對手得到的報酬過低（你得到的報酬過高），對手可能會採取他的混和策略中備選的任一單純策略。可由均衡解看出他的混合策略中的積極選項為何。參見 Dixit and Skeath, *Games of Strategy*, 210-12.

異，並且不優於他根據同樣規則所採取的混合策略。於是，當兩人都遵循這個規則時，誰也不能透過偏離這種規則而得到更好的報酬。這恰好是第 4 章中納許均衡的定義。換句話說，當兩個參與者都利用這個規則時，得到的是一個混合策略的納許均衡。因此，馮・紐曼—摩根斯坦的極小極大定理可被視為是納許理論的一個特例。極小極大定理只適用於雙人零和賽局，而納許均衡概念可以應用於不論參與者多或少的狀況，以及任何衝突與共同利益混合的賽局中。

零和賽局的均衡不一定牽涉到混合策略。簡單舉例，假設慣用右腳的球員把球踢向左邊時，即使守門員猜錯了，他的射門成功率也非常低。這種情況是有可能發生的，因為，當球員用他的腳外側踢球時，無論如何他射偏目標的機率都非常高。具體來說，假設報酬表如下：

守門員

		左	右
球員	左	38	65
	右	93	70

那麼，球員的優勢策略將是右邊，他就沒有理由去選擇混合策略。一般來說，在沒有優勢策略的情況下，可能會存在單純策略均衡。但是不必擔心；尋找混合策略均衡的方法也會得到這種單純策略均衡，它是混合策略均衡的一個特例：在單純策略均衡中，該策略在混合策略中的比例為 100%。

孩子的遊戲

2005 年 10 月 23 日這天，來自多倫多的安德魯・貝格爾（Andrew Bergel）奪得了 2005 年度世界猜拳錦標賽的冠軍，榮獲金牌。加州紐華克的史丹・隆（Stan Long）贏得銀牌，紐約的史都華・魏德曼（Stewart Waldman）獲得銅牌。

世界猜拳協會旗下有一個網站 www.worldrps.com，網站上公布了遊戲的官方規則以及不同的策略指南。它每年舉行一次世界錦標賽。你知道嗎？你小時候玩的小遊戲現在已經變得這麼大了。

遊戲規則與你孩提時遵守的規則相同，也與第 1 章所描述的一樣。兩個選手同時選擇（用遊戲的專門術語說叫「出」）三種手勢中的一種：石頭的手勢是拳頭，布則是攤開的手掌，而剪刀則由張開一定角度指向對手的食指和中指來表示。如果兩個選手做了相同的手勢，就是平局。如果兩個選手做了不同的手勢，那麼，石頭戰勝（砸壞）剪刀，剪刀戰勝（剪斷）布，布戰勝（包住）石頭。每一對選手連續進行多次對局，贏得半數以上對局的就是獲勝者。

世界猜拳協會的網站上公告了詳細的遊戲規則，以確保兩件事。首先，它們以精確的術語描述了組成每種拳型的手勢，以預防作弊企圖，即選手出了某個模稜兩可的手勢，再聲稱他出的是能擊敗對手的那個拳型。其次，它們描述了一連串的行動，稱為準備、預備和出拳，目的是為了確保兩個選手同時行動；這可預防一個選手事先看到對方的拳型，然後再做出能夠擊敗對方的回應。

由此，我們得到了一個雙人同步行動賽局，賽局中的每個參與者有三種基本策略或單純策略。如果贏一局計 1 分，輸一局計 –1 分，平一局計 0 分，賽局表如下。安德魯和史丹 2005 年世界錦標賽的比賽成績就是據此計算的。

史丹的選擇

		石頭		布		剪刀	
安德魯的選擇	石頭	0	0	1	–1	–1	1
	布	1	–1	0	0	1	–1
	剪刀	–1	1	1	–1	0	0

賽局理論對此有何建議？這是一個零和賽局，並且顯然事先行動對你不

利。如果安德魯只是選擇一種單純行動，那麼史丹總是能做出打敗他的回應，使安德魯的報酬降到 −1。如果安德魯以每種 1/3 的同等比例混合三種行動，那麼，針對史丹的任何一種單純策略，他的平均報酬為（1/3）×1 +（1/3）×0 +（1/3）×（−1）＝ 0。根據該賽局的對稱結構，很明顯這是安德魯的最佳策略，計算結果也證實了這種直覺。同樣的認證也適用於史丹。因此，以同等比例混合三種策略，對雙方來說都是最佳策略，且由此可得到一個混合策略納許均衡。

　　然而，這不是大多數選手在錦標賽中的做法。網站把這種做法稱為「混沌出招」，並反對這樣做。「對這種策略的批評者堅持認為，沒有隨機出招這種事。人類總是會因為某種衝動或傾向而選擇一個招數，因此會陷入一些無意識但仍可預測的模式。由於錦標賽統計資料指出其他策略的效果更好，最近幾年混沌學派已經日益衰微。」

　　「陷入一些無意識但仍可預測的模式」這個問題的確是個非同小可、需要進一步討論的問題，我們稍後將討論這個問題。但是，首先讓我們看一下，在猜拳世界錦標賽中，哪些種類的策略更受參賽者青睞。

　　網站上羅列了幾種「王牌招數」，例如，被巧妙命名的「官僚作風」，它包括連續三次出布；或者「雪崩」（連續三次出石頭）。另一個是「排除策略」，它省略其中一種拳型。這些策略背後的概念是，對手會把他們的心思拿來預測你什麼時候會改變模式，或者什麼時候你還沒出現過的拳會出現，此時，你就可以利用他們推理中的弱點。

　　還有一些肢體上的假動作技巧，以及識破對手的假動作。選手互相觀察對方的肢體語言和手勢，因為這暗示他們將出什麼拳；他們也透過以某種動作顯示他們即將出某種拳形，結果卻出了另一種拳形，試圖欺騙對手。足球罰球時，球員和守門員同樣也盯著對方的腿和身體動作，以猜測對方將選擇哪個方向。這些技巧很重要，例如，在決定 2006 年世界盃英國隊和葡萄牙隊 1/4 決賽結局的 PK 戰中，葡萄牙隊的守門員每次都猜得很準，攔截了三個球，為球隊帶來

了最後勝利。

實驗室中的混合策略

足球場和網球場上混合策略的理論與實務之間呈現出顯著的一致性，相對而言，來自實驗室的證據卻是混雜的，甚至相反。第一本關於實驗經濟學的書斷然聲稱：「人們很少（如果有的話）看到受試者拋擲硬幣。[5]」如何解釋這種差異呢？

有些原因我們已在第 4 章中談過。實驗環境牽涉到某些人為安排的賽局，初學者以相對較小的利害關係進行賽局。然而實際生活中，有經驗的參與者經常參與熟悉的賽局，並且彼此間有著巨大的利害關係，包括名譽、聲望，也常常牽涉到錢。

實驗環境的另一個侷限性可能是在操作上。實驗總是從一個會議開始，在會議上，實驗者認真解釋賽局規則，並確保受試者理解了規則。規則並沒有明確談到隨機選擇的機率，也沒有提供硬幣、骰子或說明書，「如果你希望透過拋硬幣或擲骰子來決定你將要做什麼，沒問題。」這樣一來，被要求嚴格遵循規則的受試者根本沒有拋硬幣，這一點兒也不奇怪。從史丹利·米爾格羅姆（Stanley Milgra）所做的著名實驗，我們已經知道，受試者往往把主持實驗的人視為必須服從的權威人物[6]。他們完全遵守規則，卻沒有想到可以隨機行動，這也一點兒都不奇怪。

然而，事實仍然是，即使實驗室賽局被打造得與足球罰球類似，即使混合行動的價值是明顯的，自始至終，受試者也似乎並沒有正確地或恰當地使用隨機選擇策略。

因此，對於混合策略的理論，我們得到的是成功和失敗混合的記錄。讓我們稍微對這些發現進行進一步展開，一是為了了解在我們觀察到的賽局中，我們應當預期什麼，二是為了學習如何玩好一場賽局。

如何隨機行動

隨機選擇並不是指在單純策略之間轉換。如果一個棒球投手被命令以相等比例混合快球和指叉球，並不表示要他先投一記快球，然後一記指叉球，然後再一個快球……諸如此類以規律性輪換的方式投球。因為打擊手會很快注意到這種模式並且利用這種模式。同樣的，快球和指叉球的比例為 60：40 的策略，也並不是指先投 6 個快球，接著再投 4 個指叉球，依此類推。

當以相等的比例隨機混合快球和指叉球時，投手應該怎麼做？一種方法是在 1 到 10 之間隨機挑選一個數字。如果這個數字小於等於 5，就投快球；如果數字大於等於 6，就投指叉球。當然，這在簡化問題的方向上只走了一小步。你又該如何從 1 到 10 之間選出一個亂數呢？

我們從一個更簡單的問題開始，即寫下連續隨機拋一枚硬幣可能得到的結果。假如這個序列的確是一個隨機序列，誰要是打算猜測你究竟寫的是正面還是反面，他猜中的機會平均不會超過 50%。不過，寫下這麼一個「隨機」序列比你想像的要困難得多。

心理學家已經發現，人們往往忘記一件事實，即拋硬幣翻出正面之後再拋一次，這時拋出正面的可能性與拋出反面的可能性相等；這麼一來，他們連續猜測的時候就會不停地從正面跳到反面，很少有人連續押寶正面。假如一次公平的投擲硬幣連續 30 次拋出正面，第 31 次拋出正面的機會還是與拋出反面的機會相等，根本沒有「正面已經拋完」這回事。同樣的，在樂透彩中，上週開出的號碼，本週再次開出來的機會，與其他任何號碼是一樣的。

因為知道人會陷入多次反推的錯誤，猜拳比賽選手都知道要利用這種弱點，甚至進一步利用其他選手的這種企圖，這說明了選手們何以會採取那種種策略和手法。連續 3 次出布拳的參賽者，是希望對手認為第 4 次不可能再出布；在連續多次比賽中，省去其中一種拳，只混合其他兩種拳來出招的選手，是想利用對手的猜疑：沒出過的那一種拳，也該出現了吧。

為了避免一不小心在隨機行動裡加入規律因素，你需要一個更客觀或者更獨立的機制。一個訣竅是選擇某種固定的規則，但必須是秘密的、且要夠複雜讓人難以破解。舉個例子，看看本書每個句子的長度。假如一句話裡面的字數是奇數，代表硬幣的正面；假如句子是偶數個字，那就代表硬幣的反面。這應當是一個很好的亂數產生器。回過頭來計算前面的 10 個句子，我們得到反、正、正、反、正、正、正、正、正、反。假如我們這本書不夠輕便，沒關係，其實我們隨時隨地身邊都有一些隨機數字。比如朋友和親屬出生日期的數字。若出生日期是偶數，當作正面；若是奇數，當作反面。也可以看你手表的秒針。假如你的表不準，別人沒有辦法知道你的秒針究竟處於什麼位置。對於必須使自己的混合策略比例維持在 50：50 的投手，我們的建議是，每投出一球前，先瞅一眼自己的手錶。假如秒針指向一個偶數，就投快球；假如指向奇數，就投指叉球。事實上，秒針可以幫助你取得任何混合策略比例。比如，現在你要採取 40% 投快球，60% 投指叉球的策略，那麼，在秒針落在 1 至 24 之間時選擇投快球，落在 25 至 60 之間時選擇投指叉球就行了。

網球和足球的頂尖專業選手，在正確的隨機選擇方面，成功率有多高？一份對大滿貫網球決賽的分析資料顯示，確實存在某種傾向，即比起真正的隨機選擇發球，選手發球更常在正手與反手之間逆轉；用統計學的名詞來說，存在負的序列相關性。但是這種負序列相關性看起來似乎非常不顯著，以致對手通常無法察覺並加以利用，正如我們從這兩種策略的成功率統計上看到的不顯著差異一樣。在足球罰球的案例中，隨機選擇接近正確值；逆轉（負序列相關）的發生率在統計上是不顯著的。這是很容易理解的；同一個運動員踢的兩個罰球之間可能要隔幾個星期，因此逆轉的趨勢可能沒有那麼顯著。

猜拳的選手似乎非常重視背離隨機選擇這件事，並試圖利用對方努力想解釋各種模式的心理。這些努力會成功嗎？以每局連續獲勝做為觀察證據，如果某些選手更擅長採用非隨機性策略，那麼他們在年復一年的各式比賽中應當比

較得心應手。世界猜拳協會「並沒有人工記錄錦標賽中每一個參賽者是如何比賽的，而且該項運動還沒有發展到足以讓其他人能追蹤資訊的地步。總而言之，在統計顯著的程度上，並沒有太多能連續成功的選手，如 2003 年的銀牌得主，卻在下一年的比賽中退至倒數第 8。」[8] 這表示，精心擬定的策略並無法維持長久的優勢。

那麼，為什麼不乾脆與對方的隨機選擇共舞呢？如果一個參與者正運用他的最佳混合策略，那麼不管另一個參與者選擇哪種策略，他的成功率都一樣。假如你是本例中的足球員，而且守門員正在使出他的最佳混合策略：41.7% 選擇左邊；58.3% 選擇右邊。那麼不論你選擇踢向左邊還是右邊，或是選擇採取混合策略，你都會有 79.6% 進球得分的成功率。意識到這一點，你可能打算省去計算自己最佳混合策略的麻煩，只隨便選定其中一種行動，並指望對手使用他的最佳混合策略。問題在於，除非你採用你的最佳策略，否則你的對手沒有動機繼續選擇他的最佳策略。例如，假如你堅持選擇左邊，守門員也會轉而防守左邊。你**應該**選擇自己的最佳混合策略的原因在於，要**迫使**對方繼續使用他的最佳混合策略。

:: 獨一無二的戰局

所有這些推理過程都適用於足球、籃球或網球之類的比賽。在同一場比賽中，相同的情形多次出現，而且每場比賽中對戰的都是同樣的對手時，我們就有時間和機會看出對方是否有任何有規則的行為模式，進而採取相應的行動。反過來，很重要的一點，則是避免一切會被對方利用的模式，堅持自己的最佳策略。不過，若是遇到只比一次的比賽，又該怎麼辦？

思考一場戰役中攻守雙方的選擇。每場戰爭都是獨一無二的，彼此都無法從對方以前的行動中推出任何規則。但是，派出間諜偵察則可能造成一種隨機選擇的局勢。假如你選擇了某個具體行動方針，卻被敵人發現了，他就能選擇

對你最不利的因應行動。你希望出其不意，但最可靠的辦法就是讓你自己也始料未及。你應該盡量留出時間思考各種可能的方案，直到最後一刻才透過一種不可預測、從而也無從偵察的方法，做出你的選擇。這個辦法所設定的選擇比例應該符合這樣的要求：就算敵人發現了這個比例，也無法因此占便宜。這其實就是我們前面已經提到的最佳混合策略。

最後給你個警告。即便採取了最佳混合策略，你還是有可能得到相當糟糕的結果。即便球員難以預料，有時守門員還是能碰巧猜中他踢的方向，把球擋在球門外。在橄欖球賽中，當第三次觸地且距離底線只剩一碼時，穩紮穩打的選擇是中路推進；不過，最重要的是射出一個出其不意的球，迫使防守方不敢輕舉妄動。一旦傳球達陣，球迷和體育主播都會為你們的成功策略而歡呼雀躍，讚揚教練是天才；假如傳球失敗，教練就會遭到眾人批評：他怎麼可以把寶押在一記長傳之上，而不是選擇穩紮穩打的中路推進？

評斷這名教練所出策略的時機，是在他將這個策略用於任何特定情況之前。教練應該公告天下，說混合策略至關重要；中路推進仍然是個穩紮穩打的選擇，其原因恰恰在於部分防守力量一定會被那個代價巨大的長傳吸引過去。不過，我們懷疑，哪怕這名教練真會在比賽之前將這番理論透過所有的報紙和電視昭告天下，只要他仍會在比賽裡選擇一個長傳且不幸落敗，他還是免不了會遭到眾人圍剿，就和他此前根本沒費心教給公眾有關賽局理論的知識差不多。

混合動機賽局中的混合策略

本章到目前為止，我們只考量了參與者的動機完全衝突的賽局，即零和賽局或者定和賽局。但是我們總是強調，實務中大多數賽局既有共同利益的一面，也有利益衝突的一面。在這些更普遍的非零和賽局中，混合策略也有用嗎？有的，只是也有一些限制。

為了解釋這一點，我們來思考第 4 章中狩獵版的性別戰（二選一）賽局。

記住，那天，我們勇敢的獵人弗瑞德和巴尼各自在自己的洞穴中，決定是要去獵雄鹿還是獵野牛。一次成功的狩獵需要兩人共同努力，因此，如果兩人做出了相反的選擇，那麼誰都得不到任何肉食。在避免這種結果發生方面，他們存在共同利益；但是在他們到同一獵場的兩種成功的可能性之間，弗瑞德更偏好雄鹿，他把聯手獵雄鹿的報酬估計為 4 而不是 3，而巴尼的偏好則相反。因此，賽局表如下所示。

巴尼的選擇

		雄鹿	野牛
弗瑞德的選擇	雄鹿	4　　　3	0　　　0
	野牛	0　　　0	3　　　4

我們可以發現這個賽局存在兩個納許均衡（用灰底表示）。現在，我們把這些均衡稱為單純策略均衡。但是否也可能存在混合策略均衡呢？

為什麼弗瑞德會選擇混合策略？可能是因為他不確定巴尼的選擇。假設弗瑞德不確定的主觀想法是：如果巴尼選擇雄鹿和野牛的機率分別為 y 和 $(1-y)$，那麼，他自己選擇雄鹿時的期望報酬為 $4y + 0 (1-y) = 4y$；選擇野牛時的期望報酬為 $0y + 3 (1-y)$。假如 y 滿足 $4y = 3 (1-y)$，或者 $3 = 7y$，或者 $y = 3/7$，那麼，不管弗瑞德選擇雄鹿還是野牛，他得到的報酬都相等，並且如果他選擇以任何比例混合這兩種單純策略，他得到的報酬也不會改變。但是，假如弗瑞德選擇雄鹿和野牛的混合策略，那麼巴尼在他的單純策略之間做選擇，結果都無差異。（這個賽局是完全對稱的，因此你可以猜出，也可以計算出：這意味著弗瑞德會以 $x = 4/7$ 的機會選擇雄鹿。）那麼，巴尼也可以為自己的混合策略找出適當比例，以使得弗瑞德的兩種選擇對他是無差異的，因此他也會願意選擇自己適合的混合策略。最後，$x = 4/7$ 與 $y = 3/7$ 這兩種組合，構成了混

合策略的納許均衡。

這種均衡在任何情況下都可以得到令人滿意的結果嗎？不是的。問題在於這兩個參與者要獨立地做選擇。因此，當巴尼在（4/7）×（4/7）= 16/49 的時間選擇野牛時，弗瑞德將選擇雄鹿，相反的，當巴尼在（3/7）×（3/7）= 9/49 的時間選擇雄鹿時，弗瑞德將選擇野牛。這樣，將有 25/49 時間或是剛好超過一半的時間，雙方發現他們在不同的地方，報酬為 0。我們運用這些公式計算時，可以看到每個參與者得到的報酬都為 4×（3/7）+ 0×（4/7）= 1.71，這小於不利的單純策略均衡下的報酬 3。

為了避免出現這樣的失誤，他們必須相互協調混合策略。在沒有即時溝通方法的情況下，他們在各自的洞穴中能做到這一點嗎？或許他們可以事先基於他們都知道的事達成一個協議，在他們出發打獵時可觀察到，並依協議行事。假設在他們的區域內，一半的天數清晨會下雨，他們就可以達成這樣的協議：如果下雨就去獵雄鹿；不下雨就去捕野牛。如此一來，他們都將得到一個平均報酬值 1/2×3 + 1/2×4 = 3.5。因此，協調過的隨機選擇為他們提供了一種簡潔的方式，可消除單純策略納許均衡中的有利與不利的分歧；也就是說，隨機選擇也不失為一種協調的方式。

無法協調的混合策略納許均衡不僅會降低報酬，而且該均衡也很脆弱或不穩定。如果弗瑞德預估巴尼選擇雄鹿的機率稍微大於 3/7 = 0.4285，比如說 0.43，那麼，弗瑞德選擇雄鹿的報酬，即 4×0.43 + 0×0.57 = 1.72，就會超過他選擇野牛的報酬，即 0×0.43 + 3×0.57 = 1.71。因此，弗瑞德應不再採取混合策略，而是選擇雄鹿。這樣的話，巴尼的最佳回應也是雄鹿，混合策略均衡便瓦解了。

最後，混合策略均衡具有一種奇怪的、非直覺的特性。假設我們分別把巴尼的報酬改為 6 和 7，而不是 3 和 4，而保持弗瑞德的報酬值不變。這會對混合比例產生什麼影響？仍然令 y 表示巴尼被認為選擇雄鹿的時間比例，那麼，弗

瑞德選擇雄鹿的報酬仍然為 $4y$，選擇野牛的報酬仍然是 $3(1-y)$，從而 $y =$ 3/7 使得弗瑞德保持無差異，因此他願意採取混合策略。然而，令 x 表示弗瑞德的混合策略中選擇雄鹿的比例，那麼，巴尼自己選擇雄鹿時的報酬為 $6x + 0(1-x) = 6x$，選擇野牛時的報酬為 $0x + 7(1-x) = 7(1-x)$。令這兩個運算式相等，我們得到 $x = 7/13$。因此，巴尼報酬的變化並沒有影響自己的均衡混合策略，但是卻改變了弗瑞德的均衡混合比例！

透過進一步思考發現，這個結果其實並不那麼奇怪。巴尼願意採取混合策略，可能僅僅因為他不確定弗瑞德將要做什麼。因此計算結果涉及巴尼的報酬和弗瑞德的選擇機率。如果我們使報酬運算式相等並且求解出結果，我們會發現弗瑞德的混合機率是由巴尼的報酬決定的。反之亦然。

然而，這個推理是如此微妙，乍看上去又如此怪異，以至於在實驗進行時，即使提醒他們要試著隨機選擇，大多數參與者仍無法立即領悟。他們在自己的報酬改變時，而不是當其他參與者的報酬改變時，才會改變自己的混合機率。

商業對抗中的混合策略

前文所提運用混合策略的例子都來自體育賽事，但為什麼在現實世界，如商界、政界或戰爭中，看不到幾個採取隨機行動的例子呢？首先，這些領域中的賽局大多是非零和賽局，而且我們看到，這些情形下的混合策略的作用更為有限，也更加脆弱，而且不一定會帶來好的結果。當然也還有其他原因。

在控制結果導向的企業文化中，很難接受由機率決定結果的主張。出問題之後就更是如此，因為隨機選擇行動時總會出現偶發性問題。雖然有些人認為，橄欖球教練為了迫使防守方不敢輕舉妄動，必須時不時踢一個懸空球；但是，在商界中，類似的冒險策略一旦失敗，你就可能被炒魷魚。不過，關鍵並不在於冒險策略能否成功，而在於冒險策略可以避免出現固定模式，避免別人輕易看穿自己的策略。

折價券是利用混合策略提升企業業績的一個例子。企業利用折價券來擴大市占率，目的是為了吸引新的消費者，而不僅僅是對現有消費者提供優惠。假如幾個競爭者同時提供折價券，消費者就沒有必要轉投其他牌子。相反的，他們可能滿足於自己現在使用的牌子，也接受該公司提供的折扣。只有在一家公司提供折價券而其他對手沒有時，消費者才會被提供折價券的公司吸引過去，嘗試這個新牌子。

諸如可口可樂與百事可樂這樣的競爭對手之間的折價券策略賽局，與獵人的合作問題其實極為相似。兩家公司都想成為唯一提供折價券的公司，就像弗瑞德和巴尼兩人都想選擇他自己偏好的獵場一樣。但是如果它們同時這麼做，折價券就不能發揮預期的作用，兩家的結局甚至會比原來更糟。有種解決方案是遵守一種可預測的模式，每隔半年提供一次折價券，並且讓幾個競爭者輪流提供。但這種方案的問題是，當可口可樂知道百事可樂快要提供折價券時，它就應該搶先一步提供折價券。要避免他人搶占先機，唯一的方法就是推出出其不意的招數，而這一招數則是根據隨機策略的運用。

當然，獨立的隨機選擇會有「出槌」的風險，就像獵人弗瑞德和巴尼的故事一樣。相反的，透過合作，這兩個競爭者都可以享受到更好的結果；而一些有力的統計證據指出，可口可樂和百事可樂確實達成了這樣一個協調方案。曾經有長達 52 個星期的時間，可口可樂和百事可樂分別發放了 26 週折價券，其間沒有出現兩家同時發放折價券的現象。若非事先約定，兩家各自以 50% 的機率隨機選擇在任何一週發放折價券，那麼，它們各自發放 26 週折價券而不會同時發放的機率是 1/495,918,532,948,104，或是小於一千兆分之一（10 億個 10 億）！這個發現太令人驚奇了，以至於吸引媒體大肆報導，其中包括 CBS 的節目《60 分鐘》。[9]

折價券的目的原是為了擴大市占率。但每家公司都知道，要想達到目的，必須在對手沒有提供類似的促銷時提供優惠。隨機選擇促銷週的策略可能是想

趁對方不備，但是當兩家公司都採取相似的策略時，就會出現兩家同時提供優惠促銷的情況。而在這段活動期間，所有促銷活動只不過是互相抵消而已，沒有一家能夠提高市占率，甚至賺進的利潤卻更低，也就造成了囚徒困境。有著長期競爭關係的公司必須認識到，唯有解決這個困境，雙方才能做得更好。對每家公司而言，解決困境的方法是輪流採取最低價策略，然後一旦促銷活動結束，每個消費者都會回到他們經常使用的牌子。市場確實是這樣做的。

還有其他例子可以證明，在商界，我們必須避免陷入某種固定模式，防止對手很容易就猜到我們的行動。一些航空公司向願意在最後一分鐘買票的乘客提供優惠機票，不過，這些公司不會告訴你究竟還剩下多少座位，而這個數字本來有助於你估算成功買到機票的機會有多大。假如最後一分鐘所剩機票的數量變得更加容易預測，那麼乘客利用這一點占便宜的可能性就會大得多，航空公司也會因此失去更多本來願意購買全價機票的乘客。

隨機策略被運用最廣泛的地方，在於以較低的管理成本促使人們遵守規則。包括從查稅、毒品臨檢到停車計費器等的許多領域。同時還解釋了懲罰不一定要和罪行相當的原因。

由停車計費器記錄的違規停車的罰金，往往是正常收費標準的好幾倍。設想一下，假如正常收費標準是每小時 1 美元，按照每小時 1.01 美元的標準進行處罰，能不能讓大家從此變得安分守己呢？有可能，條件是交通警察一定可以在你每次停車而又向計費器投錢時當場逮住你。但這種嚴格的管理方式可能代價不菲，這會讓交通警察的薪水成為首要課題；此外，為了保證警方說到做到，必須經常檢測收費機，這筆費用也可能相當龐大。

相反的，監管當局採用了一個同樣管用、代價卻更低的策略，那就是提高罰款金額，同時放鬆監管力度。比如，罰金若是高達每小時 25 美元，此時，哪怕 25 次違規只有 1 次會被逮到，也足夠讓你乖乖付費停車了。一支規模更小的員警隊伍就能勝任這項工作，而收到的罰金也更可能彌補管理成本。

　　還有一個運用隨機策略的例子。這個例子某方面與足球比賽類似，但也有些不同。我們再次看到，管理者選擇某種隨機策略的原因在於這麼做勝過任何有規律的行動：完全不監管意味著稀缺的停車空間會被濫用，而百分之百監管的代價又高得難以承受。而處於對立方的停車者卻不一定有隨機策略。實際上，是希望透過提高偵察的機率和罰金數目，引導大家遵守停車規則。

　　隨機毒品臨檢與管理付費停車有許多相同點。若讓每個人每天都接受毒品檢驗，這種做法不僅浪費時間，代價高昂，而且也沒有必要。隨機抽檢不僅可以查出毒蟲，還能阻止其他人基於好玩而以身試毒。雖然查到毒蟲的機率不高，但罰金很高。國稅局（IRS）查稅策略的一個問題在於，在被逮著的低機率下，罰金數目其實也不高。假如管理屬於隨機性質，我們必須訂出一個超過罪行本身的懲罰。規則在於，**預期的**懲罰應該與罪行相稱，而從統計意義上講，這種預期應該將被逮住的機率考慮在內。

　　那些希望打敗管理當局的人，也可以利用隨機策略為自己謀利。他們可以將真正的罪行隱藏在許許多多虛假警報或罪行裡，從而使管理者的注意力和資源大大分散，以至於不能有效發揮作用。舉個例子：國防空軍體系必須保證摧毀幾乎百分之百的入侵飛彈。對進攻方而言，擊敗國防體系的一個辦法是用啞巴彈掩護真飛彈。一枚啞巴彈的成本遠遠低於一枚真飛彈。除非防守方真的可以百分之百識別真飛彈和啞巴彈，否則防守方就不得不啟動防空體系摧毀所有入侵飛彈，不管它們是真是假。

　　發射啞巴彈的做法起源於第二次世界大戰，那時人們其實不是有意設計假飛彈，而是為了解決品質控制問題。「銷毀生產過程中出現的次級炮彈的成本很高。有人想到一個主意，說生產出來的啞巴彈可以隨機發射出去。對方的軍隊指揮官擔不起任何一枚定時炸彈落在自己陣地的風險，而他也辨別不了哪些是不會爆炸的啞巴彈、哪些是真會爆炸的定時炸彈。面對真真假假的炮彈，他不敢大意，只好竭盡全力摧毀發射過來的每一枚炸彈。」[10]

本來，防守方的成本與可能被擊落的飛彈相比只是九牛一毛，但攻擊方也有辦法使防守成本高到難以承受的地步。實際上，這個問題正是捲入「星際大戰」的各方所面對的挑戰之一，而他們可能找不到任何解決方案。

如何尋找混合策略均衡

許多讀者覺得只要理解混合策略的理論概念就夠了，而把真實數字的計算問題留給電腦程式，這些程式可以處理每個參與者擁有多個單純策略時的混合策略，其中一些單純策略甚至可能沒有在均衡解中使用到[11]。這些讀者可以跳過本章此後的部分，而不致破壞閱讀本書的連貫性。但是若對高中代數和幾何有一定的理解，並想了解更多有關計算方法的讀者，以下我們提供一些詳細的說明[12]。

首先，思考代數方法。在球員的混合策略中，選擇左邊的比例就是我們想要解出來的未知數；我們把它設為 x，所以選擇右邊的比例是（$1 - x$）。當守門員選擇左邊時，球員採取混合策略的成功率為 $58x + 93（1 - x）= 93 - 35x$，而守門員選擇右邊時，成功率為 $95x + 70（1 - x）= 70 + 25x$。因為這兩個成功率相等，所以，$93 - 35x = 70 + 25x$，或 $23 = 60x$，或 $x = 32/60 = 0.383$。

我們也可以透過在以圖形表示各種混合策略的結果，找到幾何的解方。球員的混合策略中，選擇左邊的比例是 x，在橫軸上用 0 到 1 表示。對於每一種混合策略，兩條直線中的其中一條表示當守門員選擇其單純策略左邊（L）時球員的成功率；另一條表示了當守門員選擇其單純策略右邊（R）時，球員的成功率。前者從最高值 93 開始（當 $x = 0$ 時運算式 $93 - 35x$ 的值）一直降到 58（當 $x = 1$ 時運算式 $93 - 35x$ 的值）。後者從縱軸上的 70 這一點開始（當 $x = 0$ 時運算式 $70 + 25x$ 的值），一直上升到 95（當 $x = 1$ 時運算式 $70 + 25x$ 的值）。

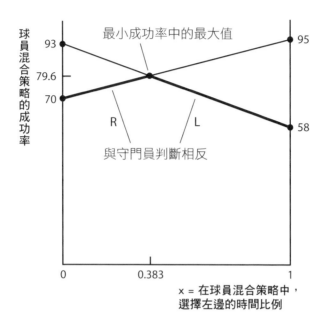

守門員希望盡可能降低球員的成功率,因此,如果球員的混合策略組成讓守門員得知,那麼守門員就會選擇 L 或 R,無論哪種選擇,都對應著兩條線較低的部分。這兩條線的這些部分用粗線條表示,當守門員為了自己的目的,想辦法利用球員的選擇時,球員能預期的最低成功率呈倒 V 型。球員想在這些最小的成功率中選最大值時,只有在倒 V 的最高點,也就是兩條直線的交叉點上才有機會。利用逐步逼近檢視法或代數法,顯示這點的位置是 x = 0.383,成功率為 79.6%。

同理,我們可以分析守門員的混合策略。讓 y 表示守門員混合策略中選擇左邊(L)的時間比例。那麼(1 − y)表示守門員選擇右邊(R)的比例。當守門員採取混合策略時,若球員選擇 L,則其平均成功率為 58y + 95(1 − y)= 95 − 37y。若球員選擇 R,則其平均成功率為 93y + 70(1 − y)= 70 + 23y。因為這兩個運算式相等,所以,95 − 37y = 70 + 23y,或 25 = 60y,或 y = 25/60 = 0.417。

　　從守門員的角度進行的圖形分析，只需對球員圖形分析做簡單修改即可。我們圖示了守門員選擇各種混合策略時的結果。守門員混合策略中選擇左邊的時間比例為 y，以 0 到 1 在橫軸上表示。圖中兩條直線表示守門員採取這些混合策略時球員的成功率，其中一條直線對應於球員選擇 L，另一條對應於球員選擇 R。對於守門員的任何混合策略，球員透過選擇 L 或 R 使自己的成功率較高，以達到最佳報酬。兩條直線的粗線部分顯示這些最大值呈 V 字形。守門員希望降低球員的成功率，他經由把 y 設定在 V 的底端，也就是透過選擇這些最大值中的最小值，來達到這個目的。這個最小值出現在 y=0.417 時，此時球員的成功率為 79.6%。

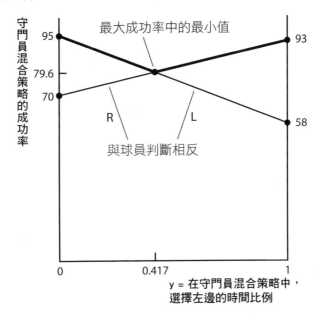

　　球員最小報酬的最大值（極大極小報酬）與守門員最大報酬的最小值（極小極大報酬）相等，正是馮・紐曼和摩根斯坦的極小極大定理在起作用。或許更準確地說，它應該被稱為「極大極小值─等於─極小極大值定理」，但實在有點囉唆。

:: 混合策略中的意外變化

即使在零和賽局領域，混合策略均衡也有一些看起來很奇怪的地方。回到足球罰球的例子，假設右撇子守門員提高了對右邊進球的攔截技巧，使得慣用右腳踢球的球員的成功率從 70% 降到 60%。這對守門員的混合機率會產生什麼影響？我們透過變換圖中相對應的直線得到了答案。我們看到，在守門員的均衡混合中，使用左邊策略的比例從 41.7% 上升到 50%。當守門員提高了攔截右邊罰球的技能時，他使用右邊的頻率卻降低了！

乍看起來，這似乎有點奇怪，但其原因很容易理解。當守門員更善長攔截右邊的罰球時，球員就會降低踢向右邊的頻率，而更常把球射向左邊；同時，守門員在他的混合策略中會以更大的比例選擇左邊。改善你弱點的方法就是，不要那麼頻繁地使用它。

讀者可以透過重新計算球員針對這個變化所調整的混合策略來證實這一點；你將發現，在他的混合策略中，選擇左邊的比例從 38.3% 上升到 47.1%。

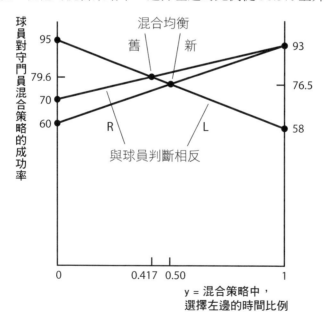

而且，守門員致力於提高他的右邊攔截技巧確實有利：均衡中，球員的平均進球得分率從 76.9% 降到了 76.5%。

進一步思考還可發現，看似自相矛盾的觀點最終都有一個非常自然的賽局理論邏輯。你的最佳策略不僅取決於自己的行動，也取決於其他參與者的行動。這就是策略的相互依賴作用，而且所有有關的策略都應該是這樣的。

案例分析》猜拳爬樓梯遊戲*

這一幕發生在東京鬧市的壽司店中。隆志和裕一邊喝著清酒，邊等著他們的壽司。他們兩人都點了該壽司店中的招牌壽司，海膽生魚片。不幸的是，廚師說他只剩下一份海膽。他們中誰會讓步呢？

在美國，這兩個人可能會拋硬幣決定。而在日本，這兩個人更有可能玩猜拳。當然，現在你已經是猜拳專家了，所以，為了使這個問題更有挑戰性，我們引進一種變形版本，稱為猜拳爬樓梯遊戲。

這個遊戲通常在樓梯上進行。跟以前一樣，兩個選手同時出石頭、布或者剪刀。但是現在，勝利者將向上爬樓梯：如果布獲勝，則向上爬五級階梯；剪刀取勝，則向上爬兩級樓梯；石頭取勝，則向上爬一級樓梯。如遇平局則重新再來，第一個爬到樓梯頂端者獲勝。我們稍微簡化這個遊戲，假設每個參與者的目標只是盡可能超過對方最多。

:: 案例討論

因為每向上爬一級樓梯都會使贏拳者更向前，敗者更落後，所以我們得到一個零和賽局。思考所有可能的行動配對，我們得到下面的賽局表。報酬以向

---

* 這個例子首先出現在日本版的策略思維中，是由當時就讀耶魯大學管理學院的菅野隆志和島津裕一所負責的一個計畫得出的結果。他們同時也是這本書的日文譯者。

前走的樓梯級數來度量。

裕一的選擇

		石頭	布	剪刀
隆志的選擇	石頭	0 0	5 -5	-1 1
	布	-5 5	0 0	2 -2
	剪刀	1 -1	-2 2	0 0

　　我們該如何找出剪刀、石頭和布的混合策略均衡？前面我們呈現了簡單的計算和圖形方法，這些方法只適用於每個參與者只有兩種選擇的情況，比如正手擊球和反手擊球。但是在剪刀－石頭－布爬樓梯遊戲中，每個參與者有三種選擇。

　　第一個問題是：哪些策略會是混合策略均衡中的一部分。這裡的答案是三者缺一不可。為了證實這一點，設想裕一從來都不出石頭，那麼，隆志將永遠不出布，而在這種情況下，裕一將永遠不出剪刀。沿著這條思路繼續下去，則隆志將永遠不出石頭，這樣一來，裕一將永遠不出布。裕一從來不使用石頭的假設，排除了他所有的策略，所以，這一定是錯誤的。同理，另外兩種策略對裕一（隆志）的混合策略均衡也是必不可少的。

　　現在，我們知道了在混合策略均衡中，這三種策略都必須用到。問題變成了什麼時候這三種策略都要用到。參與者都只對極大化自己的報酬感興趣，而不是為了混合而混合。當且僅當三個選擇具有同等程度的吸引力時，裕一才願意在石頭、布和剪刀之間隨機選擇。（如果對裕一而言，石頭帶來的報酬高於布和剪刀的報酬，那麼他應該只選擇石頭；但是那樣的話將得不到均衡。）因此，三種策略使裕一得到相同期望報酬的特別情況，就是隆志的混合策略均衡。

　　讓我們假設隆志採取如下的混合規則：

p＝隆志出布的機率；

q＝隆志出剪刀的機率；

1－（p＋q）＝隆志出石頭的機率。

因此，假如裕一出石頭，那麼，若隆志出布（p）他就會落後五步，若隆志出剪刀（q）他就會前進一步，因此淨報酬為 −5p ＋ q。利用同樣的方法，裕一從每種策略中得到的報酬如下：

石頭：$-5p + 1q + 0[1 - (p + q)] = -5p + q$

剪刀：$2p + 0q - 1[1 - (p + q)] = 3p + q - 1$

布：$0p - 2q + 5[1 - (p + q)] = -5p - 7q + 5$

只有當 $-5p + q = 3p + q - 1 = -5p - 7q + 5$ 時，這三種選擇對裕一而言才具有同等的吸引力。

求解上述三個方程式，得到：p ＝ 1/8，q ＝ 5/8，以及（1 − p − q）＝ 2/8。

這就是隆志的混合策略均衡。由於這個遊戲是對稱的，因此裕一將以同樣的機率進行隨機選擇。

注意：當裕一和隆志都使用他們的混合策略均衡時，他們從每種策略中得到的期望報酬為零。雖然這並不是混合策略結果的一般特性，但對於對稱的零和賽局而言卻總是正確的。我們沒有任何理由偏愛裕一多於隆志，反之亦然。

第 14 章的「拉斯維加斯老虎機」，提供了又一個關於機會和選擇的案例分析。

第6章
策略行動

改變賽局

　　很多人每年至少要立下一個「新年新希望」。在 Google 搜尋中,「新年新希望」這個詞長達 212 萬頁。據美國政府官方網站統計,這些願望中最大宗的是「減肥」。接下來依次是「償還債務」「存錢」「找份更好的工作」「健身」「健康飲食」「接受更高的教育」「少喝酒」和「戒菸」。[1]

　　維基百科將新年新願望定義為「一個人針對一項計畫或一種習慣所做出的承諾,通常是大眾認為生活方式的正向改變」。注意「承諾」這個詞。大多數人對它有一種直接的理解,代表一種約束自己的決心、一種保證或一種行動。稍後,我們將在它的賽局理論應用中,讓這一概念更加精確。

　　這些精彩的生活改善計畫有什麼問題嗎?美國有線新聞網(CNN)的一份調查報告指出,30% 的人決心甚至堅持不到 2 月份,只有 1/5 能堅持 6 個月或 6 個月以上[2]。失敗的原因很多:有人把目標訂得太高了;有人無法精確衡量自己的進步狀況;有人沒有足夠的時間……等等。但是目前為止,失敗最重要的原因是,大多數人無法抗拒誘惑。當他們看到或聞到那些牛排、炸薯條和甜品時,他們的健康飲食計畫就煙消雲散了。當新款電玩遊戲向他們招手時,在講

到不要把信用卡從皮夾中抽出來的決心時，他們就開始支支吾吾了。當他們舒舒服服地窩在沙發，在電視機前看著運動比賽時，對他們來說，真正起身做運動似乎太辛苦了。

　　許多醫學和生活顧問提供了一些貫徹決心的建議。包括一些基本的東西，例如，設定合理且易衡量的目標、一小步一小步地向目標努力、訂定一個不無聊的健康飲食和運動計畫、遇到任何困難都不氣餒不放棄。不過這些建議也包括一些創造正向激勵的策略，而這些策略的一個特點是，它們是一個支援系統。它們建議人們在加入健康飲食團體的同時，也加入健身社群，並在家人和朋友面前公開他們的決心。一個人不是在孤軍奮戰的感覺固然有用，然而在公眾面前失敗的潛在羞恥感可能也很管用。

　　在 ABC 黃金時段節目《生活：賽局》[3] 中，本書作者奈勒波夫就充分運用了羞恥感這一要素。正如之前所描述的，超胖的參與者同意只穿一件比基尼拍照。兩個月之後，所有未能成功減重 15 磅的人，都要把他的照片在電視上公開亮相，並登在該節目的網站上。想要避免這種災難，就成為一種強有力的激勵。除了一個人，所有參與者都減掉了 15 磅以上；而那個人雖然失敗了，但也只差一點兒。

　　這和賽局理論有什麼關係？努力減肥（或更加省錢）是現在的自己（長期希望改善健康或體重）與未來短期內的自己（受到誘惑飲食過度或花費過度）之間的賽局。現在的自己所下的決心形成了一個要好好表現的承諾。但這個承諾必須不可逆轉；未來的自己不應該食言。現在的自己透過採取相關行動做到了這一點──如果減肥失敗，就拍一張令人發窘的肥胖照片，並放棄對照片用途的控制，讓節目製作人將照片公開示人。改變未來自己的動機，也就改變了賽局。過度飲食或過度花費的誘惑仍然存在，但令人丟臉的可能性阻斷了這種誘惑。

　　改變賽局，以確保參與者採取行動後能得到更好的結果，這種行動就稱為

策略行動（strategic moves）。在本章，我們將解釋這些行動。首先有兩個方面需要考慮：應該做什麼，以及如何去做。前者屬於賽局理論科學，而後者在每種情形下都不同——在每種特定背景下，想出有效的策略行動與其說是一門科學，不如說是一門藝術。我們將透過一些例子，使你了解這門科學和藝術的基本概念。但進一步發展這門藝術的工作，還得留給你自己，你應基於自己對情勢的洞察，視狀況採取行動。

至於第二個改變賽局的例子，不妨想像你自己是 1950 年代美國的某個年輕男子。那是一個雲淡風輕的週末夜，你正和一群朋友展開對抗賽，要決鬥出誰是第一男子漢。今晚的比賽從一個小雞遊戲開始。你們駕車相向疾駛，你們也知道，先轉向的那個人就是失敗者，或是懦夫。而你們都想要贏。

這是一個高危險的賽局。如果你們都想贏，結果可能是你們兩人都進醫院，甚至更慘。在第 4 章，我們從納許均衡的角度（獵人弗瑞德和巴尼的案例）分析過該賽局，得出它有兩個納許均衡解。一個解是你直行，你的對手轉向；另一個解是你轉向，你的對手直行。當然，你喜歡第一個均衡，不喜歡第二個。這裡，我們將這個分析推向更高的層次。你能不能做些什麼，以達到自己偏愛的結果？

你可以建立一種名聲，讓別人知道自己絕對不會轉向。然而前提是，你必須過去曾經贏得過類似的賽局，所以，問題本身變成了你在過去那些賽局中，你本可以怎麼做。

這裡有一種奇怪但卻有效的方法。假設你用一種能讓對手看得見的方式，把你的方向盤拆下來，扔出窗外，讓他知道你無法轉向了。現在，整個避免衝撞的重擔就落在他的肩上，你改變了賽局。在新的賽局中，你只有一個策略，那就是直行。如此一來，你對手的最優（事實上是最不糟糕的）回應是轉向。你變成一個非常無助的司機，但這種無助讓你在小雞遊戲中成為勝出者。

你把賽局變得對你有利，這種方式乍看出人意表。你透過扔掉方向盤，限

制了自己的行動自由。選擇少了，怎麼反而對自己更有利呢？因為在這個賽局中，轉向的自由只不過是變成懦夫的自由；選擇的自由只不過是失敗的自由。我們對策略行動的研究，還會得出其他一些看似驚人的結論。

　　這個例子也對策略行動提出了相當程度的警告。策略行動不保證一定成功，而且，有時可能讓人面臨極大的風險。在現實中，行動和觀察通常只是後見之明。在小雞遊戲中，如果你的對手也有同樣想法，你們兩人同時看到了對方的方向盤被丟出窗外，這時你該怎麼辦？一切都太晚了。你只能絕望地駛向一場碰撞。

　　所以，招數有風險，用招需謹慎。如果你輸了，也請不要指控我們。

一段小小的歷史

　　許多人和國家都曾為自己的利益和福祉做出過承諾（commitment）、威脅（threat）和約定（promise）等行動。他們直覺地知道這類行動的可信性很重要。他們不僅採用這樣的策略，還會設計出對應其他參與者採用類似策略時的策略。例如，當荷馬筆下的奧德修斯把自己拴在桅杆上時，他實際上是在做出一個可信的承諾，承諾自己不受海妖塞壬的歌聲誘惑。父母都知道，威脅小孩要嚴酷懲罰其犯錯並不可信，而「你想讓媽媽生氣嗎？」這種威脅的可信度就高得多。歷史上的國王也都明白，質子交換，讓心愛的孩子或親人到對方君王的家中生活，使兩國之間的和平承諾顯得更可信。

　　賽局理論有助於我們理解並統整這種策略的思考體系。然而，在賽局理論發展的前十年中，側重於描述**特定賽局**（given game）中不同類型的均衡，逐步行動賽局中的倒後推理均衡、雙人零和賽局中的極小極大均衡、更普遍的同步行動賽局中的納許均衡，並在典型的情境下，如囚徒困境、信心賽局、性別戰、小雞遊戲[4]，分別加以說明。湯瑪斯·謝林首先提出了賽局理論的主題，即一個參與者或參與者雙方可能採取改變賽局的行動，他因此獲得了榮譽和聲

望。其《衝突的策略》（1960）和《軍備與影響力》（1965）[5] 兩本書中，收錄並詳細闡述了他在 1950~60 年代初的文章，這些文章準確地解釋了承諾、威脅和約定的概念。謝林不僅說明提高可信度需要做什麼，還分析了微妙的邊緣策略（詳本章）的風險策略，而這一策略之前常被人們曲解。

幾年後，萊因哈德・澤爾騰更嚴謹地發展了可信度的概念化形式，即子賽局完美均衡，它是對我們在第 2 章討論的倒後推理均衡的普及化。萊因哈德・澤爾騰與約翰・納許和約翰・海薩尼一起，成為第一組獲得諾貝爾獎的賽局理論學者。

承諾

當然，你不必非要等到新年來臨才能下定決心。每天晚上，你可能決心第二天要早起，使這一天有一個好的開始，或者可能決心跑步五英里。但是你知道，當第二天清晨來臨時，你會更想在床上再賴半小時或一小時（或者更長時間）。這是晚上堅決的自己與清晨意志薄弱的自己之間的一場賽局。在我們建立的這場賽局中，早上的自己具有後行動的有利條件。但是，晚上的自己可以透過設定鬧鐘來改變賽局，以創造並抓住先行者的有利條件。這種做法被視為一種承諾，承諾鬧鈴一響就起床，但是，它有效嗎？鬧鐘若設有貪睡按鈕，早晨的自己可能會重複按下按鈕。（當然，在這之前，自己可以找一個不帶貪睡按鈕的鬧鐘，但這是不可能的。）晚上的自己還可以透過把鬧鐘放在衣櫃上，而不是放在床頭櫃上，使承諾可信；這樣，早上的自己將不得不下床去關鬧鐘。如果這還不行，早晨的自己又直接跌跌撞撞地回到床上，那麼，晚上的自己就必須想出另外的方法，或許可以使用一個同時開始煮咖啡的鬧鐘，這樣，誘人的清香就會引誘早晨的自己起床[*]。

---

[*] 市場上有一些神奇的小玩意兒。落跑鬧鐘（Clocky）是種帶有輪子的鬧鐘，當鬧鈴響時，這個鬧鐘就會跳下你的床頭櫃，遠遠跑開，等你抓住它並把鬧鈴關掉後，就已經完全沒有睡意了。

這個例子清楚解釋了承諾和可信性的兩個方面：是什麼與如何做。「是什麼」這部分屬於科學的或賽局理論——抓住先行者的有利條件。「如何做」部分則是實踐的或藝術的——想出使策略行動在特定情形下可信的方法。

我們可以利用第 2 章的賽局樹，來說明鬧鐘承諾的原理或科學性。在最初的賽局中，晚上的自己不採取行動，賽局非常簡單：

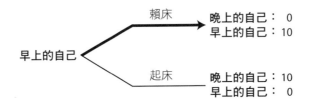

早上的自己賴在床上，得到其偏愛的報酬，我們記為 10 分；而晚上的自己得到其較糟糕的報酬，我們記為 0 分。這些分數對不對不重要；重要的是，對每個自己而言，最受偏愛的選擇被賦予了比其次偏愛的選擇更高的分數。

晚上的自己可以將賽局改成如下所示：

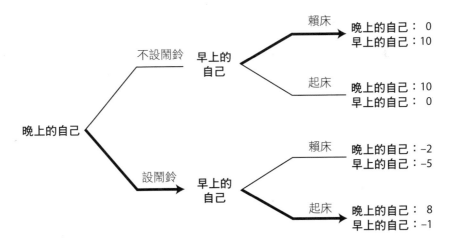

現在，報酬的數字有點重要了，需要更多的解釋。順著較高的分枝可以看到，晚上的自己不設鬧鈴，賽局樹與前面的相同。順著較低的枝可以看到，假

設晚上的自己設定鬧鈴需要付出一個較小的成本，我們將其設為 2 分；如果早上的自己聽到鬧鈴後起床了，晚上的自己將得到 8 分，而不是最初的 10 分。但是，如果早上的自己無視鬧鈴，那麼晚上的自己將得到 –2 分，因為設定鬧鈴的成本（2 分）被浪費了。早上的自己聽到鬧鈴要付出一個厭惡成本；如果它迅速起床關掉鬧鈴，該成本只有 1；但如果它賴在床上，鬧鈴繼續不停地響下去，那麼，該成本就非常大（15 分），把待在床上的愉悅轉變成了 –5（= 10 – 15）的報酬。如果設了鬧鈴，早上的自己就會更願意得到 –1，而不是 –5，於是選擇起床。晚上的自己向前預測推理得出，設定鬧鈴將使它在最終結果中得到 8 分，這比它在最初得到的 0 分要好得多*。因此，在該賽局的倒後推理均衡中，如果設了鬧鈴，早上的自己就選擇起床，而晚上的自己選擇設定鬧鐘。

　　如果我們利用賽局表而不是賽局樹來表示該賽局，我們將看到承諾的更為驚人的一面。

早上的自己

		賴床	起床
晚上的自己	不設鬧鈴	10 / 0	0 / 10
	設鬧鈴	–5 / –2	–1 / 8

　　這個表顯示，對於早上的自己的每個特定策略，晚上的自己設定鬧鈴的報酬都小於不設鬧鈴的報酬。因此，對晚上的自己而言，設定鬧鈴劣於不設鬧鈴。然而，此前的分析中卻是晚上的自己發現設定鬧鈴更可取！

　　為什麼選擇一個劣勢策略，而不選擇優勢策略呢？為了理解這一點，我們需要更清楚理解優勢策略的概念。從晚上的自己角度來看，不設鬧鈴優於設定

---

* 如果行動的代價太高，例如，為了早上的自己起床，如果晚上的自己不得不設定一個引床著火的定時縱火裝置，那麼，對晚上的自己而言，做出這種承諾就不是最佳選擇。

鬧鈴，因為對於早上的自己的每個**特定**策略，晚上的自己不設鬧鈴的報酬高於設定鬧鈴的報酬。如果早上的自己選擇賴床，那麼，晚上的自己不設鬧鈴得到0，設定鬧鈴得到 –2；如果早上的自己選擇起床，那麼，晚上的自己不設鬧鈴得到 10，設定鬧鈴得到 8。如果行動是同時發生的，或者晚上的自己後行動，那麼，他不可能影響早上的自己的選擇，而是必須接受它。但是，策略行動的真正目的是**改變**另一個參與者的選擇，而不是接受它。如果晚上的自己選擇設定鬧鈴，早上的自己就會選擇起床，而晚上的自己的報酬將是 8；如果晚上的自己選擇不設鬧鈴，早上的自己就會選擇賴床，而晚上的自己的報酬將是 0；8大於 0。報酬 10 和 –2，以及它們分別與 8 和 0 的比較，已經變得無關緊要了。所以，對逐步行動賽局中的先行者而言，優勢策略的概念已經失去了意義。

對於本章提出的大部分例子，你無須畫出任何這種詳細的樹圖或表格，便可以理解它們。所以，我們一般只提供口頭的陳述和推理。但是，如果你希望加深對賽局及樹圖方法的理解，你可以自己畫一畫賽局樹。

威脅和約定

承諾是**無條件**的策略行動；正如 Nike 的標語所說，你「想做就做」；於是，其他的參與者就成了追隨者。晚上的自己只是簡單地把鬧鐘放在衣櫃上，把定時器設在咖啡機上。在該賽局中，晚上的自己沒有進一步的行動；我們甚至可以說，到了早上，晚上的自己就不復存在了。早上的自己是追隨參與者，或者是後行者，它對晚上的自己的承諾策略的最佳（或最不壞的）回應是起床。

另一方面，威脅和約定屬於更為複雜的**條件**行動；它們要求你提前確定一**個回應規則**，規定在實際賽局中，你如何對另一個參與者的行動做出回應。威脅是懲罰那些不按你意願行事的其他參與者的一種回應規則。約定是獎勵那些按照你意願行事的其他參與者的一種給予。

回應規則指的是你的行動對其他參與者行動的回應。儘管在實際賽局中，

你是一個追隨者，但回應規則必須在其他參與者做出行動決策**之前**訂定。教育孩子「除非先吃菠菜，否則不能吃點心」的父母，實際上就是在建立這樣一個回應規則。當然，該規則必須先約定，且在孩子把菠菜餵狗之前明確地宣布。

因此，這種行動使你要用更複雜的方式來改變賽局。你必須先發制人，設定回應規則，並將其傳達給對方。你還必須保證你的回應規則可信，即，若你按規則回應的時機真的來臨，你一定會確實遵守。這可能需要以某種方式改變賽局，以確保在這種情形下，該選擇其實是你的最佳選擇。但是，在隨後的賽局中，你必須後行動，所以你將有能力回應對方的選擇。這可能需要你重新設定賽局的行動順序，而這本身就給你的策略行動決策帶來了挑戰。

為了說明這些觀念，我們將採用比比里恩（BB）和彩虹之巔（RE）兩家零售商定價競爭的例子。在第 3 章，我們曾舉該例來說明同步行動賽局，讓我們重述一下其基本觀點。這兩家廠商在高級花紋襯衫業務上互相競爭，如果兩家聯手擬定一個 80 美元的壟斷價格，那麼他們的共同利益最大，這時每家將各賺進 72,000 美元的利潤。但是，每家廠商都有訂定低於對方價格的動機，而且，當它們都這麼做時，在納許均衡結果下，每家都將定價 40 美元而僅僅得到40,000 美元的利潤。這就是它們的囚徒困境，或者雙輸賽局；當兩家廠商都企圖讓自己賺進更高利潤時，它們卻都輸了。

現在，讓我們看看策略行動能否解決這個困境。其中一家廠商承諾維持高價沒有用，它的對手只會把它視為先行者的不利條件。條件行動怎麼樣？RE可以採用一個威脅（「如果你定低價，我也會定低價」），或者一個約定（「如果你保持在壟斷價格，我也一樣」）。但是，如果實際上商品型錄的價格選擇是同步行動賽局，而且它們在印刷自己的型錄前，都無法得知對方的型錄價格，那麼，RE 又該如何**回應** BB 的行動呢？ RE 必須改變賽局，使它有機會在知道對手的定價後，選擇自己的定價。

一種普遍採用的聰明辦法是以競爭對抗條款達到這個目的。如果 RE 的型

錄價格是 80 美元，但附有一個備註：「我們的價格將永不高於任何競爭者的任何價格。」現在，型錄已經印刷好，也郵遞了出去，但是，如果 BB 真的偷跑，讓標價低於 80 美元，甚至殺到納許均衡價格 40 美元，那麼，RE 就會自動與其同價。任何稍微偏好或忠誠於 RE 的顧客，都沒有必要因為低價而轉向 BB，他可以只是像往常一樣向 RE 購買，卻支付 BB 的型錄列出的較低價格。

下面我們將再次回到這個例子，說明策略行動的其他面向。現在，只需注意兩方面的問題：科學的或「是什麼」（與任何低價保持一致的威脅），和藝術的或「如何做」（使威脅可能或可信的競爭對抗條款）。

嚇阻與強迫

整體而言，威脅和約定與承諾的目的是相似的，即誘導他人採取不同於原本行動的其他行動。在檢視威脅與約定時，有必要把整體目標分成兩種類型。當你企圖阻止他人做他們想做的事時，就是**嚇阻**；反之，迫使他人做他們不想做的事時，則稱為**強迫**[6]。

當一名銀行搶匪挾持員工作為人質，並宣布其回應規則說，如果他的要求被拒絕，他就殺死人質，這時他就是在進行強迫性威脅。在冷戰中，美國威脅道，如果蘇聯進攻任何一個北約國家，它就動用核子武器，這就是嚇阻性威脅。這兩種威脅有一個共同點：一旦威脅付諸行動，將是**兩敗俱傷**。如果銀行搶匪在他最初的持槍搶劫罪上又犯了謀殺罪，他就要面臨被捕後的更大懲罰；當美國本可以忍受蘇聯統治下的歐洲時，卻發動了核武戰爭，它也會在核武戰爭中承受巨大的損失。

 迷你賽局思考題④
畫出冷戰賽局的賽局樹，指出美國的威脅怎樣改變了賽局的均衡結果。

約定也可以是強迫性或嚇阻性的。強迫性約定用於引誘某人順從你的意願行動。例如，一位檢察官需要證人來支持他的案件，於是和其中一名被告約定，如果該被告能拿出同夥人的犯罪證據，就能得到從輕量刑。嚇阻性約定用於阻止某人採取違背你利益的行動，例如，黑幫向一個小弟保證，如果不洩露老大的秘密，集團就會保他安全。與兩種威脅一樣，這兩種保證也有共同點：對方乖乖聽話後就不再有作用，保證者不需要信守承諾，因而傾向食言。也因此，當黑幫老大最後因證據不足而無罪釋放時，無論如何都會殺死這個小弟，以避免以後有麻煩或被勒索。

快速參考指南

我們簡要地向你介紹了許多概念。為了好記並能迅速查閱，在此提供一個圖表：

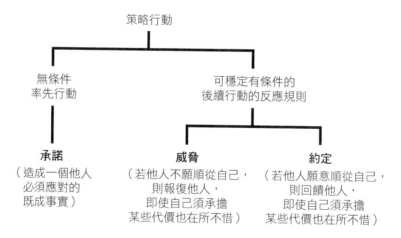

這個表以策略行動者預先聲明命題的形式，總結了威脅和約定是如何達到嚇阻和強迫這兩個目的的。「在隨後的賽局中，如果你……」

	嚇阻	強迫
威脅	若做了我不希望你做的事	若沒做我希望你做的事
	則我會以牙還牙傷害你（儘管也會傷害我自己）	
約定	若沒做我不希望你做的事	若做了我希望你做的事
	則我會投桃報李回饋你（儘管會讓我付出代價）	

警告和保證

一切威脅與約定都有一個共同點：回應規則要求你採取在沒有規則時你不會採取的行動。如果這個規則只是泛泛指出，無論什麼狀況你都應採取最佳行動，那就跟沒有規則一樣：別人不會改變對你未來行動的預期，因此他們也不會先改變自己的行動。然而，即使在沒有規則的情況下，說明將會發生什麼事，仍然具有公告的作用；這些說明稱為**警告與保證**。

當採取「威脅」對你有利時，我們稱之為「警告」。例如，如果總統警告說他會否決一個他不喜歡的法案，這只不過是表明他的意圖。如果他本來很願意簽署這個法案，但為了促使國會提出更好的法案，他決定策略性表態要行使否決權，這就是一種威脅。

接著讓我們來檢驗一下在商業背景下的例子。比比里恩（BB）採取與彩虹之巔（RE）一樣的低價策略，是構成了威脅，還是構成了警告。第4章中，我們討論了 BB 回應 RE 的不同定價，我們得出，它的最佳回應在零回應與完全回應之間。如果 BB 保持價格不變，而 RE 削價銷售，那麼，BB 就會有很多顧客流失到對手那邊。但是，如果 BB 採取與 RE 削價後一樣的賣價，它的利潤就會大大縮減。在我們之前討論過的這個例子中，BB 找到了這兩種思考之間的最佳平衡點，即 RE 每降價 1 美元，BB 就降價 40 美分。

　　但是，如果 BB 想要威脅 RE，以阻止 RE 發動降價，它就需要採取比 RE 實際降價時的最佳回應（降價 40 美分）更大的回應行動。事實上，BB 希望以大於 1 美元的強烈回應來進行威脅。它可以透過在其型錄中打出一招斃命（beat-the-competition）條款，而非競爭對抗（meet-the-competition）條款，來做到這一點。用我們的話來說，這種方法才是真正的威脅。BB 將發現，如果 RE 真的降價了，最終將付出極大的代價。BB 可以在型錄中印出它的政策，使其威脅變得可信，所以，它的顧客可以完全相信這個政策，且 BB 不能食言或改變。如果 BB 的型錄中提到：「如果 RE 售價在 80 美元以下，每低 1 美元，我們就會對我們的型錄價格降價 40 美分。」這是對 RE 的一種警告；如果事情真的發生了，BB 就會依型錄中的聲明來回應。

　　當實踐一個「承諾」對你有利時，我們稱之為「保證」。在襯衫定價的例子中，BB 背地裡可能希望告知 RE，如果它們堅持 80 美元的價格共識不變，BB 也會堅持這個價格。在單次賽局中，發生作弊會對 BB 不利。因此，這是一個真正的策略行動，即承諾。如果賽局是重複進行的，使得持續的合作成為一個均衡——正如我們在第 3 章中所見，那麼，BB 的聲明就是一種保證，它僅僅是為了暗示 RE，BB 熟知重複賽局的特性，以及重複賽局如何解決它們之間的囚徒困境。

　　我們重申一下這一點，威脅與約定是真正的策略行動，而警告與保證更偏向告知的作用。警告或者保證不會改變你為影響對方而擬定的回應規則。實際上，你只不過是告知他們，針對他們的行動，你打算採取怎樣的回應措施。與此完全相反，威脅或保證的唯一目的是，一旦遇到狀況，你的回應規則就會改變，不再是原本的最佳選擇；這麼做不是為了告知，而是為了操縱。

　　由於威脅和約定表明了你將不惜採取與自身利益衝突的行動，所以，它們的可信度就成了重要問題。在其他人採取行動之後，你就有動機去打破自己的威脅或約定。你必須隨機調整賽局策略，以確保可信性。如果沒有可信性，其

他參與者就不會只憑你幾句話就被影響。孩子知道他們的爸媽很樂意送他們玩具，所以，除非爸媽提前採取行動讓威脅可信，否則孩子並不會相信爸媽揚言拒送玩具的威脅。

因此，策略行動包含兩個要素：計畫好的行動方案，以及使該方案顯得可信的相關行動。我們將採取兩種方式來說明這些概念，以使你更能理解。在本章之後的部分，我們著重檢視前者，也就是做出威脅和約定需要做些什麼，可以把它想像成一個行動清單。在第 7 章，我們將把重點轉向提高可信度的方法，也就是怎樣使威脅與約定顯得可信並有效。

其他參與者的策略行動

想到自己可以從策略行動中得到什麼利益，是很自然的，但是，你也應該思考其他參與者的行動，會對你產生什麼影響。在某些情況下，甚至要放棄自己採取策略行動的機會，有目的地讓別人採取行動，也可能對你有利。這有三種邏輯可能：

- 你可以讓別人無條件行動（unconditional move，任意行動），然後再做出回應。
- 你可以等別人提出威脅，然後再採取行動。
- 你可以等別人提出約定，然後再採取行動。

我們已討論過一些例子，在這些例子中，本來可以先行的一方放棄優先權，讓對方（在不必依循之下）無條件行動，反而可以得到更好的結果。只要追隨比領導更有利，這麼做就是明智的，正如第 1 章中的美洲盃競賽（以及第 14 章關於劍橋五月舞會中的賭博案例研究）的故事所說明的。普遍來說，如果在逐步行動賽局中，後行動更有利，那麼透過改變一些事情令對方必須先行，從而

做出一個無條件承諾，你便可以從中得利。雖然放棄先行權可能有利，但這並非普遍原則。有時，你的目標反而是不讓你的對手無條件行動。這就是中國策略家孫子所提出的「圍師遺闕」（圍攻敵人的時候，要給他們留下退路）——也就是讓敵人難以拼死一搏的決心。

受人威脅絕不是好事。即使沒有威脅，一個人也可能一直按他人的意願行事。如果某個人不聽話就趕盡殺絕，這是沒用的；因為當處境越來越糟，這個人反而做不出對雙方皆有利的選擇，只能往死胡同鑽。故「威脅」的強度只能到對方可接受的程度，如果對方可以做出可信的保證，那麼雙方都會得到好的結果。一個簡單的例子就是囚徒困境，只要有一個囚犯保證不會認罪，就對雙方都有利。注意，那必須是有條件的行動，一項保證，而非無條件承諾。如果對方無條件承諾不認罪，那麼，你就可以認罪而得利，而對方了解到這一點，便不會不認罪了。

威脅與約定的異同

有時候，威脅和約定的界限很模糊。一個朋友在紐約遭到歹徒襲擊，並得到以下約定：只要你**借**給我 20 美元，我保證不傷害你。更性命攸關的是歹徒沒有明說的威脅：如果我這位朋友**不借**他錢，就一定會受到傷害。

正如這個故事一樣，威脅與約定的界限只取決於你怎樣描述眼前的情況。一般歹徒會威脅說，如果你不給他錢，他就要傷害你。當你真的沒給他錢，他就開始傷害你，從而造成一種新的局面；然後承諾說只要你給他錢，他就立即住手。隨著形勢轉變，一個強迫性約定變得和嚇阻性約定差不多了；同樣的，嚇阻性威脅與強迫性威脅的區別，也只在於當時的情境。

因此，你是該施以威脅，還是該採取約定？答案取決於兩個考慮因素。首先是代價。威脅的代價可能低一些；事實上，成功的話，威脅可能毫無代價。如果威脅改變了對方的行為，使其按你的意願行事，你就沒必要再實踐你曾經

威脅過的有代價的行動了。如果約定成功，就必須履行承諾——如果對方依你的意願行動，你就得採取你曾經承諾過的有代價的行動。只要公司可以威脅其員工說，績效不好的後果會非常嚴重，公司就可以大大節省平時承諾績效分紅的資金成本。

在威脅和約定之間進行選擇，需要考量的第二個因素是，你的目的是嚇阻還是強迫。兩者的設定期限不同。嚇阻不必設最後期限，它只是單純讓對方不要做什麼事，並確切告知他採取禁止行動後的下場。所以，上帝對亞當和夏娃說：「不能吃蘋果。」「什麼時候能吃？」「永遠不能吃。」*因此，透過威脅，可以更容易、更有效達到嚇阻的目的。

相反的，強迫必須有個最後期限。當一位母親對孩子說「去打掃你的房間」時，應當同時給出一個期限，如「在今天下午一點以前」。否則，孩子就會一拖再拖，說：「我今天下午要練足球，明天再掃。」而到了明天，又說有其他更急的事。這樣一來，母親的目的就無法實現了。當母親威脅說會有可怕的後果時，她其實並不想因為每次小小的拖延而真的實踐這個威脅。孩子可以「一點一點」地打破她的威脅，謝林把這種策略稱為**臘腸戰術**（salami tactics）。

因此，透過激勵對方不要拖延，通常可以更有效達到強迫的目的。這意味著，越早行動，得到的獎勵就越多，或者懲罰就越輕。這是一個約定。母親說：「只要你打掃完房間，我就給你點心吃，」歹徒說：「只要你給我錢，我就把架在你脖子上的刀拿開。」

清晰性與確定性

當你做出威脅或承諾時，你必須讓對方清楚知道，什麼樣的行為會得到什

---

* 如果威脅者改變主意，他可以一直提升威脅。因而，如果最後美國受夠了戴高樂的鬧劇，那麼，它只要暗示蘇聯：你們現在可以攻打法國了。

麼樣的懲罰（或獎勵）。否則，對方就會誤解什麼不能做、什麼應該做，而對行動後果有所誤判。

但是，清晰性不一定是簡單的二選一。事實上，這樣呆板的選項往往是個拙劣的策略。美國想阻止蘇聯進攻西歐，但是，如果威脅說，即使是小小的越界——比如有幾個士兵出現在邊界周圍，也要發動核武戰爭，風險就未免太大了。當一家工廠和工人約定提高生產率就可以得到獎勵時，獎金隨產出或利潤增加而提高的政策，與未達績效目標便什麼也不給，而超過目標時卻獎勵很多的政策相比，前者的效果會更好。

一個威脅或一個約定要達到預期效果，就必須使對方相信。沒有確定性的清晰性，便無法保證對方會相信。確定性並不表示完全沒有風險。當一家公司為其主管提供股票分紅時，所約定的獎勵價值是不確定的，因為股價會受許多影響市場、卻不受經理人控制的因素所影響。但是，公司應該讓主管知道，紅利是依據他的績效表現來決定他可以得到多少股份。

確定性也不代表所有回饋要立即給予。分成許多小階段的威脅和約定，對付臘腸戰術尤其管用。當學生考試時，總有幾個學生在考試時間結束後還在繼續寫，希望能多得幾分。准許他們再寫一分鐘，他們就會超過一分鐘，再准許一分鐘，他們就再超過，直到五分鐘……。考試拖延兩三分鐘就拒收試卷的嚴格懲罰常常不可信，但是，每拖延一分鐘就扣幾分的處罰就非常具有可信度。

巨大的威脅

如果威脅奏效，威脅就沒必要付諸實踐。即使你實踐威脅的代價很高，但因為你已不必去做，代價大小也就毫無意義了。那麼，為什麼不提出一個巨大的威脅來唬住對方，讓他乖乖順從你呢？與其禮貌地請求你的餐桌鄰座把鹽遞給你，為什麼不嚇唬他說：「你要是不把鹽遞給我，我就打碎你的腦袋」？美國與其耐著性子與貿易夥伴國家談判，以說服它們降低出口關稅，為什麼不直

接威脅說，如果你們不採購更多美國牛肉、小麥或柳橙，我們就要發動核武攻擊呢？

這顯然是個可怕的想法；這些威脅太大了，不適用，也不可信。一方面因為，它們會造成人們對所有違反社會規範行為的恐懼與反感；另一方面也因為，你永遠不會將威脅付諸行動。假設事情並不總是百分百如預期，就有可能在某個地方出差錯。你的餐桌鄰座完全有可能是個厭惡一切威脅行為的固執傢伙，或者是個喜歡打架的惡棍。倘若他拒絕順從你，那麼你就必須在以下兩者之間抉擇：要麼將你的威脅付諸實踐；要麼收回放話，接受羞辱及顏面掃地的尷尬局面。如果美國在貿易糾紛中以殘酷的軍事行動威脅另一個國家，類似的考量同樣適用。即使出現這種巨大代價的風險很小，也應該讓威脅保持在有效的最低水準。

人們常常並不知道，想要嚇阻或強迫對手時，應提出多大的威脅。人們會想盡可能降低威脅的規模，以確保一旦出現狀況，將行動付諸實踐的代價降到最低。所以，你應先發出一個小威脅，然後逐漸提高威脅的規格。這就是微妙的邊緣策略（brinkmanship）[*]。

邊緣策略

在《鐵面特警隊》電影中，「好脾氣員警」艾德・艾克斯利正在審訊嫌疑犯雷諾・方丹，這時，脾氣暴躁的員警巴德・懷特插手了。[7]

> 門「砰」的一聲開了。巴德・懷特走了進來，把方丹扔向牆壁。
> 艾德沉默著。
> 懷特拔出他的點38手槍，打開彈膛，把彈殼倒到地上。方丹深深地低下了頭；艾德繼續沉默著。懷特猛地關上彈膛，把槍口戳進方丹

---

[*] 很多人說成「brinksmanship」，聽起來更像是搶劫裝甲車的藝術。

的嘴裡。

「1/6 的機率。那女孩在哪？」

方丹含著槍；懷特扣扳機兩次：咔噠，是空膛。〔現在風險上升到 1/4〕方丹的身體順著牆壁往下滑；懷特拔回槍，抓著他的頭髮把他提起來。「那女孩在哪？」

艾德仍然沉默著。懷特再扣下扳機——又是小小的一聲咔噠。〔現在是 1/3 了〕方丹嚇得瞪大了眼。「西……西……西爾威斯特·費奇，阿瓦隆 109 號，灰色的房子，求求你別殺我——」

懷特衝了出去。[7]

很顯然，懷特是在威脅方丹，強迫他說出情報。但是，這個威脅是什麼？它不是簡單的「如果你不告訴我，我就殺死你。」而是「如果你不告訴我，我就扣下扳機。如果子彈恰好在開火的這個彈膛裡，你就死定了。」這個威脅實際上是在製造方丹被殺死的**風險**。每重複一次威脅，風險就增大一級。最後，當風險達到 1/3 時，方丹發現風險太大了，於是吐出了情報。但仍存在其他的可能性：懷特可能擔心真相會隨著方丹的死永遠消失，這個風險太大了，於是他放棄這種手段，改用其他方法。或者他們都在擔心的事（子彈到了開火的彈膛，方丹死了）有可能會發生。

類似的情形也出現在電影《上帝也瘋狂》（*The Gods Must Be Crazy*）中。曾經有人企圖謀殺非洲某國家的總統，但沒有成功。總統護衛隊抓住了其中一個刺客，正在對他進行審訊，要求他供出其同夥。他的眼睛被蒙了起來，背朝敞開的直升機門口站著，直升機的旋翼正高速旋轉著。對面的警官問他：「你們的頭兒是誰？哪裡是你們的藏身之處？」沒有回答。這個警官一把將他推出直升機門外。鏡頭轉向了外面。我們可以看到，直升機實際上只是在距離地面一英尺處盤旋著，這個人摔了個四腳朝天。審訊警官接著出現在門口，哈哈大

笑，然後說：「下次，直升機就會再高一點兒。」這個人嚇壞了，趕緊供出實情。

　　這種逐漸升高風險的威脅，目的是什麼？在前一節中，我們討論得知，之所以把威脅的規模保持在能達到預期效果的最低水準，有許多充分的理由。但是，你可能並不知道威脅的最小有效規模是多大。這就是為什麼要先發出小的威脅，然後逐漸加大直到有效的道理。隨著威脅行動的規模提升，實踐威脅的成本也同時增加。在上面那些例子中，提升威脅規模的方法，同時也提高了不良結果產生的**風險**。而由於該成本或風險的存在，威脅的提出者和接受者，便都捲入了檢視對方承受力的賽局當中。對方丹或懷特而言，方丹被殺死的機率 1/4 是不是太高了？如果不高，那就試試 1/3 吧。他們繼續著這種面對面的「對視」，直到他們中的一人先「眨眼」，或者直到他們都擔心的結果發生。

　　這就是謝林所稱的**邊緣策略**。這一術語通常被解釋成，為了使對手先動搖，就把他帶到災難的邊緣。在危險的懸崖，你威脅說如果他不從你願，你就會把他推下去。當然，他很可能會連你也拖下去。謝林說，這就是為什麼把對手推下懸崖這簡單的威脅不可信的原因。

　　　　如果懸崖邊有明顯的標記並有安穩的立足點、你腳下沒有鬆動的碎石，也沒有陣陣大風會把你颳下護欄；如果每個登山者可以完全控制自己，而且永遠不會眩暈，也不會由於他太接近邊緣而對另一個人造成危險……〔雖然〕登山者有可能蓄意要往下跳，但他不太能裝出是對手自己有意跳崖。任何脅迫或嚇阻另一個登山者的企圖，靠的是滑倒或絆倒的威脅……〔一個人〕站在懸崖邊，說他會意外跌落的威脅便顯得可信……

　　　　對嚇阻的解讀就與這種不確定性有關。……如果在某段時期，發動大戰的最終決定不可信或者不合理，那麼，〔透過混合行動與反行動、正確或錯誤的計算、真或假的警報……〕一個帶有引發戰爭風險

的回應……便可能是可信的,甚至是合理的。[8]

1962 年的古巴飛彈危機可能是邊緣策略最知名的例子。蘇聯在反覆無常的赫魯雪夫的領導下,開始在古巴裝備核子彈頭,那兒距離美國本土只有 90 英里。10 月 14 日,美國偵察機帶回了興建中的飛彈基地照片。約翰・甘迺迪總統在華府進行了一週的緊急會商,於 10 月 22 日宣布對古巴實施海上封鎖。如果當時蘇聯接受了這個挑戰,危機很有可能升高為超級大國之間一場傾巢而出的核武戰爭。甘迺迪本人估計,這種情況發生的可能性「介於 1/3 到 1/2 之間」。但是,經過幾天緊張的公開表態和秘密談判,赫魯雪夫看到了核武的危險,那是他不想看到的景象,因此宣布撤退。為了給赫魯雪夫下台階,美國也做了一些妥協,包括最終從土耳其撤回美國飛彈。赫魯雪夫則回報以拆除蘇聯在古巴裝備的飛彈,打道回府。[9]

古巴飛彈危機的「邊緣」在哪裡?舉個例子,即使蘇聯企圖挑戰美國的封鎖,美國也不大可能立即發射它的戰略飛彈。但是,整個事件和衝突會升高到一個新的層次,世界大戰爆發的風險也更高了。

軍事專家所說的「戰爭迷霧」,是指當雙方的通訊線路都被阻斷時,每個人心中充滿了恐懼或勇氣,以及巨大的不確定性,一切都不在控制之中。這有助於達到製造危機的目的。甚至甘迺迪也發現,一旦對古巴實施海上封鎖,其操作將很難控制。為了給赫魯雪夫更多的時間,甘迺迪曾試圖將海上封鎖從距離古巴海岸 800 英里縮短到 500 英里。但是,第一艘船「Marcula」(蘇聯租賃的一艘黎巴嫩貨船)上的種種跡象顯示,封鎖線從未被移動過。[10]

理解邊緣策略的關鍵在於,必須意識到邊緣不是一座險峻的懸崖,而是一道平滑的、越來越陡峭的斜坡。甘迺迪讓全世界沿著斜坡下滑,赫魯雪夫不敢冒險再往下走,於是雙方達成協議,合力將世界拉回到安全的平地上[*]。

邊緣策略的本質在於故意製造風險。這個風險應該大到讓你的對手難以承

受,從而迫使他遵從你的意願,以化解這個風險。在前面幾章討論過的小雞遊戲,就屬於這種類型。我們之前的討論假設每個司機只有兩個選擇:要麼轉向,要麼直行。但在現實中,要做出選擇的不是該不該轉向,而是應該什麼時候轉向。兩個參與者保持直行的時間越長,碰撞的風險就越大。最後,兩輛車距離實在太近了,這時即使其中一個司機意識到危險太大而轉向,也可能為時已晚。換句話說,邊緣策略是「現實版的小雞遊戲」:風險逐漸升高的賽局,就像電影中的審訊賽局一樣。

一旦我們意識到這一點,邊緣策略便隨處可見。在大多數對峙中,例如,公司與工會、丈夫與妻子、父母與孩子,以及總統與國會之間,由於其中一方或雙方無法確定對方的目的和能力,因此大多數威脅都存在失誤的風險,而且幾乎所有威脅都含有邊緣策略的元素。事實將會證明,了解這種策略行動的潛力與風險,在你一生中至關重要。採用邊緣策略要小心,要知道,即使你備加小心,也有可能失敗,因為當你增加賭注時,你和對方都擔心的最壞結果可能就會出現。如果你估計在這次對峙中,你會「先眨眼」,也就是說,在對方的承受力到達極限之前,最壞結果發生的機率已經高到讓你難以承受了,那麼,建議你最好不要先採用邊緣策略。

我們將在下一章,重新討論邊緣策略運用的問題。現在,我們以一個忠告作為結束。在運用邊緣策略時,總有一種跌落邊緣的風險。雖然我們回顧古巴飛彈危機,把它當作邊緣策略的一個成功案例,但如果超級大國之間爆發戰爭的風險變成事實,我們對這個案例的評價就會完全不同。那時,倖存者一定會責怪甘迺迪完全不計後果,毫無必要地把一場危機升級為一場大災難。然而,

---

* 當然,把古巴飛彈危機視為甘迺迪和赫魯雪夫之間的賽局是不正確的。他們各自面臨著另外一個內部政治賽局,在該賽局中,政府當局和軍方的意見不一致,每個政府內部的意見也不統一。格雷厄姆·艾利森(Graham Allison)的《決策的本質:解釋古巴飛彈危機》(*Essence of Decision, Boston: Little, Brown,* 1971)一書中提供了一個令人信服的案例,認為此次危機正是這樣一個複雜的多人賽局。

在運用邊緣策略時，跌落邊緣的風險很有可能變成現實。當參與邊緣策略賽局的雙方都不妥協時，局勢就會完全失控，最終釀成悲劇。

大陸天安門事件過後，政府領導人越來越了解邊緣策略的危險性，無論對人民或政府皆是。原東德和捷克斯洛伐克的領導人在面對民主抗爭時，決定妥協以回應大眾的要求。在羅馬尼亞，政府為了保住領導權，使用暴力鎮壓，試圖壓制改革運動，讓這場暴行差點兒升級為內戰。最後，時任的尼古拉・齊奧塞斯庫總統由於對人民犯下罪行而遭處死。

案例分析》錯錯得對

父母在懲罰犯錯的孩子時，通常會面臨一個難題。當爸媽的懲罰威脅不可信時，孩子會有一種特別的預感。他們知道，懲罰對爸媽造成的傷害可能與對孩子造成的傷害一樣大（儘管受到傷害的原因不同）。爸媽利用這種矛盾管教孩子的標準對策是，懲罰完全是為了孩子自己好。父母怎樣才能使他們懲罰不良行為的威脅顯得可信呢？

∷ 案例討論

父親、母親、孩子之間構成了一個三人賽局。父母親彼此合作有助於對孩子提出一個可信的威脅：要懲罰犯錯的孩子。比方說，兒子做了壞事，按照計畫，父親打算施以懲罰。如果兒子試圖透過指出父親這麼做的「不理性」以自救，那麼，父親可以回應說，如果他有選擇餘地的話，他寧可不懲罰兒子。但是，如果他不施加懲罰，就會破壞與妻子之間的協定。而破壞夫妻協定所產生的代價，將超過懲罰孩子帶來的代價。所以，懲罰孩子的威脅就變得可信了。

單親家庭也可以進行這個賽局，只不過會複雜得多，因為必須和孩子之間達成懲罰協定。現在，如果兒子試圖透過指出父親行為的「不理性」以自救，那麼，父親可以回應說，如果他有選擇的餘地，他寧可不懲罰兒子。但是，如

果他不施加懲罰，他就等於失職了，而他應當為失職受到懲罰。因此，他懲罰兒子的目的只是為了讓自己不受到懲罰。但是，誰來懲罰他？他的兒子！兒子會說，只要父親原諒他，他也會原諒父親，不會因為父親沒有懲罰自己而懲罰父親。父親回應說，如果兒子不因他對兒子的過分寬容而懲罰他，這將是兒子在同一天內犯的第二個該受懲罰的錯誤！這樣一直循環下去，他們之間就會互相信任了。

有個關於兩人之間怎樣才能保持互信的好案例，與耶魯經濟學家迪安‧卡爾蘭（Dean Karlan）有關。迪安想要減肥，所以他與一個朋友簽下合約：如果哪個人體重超過 175 磅，超重的人就要按照每磅 1,000 美元的標準付錢給對方。迪安是個教授，在他看來，這是一種嚴厲的金錢懲罰。這一威脅對他和他的朋友都有效。但是，總是存在這樣一個問題：這對朋友會不會真的拿走對方的錢？

迪安的朋友變懶了，體重上升到 190 磅。迪安叫他稱了體重，並要求他拿出 15,000 美元。迪安並不想拿他朋友的錢，但他知道，如果他拿錢，當迪安變胖時，朋友就會毫不猶豫地把錢討回去。於是迪安實踐了懲罰，以確保他超重時也會受到相對的懲罰。知道威脅的真實性，對迪安來說很有用。如果你也想減肥，他也在他的承諾商店（Commitment Store）提供這種服務。我們將在第 7 章再來談。

我們簡要總結了威脅和約定的「要素」。（要想再看一些實例，可以看第 14 章中的案例研究「大西洋兩岸的武裝」。）儘管我們已經討論到一些可信性的問題，但到目前為止，那還不是重點。在第 7 章，我們將把焦點轉到使策略行動可信的問題上。對此我們只能提供一個大概的方向；這是一門博大精深的藝術，你必須對你自身的特定情勢的變化進行反覆思考並歸納，才能真正掌握好它。

第7章
讓策略可信

我們能相信上帝嗎？

早在創世紀之初，上帝即向亞當說明吃了智慧樹上的果實會受到什麼樣的懲罰。

> 園中各樣樹上的果子，你可以隨意吃。只是分別善惡樹上的果子，你不可吃，因為你吃的日子必定死。（〈創世紀〉第2章，16~17節）[1]

你會吃那種果實嗎？獲得知識之後馬上就會死掉，那還有什麼意義呢？但是，狡猾的蛇想引誘夏娃嘗一口，牠說上帝只是在虛張聲勢。

> 蛇對女人說：你們不一定死；因為神知道、你們吃的日子眼睛就明亮了，你們便如神能知道善惡。（〈創世紀〉第3章，4~5節）

正如我們所知，亞當和夏娃一起吃了果子，被上帝逮到。現在，我們回想一下上帝的那個威脅。那時上帝應該殺死他們，然後再重新創造一切。

　　但是那時有個問題。對上帝來說，實踐威脅的代價太大了。那樣的話祂就不得不摧毀祂根據自己的想像創造出來的一切，而整整六天的工夫就白費了。於是上帝修改祂的規則，執行了一個輕得多的懲罰。亞當和夏娃被逐出了伊甸園，亞當必須在貧瘠的土地上耕作，而夏娃則必須忍受分娩的痛苦。是的，他們是受到了懲罰，但離死亡還差得遠。蛇終究是對的[*]。

　　這就是威脅的可信度問題的起源。如果我們連上帝的威脅都不相信，那我們還能相信誰的威脅呢？

　　哈利‧波特？他是一位英雄，是一個心地善良而且勇敢無畏的年輕巫師，為了對付那個「不能說出名字的人」，他情願犧牲自己的生命。但是，在《哈利‧波特與死神的聖物》最後一幕，波特向妖精拉環承諾說，如果拉環能幫助哈利進入古靈閣巫師銀行的金庫，他就把葛來芬多之劍作為獎勵送給祂。雖然哈利確實最後想把劍還給妖精，但他還是計畫先用劍來銷毀一些法器。妙麗說，拉環希望馬上把劍拿到手。哈利想誤導甚至欺騙拉環來實現自己的遠大目標。結果，拉環確實得到了劍，只不過是祂在哈利逃離古靈閣時搶過來的。即使在哈利身上，也存在可信度的問題。

　　我們想要讓別人（孩子、同事、對手）相信，他們應該或不應該採取某種行動，否則不會有好下場。我們做出約定，想要說服別人施惠於我們，但是實踐這些威脅或約定通常也不太符合我們的利益。我們如何改變賽局，讓威脅或約定變得可信？

　　如果承諾、威脅和約定不可信，就不可能靠它改善你的賽局結果。我們已經在第6章強調過這一點，還討論了可信度的某些問題。但那時我們更強調的是策略行動的技術方面，也就是，我們需要做什麼來改變賽局。我們之所以要

---

[*] 更多的解釋請參閱大衛‧普洛茨（David Plotz）的聖經部落格，網址是：www.slate.com/id/2141712/entry/2141714。裡面還有很多其他的解釋。照一般基督教的解釋，上帝說到做到：亞當和夏娃精神上已經死了。他們精神上的死亡是極大的墮落，只有基督能拯救他們。

把這個話題分開來談，是因為策略行動的「是什麼」方面可以依照賽局理論科學來處理，而「如何做」則更像一門藝術，一言難盡，我們只能提供些許建議。本章會把幾個例子分類，告訴你什麼時候用什麼方法更容易成功。你必須自行發展這些思維，以適合你所處的賽局環境，磨練技巧，用你自己的經驗去蕪存菁。儘管科學通常給出明確的答案，有時管用，有時沒用；而藝術的成功或完美則通常是程度問題，所以別指望任何時候都能成功，也不要因為偶然的失敗而喪失信心。

通往可信的八條途徑

在大多數情況下，單憑口頭承諾是不足為信的。正如山姆·高文（Sam Goldwyn）所形容的，「口頭約定還比不上記錄它的那張紙值錢。[2]」在由達許·漢密特（Dashiell Hammet）所著，高文的競爭對手華納兄弟拍攝的經典影片《馬爾他之鷹》（*The Maltese Falcon*）裡，亨弗萊·鮑嘉（Humphrey Bogart）飾演山姆·斯佩德，西德尼·格林斯垂特（Sydney Greenstreet）飾演古特曼。其中有一幕進一步闡釋了這一點。古特曼遞給斯佩德一個信封，裡面裝著 1 萬美元。

> 斯佩德微笑著抬起頭來。他平靜地說：「我們原先說好的數目可比這多得多呢。」
> 「是的，先生，」古特曼表示同意，「但那時我們只是說說而已。這可是真正的錢，如假包換的銀子，先生。就這麼 1 塊錢，可以讓你買到比說說而已的 10 塊錢更多的東西。」[3]

實際上，這個教訓可以一直追溯到 18 世紀哲學家湯瑪斯·霍布斯（Thomas Hobbes）的名言：「言語的約束力實在太脆弱，根本控制不了人們（男人）的貪婪」[4]，李爾王則發現，其實女人也一樣。如果單憑言語就想影響其他參與者

的信念和行為，那麼這些言語一定要有適當的策略行動來支持[*]。

這些行動可以強化你的無條件策略行動（承諾）和有條件策略行動（威脅和約定）的可信性，還可以幫助你運用邊緣策略。我們把這些行動分成 3 大類，其中有些還可以進一步細分，這樣總共有 8 小類。我們先簡單概述，然後再一一詳細說明。

第一個原則是改變賽局的報酬。也就是說，使遵守你的承諾變得符合你的利益：把威脅變成警告，把約定變成保證。要做到這一點，有兩大方法：

1. 寫下合約來支持你的決定。
2. 建立和運用聲譽。

這兩種方法都可以使破壞承諾的代價高於遵守承諾的代價。

第二個原則是改變賽局，使你背棄承諾的能力受到限制。在這方面，我們提出三種可能性：

4. 切斷聯繫。
5. 破釜沉舟。
6. 讓結果失控，或者聽天由命。

這兩個原則可以結合起來：可能的行動及其報酬都有可能改變。

---

[*] 如果其他參與者的目標和你的完全一致，你就可以相信他的話。例如，在弗瑞德和巴尼合作打獵的信任賽局中，如果其中一個人能夠告知對方他要去的地方，那麼另一方就可以相信他的話。如果參與者的利益只有部分一致，你可以從對方的陳述中得出一些有效的推論。這就是賽局的「廉價交談」（cheap talk）理論，由文森·克勞福德（Vincent Crawford）和喬爾·索貝爾（Joel Sobel）創立，它在更高級的賽局理論中起著非常重要的作用。然而，在大多數策略情境下，只有伴隨行動支援的言語才是可信的，所以接下來我們將集中討論這樣的情形。

如果一個大的承諾被分割成許多小的承諾，而破壞其中一個小承諾的收穫，很可能不足以抵消違背其他約定所造成的損失。所以我們說：

6. 踱步前進。

第三個原則是藉由他人幫助你遵守承諾。一個團隊也許比單獨一人更容易建立可信性。或者你也可以雇用其他人來代替你行事。

7. 透過團隊來建立可信性。
8. 雇用授權代理人。

接下來，我們會詳細說明如何運用每種方法。但是請記住，對這門藝術，我們提供的只是大方向。

:: 合約

要讓你的承諾變得可信，一個直截了當的辦法就是，同意在你違背承諾時接受某種懲罰。如果你的廚房裝修工人一開始就可以拿到一大筆錢，那他就會有動機拖延工程進度。但是若用一份具體說明酬金與工程進度有關、同時附有延誤工期懲罰條款的合約，則能讓他意識到，嚴格遵守時間進度表才是符合自己利益的決定。這份合約就是將裝修工人的工期承諾變得可信的手段。

然而實際上並不盡如這個例子這麼簡單。設想一名正在節食減肥的男子，願意懸賞 500 美元，如果誰逮到他正在吃高熱量食品，就能得到這筆賞金。這個人每次想起一道甜品，他就會判斷這東西值不值 500 美元。不要以為這個例子難以置信而嗤之以鼻；實際上，這樣一份合約已經由尼克・拉索（Nick Russo）先生提出——唯一的不同在於賞金高達 2 萬 5,000 美元。根據《華爾街

日報》報導，「於是，受夠了各種各樣減肥計畫的拉索先生決定將他的問題公諸於眾。除了堅持每天 1,000 卡路里的飲食之外，他還為任何一個發現他在餐廳吃飯的人士提供一筆高達 2 萬 5,000 美元的賞金，這筆錢將捐給對方指定的慈善機構。他已經在當地的餐飲場所……張貼了他自己的照片，上面註明『懸賞緝拿』。」[5]

但是，這份合約有個致命的紕漏：沒有預防「再談判」的機制。拉索先生腦子裡想著誘人的法式小甜餅，嘴上卻說，沒有人會獲得這 2 萬 5,000 美元的賞金，因為他永遠不會違反這份合約。這樣，這份合約對監督他的大眾就一文不值了。而「再談判」符合雙方的共同利益。比如，拉索先生可能會請客，支付一輪酒水費用，以此換取在座各位放他一馬。在餐廳用餐的人更願意免費享用一杯飲料，這總比一無所獲要好，於是也就樂意讓他暫時丟掉那份合約[*]。要使合約方式奏效，負責執行承諾或收取罰金的一方，必須具備某種獨立的動機來完成自己的使命。在這個減肥問題上，拉索先生的家人大概也希望他瘦一點，所以他們不會為區區一杯免費飲料所動。

合約的方式更適用於商業交易。違反合約通常會帶來損失，所以受害方一定不會在一無所獲的問題上善罷甘休。例如，一個製造商可能會要求沒能按時送貨的供應商支付罰金。這個製造商不會對供應商究竟有沒有送貨漠不關心。而他更想得到的是他訂購的貨物，而不是罰金。在這種情況下，對這份合約進行再談判就不再對雙方有什麼吸引力了。如果供應商使出那位減肥先生的理論，又會如何？假定供應商希望進行再談判，理由是罰金數目實在太大，因此人人都會遵守這份合約，這樣製造商永遠也收不到罰金。而這正是製造商所希望看到的結果，所以他不會有興趣進行再談判。這份合約之所以奏效，是因為

---

[*] 即便如此，拉索先生可能會發現很難同時和一大群人進行再談判。哪怕只有一個人不同意，再談判也不會成功。

製造商並不僅僅對罰金感興趣，他關心的是人們在合約裡承諾的行動。

在某些情況下，假如合約權利持有人任憑對方重寫合約，他就可能因此而丟了飯碗。湯瑪斯·謝林提供了一個絕妙的例子來說明如何落實這種想法。[6]在丹佛，有家康復中心治療那些有錢的古柯鹼上癮者的方法是，讓他們寫一份自白書，如果他們不能通過隨機尿檢，那這封自白書就會公諸於世。很多人在自願投入這樣的困境後，都會想方設法贖回這份合約。但是，如果那個監管合約的人讓他們重寫合約，他就會被炒魷魚；而康復中心如果不炒掉這個同意讓上癮者重寫合約的員工，它的聲譽也會大打折扣。

我們在第 1 章討論過的美國廣播公司（ABC）黃金時段的減肥節目，也有一個類似的特點。根據合約，任何一個減肥者如果沒有在兩個月內減掉 15 磅，他們的比基尼照片就會在黃金時段節目和 ABC 網站上公開展示。結果，一位女性參與人只差一點點沒有達標，卻被節目製作人放了一馬。她已經減掉了 13 磅，能穿上比以前小兩號的衣服，看起來相當不錯。問題關鍵不在於 ABC 有沒有真的公開他們的照片，而在於減肥者是否相信 ABC 會公開他們的照片。

這種仁慈的舉動似乎會降低 ABC 在後續節目中強迫執行類似合約的可信度。即便如此，節目仍在繼續進行。第二次，參加節目的減肥者是布里奇波特（Bridgeport）的小聯盟棒球隊「藍魚隊」的管理層員工。因為他們不能再相信 ABC 會把照片公開，所以這次這個減肥小組一致同意，把他們的照片公開展示在稱重當晚主場比賽的超大螢幕上。和上次一樣，大部分減肥者都成功了，唯獨一位女性差一點點達到減重 15 磅的目標。她聲稱，如果她的照片被展示在大螢幕上，她會崩潰的。這代表 ABC 將面臨一場官司的威脅，於是 ABC 和減肥小組做出了讓步。現在，以後任何節目中的參與者都不可能相信這種手段了，奈勒波夫和 ABC 不得不再想些別的法子*。

---

* 如果 ABC 沒有遵守合約，就給 ABC 的製作人和他們的律師各拍一張泳褲照，然後授權奈勒波夫把這些照片張貼到網上。這種方法怎麼樣？當然，不管怎樣，都不會有什麼結局。奈勒波夫如果張貼了照片，就永遠不可能再在這家公司上班了。要記住，總是存在更大的賽局。

　　大部分合約都會指定由第三方來負責合約的強制執行。合約能不能被遵守，並不牽涉第三方的利益。強制執行合約的驅動力是來自其他方面。

　　我們的同事伊恩·艾爾斯（Ian Ayres）和迪安·卡蘭（Dean Karlan）開了一家公司，正是提供合約執行的第三方服務。公司名為「承諾商店」（www.stickK.com）。如果你想減肥，可以上網簽下一份合約，註明你想減掉多少，以及如果你失敗了會有什麼後果。例如，你可以拿出 250 美元，如果你沒能達到目標，就把這 250 美元捐給慈善機構。（如果你成功了，就把錢拿回去。）你還可以選擇多人賭注。你和一個朋友可以互相下注，打賭你們能在兩個月內減掉 12 磅。如果你們倆都成功了，那麼錢會退回來。但是如果一個人失敗而另一個人成功了，那麼，**輸家就把錢支付給贏家**。如果你們都失敗了，那麼由減得多的一方獲勝。

　　你怎麼確定承諾商店會信守諾言？一個原因就是，它們從中得不到什麼好處。如果你失敗了，錢就會捐給慈善機構，而不是給它們。另一個原因是，它們得維護它們的聲譽。如果它們同意再談判，那它們的服務就沒有任何價值了。而且，如果它們再談判，你甚至可以起訴它們違反合約。

　　這自然而然把我們引向了我們最了解的合約執行機構：法院系統，國家機器的一部分。在由合約糾紛引起的民事訴訟案中，不論哪一方獲勝，法官和陪審團都不會從中直接獲得什麼好處，最起碼這套體系至今還未被腐蝕。他們有動機在法律之光照耀下審查案件，做出公正的裁決。對陪審團而言，這主要是因為他們接受的教育和社會道德，教會他們將此視為公民義務的重要部分；但同時，他們也害怕違反陪審團宣誓後，遭到懲罰。而法官有著他們的職業自尊和職業道德，這激勵他們應小心謹慎，做出正確的裁決。他們還有強烈的事業發展動機：如果他們犯下太多錯誤，屢屢被上級法院推翻裁定，那他們就不會獲得晉升了。

　　很遺憾，在許多國家裡，法院腐敗、效率低、不公正，或者簡單說就是不

可信任。在這種情況下，其他的非政府合約執行機構就應運而生。中世紀歐洲創立了一部法規，叫作「商人法」（Lex Mercatoria）或「商事法」（Merchant Law），規定在商場交易上，可由私人法官來執行商業合約。[7]

如果政府不把合約執行作為提供給民眾的公共服務，那麼就會有人提供這種服務，藉以牟利。組織犯罪則經常鑽法律執行上的漏洞[*]。牛津大學的社會學教授狄亞哥‧甘貝塔（Diego Gambetta）研究了西西里黑手黨對私人經濟活動提供保護的一個案例，這些保護包括產權執行和合約執行。他引用了曾採訪過的一個養牛牧場主人的話：「當屠夫來找我買一頭牛時，他知道我想騙他（給他一頭不好的牛）。但我也知道他也想騙我（賴帳不付）。所以我們需要中間人（就是某個第三方）來幫我們達成協議。而且我們都依某個比例支付中間人一部分交易金額。」[8]牧場主人和屠夫不利用正規的義大利法律來解決問題，原因在於他們想要避稅，做的是非法交易。

甘貝塔的中間人使用以下一或兩種方法來執行他客戶之間的合約。第一，在他所在的領域裡，他扮演了一個角色：交易人過去交易行為的資訊中心。一個交易人向中間人支付訂金，從而成為中間人的客戶。當客戶考慮和陌生人做生意時，他就會向中間人諮詢此人過往的記錄。如果記錄不良，客戶就可以拒絕這筆交易。這個中間人的角色，就像是一個信用評等機構或者商業服務監督機構。第二，中間人還可以對欺騙他客戶的人施加懲罰，通常是施予肢體暴力。當然，中間人也可能和對方勾結起來共同欺騙自己的客戶；中間人能保持誠實，僅僅是因為這攸關他的長期聲譽。

非正規的執行機構，如黑手黨，透過建立聲譽來獲得可信度。他們也可能提供專門的技術，使其能夠比法院系統更快更準確地評估證據。即使法院系統

---

[*] 那些靠正規法律體系無法如願的人，也可能求助於這種超乎法律之外的管道，以尋求「私法正義」。在小說以及影片《教父》（The Godfather）的開頭，殯儀館主亞美利哥（Amerigo Bonasera）得出結論，美國的法院對像他這樣的移民持有偏見，只有「教父的正義」才能為他女兒蒙受的恥辱復仇。

既可靠又公平，但這些優點也占有一定的優勢，使得這些非正規的法庭得以和正規法律機構並存。許多行業都會有這樣的仲裁委員會，來裁決它們的成員之間、以及成員和顧客之間的糾紛。芝加哥大學法學院教授麗莎·伯恩斯坦（Lisa Bernstein）對紐約鑽石商採用的這種體系做了一個知名的研究。該體系還有一些其他優點；對違反合約進而又違抗委員會裁決的成員，它可以對其施以嚴厲的制裁。委員會把這個惡徒的姓名和照片張貼在鑽石商俱樂部的告示板上。這有效地將該惡徒逐出了交易圈，他甚至會遭到社會的排擠，因為許多交易商本身就是緊密的社會網路和宗教網路的一部分。[9]

因此，我們就有很多執行合約的組織和機構。但是事實證明，它們都無法防止「再談判」。只有合約的一方決定把合約交給機構，才會受到第三方的注意和裁決。但是如果合約雙方都有「再談判」的動機，那麼，他們就可以在共同意願下進行再談判，而最初的合約就不會被執行。

因此，單憑合約不足以克服可信度的問題。此時可以利用一些額外的增強可信度的工具來提高成功率，比如，在利害關頭雇用與執行合約的利益無關、或聲譽良好的第三方。實際上，如果聲譽夠好，可能就沒有必要簽訂正式合約了。這就是一言九鼎！

一個精彩的例子說明了強大的聲譽如何省去簽訂合約的必要，這個例子來自威爾第的歌劇《弄臣》（Rigoletto）。狄亞哥·甘貝塔引述道：

「殺了那個駝背？！你這是什麼鬼主意？」斯巴拉夫奇勒——歌劇中那位可敬的殺手的原型，聽到要他殺掉他的客戶弄臣的建議時厲聲說道。「我是賊嗎？我是強盜嗎？我欺騙過哪個客戶？這個男人付錢給我，他買的是我的忠誠。」[10]

所以斯巴拉夫奇勒和弄臣之間的協議無須贅述：「特此聲明，協定的任一方在任何情況下不得謀害另一方。」

:: 聲譽

如果你在賽局中嘗試了一個策略行動，然後又反悔，就可能會喪失誠信的聲譽。在一生只遇到一次的情況下，聲譽可能無關緊要，所以也沒有多大的承諾價值。但是，一般情況下，你會在同一時間和很多不同的對手展開多個賽局，或者在不同時間和同一個對手展開多次賽局。你未來的對手會記得你過去的行動，也可能在與其他人交易時對你過去的行徑有所耳聞，因此你有建立聲譽的動機，這有助於使你未來的策略行動顯得可信。

在對西西里黑手黨的研究中，甘貝塔檢視了其成員如何建立和維護一種「強硬」的聲譽，使得他們的威脅可信。哪些方法有用，哪些方法沒用呢？戴墨鏡是沒用的，人人都可以戴墨鏡，這對判斷一個人是否作風強硬毫無幫助。西西里口音也不會有什麼用，在西西里，幾乎每個人都有西西里口音；即使在其他地方，西西里口音也只不過可能會偶然成為強硬的象徵。這些都不管用，甘貝塔說道，唯一真正有用的是一份實施強硬行動的記錄，包括謀殺。「最後，還要經過測試，包括某人在其一生中使用暴力的能力；那時，他已建立的聲譽要受到真正的對手以及假對手的攻擊」[11]。所謂「割喉戰」，在大多數商業情況下，只不過是口頭說說，而黑手黨卻真的這麼做！

有時候，將你的聲譽公開化，當眾聲明你的決心會很有效。在 1960 年代早期，冷戰劍拔弩張時期，約翰・甘迺迪總統作了幾次演講，正是為了建立和維護這種公眾聲譽。這個過程是從他的就職演說開始的：「讓每一個國家知道，不管它期盼我們好或期盼我們壞，我們將付出任何代價、忍受任何重負，應付任何艱辛，支持任何朋友，反對任何敵人，以確保自由的存在與實現。」1961年柏林危機期間，他透過說明策略聲譽的概念，解釋了美國聲譽的重要性：「如果我們不能遵守自己對柏林的承諾，日後我們又怎能有立足之地？如果我們不言出必行，那麼，我們在共同安全方面已經取得的成果，那些完全依賴這些言語的成果，也就變得毫無意義。」他說的最著名的話或許是在古巴飛彈危機時

期所說的：「從古巴發射出來的攻擊西半球任何國家的任何飛彈，（都會被視作）對美國的攻擊，我們需要對蘇聯進行徹底的報復。」[12]

然而，如果一個政府官員做出這樣的聲明，之後卻反其道而行，那他的聲譽就會遭到無法彌補的傷害。1988 年，喬治‧布希在其總統競選期間發表了一項著名的聲明：「請讀我的唇，絕不增稅。」但是一年後，經濟環境使他不得不增稅，而這成為他在 1992 年競選連任失利的重要原因。

:: 切斷聯繫

切斷聯繫之所以成為一種能確保承諾可信的工具，在於它可以使一個行動真正變得不可逆轉。這種方法的一種極端形式就是臨終遺言或遺囑。一旦這一方死亡，無論如何就沒有進行再談判的可能了。（舉個例子，英國國會不得不透過一個專門法案，才得以修改塞西爾‧羅德斯〔Cecil Rhodes〕的遺囑，從而使女性也能成為羅德斯獎學金的得主。）一般來說，只要有心，總會有辦法使你的策略變得可信。

我們沒必要透過死亡使自己的承諾顯得可信。不可逆轉性其實就守在每個郵筒旁擔任守衛。誰沒有寄過一封信，然後立即後悔，想要把它拿回來？反過來也一樣：誰沒有收到過一封信，卻又但願自己沒收到？但是一旦你打開了這封信，你就無法把它退回，假裝自己從來沒有讀過。事實上，僅僅是簽收掛號信的行為，就足以認定你已經讀了這封信。

電影《奇愛博士》（Dr. Strangelove）充滿了聰明或者不那麼聰明的策略行動，它的開場就是一個不可逆轉性應用的好例子。場景定在 1960 年代早期，那是冷戰最緊張的時期，四處瀰漫著美蘇核戰的恐懼。美國戰略空軍司令部（SAC）派遣數架轟炸機在空中隨時待命，只要總統一聲令下，就飛向蘇聯境內的目標。電影中，傑克‧瑞朋*將軍指揮一個配備有 SAC 飛行器的基地，他篡改了某條規定（R 計畫），這樣一來，假如上級的總統和系統指揮官被蘇聯

先發制人擊敗的話，那麼，下一級的指揮官就可以發出攻擊指令。瑞朋命令他的一架飛機攻擊目標，希望總統面對這一既成事實，能在蘇聯發動不可避免的反擊之前搶先全面的進攻。

為了使他的行動變得不可逆轉，瑞朋做了幾件事。他封鎖了基地，切斷了工作人員和外界的通訊，還扣留了基地所有的無線電設備，這樣，就沒有人知道並沒有真的發生緊急狀況。直到飛機已經飛到他們在蘇聯領空邊界附近的故障保險自趨安全（fail-safe）點，他才發出攻擊的指令，這樣，繼續進攻就無須進一步的授權。他也封鎖了飛行員應該執行的召回指令。實際上，在影片的後來部分，他自殺了（最終不可逆轉的承諾），避免自己在嚴刑逼供下招供的風險。最後，他給五角大廈留下電話留言，全盤供出他所做的事，以免後患。在五角大廈的總結會議上，一個官員念了瑞朋的留言：

> 他們已經上路了，沒有人可以把他們召回來。為了我們國家的利益，為了我們的生活方式，我建議您把 SAC 的其他人也派出去。否則，我們會被紅色報復徹底摧毀。我的戰士會使您有一個最好的開始，14億噸炸藥，現在誰都沒法讓他們停下來。所以讓我們行動起來吧。我們別無選擇。若能如願，我們將能走出恐懼，進入和平與自由，利用我們純潔與濃烈的熱血，達到真正的安康。願上帝保佑你們。[13]

官員半信半疑得出結論：「他上吊自殺了！」瑞朋的自殺其實是使他的行動不可逆轉的最後一步。即使是總指揮——美國總統，也無法聯絡上他，命令他召回士兵。

---

* 據推測，瑞朋這個角色的原型是叼雪茄的美國空戰將軍柯帝士·李梅（Curtis LeMay），他因為在二戰時期對日本採取轟炸策略，以及冷戰時期支持極端鷹派政策和戰略而聞名。

　　但是，瑞朋試圖達成美國承諾的努力沒什麼用。總統沒有採納他的建議；而是命令附近的軍隊攻擊瑞朋的基地，這項任務完成得迅速又成功。美國總統和蘇聯總理取得了聯繫，甚至詳細告訴蘇聯執行攻擊的飛機狀況，以使蘇聯能夠將飛機擊落。而基地並沒有被完全封鎖：一個軍事交換計畫的英國官員曼德拉發現了一部正在播放音樂的收音機，之後又發現了一部用來打電話給五角大廈的投幣式公用電話（還有一部提供硬幣的販賣機）。最重要的是，瑞朋的信手塗鴉讓曼德拉猜出了召回指令。

　　即便如此，一架由一位積極的德州人所駕駛的飛機還是闖過了防線。所有這些給我們上了一堂重要的策略實踐課。通常從理論來看，似乎我們討論過的各種行動，要麼百分之百有效，要麼一點用處都沒有。而現實幾乎總是夾在兩者之間。所以，運用你的策略思維，全力以赴，但是，如果某件出乎意料的事——「未知的未知因素」（unknown unknown），正如前國防部長唐納德·倫斯斐（Donald Rumsfeld）所說的，白忙一場。[14]

　　將切斷聯繫做為一種維持承諾的方法，會遇到一個極大的困難。假如你被單獨囚禁，與外界隔絕，那麼，你要想確保你的對手按照你的意願行事，即使並非沒有可能，那也是非常困難的。你可能必須雇用其他人，幫你確保你的合約被遵守。例如，遺囑是由受託人而不是死者本人負責執行的。父母立下的孩子不許吸菸的規矩，雖然在父母外出時仍然是沒得通融，卻也無力強制執行。

::破釜沉舟

　　軍隊經常藉由切斷自己的退路，來達到遵守承諾的目的。儘管色諾芬將軍沒有真的照字面意思自己的船擊沉，但他確實寫到了背水一戰的優勢[15]。孫子卻認同相反策略，即為對手留一條逃生退路，以降低他們戰鬥的決心。然而，當希臘人來到特洛伊營救海倫時，特洛伊人就透過逆推法洞悉了這一策略。特洛伊人企圖燒毀**希臘人**的船隻，終究沒能成功，但如果他們成功了，那只會使

希臘人成為更強悍的對手。

　　還有許多人採用過破釜沉舟策略。1066 年，征服者威廉的軍隊在入侵英格蘭時，燒掉了自己的船隻，從而立下了一個只許戰不許退的無條件承諾。科爾特斯在進攻墨西哥時也用過同樣策略，他下令燒毀或搗毀自己所有的船隻，僅留下一條船。儘管他的士兵面對數量遠超過自己的敵人，但他們別無選擇，只有戰而勝之。「如果（科爾特斯）輸了，那麼他的做法可能被視為瘋狂……但這是深思熟慮的結果。在他心裡，除了勝利就是滅亡，沒有其他選擇。」[16]

　　破釜沉舟的策略也出現在電影《獵殺紅色十月》（*The Hunt for Red October*）中。影片中，俄國艦長馬可・雷繆斯叛逃到美國，他把蘇聯最新的潛艇技術帶到了美國。儘管他的幕僚依然忠於祖國，他還是想讓他們義無反顧地走上這條新的道路。在向他的幕僚透露自己的計畫後，雷繆斯解釋道，就在他們離港之前，他給艦隊司令尤里・帕多林寄了一封信，詳細告訴他自己叛逃的計畫。現在，俄國正想盡辦法要擊沉這艘潛艇，他們已經無路可退了，唯一的出路就是抵達紐約港。

　　在商界，這個策略不僅用於海上攻擊，也用於陸路攻擊。多年來，愛德溫・蘭德（Edwin Land）的寶麗萊公司一直拒絕多角化經營，把自己所有的籌碼押在快速沖印技術上，它等於許下了一個承諾，必須全力打擊闖入這個市場的侵略者。1976 年 4 月 20 日，在寶麗萊公司獨占快速沖印市場長達 28 年之後，伊斯曼・柯達公司（Eastman Kodak）闖了進來。它推出了一款新的快速沖印軟片和相機。寶麗萊公司對此的反應咄咄逼人，它控訴柯達公司侵犯自己的專利。作為該公司的創辦人和董事長，愛德溫・蘭德已經做好準備，決心捍衛自己的市場：「這是我們全心全意投入的領域。這是我們整個生命之所繫。而對他們來說，這只不過是另一個市場罷了……我們一定要堅守我們的陣地，保衛這個陣地。」[17] 1990 年 10 月 12 日，法庭判決柯達賠償寶麗萊 9.094 億美元，柯達公司被迫從市場上收回自己的快速沖印軟片和相機[*]。

　　有些時候，建造橋梁而不是燒毀橋梁，也可能成為承諾可信度的來源。在1989年12月的東歐劇變中，建造橋梁意味著推倒隔離之牆。原東德總理埃貢·克倫茨（Egon Krenz）面對大規模的示威抗議和移民潮，很想承諾改革，卻拿不出具體的方案。民眾疑慮重重，他們憑什麼相信克倫茨含糊不清的改革承諾是發自內心的，而且影響深遠？即使克倫茨真心支持改革，他也會失去人民的支持。拆除部分柏林圍牆有助於原東德政府立下一個可信的改革承諾，而不必提供所有的具體細節。透過（重新）開放這一通往西方的橋梁，政府迫使自己一定要改革，否則就要面臨人民大規模外逃的風險。既然人們以後仍然可以外逃，那麼政府的改革承諾就會顯得既可信又值得等待。反正不到一年時間，兩德就再度統一了。

::讓結果失控，或者聽天由命

　　讓我們回到電影《奇愛博士》中，總統馬福利邀請蘇聯大使到五角大廈作戰室，讓他目睹現在的局勢，並讓他相信這並不是美國對他們國家的例行攻擊。但大使解釋說，即使只有一架戰鬥機成功入侵，也會引爆「末日毀滅機」，這台機器由埋藏在地底的大量核彈組裝而成，一旦引爆就會釋放大量輻射污染大氣層，毀滅「地球上的所有生物」。總統問道：「是（蘇聯）總理威脅說要引爆這台機器嗎？」大使回答：「不，閣下。這不是一個腦袋清楚的人會做的事。末日毀滅機被設計成自動引爆……甚至任何停止這台機器的企圖也會引爆它。」總統詢問他的核子專家奇愛博士，問這究竟有沒有可能，奇愛博士回答道：「這不僅可能，而且不可缺少。您知道，自動引爆正是整台機器的關鍵所在。阻嚇

---

* 儘管寶麗來公司奪回了快沖市場上的壟斷地位，之後卻在可攜式照相機以及只要1小時就能沖印普通膠捲的微型沖印室，以及後來的數位攝影的競爭下節節敗退。早已破釜沉舟的寶麗來公司終於開始意識到，自己陷入了一個正在沉沒的島嶼。改變了經營理念後，寶麗來公司開始進軍這些新領域，但是沒能取得太大成功。

是讓敵人對進攻產生恐懼心理的藝術。因此，正是由於這種人類無法插手的、自動的、不可改變的決策過程，末日毀滅機才如此可怕。這很容易理解，完全可信且有說服力。」

這台機器是一個絕妙的嚇阻手段，因為它將一切干涉變成自殺。面對美國的攻擊，蘇聯總理科索夫可能有所猶豫，不願冒同歸於盡的風險，實施報復。只要蘇聯總理有不做回應的自由，那美國就有可能冒險發動攻擊。但是由於末日毀滅機的存在，蘇聯的回應將由這台機器自動設定，其嚇阻的威脅也就變得可信了。在實際的冷戰中，現實世界中的蘇聯總理赫魯雪夫試著採用類似的策略，威脅說一旦柏林發生軍事衝突，蘇聯的火箭就會**自動**發射。[18]

然而，這個策略優勢並非毫無代價。雙方可能會發生一些擦槍走火或者未經授權的小規模攻擊，而事情發生後，蘇聯人並不想落實他們可怕的威脅，但是他們別無選擇，因為已經超出了他們的控制。這正是《奇愛博士》裡發生的事。想要減輕出錯的後果，你一定希望找到一個剛好足夠嚇阻對手的威脅。假如威脅很極端，比如一場核爆，你該怎麼辦？你可以透過創造一種風險而不是一種確定性，使你的威脅變得溫和一些，宣稱可怕的事情可能發生。這便牽涉到邊緣策略的概念。

在邊緣策略的概念中，要製造同歸於盡的風險，方法就像末日毀滅機一樣，也是自動的。如果對手違抗你的意志，裝置是否引爆就不再由你決定了。但這種自動引爆並不具有必然性，它只不過是一種機率，就像賭俄羅斯輪盤。往左輪手槍裡裝進一顆子彈，轉動彈膛，然後扣下扳機。此時，槍手已經無法控制開火的彈膛裡是否有子彈了，但是他能預先控制風險的大小──1/6。所以，邊緣策略是一種「可控的失控」：發出威脅的人可以控制風險的大小，但不能控制結果。如果他最先擊出的是空彈膛，然後決定再次扣下扳機，那麼，他就將風險提高到了1/5，正如《鐵面特警隊》中的懷特所做的。他選擇做到什麼程度，取決於他對風險的承受力。他當然希望對手的承受力較低，能先屈服，並希望

在任何一方認輸之前，不會發生對雙方都不利的爆炸。

　　難怪邊緣策略是一種相當脆弱且充滿危險的策略。這就需要你在遇到危險時，多練習使用這種策略。而且，在真正重要的場合運用邊緣策略前，你最好先試著在相對無害的情況下使用它，以累積一些經驗。比如，你先嘗試控制孩子的行為，這樣，糟糕的結果只不過是亂七八糟的房間或者孩子發發脾氣，然後你再試著和你的另一半進行輪盤似的談判，這時，最糟糕的結果可能就成了糾纏不清的離婚或者法庭大戰了。

::跬步前進

　　當信任對方會潛藏很大風險時，可能導致雙方互不信任；但是，如果承諾的問題可以減小到某個規模，那麼信任問題就會迎刃而解。威脅或約定可以被分解成許多小問題，讓每一個問題單獨解決。如果江洋大盜每次能信任對方一點點，那麼相互之間的聲譽就能持續累積。檢視這兩種情況的差別：一是一次性向賣方支付 100 萬美元來購買一公斤古柯鹼，二是把交易分成 1,000 次，每次交易不超過 1,000 美元的古柯鹼。雖然在前一種情況下，為了 100 萬美元而欺騙你的「同伴」可能是值得的，但在後一種情況下，只得到區區 1,000 美元就太少了，因為你的欺騙會提早終止這種持續有利可圖的關係。如果大的承諾不可行，我們應該選擇一個小的承諾，然後重複進行。

　　這對互不信任的屋主和建商也管用。屋主擔心提前付款只會換來對方偷工減料或粗製濫造。建商則擔心完工之後屋主可能拒絕付款。因此，在每天（或每週）結束之際，建商按照工程進度領取報酬。這樣的話，雙方面臨的損失頂多只是一天（或一週）的勞動或者報酬而已。

　　就像邊緣策略一樣，跬步前進縮小了威脅或約定的規模，相對也縮小了承諾的規模。只有一點需要特別小心：深諳策略思考的人懂得瞻前顧後，他們最擔心的是最後一步。如果你預料自己會在最後一輪被騙，你就應該提早一輪終

止這段關係。但是，這樣一來，倒數第二輪就變成最後一輪了，所以你還是沒有擺脫上當受騙的問題。要想避免信任瓦解，千萬不能出現任何確定不變的最後一輪。只要仍然存在繼續合作的機會，那欺騙就是不值得的。因此，如果某個商店打出「結束大拍賣」的廣告，出售大批大減價商品，你就要特別小心商品的品質了。

::團隊

第三人常常可以幫助我們立下可信的承諾。雖然人們在獨立行事時可能顯得脆弱不牢靠，但是眾人團結起來，就可以形成堅定的意志。成功運用同儕壓力而立下承諾的著名例子如匿名戒酒組織（Alcoholics Anonymous，AA）以及節食減肥中心。AA 的辦法是改變你食言的結果。它建立了一個社會團體，誰要是不遵守承諾，榮譽和自尊就會付諸東流。有時候，團隊可以無懼於社會壓力，透過運用強有力的策略，迫使我們遵守自己的承諾。檢視一支行進中軍隊的前鋒部隊。如果所有士兵都勇往直前，那麼，某位士兵只要稍微落後一點就能大大增加他活命的機會，同時又不會明顯改變進攻取勝的可能。但是，如果每個士兵都這麼想，那麼進攻就會變成撤退。

當然，這種事是不會發生的。士兵早就受過訓練，要為祖國爭光、對同胞忠誠，並且相信一個嚴重到足以將他遣送回家，無法繼續作戰，卻又不至於永遠不能復原的創傷，才是千金難買的光榮 [19]。對於那些缺乏意志與勇氣的士兵，可以透過懲罰臨陣脫逃者來激發他們的鬥志。如果臨陣脫逃一定會受到懲罰，並且意味著恥辱的死去，那麼，另一種選擇（勇往直前）就更具吸引力。當然，士兵並沒有興趣殺死自己的同胞，哪怕對方是臨陣脫逃。既然士兵已經覺得立下一個進攻敵人的承諾相當困難，他們又怎麼能立下一個可信的承諾，殺死臨陣脫逃的同胞呢？古羅馬的軍隊曾對進攻中落後的士兵處以死刑。按照規定，當軍隊排成直線向前推進時，任何士兵，只要發現自己身邊的士兵開始落後，

就必須立即處死這個臨陣脫逃者。為了使這個規定顯得可信，未能處死臨陣脫逃者的士兵也會被判處死刑。這樣一來，即使一個士兵本來寧可向前衝鋒陷陣，也不願回頭去捉拿一個臨陣脫逃者，此時他也不得不這麼做，否則他就有可能賠上自己的性命[*]。

羅馬軍隊的這一策略直到今天仍然存在於西點軍校、普林斯頓等大學的榮譽準則中。考試是無人監考的，作弊屬於重大過失，會導致開除學籍。但是，因為學生不願意「告發」他們的同學，於是學校規定，發現作弊而未能及時告發也違反了榮譽準則，同樣會被開除。這樣一來，一旦有人違反榮譽準則，學生就會舉報，他們可不想因為保持緘默而成為違規者的同夥。同樣的，刑法也將未能舉報罪行者視為罪犯同謀，施以懲罰。

::授權談判代理人

如果一個工人聲稱他不能接受任何小於 5% 的工資漲幅，雇主憑什麼應該相信他一定不會讓步而接受 4% 呢？擺在桌上的錢可以引誘人們回頭再做一次談判。如果這名工人有其他人代為談判，那麼他的處境就會好得多。當工會領袖親自擔任談判者時，他的談判空間就比較沒有彈性；他可能不得不遵守自己的承諾，否則就會失去會員的支持。這位工會領袖要麼從他的會員那裡取得有條件的委託，要麼公開宣布自己的強硬立場，而使自己的聲望面臨考驗。實際上，工會領袖變成了一個授權談判代理人，他作為談判者的權威建立在他的地位之上。有時候，他根本無權妥協；批准合約的必須是工人，而不是這名工會領袖。有時候，這位工會領袖的妥協，可能導致他狼狽下臺。

如果你正和某人談判，這個人與你有共同的朋友關係或社會關係，而你又

---

[*] 如果臨陣脫逃者可以透過殺死他身邊那個未能處罰自己的人而獲得寬貸，那麼，懲罰逃兵的動機就會越演越烈。這樣一來，如果一名士兵未能及時殺死一個逃兵者，就會有兩個人可以對他實施懲罰：他身邊的士兵，以及那個逃兵，後者可以透過懲罰那個未能懲罰他的士兵來挽救自己的性命。

不願破壞這種關係,那麼,雇用授權談判代理人的方法就非常管用。在這種情形下,你可能會發現很難徹底堅持自己的談判立場,而且可能會因為顧及這種關係而再三讓步。一個中立的代理人較能避免陷入這種困境,使你達成一個較滿意的交易。職業運動選手之所以雇用經紀人,一方面就是因為這個原因。作者在與編輯和出版商交易時也是同樣道理。

在實務中,我們不僅重視約定實現之後的結果,也重視約定實現的方法。假如一名工會領袖自願以其聲望來換取某種地位,你應不應該(會不會)把他的這種屈辱行為視為受到外界壓力不得已而為之的行動?將自己綁在鐵軌上企圖阻止列車前進的人,比起其他並非出於自願而被人綁在鐵軌上的人,得到的同情可能更少。

第二種授權談判代理人是機器。幾乎沒有人會和一台自動販賣機討價還價;討價還價成功者更是寥寥無幾[*]。這也是很多商店店員和政府官僚被要求嚴格遵守規則的原因。商店或者政府可使其政策顯得可信;只要能夠說明談判或者通融「超出他們的權限」,那麼,即使是員工也能從中獲益。

降低對手的可信性

如果你可以透過使自己的策略行動顯得可信而獲得好處,那麼同樣的,你也可以透過阻止他人使其策略行動可信而獲益。是嗎?不,沒有這麼快。這種觀念是一種思想的遺跡,即賽局一定是有輸有贏或者零和賽局,這是我們一貫批判的想法。很多賽局可能是雙贏賽局或者正和(positive-sum)賽局。在這種賽局中,如果另一個參與者的策略行動可以得到對雙方都有利的結果,那麼,增強該行動的可信性便對你有利。

---

[*] 據美國國防部統計,在過去5年內,有7名軍人或者軍人家屬由於搖晃自動販賣機,希望它吐出飲料或硬幣,結果被倒下來的自動販賣機砸死,另外還有39人由於同樣的原因而受傷(《國際先驅論壇報》,1988年6月15日)。

舉個例子，在囚徒困境中，如果對方能夠跟你約定，你若選擇合作，他就會報答你，那麼這時你就應該盡量讓他能使這個承諾顯得可信。甚至是對方發出的一個威脅，也可能與這個參與者的利益相關。在第 6 章中，我們檢視了彩虹之巔和比比里恩這兩家郵購銷售商如何運用競爭對抗條款和一招斃命條款來威脅對手：如果對手降價，就施以報復。當雙方都採用這種策略時，他們就削減了對方搶先降價的企圖，從而使得兩家公司都得以保持高價策略。每家公司一定都希望對方有能力使其策略顯得可信，而且如果有哪一家公司想出了使策略可信的方法，它就應該告訴對方，這樣雙方都可以運用這個方法。

但是，在許多情況下，其他參與者的策略行動可能會傷害到你。一般情況下，別人的威脅確實對你不利；某些無條件行動（承諾）也是如此。此時，你一定不希望對方使他的行動變得可信。以下是幾條實踐這門藝術的建議。在提出這些建議時，我們再次提醒你，這些手段十分複雜甚至有風險，所以你不要指望會完全成功。

合約： 我們曾提到想減肥的拉索先生有兩個自己，一個是法式巧克力甜點出現在甜點推車上之前的自己（B），另一個是之後的自己（A）。B 訂下合約來抑制 A 的誘惑，但是 A 可以透過提議再談判，說這樣對當時在場的所有人都有利，從而使合約失效。B 本來可以拒絕 A 的建議，但可惜 B 已經不存在了。

如果最初訂立合約的各方依然在場，那麼，要想逃避這份合約，你必須提出一個新的交易，這個新交易必須對當時在場的所有人都有利。不過，這確實有可能發生。假如你在進行一個重複的囚徒困境賽局，有一份明確的合約或默契約定，要求所有人必須合作，直到有人作弊；一旦有人作弊，合作就會瓦解，而所有人都將選擇自私的行動。你可以僥倖作弊一次，然後解釋說這只是一次愚蠢的失誤，我們不該僅僅因為合約的規定，就放棄今後合作的所有好處。但你不要指望太頻繁地耍這種花招，即使是第一次，也會引起別人的懷疑。不過，這確實像小孩子一樣，一次又一次地說「我再也不敢了」以求僥免責罰。

聲譽：假設你是個學生，想請求教授把你交作業的期限寬限幾天。他希望維護自己的聲譽，於是告訴你：「如果我這次寬限你幾天，那以後誰來找我，我都沒法拒絕了。」你可以這麼回答：「這件事不會有人知道的。告訴他們對我也沒什麼好處；如果他們也因為寬限而把作業做得更好，我的得分就會降低，因為這門課是以強制分配等級評分的。」同樣的，如果你是個零售商，正和你的供應商談判降價，你也可以做出可信的承諾，說不會把這事洩漏給你的零售商對手。聲譽只有在公開的情況下才有價值；你可以透過保密來使其無效。

溝通：切斷聯繫讓自己的行動不可逆轉，可能有助於參與者做出一個可信的策略行動。但是，如果對方無法提前接收到他們對手的承諾或威脅的相關訊息，這個策略行動就毫無意義了。父母的威脅，「如果你再哭，今晚就沒有點心吃」，對於一個由於哭聲太大而沒聽到的孩子來說，是沒什麼用處的。

破釜沉舟：回憶一下孫子的策略：「圍師遺闕」[20] 給敵人留一條生路，不是真的想讓他逃跑，而是讓他相信還有條安全的退路*。如果敵人看不到生路，他就會拚死一戰。孫子的目的是，不給敵人任何機會做出殊死戰的可信承諾。

踏步前進：把大的行動分成一連串小的行動，可以提高相互承諾的可信性。但是你也可以透過一小步一小步違背對手的意願，破壞他所提威脅的可信性。相對於對方威脅要展開代價高昂的行動，你的每一步都應該足夠小，使得對方不至於實施他的威脅。如前所述，這種方法稱為臘腸戰術，每次你只切掉一片威脅。最好的例子來自謝林：「我們可以肯定，臘腸戰術是小孩子發明的……如果你叫孩子別到水裡去玩，他就會坐在岸上，光腳伸進水裡；這樣他還不算是在水裡。如果你默許了，他就會站起來，但他泡在水裡的部分和剛才一樣。你若還在遲疑，他就會開始走幾步，但不會走到水深的地方；如果你過會兒再思考這究竟有何不同，他就會走到稍微深一點的地方，還爭辯說他只是來回走動，

---

* 在註腳裡，孫子建議應該伏擊撤退的軍隊。當然，這只對沒有讀過《孫子兵法》的敵人有效。

沒什麼不同。很快，我們就叫他別游出我們的視線，一邊奇怪自己剛才的叮囑怎麼變成這樣了。」[21] 小國和孩子一樣懂這道理。他們在小地方公然反抗強國的意志，包括在聯合國獨立投票、違反貿易協定的部分條款，甚至成功地逐步取得核武技術；每一步都夠小，不至引來強國的嚴重報復。

授權代理人：如果對方為了使自己的談判地位較靈活，想透過雇用授權代理人建立可信性，那麼，你可以拒絕和這個代理人交易，並要求直接和委託人談話。委託人和代理人之間一定有某種聯繫管道；畢竟，代理人必須向委託人彙報談判的結果。委託人究竟同不同意和你直接交易，取決於他的聲譽或者決心。舉個例子，在百貨商店裡，如果你想對某件商品討價還價，而店員告訴你他沒有提供折扣的權力，這時你可以要求見經理，他可能有這個權限。要不要這麼做取決於你對成功機率的判斷，以及究竟多想買這件東西，還有你萬一還價不成而不得不按標價付款時，你丟臉的代價有多大。

　　至此，我們的例子討論完了，這些例子告訴你使自己的策略行動變得可信，以及對付其他參與者的策略行動的各種方法。在實務中，任何一個特定的情形都可能用到不止一種方法。但即使是把這些方法組合起來，也不保證百分之百有效。記住，世上無完事。（而王爾德讓我們相信「人無完人」。）我們希望，我們的小指南能夠引起你的興趣，並成為你發展這些賽局技巧的敲門磚。

案例分析》可信性的教科書案例

　　美國大學教科書的市場規模是 70 億美元（包括課程包）。再看一下其他市場，電影業的收入大約是 100 億美元，職業運動產業的規模是 160 億美元。教科書行業也許沒有海斯曼足球盃，也沒有奧斯卡獎，但它依然是個龐大的市場。或許，你對一本教科書定價超過 150 美元不覺得有多奇怪，這大概是薩繆爾森（Samuelson）和諾德豪斯（Nordhaus）的《經濟學》（*Economics*，第 18 版）的價錢，或者是《湯瑪斯微積分》（*Thomas' Calculus*，第 11 版）的價錢，而且

一個學生每年可能買上 8 本左右這樣的書。

國會提出了一種解決方案。它讓大學書店保證他們會回購二手書。乍看起來，這種辦法似乎能為學生節省一半的開銷。如果你可以在學期末把一本 150 美元的書以 75 美元的價格賣回去，那麼，實際的代價就減半了。真是這樣嗎？

:: 案例討論

讓我們倒後一步，從出版商的角度來看這個世界。假如某本特定的教科書能在二手市場上轉手 2 次，那麼，出版商其實只把書賣了 1 次，而不是 3 次。如果他們希望從每個學生身上賺到 30 美元的利潤，那麼現在，他們只有在第一次銷售時賺 90 美元，才能達成所願。這就是為什麼出版商把教科書的定價一路抬高到 150 美元，因為這可以讓他們預先得到 90 美元。一旦書賣出去之後，他們就有充分的動機盡快推出新版本，以削弱來自二手教科書市場的競爭。

反過來的做法是：出版商承諾不推出修訂版，學生也承諾不賣二手書。在三年裡，出版商可以以每本 50 美元的價錢賣出 3 本書，而獲得的收益不變。實際上，這裡忽略了額外的印刷成本（更不用說砍樹的環境代價），所以，我們暫且把價錢提到每本 60 美元。在這個世界裡，出版商還是那麼快樂，教授也省下不必要的修訂時間，同時學生也可以買到更便宜的書。他們可以用 60 美元買下一本書，還可以永遠留在手邊參考，而不必花 150 美元買一本書，然後（為了 75 美元的淨價格）希望以 75 美元轉賣出去。

有一類學生在現行體制下確實要承擔很大的開銷：那些在一版的最後一年才買新書的同學。因為明年就要出新版本了，以致他們無法把用過的書賣回給書店，而這些倒楣的同學支付了 150 美元的全價[*]。

---

[*] 很奇怪的一點是，為什麼新書和舊書的價格不會隨著修訂的週期而變化。一個可能的解釋是，在修訂的前一年，出版商會把書定價在 75 美元，而不是 150 美元。用過一年的舊書的回購價會是定價的 2/3，第二次回購價會是定價的 1/3。

學生不是笨蛋，他們可不想留下燙手山芋。一本教科書在市場上出現兩三年後，他們就會意識到修訂版就要推出了。學生預計那些書的售價會變得很高，所以他們的反應是不買新教材。[22]（作為教育工作者，我們很驚訝地發現，在某些地方大約有 20% 的學生沒有買指定教材。）

消滅二手書市場對學生、教師和出版商都有好處。蒙受損失的是書店，因為在現狀下他們能賺較多的錢。對於一本轉手 2 次的 150 美元的教科書，書店最初賣新書時可以獲利 30 美元，以後的 2 次賣二手書，他們每次可以獲利 37.5 美元：他們用半價回購，然後按定價的 3/4 再賣出去。如果他們以 60 美元的價格賣 3 本新書，他們的獲利就會少得多。

強迫書店回購二手教科書不能解決這個問題。這只會導致他們壓低回購的價格，因為他們預期將有可能陷入教科書過時的困境。比起強迫書店回購二手書，一個更好的辦法是，讓學生承諾不賣書；這樣二手市場就會消失了。但是，這個承諾怎樣才能可信呢？嚴懲二手書的銷售行為可不是個可行的辦法。

一種解決方法就是讓學生租借教科書。學生租書時，可以先交一定的押金，然後在還書（給出版商，而不是書店）時把押金拿回來。這就相當於讓出版商承諾，不論他出不出新版，都要回購二手教科書。再簡單一點，出版商可以出售教科書許可證給班上每個學生，就像出售軟體許可證一樣。[23]這個許可證准許學生獲得一份教科書的副本。大學可以先買下許可證，然後再向學生收費。既然出版商的所有利潤都來自於出售許可證，那麼，書就可以按照接近生產成本的價格訂價，因而也就不存在什麼再次賣書的動機。

一般來說，當存在承諾問題時，解決的一個辦法是以租賃代替銷售，這樣就沒有人有動機透過囤積二手書來獲利了，因為根本無利可圖。

還有兩個關於可信度的策略案例，參見第 14 章中的《只有一條命可以奉獻給你的祖國》和《起訴美國鋁業公司》。

第2篇　結語：諾貝爾獎小史

　　賽局理論最早是由約翰‧馮‧紐曼提出的。早年，賽局理論的研究重點是完全衝突賽局（零和賽局）。其他賽局則被當作一種合作的形式來檢視，也就是說，參與者可以共同選擇和採取行動。在現實中的大部分賽局裡，人們各自選擇行動，但是他們的行動對別人產生的影響並非是完全衝突的。現在我們可以研究同時存在衝突與合作的典型賽局，這個突破要歸功於約翰‧納許，他於1994 年被授予諾貝爾獎。我們在第 4 章解釋過他的納許均衡概念。

　　在介紹均衡概念時，我們假設賽局中的每個參與者都知道其他參與者的偏好。他們可能不知道其他參與者將要做什麼，但是他們了解對方的目標是什麼。與納許一起獲得 1994 年諾貝爾獎的約翰‧海薩尼指出，納許均衡可以延伸應用在參與者對其他人的偏好不確定的賽局中。

　　應用納許均衡的另一個挑戰是，有可能出現多個均衡解。2005 年諾貝爾獎得主羅伯特‧奧曼在其著作中指出，這個挑戰在重複賽局的情況下更為艱巨。在一個重複次數夠多的賽局中，幾乎任何結果都可能是一個納許均衡。幸運的是，還是有一些方法可以幫助我們選出一個均衡，排除另一個均衡。萊因哈德‧澤爾騰透過引進一種概念，即參與者在行動時有可能發生失誤，證明了納許均衡概念可以更精煉，從而剔除一些多餘的解。這就迫使參與者即使是在賽局出現意外變化的情況下，也要確保他們的策略是最佳的。結果證明，這就好比向前預測、倒後推理的概念，只不過是應用在人們同時行動的賽局中而已。

　　當我們意識到賽局的參與者可能擁有不完全資訊時，釐清誰知道什麼資訊變得尤其重要，甚至必不可少。我可能知道你傾向一種結果而不是另一種結果，或者知道你會對我說謊，但是如果你不知道我知道這些資訊，那麼賽局就改變了 *。羅伯特‧奧曼的另一個貢獻就是引進了共同知識的概念。當兩個參與者對某件事有共識時，他們不僅都知道這件事，而且還知道對方也知道這件

事，同樣也知道對方知道自己知道這件事，如此無限循環下去。

　　然而，缺乏共識是更為常見的情況。在這些賽局中，一個或一個以上參與者缺乏某些關鍵資訊，而其他人卻擁有這些資訊。資訊較多的參與者可能想隱瞞或者扭曲這些資訊，或者有時他可能想把真相告訴滿腹狐疑的對手；一般情況下，資訊較少的參與者希望找出真相；這就使得他們之間的實際賽局變成了操縱資訊的賽局。隱瞞、透露和解釋資訊，都需要他們採取自己的特殊策略。

　　在過去的 30 年裡，資訊操縱的概念和理論已經對經濟學和賽局理論帶來革命性的影響，也對其他社會科學以及進化生物學產生很大衝擊。我們已經討論過 2005 年諾貝爾獎得主湯瑪斯・謝林的貢獻，他提出了承諾和策略行動的概念。還有三個諾貝爾經濟學獎被授予給這些理論及其應用的先驅們，而且今後可能還會出現更多的諾貝爾經濟學獎得主。第一個諾貝爾獎於 1996 年授予詹姆斯・米爾利斯（James Mirrlees）和威廉・維克里（William Vickrey），他們創立了一種理論，即如何設計一個可以完全揭露其他參與者私有資訊的賽局。《經濟學人》雜誌用他們對這個問題的回答來描述他們的貢獻：「你怎麼對付那些知道比你多的人？」[1] 米爾利斯設計了一個「當政府不知道人們的創造收入潛力」時的所得稅制度，以此回答了這個問題；而維克里透過拍賣來分析銷售的策略。

　　2001 年，諾貝爾獎頒給了喬治・阿克勞夫（George Akerlof），他的私人二手車市場模型說明了，在一方擁有私有資訊的情況下，市場是如何失靈的；

---

* 對於知道誰知道關於誰的資訊的問題，電影《神秘兵團》（*Mystery Men*）提供了一個很好的說明。驚奇上尉（Captain Amazing，CA）遇到了他的天敵弗蘭肯斯坦上尉（Frankenstein，CF），他剛剛從精神病院逃出來：

CF：驚奇上尉！這真是讓人喜出望外啊！

CA：真的嗎？我看未必。你逃出來的第一晚就把精神病院炸了。真有意思。我知道你本性難移。

CF：我知道你知道了。

CA：噢，是的，我知道，我也知道你知道了我知道你知道。

CF：但是我不知道。我只知道你知道了我知道。你知道了嗎？

CA：當然。

麥可‧史賓塞（Michael Spence）提出了「訊號傳遞」和「篩選」的策略，用於解決這類資訊不對稱的問題；以及約瑟夫‧史迪格里茲（Joseph Stiglitz），他將這些思想運用到保險市場、信貸市場、勞動力市場以及其他許多種市場，得出了一些關於市場侷限性的驚人見解。

2007 年的諾貝爾經濟學獎也是頒發給資訊經濟學的。篩選僅僅是用於獲取關於他人資訊的一種策略。一般來說，一個參與者（通常被稱為委託人）可以設計一份合約，創造出一些激勵，讓其他參與者直接或間接地透露他們的資訊。舉個例子，如果 A 想知道 B 做了些什麼，但又不能直接監視 B 的行動時，那麼，A 可以設計一個激勵報酬，引導 B 採取接近 A 想要的行動。我們把激勵機制的話題放到第 13 章。設計這類機制的理論是在 1970 到 1980 年代發展起來的。2007 年的諾貝爾獎授予給從事這項研究最傑出的三位先驅，他們是萊昂尼德‧赫維奇（Leonid Hurwicz）、艾力克‧馬斯金（Eric Maskin），以及羅傑‧梅爾森（Roger Myerson）。獲獎時赫維奇已屆 90 高齡，成為最年長的諾貝爾經濟學獎得主；而 56 歲的馬斯金和 57 歲的梅爾森則是最年輕的諾貝爾獎得主。看來資訊經濟學和賽局理論適合所有年齡層的人。

在接下來的章節，我們將介紹這些諾貝爾獎得主的一些思想。你將了解到阿克勞夫的檸檬市場、史賓塞的就業市場訊號功能、維克里的拍賣，以及梅爾森的收益等值定理。你還將學會如何在拍賣中競價、如何組織選舉，以及如何設計激勵方案。賽局理論最妙不可言的地方之一就是，你不必花幾年去念研究所，就可以理解諾貝爾獎得主的這些貢獻。確實，有些概念甚至看起來顯而易見。我們也認為這沒有錯，不過這樣說就有點事後諸葛的味道了；因為他們的思想才是真正天才洞見的表徵。

第 3 篇

真愛密碼？

　　這是個真實故事：我們的朋友，在此姑且叫她蘇，墜入了愛河。她的白馬王子是一位事業有成的企業高層。他聰明、單身且直率。他向她表白了愛慕之心。這是一個永遠幸福的童話故事。嗯，差不多算是吧。

　　問題是，37 歲了，蘇想結婚生子，她的男友也認同這個計畫，只可惜他前段婚姻的孩子還沒有做好爸爸再婚的心理準備。解決這種事情需要時間，他解釋道。只要蘇知道黑暗的盡頭是光明，她就願意等待。但是她怎麼知道他的話真不真誠？不幸的是，她不能向他公開示威，因為孩子們一定會發現。

　　她想得到可信的訊號，它代表一種承諾。前面的章節中，我們談到確保人們說到做到的策略；現在，我們則是在探索一種較弱的策略。蘇想要的是某種能夠幫她看清他是否真正認真對待他們之間關係的策略。

　　經過深思熟慮，蘇要求男友做個紋身，且紋身上要有她的名字。一個小小的、特別的紋身就好，且在別人都看不到的地方。如果他能長期帶著這個紋身，那麼永遠印在那裡的蘇的名字將是他們愛情的一個最佳見證。但是，如果這個承諾並不在他的人生規畫中，那麼當他下次征服的女人發現這個紋身時，將令

他十分難堪。

他猶豫不決，因此蘇離開了。她另覓新愛，現在還有了小孩，過著幸福的生活。至於她的前男友，仍然逗留在跑道上。

∷ 實話實說？

為什麼我們就是不能指望別人說出真相？答案很明顯：因為真相可能與他們的利益相悖。

在大部分時間，人們的利益和他所表達出的話語是一致的。當你點一客三分熟的牛排，服務生會完全相信你真的是要一客三分熟的牛排。服務生想讓你滿意，因此你最好說實話。但當你要求他推薦主菜或酒時，事情就會變得有點棘手。這時，服務生可能想引導你點更貴的酒或菜，這樣他的小費就會增加。

英國科學家及小說家史諾（C. P. Snow）把剛才這種策略的洞見歸功於數學家哈代（G. P. Hardy）：「如果坎特伯雷大主教說他信仰上帝，那聽起來完全是官方說法；但如果他說他不信上帝，人們反而會認為他說的是實話。」[1] 同樣的，當服務生向你推薦比較便宜的側腹牛排或便宜的智利酒時，你完全有理由相信他；但當他向你推薦昂貴的主菜時，雖然他也有可能是出於真心，但你很難知道他說的到底實不實在。

利益衝突越大，可信的資訊就越少。回憶一下第 5 章的罰球員和守門員。假設當罰球員準備射門時，直說：「我會踢向右邊。」守門員應該相信嗎？當然不能。他們的利益是完全對立的，如果罰球員提前讓對方知道其真正意圖，他就輸了。但是，這難道意味著守門員應該推斷罰球員會把球踢向左邊嗎？這也錯了。罰球員可能是在進行第二層欺騙──透過講真話說謊。對於那些利益與自己完全對立的對手，你對其言論的唯一理性反應就是完全忽略它。不要以為它是真的，也不要以為它不是真的。（應該忽略對方的話，思考實際的賽局均衡，然後採取相應的行動；在本章後面小節，我們將利用德州撲克中虛張聲

勢的例子，來解釋應如何做到這一點。）

政客、廣告製作人以及孩子們，都在與其自身利益和動機進行賽局。而且，他們告訴我們的資訊都是為了有助於他實現自己的計畫。那麼你應該如何理解出於此種動機的資訊？反過來，當你知道其他人會懷疑你的話時，你應該怎樣使你的話顯得可信？我們的分析將從一個猜測各利益方真相的例子開始，這個例子已廣為人知。

所羅門王的困境

兩個婦人來找所羅門王，爭論誰才是孩子的親生母親。《聖經·列王記（上）》講述了以下故事（第 3 章，24 ～ 28 節）：

> （王）就吩咐說：「拿刀來！」人就拿刀來。王說：「將活孩子劈成兩半，一半給那婦人，一半給這婦人。」活孩子的母親為自己的孩子心裡急痛，就說：「求我主將活孩子給那婦人吧，萬不可殺他！」那婦人說：「這孩子也不歸我，也不歸你，把他劈了吧！」王說：「將活孩子給這婦人，萬不可殺他；這婦人實在是他的母親。」以色列眾人聽見王這樣判斷，就都敬畏他；因為見他心裡有神的智慧，能以斷案。

唉，可惜策略專家不能只留下一個好故事。倘若那個說謊的婦人早就知道事情將如何發展，國王的策略還會管用嗎？不會。

說謊的婦人犯了一個策略錯誤，正是她支持把孩子劈成兩半的回答，排除了她是孩子親生母親的可能性。她本應該簡單重複第一個婦人的話；因為如果兩個婦人說的話相同，國王就不能辨別哪一個是親生母親了。

看來所羅門王不只聰明，而且非常幸運；他的策略之所以能起作用，恰好

是因說謊的婦人策略失誤所致。至於所羅門王本來應該怎樣做，我們將在第 14 章把它作為案例來討論。

操縱資訊的方法

蘇和所羅門王面臨的問題，在大多數策略互動中都會出現。某些參與者比別的參與者知道得更多，而這些資訊將會影響所有參與者的報酬。擁有額外資訊的人渴望隱瞞資訊（如說謊的婦人）；其他人同樣也渴望揭露真相（如真的母親）；而擁有較少資訊的參與者（如所羅門王）通常希望從知道資訊的人口中探出實情。

賽局理論家似乎比所羅門王更有智慧，他們已仔細研究過為達到上述目的的策略。本章我們將簡要闡釋這些策略。

主導所有此類情勢的一般原則是：行為（包括紋身）勝於語言。人們應該留心對手做了什麼，而不是他說了什麼。而且，在知道別人會以某種方式理解自己行為的情況下，每個人都應該針對對方的資訊內容，反過來操縱對方的行為。

透過控制自己的行為來操縱別人對你的推論，並看穿他人利用我們的推論加以操縱的企圖，這樣的賽局在我們每個人的生活中天天都在上演。借用並附會《戀歌》（*The Love Song of J. Alfred Prufrock*）中的一句歌詞來說，就是你必須不斷地「準備一張臉去拜會你要見的臉。」如果你沒有意識到你的「臉」，或者更直接說，你的行動，正在被別人以某種方法理解的話，那麼你表現的方式就可能對自己不利，且後果通常很嚴重。因此，本章這些經驗教訓將是你在整個賽局理論中學到的最重要的一堂課。

對擁有任何特殊資訊的策略賽局參與者而言，如果讓其他參與者發現真相會傷害自己的利益時，那麼他們就會試圖隱瞞資訊。而當行動被正確地解讀時，他們則將做出洩露對其有利資訊的行動。因為他們知道，自己的行為，比

如表情，會洩露資訊。選擇洩露對自己有利資訊的行為；這種策略稱為**訊號傳遞**（signaling）。採取行動以減少或避免洩露不利資訊，就是**訊號干擾**（signal jamming），通常包括模仿一些適用於各種狀況，而非針對目前狀況的訊號。

如果你想從別人那裡打探資訊，你應該設計一種環境，讓他發現在某種資訊下採取某個行動是最好的，而在另一種資訊下採取另一個行動是最好的；這樣，行動（或不行動）就洩露了資訊[*]，這種策略稱為**篩選**（screening）。例如，蘇要求對方紋身就是她的篩選方法。接下來我們將解釋上述策略的作用原理。

在第 1 章，我們曾說明撲克牌玩家應該透過突然叫牌，隱瞞其手中牌的真正實力。但是最佳混合叫牌將因牌的實力高下而不同。因此，玩家可以從叫牌中得到對方持有好牌機率的有限資訊。當某人想要傳達而非隱藏資訊時，同樣適用「行勝於言」的原則。為了使行動成為有效的訊號，該行動必須不能被懂算計的騙子所模仿：若真相與你希望傳達的資訊不同，那麼就算他們模仿你的訊號也得不到好處。[2]

你的個人特質（包括能力、偏好、意圖）構成你擁有而其他人沒有的最重要資訊。儘管他們觀察不到這些，但是你可以採取行動，坦誠地向他們傳遞這些資訊。同樣地，他們也會試著從你的行動中推斷你的特質。一旦意識到這一點，你就會隨時察覺到訊號，並根據他人的訊號內容審視自己的行動。

當一家律師事務所想招聘熱血的暑期實習生時，會說：「你們將在這裡得到很好的待遇，因為我們對你們的評價很高。你們可以相信我們，因為如果我們對你們的評價不高，在你們身上花這麼多錢就太不值得了。」反過來，實習生應該意識到，公司伙食不好或休閒活動無聊死了都沒關係，重要的是薪水。

---

[*] 有時候甚至很難觀察和理解行為。最困難的是判斷一個人努力工作的品質。努力的量化數字還算容易評估，但除了最簡單的重複性工作之外，所有的工作都需要一些思考和創新，因此雇主或管理者將無法準確評估一個員工是否有效利用了他的時間。在這種情形下，雇主不得不透過結果來評估績效。要促使員工提供高品質的努力，雇主必須設計適當的激勵機制。這就是第 13 章的主題。

許多大學都受到其畢業生的指責，說學校教的知識到頭來對日後的工作沒多少用處。不過，這種指責忽略了教育的訊號價值。在特定公司和專業工作中取得成功所需的技能，通常在工作過程中學得最好。雇主很難觀察到但又很想知道的是員工思考和學習的綜合能力。從一所好大學得到的好學位，就是反映這種能力的訊號。這些畢業生實際上是在說：「如果我的能力差，我還能拿到普林斯頓大學的學位嗎？」

但是，這種訊號傳遞可能會演變成一場激烈的競爭。如果能力較強的人只是得到稍微多一點的教育，那麼能力較低的人就會發現，繼續接受稍微多一點的教育是有利可圖的；那樣的話，他就會被誤認為是能力好的人，並且能獲得更好的工作和更高的薪資。如此一來，真正能力較高的人就必須接受更多的教育，才能使自己有別於低能力者。過不了多久，就連簡單的文書工作也需要碩士學位了，其實真正的能力仍然沒變。從訊號傳遞所引起的過度教育投資中，唯一獲益的是大學教授。個別員工或公司對這種浪費性競爭根本無能為力，因此需要以公共政策來解決這種問題。

品質有保證嗎？

假設你想在市場上買一輛二手車。你看中了兩輛車，依你的能力判斷，這兩輛車的品質似乎差不多。但是第一輛車提供保固，而第二輛沒有。你一定更偏好第一輛，並願意支付更高的價格。首先，你知道如果這輛車出了問題，可以得到免費維修。然而，你還是不得不花費大量時間和忍受諸多不便，而且不會因為這些麻煩事得到任何補償。於是，另一方面變得更加重要了：從一開始你就知道，提供保固的車發生故障的可能性更小。為什麼？要回答這個問題，你必須思考到賣家的策略。

賣家比你更清楚這輛車的品質。如果他知道車的狀況良好，而且可能不需要費用昂貴的維修，那麼，對他來說提供保固的成本相對較低。然而，如果他

知道車的狀況很差，他就會預料到履行保固承諾一定會導致高昂的代價。因此，即使考慮到保固車的價格較高，但事實仍然是，車的品質越差，賣家提供保固後虧損的可能性也越大。

因此保固成為賣家的一個隱性聲明：「我知道車的品質夠好，所以我提供得起保固。」但你不能單單相信這樣簡單的陳述：「我知道這輛車的品質非常好。」賣家提供保固，實際上是在用金錢來證明銷售話術的真實性。提供保固的行為取決於賣家對自己的得失計算；因此，從某種意義上說，這是可信的，但僅憑言語是不可信的。知道自己的車品質很差的人是不會提供保固的。因此，提供保固的行為有助於買家區分出只是「說說而已」的賣家，還是能夠「言行一致」的賣家。

一個參與者將私人資訊傳達給其他參與者的行動稱為**傳訊**（signals）。一個訊號要成為一則特定資訊的可信載體，必須符合這樣的情況：**對參與者來說，只有在他擁有這則特定資訊時，採取這種行動才是最佳選擇**。因此我們可以說，提供保固可以視為保證汽車品質的一個可信的訊號。當然，這個訊號在特定情況下是否可信，取決於各種狀況，包括這輛車發生故障的潛在可能、維修成本，以及提供保固的車，與看起來差不多但不提供保固的車之間的價差。例如，如果維修一輛品質佳的車的期望成本是 500 美元，而維修品質差的車的期望成本是 2,000 美元，且提供和不提供保固單的價差為 800 美元，那麼你可以推斷，提供這種保固的賣家知道自己的車品質很好。

假如賣家知道自己的車品質好，你就不必等他把所有這些事情徹底想清楚後再提供保固。如果事實如我們所陳述的，你也可以主動說：「如果你向我提供保固，我會額外付你 800 美元。」對賣家來說，只有在他知道車的品質好時，這才會是一樁好買賣。事實上，你本來可以先提議出 600 美元，而他會還價 1,800 美元。任何高於 500 美元低於 2,000 美元的保固價格，都有助於引導不同品質的車的賣家採取不同的行動，從而洩露他們的私人資訊，而你和賣家就可以在

這個價格範圍內討價還價。

當資訊較少的參與者需要資訊較多的參與者洩露資訊時，篩選便開始起作用了。賣家可以採取主動，透過提供保固傳達車子品質的訊號；或者由買家採取主動，透過要求提供保固來篩選出汽車。這兩種策略對揭露私人資訊都一樣有用，儘管從專業的賽局理論來看，這兩種策略得到的均衡解不同。當兩種方法都可行時，採取哪一種方法則取決於交易的歷史、文化或者制度背景。

可信的訊號與知道其車子品質差的賣家，兩者的利益是衝突的。為了釐清這一點，你如何解釋車主提議你找個保修工檢查車況？但其實這並不是一個可信的訊號。因為即使保修工發現了一些嚴重問題，你也因此掉頭離開，然而不管車況如何，賣家並沒有任何損失。因此，品質差的車的賣家仍然可以提出相同的提議，這表示這件事並不能有效傳達車子好壞的資訊[*]。

之所以說保固是可信的訊號，是因為它們具有相當大的成本差異。當然，保固本身必須是可信的。我們在這裡看到，私人賣家與汽車經銷商之間存在很大的差別。指望私人賣主執行保修單可能困難得多。在賣出車到車需要維修這段時間內，私人賣家可能會搬家，沒留下新地址便離開了；或者他可能負擔不起維修的費用。而對買主來說，把他送上法庭執行判決的成本可能太高了。經銷商則較可能長期經營，而且可能必須維護商譽。當然，經銷商也有可能想逃避維修費用，聲稱出現這種問題是因為你沒有照顧好你的車，或者駕車莽撞所致。但總的來說，以私人交易而言，透過保固或其他方法證明車子（或其他耐久消費品）的品質，問題可能比透過經銷商多得多。

對於還沒有建立高品質商譽的新車製造商而言，也存在類似問題。1990 年代末期，現代公司提升了其汽車的品質，但是還沒有得到美國消費者的認同。

---

* 車主可能自己花錢檢查了車的品質，並提供一份保證書，但是你一定會懷疑維修工可能與賣家合謀。為了使信號可信，賣家可能會同意，一旦維修工發現了問題，他就償還你的檢查費。這樣做，相對於賣高品質車，低品質車的賣家得付出更高的成本。

為了以一種令人印象深刻的、可信的方式得到認同，1999 年，公司透過對動力系統提供史無前例的 10 年 10 萬英里的保固，對其餘部分提供 5 年 5 萬英里的保固，向消費者傳遞了它的品質訊號。

一段小小的歷史

事實上，喬治·阿克勞夫在其經典論文中，正是選擇了二手車市場作為主要例子，來說明資訊不對稱可能導致市場失靈[3]。簡單來說，假設市場中只有兩種類型的二手車：次品和佳品。假定每輛次品的車主願意以 1,000 美元的價格出售次品，而每個潛在的買家願意為一輛次品支付 1,500 美元。再假設每輛佳品的車主願意以 3,000 美元的價格賣出，而每個潛在的買家願意為每輛佳品支付 4,000 美元。假如各方能夠立即觀察出每輛車的品質，那麼市場就會運作良好，所有的二手車都能賣出，次品以 1,000 至 1,500 美元之間的某個價格賣出，而佳品以 3,000 至 4,000 美元之間的某個價格賣出。

但是，假設每個車主都知道車的品質狀況，而每個買家知道的只是次品和佳品各占總量的一半。如果兩種車以同樣的比例提供銷售，那麼每個買家願意付出的最高價格為：

$$\frac{1}{2} \times（1,500 \text{ 美元} + 4,000 \text{ 美元}）= 2,750 \text{ 美元}$$

知道自己的車屬於佳品的車主，不願意以這個價格出售愛車[*]。因此，市場

---

[*] 一個沒有經驗的買家出價 2,750 美元，因為他認為這是隨機選擇的車輛的平均價值，但這個買家將淪為「贏家的詛咒」的犧牲品：買下這輛車，卻發現它不值那個錢。當正在出售的商品品質不確定，且他只擁有這一丁點資訊時，就會出現這種問題。賣家願意接受你出的價格，恰好證明了你所漏掉的資訊並沒有你想的那樣好。有時候「贏家的詛咒」會導致二手車市場完全崩潰，就像阿克勞夫的例子一樣。在其他情況下，它只是意味著你應該出更低的價格，以避免損失金錢。稍後，在第 10 章，我們將說明如何避免陷入「贏家的詛咒」。

上提供銷售的將只有次品；當買家知道了，於是最高只願意支付 1,500 美元。這時佳品市場將完全崩潰，儘管想要購買佳品的買家願意支付一個賣家樂於接受的價格。那種對市場過於樂觀的解釋，即市場是引導經濟活動的最佳及最有效的制度，也就崩潰了。

當阿克勞夫的文章首次發表時，本書作者之一（迪克西特）當時還是研究生。他記得，當時所有研究生都立即把它視為一個傑出的、令人震驚的觀念，因而掀起了一場科學革命。這種論點只有一個問題：幾乎所有的學生都開二手車，而且大多數二手車是透過私人交易買來的，但大多數二手車並非次品。因此市場參與者一定有什麼方法，來處理阿克勞夫在這個戲劇性的例子中引起我們注意的資訊問題。

是有一些顯而易見的方法。有些同學具備汽車機械的知識；有些可以找朋友幫忙檢查他們想買的車；他們也可以從網路上查到有關車子過去的歷史。高品質車的車主被迫賤賣車子，是因為他們將搬到很遠的地方，甚至出國，或者由於家庭成員增加而不得不換輛更大的車等等。因此，市場中有很多實際的方法，可以解決阿克勞夫的次品市場問題。

但我們還得等下去，直到麥可‧史賓塞做出下一個概念突破，即策略行為如何傳遞資訊[*]。他提出了訊號傳遞的觀念，並且指出其主要特性為：擁有不同資訊的參與者採取同一行動，所獲得的報酬將不同；而這可以使得訊號顯得可信。

資訊篩選的觀念在詹姆斯‧米爾利斯和威廉‧維克里的著作中便形成了，但在邁可‧羅斯契爾德（Michael Rothschild）和約瑟夫‧斯蒂格利茨關於保險市場的著作中才得到最清楚的闡述。與保險公司相比，人們更清楚自己的風險。

---

[*] 該文章非常值得一讀：A. Micheal Spence, Market Signaling（Cambridge, MA: Harvard University Press, 1974）。歐文‧戈夫曼（Erving Goffman）的經典文章，The Presentation of Self in Everyday Life（New York: Anchor Books, 1959），以心理學闡述了同樣的觀念。

保險公司可以要求客戶採取行動，也就是從各種具有不同免責條款和共同保險條款的方案中進行選擇。風險較低的投保人偏好保費較低但要求其本人承擔大部分風險的方案；不過這個方案對那些知道自己風險較高的人較沒有吸引力。這樣一來，從客戶對方案的選擇，便會反映出投保人的風險類型。

讓人們從經過適當設計的功能表中做出選擇，這種篩選的觀念已經成為我們理解不同市場下許多共同特徵的關鍵，例如，航空公司對機票折扣的限制。我們將在本章的後半部討論其中一些市場。

保險市場又一次把我們引入了這個資訊不對稱的主題。長期以來，保險公司早已知道他們的保單會選擇性地吸引風險最大的投保人。比如，每 1 美元保險費為 5 美分的人壽保單，對死亡率超過 5% 族群的人特別具有吸引力。當然，很多死亡率較低的人也會買這種保單，因為他們需要保護家人，但是那些死亡風險最高的人將大量湧入，購買更大筆的保單。提高價格可能使事情變得更糟。因為這時，風險較低的人可能會發現保單太貴而選擇放棄，結果投保的只剩下風險較高的人。我們再次得到了格魯喬・馬克斯效應：任何願意以這些價格購買保險的人，都不是你希望為他提供保險的人。

在阿克勞夫的例子中，潛在買家無法直接知道一輛私家車的品質，因此也就無法對不同的車提供不同的價格。這樣一來，銷售市場開始選擇性的吸引次品的賣家。由於相對「差」的類型被選擇性地吸引去交易，所以保險行業中出現的這種問題被稱為**逆選擇**（adverse selection），而賽局理論研究以及針對資訊不對稱問題的經濟學研究界，也沿用了這個名稱。

就像逆選擇是一個問題一樣，有時這種效應可以被扭轉過來，形成「正選擇」。從 1994 年首次公開上市以來，第一資本投資國際集團（Capital One）一直是美國最成功的公司之一。它連續 10 年的複合成長率為 40%——這還不包括合併與收購。它成功的秘訣在於巧妙運用其選擇。第一資本投資國際集團是信用卡業務的新參與者，其最大的創新在於提供信用卡餘額轉移的選擇權，這

讓顧客可以用另一張信用卡支付卡債，且能得到較低的利率（至少在某段時間內）。

為什麼這種服務如此有利可圖，原因就是正選擇。大致上來說，信用卡用戶有三種，我們分別稱之為極大支付者、循環信用用戶和卡奴。極大支付者是那些每月全額支付帳單且從來不動支信用額度的人。循環信用用戶是那些借了卡上的錢並在一段時間內償還的人；卡奴也屬於貸款人，但是不像循環用戶，他們會拖欠不還。

從信用卡發行商的角度來看，很顯然，他們會在卡奴身上蒙受虧損。循環用戶則是所有用戶中最有利可圖的，特別是當信用卡利率較高時；信用卡公司也會在極大支付者那裡虧損，這可能令人大吃一驚，但確實如此。原因是對商人收取的費用剛好等於支付給這些用戶一個月的免費貸款；而這點利潤根本不能填補帳單成本、被賴帳以及將來離婚（或失業）後拖欠貸款的風險，雖然這種風險很小，但卻不能忽略不計。

思考一下那些發現信用卡餘額轉移選擇權有吸引力的人。因為極大支付者不會從信用卡借款，因此沒有理由把餘額轉移到第一資本集團。而卡奴本來就不打算還錢，所以轉移餘額對他們幾乎沒有好處。第一資本集團提供的這個服務，對那些擁有大量未清償餘額且有心償還的客戶最具吸引力。雖然該集團可能不能辨別哪些是有利可圖的使用者，但該服務的特性將導致最終只對有利可圖類型的用戶具有吸引力。因此餘額轉移選擇權的方案過濾掉了無利可圖類型的用戶。這就是格魯喬‧馬克斯效應的反效應。在這裡，任何接受你的方案的顧客，都是你希望擁有的顧客。

資訊篩選與訊號傳遞

假如你是一家公司的人事主管，想招募一批天生具有管理潛力的聰明年輕人。每個候選人都很清楚自己是否具有這種才華，但是你不知道；甚至那些缺

乏管理才華的人也會來應徵，指望在被揭穿之前取得高薪職位。一個優秀的管理者可以為公司帶來幾百萬美元的利潤，但一個糟糕的管理者只會很快導致巨大虧損。因此，你非常謹慎地尋找能證明這種必要才能的證據，可惜這種訊號很難獲得。任何人都可以穿得有模有樣、必恭必敬地來參加你的面試，因為這兩點都是非常普遍且容易模仿的，而且任何人都可以讓父母、親戚以及朋友寫信推薦他的領導才能，而你需要的是可信且難以造假的證據。

如果有一些人選曾在商學院進修並取得 MBA 學位，會怎麼樣？獲得 MBA 學位需要花費約 20 萬美元（把學費和失去的薪水都算進去）。沒有 MBA 學位的大學畢業生，在一種與特殊管理才能無關的環境中工作，每年可賺 5 萬美元。假設人們需要在 5 年內分期償還讀 MBA 的費用，那麼，你必須向擁有 MBA 的人才每年至少支付額外的 4 萬美元。也就是說，每年總共需要支付 9 萬美元。

然而，如果缺乏管理才華的人，能像有才華的人那樣容易拿到 MBA 學位，這就沒有任何意義了。兩種人都可以出示 MBA 證書，期望賺得足夠高的收入以償還額外的成本，並且可以賺到比在其他行業更多的錢。只有當那些具有管理才能的人能更容易、更便宜地獲得這個學位時，MBA 證書才能對這兩種類型的人發揮鑑別作用。

假設任何擁有這種才能的人都一定能透過考試獲得 MBA 學位，但是任何沒有這種才能的人，成功的機會只有 50%。現在，假設你向任何擁有 MBA 學位的人提供的年薪比 9 萬美元多一點，比如 10 萬美元；這會讓有才華的人發現取得這個學位是值得的。沒有這種才華的人呢？他們有 50% 的機會獲得學位，然後拿到 10 萬美元年薪，但也有 50% 的機會被淘汰，而不得不從事另一份年薪 5 萬的工作。由於他們拿到雙倍薪水的機會只有 50%，所以 MBA 只會給他們帶來平均 2 萬 5,000 美元的淨額外薪水，所以他們不能期待在 5 年內就還清 MBA 費用。因此，他們會算出：努力獲得 MBA 學位並不符合他們的利益。

如此一來，你便可以確定，任何擁有 MBA 的人選確實擁有你需要的管理

才能；所有的大學畢業生已經以恰好有利於你的方式，把他們自己分成兩類，因此 MBA 就發揮了篩選的作用。我們之所以再次強調其有效性，原因在於，以這種方法吸引你想要吸引的那些人，其成本會低於你使用同樣方法去淘汰不想用的人。

對此的一個反諷是，公司不妨在開學第一天就雇用 MBA 學生。當這個 MBA 篩選機制有效時，代表只有擁有管理才華的人，才會出現在該校。因此，公司不必等到學生畢業才知道誰有才華，誰沒有才華。當然，假如這件事成為常態，那麼無能的學生就會在開學時出現，然後成為第一個休學的人。所以只有當人們確實花費 2 年時間取得 MBA 學位時，篩選才算真正有效。

這樣一來，篩選機制的代價很大。如果你可以直接辨識出有才能的人，那麼你可以用略高於 5 萬美元的薪水聘用他們，因為 5 萬美元是他們在其他公司可以拿到的水準。但現在，你不得不向這些 MBA 支付高於 9 萬美元的年薪，才能使有才華的學生值得花額外的代價讓自己脫穎而出。每年 4 萬美元、連續 5 年的額外成本，就是克服你資訊劣勢的代價。

這個代價的產生，主要是因為人口中存在著沒有管理才能的人。假如每個人都是好的管理者，你就沒有必要進行任何篩選。因此，在這個例子中，沒有管理才能的人對其他人造成了負向外溢（negative spillover），或者用第 9 章的名詞來說：負外部性（negative externality）。有才能的人起初付出了代價，但後來公司不得不支付他們更高的薪水，因此，最終成本還是落在公司頭上。這種「資訊外部性」（informational externalities）在下面所有例子中皆普遍存在；為了正確理解每個例子，你應該試著正確指出這些資訊外部性。

MBA 真的值得公司付出這些代價嗎？或者以 5 萬美元隨機雇用員工，冒著可能用到一些浪費你錢的無才能者的風險，這樣做會更好嗎？答案取決於兩個因素：總人口中有管理才華的人所占比率，以及每個人給公司帶來的損失大小。假設大學畢業生中有 25% 的人缺乏管理才華，且每個人在被揭穿之前都有可能

導致 100 萬美元的損失。那麼，隨機雇用政策將帶來平均每人 25 萬美元的損失。這超過了利用 MBA 篩選庸才的代價 20 萬美元（連續 5 年的年額外薪水 4 萬美元）。事實上，具有管理才華的人的比率可能低得多，庸才策略導致的潛在損失也大得多，因此，利用昂貴的訊號篩選工具還是比較可靠。而且，我們情願相信 MBA 教育確實教給學生一些有用的技能。

♟ 一個拿 MBA 學位的原因

未來的雇主可能擔心雇用並培訓了一個年輕女員工後，結果她卻選擇放棄工作去生小孩。不管是否合法，這種歧視仍然存在。一紙 MBA 證書，如何有助於解決這個問題？

MBA 學位起了一個可信的訊號作用，代表這個人打算工作好幾年。如果她計畫 1 年後離開職場，那麼投資 2 年念個 MBA 就沒有意義了；她最好要工作 3 年，事實上，要彌補就讀 MBA 的成本（包括學費和損失的薪水），可能需要至少 5 年的時間。所以，當一個 MBA 說她計畫留在公司幾年時，你可以相信她的話。

辨識人才通常有幾種辦法，而你會用成本最低的。一種方法是透過公司內部培訓或者雇用試用期員工。你可以讓他們在受監督下承擔一些小專案，觀察他們的績效。這樣做的代價是你在此期間必須支付薪水給他們，並面臨無才能者在試用期間造成某些小損失的風險。第二種方法是提供經過適當設計的資遣合約或績效獎金制度。有才華的人自信其才能可以讓他們在公司站穩腳跟，並為公司帶來利潤，所以他們將更願意接受這樣的合約，而其他人則寧願在別家公司工作，獲得確定的 5 萬美元年薪。第三種方法是觀察其他公司的管理人才，然後努力把這些人才挖角過來。

當然，當所有的公司都這樣做時，他們對雇用實習生的成本、工資成本以及績效支付結構成本等的計算，就全盤改變了。最重要的是，公司之間的競爭

將迫使有才華者的薪水高於可以吸引他們的最低水準（例如，MBA 的最低年薪 9 萬美元）。在我們的例子中，年薪不可能漲到 13 萬美元以上[*]。因為這樣一來，那些缺乏管理才華的人就會發現讀 MBA 學位有利可圖，而 MBA 人才庫將被這些無能的、幸運通過 MBA 考試的人「污染」。

現在，我們已經深入檢視了 MBA 這個篩選手段——選擇它作為一種雇用條件，並將初始工資與擁有的學位連結起來。但是，它也可以作為一個訊號傳遞的手段，這個訊號是由人選發出的。假設你，人事主管，還沒想到這一點，還在以 5 萬美元的年薪隨機雇用員工，且這些無能的員工的行為使得公司正蒙受損失。這時，一個人拿著 MBA 證書來找你，向你解釋 MBA 怎樣鑑別出他的才能，並說：「知道了我是一個好管理者，雇用我將使你公司的期望利潤提高 100 萬美元。如果你付給我的年薪高於 7 萬 5,000 美元，我就會為你工作。」只要有關 MBA 辨識管理才華的事實是確定的，對你來說，這將是一個有吸引力的提議。

即使不同的參與者都採用訊號篩選和訊號傳遞兩種策略，它們潛在的原則也是一樣的，即行為有助於鑑別各種可能類型的參與者，或者有助於鑑別其中一個參與者擁有的特定資訊。

::透過科層體系傳遞訊號

美國政府啟動了一個健康保險制度，稱為勞工補償保險（Workers' Compensation）制度，支付與工作有關的傷殘或疾病治療費用。該制度的意圖值得稱道，但是制度的後果卻有問題。對執行該制度的人來說，了解或判斷傷殘的嚴重性（或者在某些情況下，甚至它的存在性）以及治療的成本大小非常

---

[*] 沒有才華的人有一半機會獲得該學位，拿到 13 萬美元的年薪，得到淨額外收入 8 萬美元，或者平均 4 萬美元，這恰好足夠彌補 5 年的學位成本。

困難。工人自己及其主治醫生擁有更多資訊,但是他們主觀上有強烈的動機誇大問題以爭取更多保險補助。據估計,在勞工補償保險制度下,20% 以上的理賠涉及詐欺。奧勒岡州立勞工補償保險機構的 CEO 史丹·隆曾說:「如果你啟動了一個機制,在該機制下,任何人向你要錢你都得給他,那麼,將會有很多人向你要錢。」[4]

透過監督,可以在一定程度上解決這個問題。暗中觀察求償者,或者至少觀察那些有可能填寫了求償表的假求償者。如果發現他們做的工作與求償的傷害不相符,例如,某人求償的理由是背部收到嚴重傷害,結果卻發現他能舉起重物,那麼他們的索賠就會被拒絕,遭到起訴。

然而,這種機制的監督成本很高,而且從我們對資訊探測策略的分析看出,用某些手段就可以篩選出真正受傷或患病者與假求償者。例如,求償者可能需要花費大量時間填寫表格,在政府機構辦公室坐一整天等著與一個官員面談 5 分鐘等等。真正健康且工作一天可以賺許多錢的人,將不得不放棄那些收入,從而發現這樣等待的代價太大。而真正受傷且無法工作的人,就能耗上這些時間。通常,人們認為政府機構做事拖拉和不便捷,是政府沒有效率的證據,但有時候,它們可能是處理資訊問題的有價值策略。

「實物津貼」也有類似的作用。如果政府或保險公司把錢給殘障者,讓他自己去買輪椅,那麼人們就可能假裝殘疾。但是如果是由政府直接提供輪椅,假裝的動機就會小很多,因為不需要輪椅的人將不得不費力在二手市場上把它轉賣掉,且只能賣到較低的價錢。經濟學家通常主張現金優於實物轉移,因為接受者可隨意做出自己的最佳選擇,把現金花在最能滿足自己的偏好上。但是在資訊不對稱的情況下,實物津貼可能是更好的政策,原因在於它們是一種篩選工具。[5]

:: 透過不傳遞訊號來傳遞訊號

> 「你希望我該留意什麼事情？」
>
> 「這隻狗在晚上的古怪舉動。」
>
> 「這隻狗晚上什麼也沒做啊。」
>
> 「這就是古怪的地方，」福爾摩斯說。

這些對話出現在《福爾摩斯探案全集》的案件＜名駒銀斑＞（Silver Blaze）中，這隻狗沒有吠叫的事實，意味著闖入者是熟人。在這個例子中，某人沒有發送訊號，但也已經傳遞了資訊。沒有發送訊號通常是壞消息，但有時則未必。

如果對方知道你會有機會採取行動，而傳遞出對你有利的訊號，但你沒能採取該行動，那麼對方將把這解讀為你不具有那種好特質。你可能只是忽略了採取或不採取行動的策略訊號，但這不會對你有任何好處。

大學生選課時，可以選擇以字母等級（A 至 F）或及格／不及格（P/F）的成績評估法。許多學生認為，成績單上的 P 將被解讀為字母評分中的平均及格等級。隨著字母等級的增加，就像美國現行的情況，通常至少是 B+ 或 A−。因此，及格／不及格的選擇看起來似乎比較好。

但是研究所或雇主在檢視成績時更有策略性。他們知道，每個學生都很了解自己的實力，因此那些能力非常好、有可能得到 A+ 的學生，有強烈的動機傳遞關於他們能力的訊號，方法則是透過選修以字母評級的課程，才能讓自己與平均水準區隔開來。而由於許多可以得 A+ 的學生不再選修採取及格／不及格評鑑法的課程，使得選擇及格／不及格的學生群中，將流失許多成績拔尖的學生。在這些有限的學生中，平均等級將可能不再是 A−，而只是 B+。然後，那些知道自己可能得 A 的學生，也因此有動機轉去選修字母評級的課程，把自

己從這些學生中區隔出來。於是選擇及格／不及格的學生群，將失去更多成績優秀的學生。這個過程可以一直循環下去，直到幾乎只剩下那些知道自己可能得 C 或以下的同學，他們將繼續選擇及格／不及格的評鑑方法。這就是研究所或雇主對成績 P 的解讀方式。一些成績非常優秀的學生可能沒有想到這些，而他們將承受自己的無知所帶來的後果。

我們的朋友約翰很擅長做生意。他透過不下一百次收購，建立了一個分類廣告報紙的全球事業網絡。當他第一次出售公司時，交易的條件之一是他可以與任何收購方進行共同投資[*]。就像約翰對買家解釋的，他可以共同投資這件事，有助於使對方相信這是一樁價格合理的好買賣。買家理解這種推理，並且向前又推理一步。難道約翰也明白，如果他不共同投資，他們就會把這看作一個壞訊號，而且有可能放棄這筆交易嗎？也就是說，共同投資其實就是這樁投資合作的前提。你做的任何事情都會傳遞某種訊號，包括「不傳遞訊號」。

:: 反訊號傳遞

基於前面所述，你可能會以為，如果你有能力傳遞訊號表明你的行事風格，你就應該這麼做，這樣你才可以把自己和那些無法傳遞相同訊號的人區隔開來。但是，一些最有能力傳遞訊號的人卻可能故意不這麼做。如同菲爾圖維奇（Feltovich）、哈堡（Harbaugh）和圖（To）三位學者所解釋的：

> 年輕的富豪炫耀其財富，但是年老的富豪卻鄙視這種低俗的炫耀；基層官員透過炫耀權力來證明自己的地位，而真正有權力的人則以高雅的姿態表現自己的實力；接受普通教育的人炫耀他們刻意寫得工工

---

[*] 你可能已經注意到「第一次」這個詞。這次的買家是美國勝騰集團（Cendant），在美國國際旅遊服務公司（UCU）購併中，它成為一起財務欺詐案的受害者。當勝騰的股票被套牢時，我們的朋友便以折扣價買回他的公司。

整整的字跡，但受過良好教育的人卻常常字跡潦草難辨；成績普通的
學生會回答老師提出的簡單問題，而拔尖的學生卻不好意思對枝微末
節的知識多做解釋；熟人會有禮貌地忽視對方的缺點以表現善意，而
密友則會挪揄朋友的缺點以示親密；資質平凡的人努力以合格證照給
雇主和社會留下深刻印象，但天才卻常常對證照不屑一顧，儘管他們
也曾費心去取得資格證書；道德普通的人會強烈駁斥別人對自己品行
的指責，而德高望重的人卻覺得回應謠言有損自己的人格[6]。

　　他們的洞見是，在某些情況下，用訊號顯示你的能力或行事作風的最好方
法是根本不傳遞訊號，拒絕參與訊號傳遞賽局。設想有三種類型的可能對象：
想釣金龜者、遲疑者，以及真命天子（女）。當一方要求另一方用下面的文字
簽一份婚前協議：我知道你愛我，你若真的是為了愛情，簽這份婚前協議的代
價就比較低；但你若是為了錢，則簽這份協議的代價將非常高。

　　沒錯。但是對方可以輕鬆回答：「我知道你能區別出真命天子和想釣金龜
者，但讓你看不清的是遲疑者。有時你會分不清釣金龜者與遲疑者，有時則分
不清遲疑者與真命天子。因此，要是我簽了這份婚前協議，那就表示我需要把
自己與釣金龜者區隔開來，而這正好證明了我是遲疑者。因此我要透過不簽協
議，幫你認清楚我是真命天子，而不是遲疑者。」

　　這真的是一個均衡解嗎？如果釣金龜者和真命天子都不簽婚前協議，只有
遲疑者會簽，那麼，任何簽協議的人都將被認定為遲疑者，這比真命天子的處
境還糟糕。但是那些沒有簽協議的人則沒有混淆──剩下的只有釣金龜者和真
命天子，而另一方是很容易把兩種人區隔開來的。

　　如果遲疑者也決定不簽婚前協議，那會發生什麼事？他們的另一半就會把
這解讀為他們一定是釣金龜者或是真命天子。遲疑者被誤認為是其中一種的機
率有多高，這會決定簽協議是不是一個好方法。如果遲疑者更容易被誤認為釣

金龜者，那麼對遲疑者來說，不簽婚前協議就是個壞主意。

簡單來說，除了人們傳遞出來的訊號以外，我們也有其他辦法可以分清楚對方是哪種人。人們傳遞訊號這件事往往也是一種訊號，說明他們想把自己與那種不得不提供同樣訊號的人區隔開來。而有時候，你能傳遞的最有力訊號，就是不要傳遞任何訊號[*]。

希薇亞‧納薩對約翰‧納許提出過下面的觀點：「（麻省理工學院數學）系主任法齊‧萊文森（Fagi Levinson）曾在 1996 年說：對納許來說，背離常規並沒有你想像的那樣嚇人。他們都是很自我的人。一個普通的數學家不得不循規蹈矩，按常規行事；但如果他是個了不得的數學家，想怎樣都行。」[7]

哈堡教授及圖博士對反訊號傳遞做了進一步研究。他們記錄了加州大學和加州州立大學 26 所學校的語音信箱資訊系統，結果發現：來自有博士學程大學的電話留言中，只有 4% 的人會留言告知自己的頭銜，而來自沒有博士學程的大學的電話留言，卻有 27% 的人使用自己的各種頭銜[8]。本來，這些人都擁有博士學位，但是向對方提醒自己擁有的學位和頭銜，恰恰證明這個人覺得需要一個「憑證」來把自己從芸芸眾生中區別出來，而真正令人印象深刻的教授因為已經非常有名，卻無須發送這種訊號。比如要叫我們，直呼阿維納什和貝利就可以了，呵呵。

一個小測驗：現在，有關解讀和操縱資訊的知識，你已經掌握得夠多了，不妨來一個小測驗。我們不叫它「賽局思考題」，因為它不需要特別的計算或者數學知識。但是我們把它視為一次小測驗，而不提供任何討論，因為正確答案將視各位讀者的實際狀況而定。基於同樣的原因，這次請你自己為自己打分數。

---

[*] 在我們的經驗中只有一次，一位助理教授候選人來接受工作面試時穿著牛仔褲。我們的第一印象是：只有天才才膽敢不穿西裝。後來我們才知道，原來是航空公司弄丟了他的行李。

> ♟ **酒吧約會**
>
> 你正與自己心儀的人初次約會，想給對方留下好印象——機不可失啊。不過，你會想，對方會意識到這些印象可能是裝出來的，所以你必須拿出能表現素質的可信訊號。同時，你也會試著篩選對方，看看自己的一見鍾情是否能持久不變，以決定是否和對方繼續交往。那麼，請為你的訊號傳遞和資訊篩選找出一些好的策略。

:: 訊號干擾

當你打算向某車主購買一輛二手車，想弄清楚他過去對車子的照顧狀況。你可能認為車子目前的狀況就是一種訊號，如果車身乾淨且有拋光打蠟，車內乾乾淨淨，地毯一塵不染，那麼推測車主可能曾經精心照管車子。然而，即使是懶惰的車主，在打算賣車時，也可以模仿這些訊號。最重要的是，懶惰車主清潔車子的代價，並不會比細心車主保持車子清潔的成本還高，因此，該訊號並無法區分出這兩種車主。正如我們在 MBA 作為管理才華訊號的例子所看到的，要使訊號有效，代價差異的大小是非常關鍵的。

事實上，一些微小的代價差異確實存在。或許，那些總是細心照管自己車子的車主為自己所做的事感到自豪，甚至可能喜歡做洗車、打蠟和清潔這些工作。或許懶惰的車主其實是因為太忙，很難抽出時間去做這些事，或者委託別人去做。這兩種類型之間微小的代價差異，足以使訊號有效嗎？

答案取決於這群車主中這兩種類型的比例。為了說清楚，先思考一下潛在的買家會如何解釋一輛車的整潔或髒亂。如果每位車主在準備把車賣掉之前，都把車弄得乾乾淨淨，那麼潛在買主就沒辦法從車子的乾淨中觀察出什麼結論。當他看到一輛乾淨的車時，除了它是從所有可能的車主中隨機遇到的之外，再沒別的理由。而一輛骯髒的車則一定是懶惰車主的標誌。

　　現在，假設這群人中懶惰車主的比率非常小，那麼乾淨的車子就會給人留下好印象：買主將認為車主很可能是個細心的人。為了追求報酬，即使懶惰的車主也會在賣車前把車子清理一番；在這種情形下，當所有類型的人（或者所有擁有不同類型資訊的人）都採取相同行動時，這個行動就變成完全沒有資訊價值了，這種情形稱為訊號傳遞賽局的**混合**（pooling）均衡──指不同類型的參與者最終都使用了相同的訊號。相反的，還有一種均衡是一種類型的參與者傳遞了訊號，另外一種沒有傳遞訊號，所以可以透過該行動精確辨識或區分這兩種類型，這種均衡叫作**分離**（separating）均衡。

　　接下來，假設懶惰車主的比率很高。那麼，如果每個車主都清潔自己的車，一輛乾淨的車就不會給人留下好印象了，這樣一來，懶惰的車主就會發現不值得花費代價來清理車子。（而細心的車主總是會保持車子清潔。）因此，我們將得不到混合均衡。但是，如果懶惰的車主都不清理車子，一旦有人清理了就會被誤認是細心的車主，於是他發現花費少量的代價是值得的。因此，我們也得不到分離均衡。在混合均衡與分離均衡之間的某個點發生的事情是：每個懶惰的車主都遵循著混合策略，他們有可能──但是不確定──會清理車子。結果，市場上乾淨車子的車主是細心和懶惰兩種的混合。而潛在買家知道這個混合性，而且能倒推出乾淨車子的車主屬於細心型的機率；他們支付的意願將取決於這個機率。從賣家的角度而言，乾淨的車與骯髒的車價必須有相當的價差，那麼，懶惰的車主才有意願花點代價來清理車子，而不是只拿髒車賣低價。這個案例的數學計算變得有點複雜了。

　　基於對參與者行動的觀察，以推斷所屬類型的機率，需要運用到知名的**貝氏定理**（Bayes' Rule）。我們會在下面的德州撲克案例，簡單說明該定理是如何運用的。因為目前的行動傳遞的，只是區別這兩種類型的部分資訊，這種結果稱為**半分離**（semi-separating）均衡。

謊言的保護傘

　　戰爭間諜提供了一些混淆對方訊號的典型策略範例。就像邱吉爾（在 1943 年德黑蘭會議上對史達林）講過的一句名言：「在戰爭時期，真相是如此可貴，以至於有必要用一些謊言把它保護起來。」

　　這裡有個來自商界的故事，說的是兩名競爭對手在華沙火車站狹路相逢。「你去哪兒？」第一個人問。「明斯克，」另一個人答。「去明斯克，嗯哼？你還真有種！我知道，你之所以告訴我說你要去明斯克，是因為你想讓我相信你要去平斯克。可你沒想到我當真知道你其實是要去明斯克。那麼，你為什麼要對我說謊呢？」[9]

　　當某人說出真相的目的是為了讓別人不相信時，就是最高明的謊言。2007 年 6 月 27 日，阿什拉夫・馬爾萬（Ashraf Marwan）從他位於倫敦梅費爾的四樓公寓陽臺墜樓身亡，這樁墜樓事件十分可疑，因為他可能是以色列關係最深的間諜，也可能是埃及傑出的雙面間諜，而這個人就這樣死了。[10]

　　馬爾萬是埃及總統阿卜杜・納瑟（Abdel Nasser）的女婿以及情報部門聯絡人。他為以色列的秘情局摩薩德（Mossad）工作，該機構決定其情報是否真實。馬爾萬是以色列的間諜，負責刺探埃及方面的情報。

　　1973 年 3 月，馬爾萬向摩薩德發送了代碼「蘿蔔」，這代表埃及即將向以色列開戰。結果，以色列召集了成千上萬的後備軍人，耗資幾千萬美元，最後卻證明是一次假情報。半年後，馬爾萬再次發出「蘿蔔」訊號。那天是 10 月 5 日，該情報內容是埃及和敘利亞將在次日（贖罪日）日落時分聯合攻打以色列。這次，馬爾萬的情報不再被採信。軍事情報局局長以他上回的情報錯誤為證據，認為馬爾萬是個雙面諜。

　　下午 2：00 卻真的發生了襲擊，以色列軍隊差點全軍覆沒。在這次慘痛教訓後，以色列情報局局長澤拉（Zeira）將軍便遭解職。到底馬爾萬是以色列的

間諜還是雙面諜，至今仍然是個謎。而且，如果他的死是謀殺，我們不知是該歸咎以色列還是埃及。

當你使用混合或隨機策略時，不可能每次都成功愚弄對手。你能得到最好結果的方法是讓他們不斷猜測，偶爾引誘他們上當。你可能知道自己成功的機率，但不可能事先保證在某個特定情況下能否成功。從這個意義上說，當你知道正在和你交手的人試圖誤導你時，最佳策略可能是忽略他所說的一切，而不是按照表面意思輕信他的話，或者斷言要反過來解讀才是對的。

行動確實勝過言語。透過觀察對手的行為，你就能判斷他想跟你說的事究竟有幾分可信。從我們的例子中可以很明顯看出，你不能單單按照表面意思輕信對手的話；但這並不表示你在努力識破其真實意圖時，應該忽略他的行動。某個參與者混合均衡策略的正確比例，取決於他的報酬。因此，觀察一個參與者的行為，可以提供一些有關正在使用的混合策略的訊號，同時這種觀察也是一個很有價值的證據，有助於推估對手的報酬。德州撲克中的下注策略就是一個很好的例子。

撲克玩家都了解採取混合策略的必要性。約翰・麥克唐納（John McDonald）提出了以下建議：「撲克玩家手中的牌必須一直隱蔽在自相矛盾的面具後面。好的撲克玩家必須避免一成不變的策略，要隨機行動，偶爾還要走過頭，違背一下正確策略的基本原則。」[11] 一個從不虛張聲勢的「謹慎」玩家，將難得大勝一回，因為沒有人會跟著他加注。他可能贏得許多小賭注，最後卻不可避免會成為一個輸家。一個總是虛張聲勢、大大咧咧的玩家，總會有人跟注，於是也免不了失敗的下場。最佳策略是將這兩種策略混合使用。

假設你已經知道，一個有規律的撲克對手，當他手中的牌很好時，有 2/3 的機率選擇加注，1/3 的機率選擇跟注。如果他手中的牌很差，則會有 2/3 的機率選擇棄牌，其餘 1/3 選擇加注。（一般而言，你在虛張聲勢的時候跟注並不明智，因為你沒有取勝的好牌。）於是，你可以做出下面的表格，顯示對手採

取各種行動的機率。

為了避免可能的混淆，我們應該說明這並不是一個報酬表。縱列並不對應任何參與者的策略，而是可能採取的行動。儲存格中的項目指的是機率，而不是報酬。

		行為		
		加注	跟注	棄牌
手上牌的好壞	好	2/3	1/3	0
	壞	1/3	0	2/3

假設在你的對手叫牌之前，你認為他拿到一手好牌和一手壞牌的可能性是相等的。由於其混合機率取決於他拿到什麼牌，你就可以從他的叫牌方式中得到更多資訊。假如你看見他棄牌，你就可以確定他拿到了一手壞牌。如果他跟注，你就知道他拿到了一手好牌。不論是哪種情況，賭局都就此結束。假如他加注，他拿到一手好牌的機會為 2：1。雖然他的叫牌方式並不總能精確反映他手中牌的好壞，但你得到的資訊還是會比剛剛開始玩牌的時候多。如聽到對方加注後，你可以將他手上拿到一手好牌的機率從 1/2 提高到 2/3。

在聽到對方叫牌的前提下，對機率的估算是根據「貝氏定理」做出的。在聽到對方叫「X」的條件下，對方有一手好牌的機率等於對方拿到一手好牌而又叫 X 的機率，去除以他叫「X」的總機率所得的商。於是，聽見對方叫「棄牌」就表示他必然拿到一手壞牌，因為一個拿到一手好牌的人絕對不會放棄。聽見對方叫「跟注」則表示他拿到一手好牌，因為玩家只會在拿到一手好牌時這麼做。若是聽見對方叫「加注」，計算就會稍微複雜一點：玩家拿到一手好牌且加注的機率等於（1/2）（2/3）= 1/3，而玩家拿到一手壞牌且加注（即虛張聲勢）的機率為（1/2）（1/3）= 1/6。由此可知，聽到對方加注的總機率等

於 1/3 + 1/6 = 1/2。根據貝氏定理，在聽見對方叫加注的條件下，對方拿到一手好牌的機率等於對方拿到一手好牌且叫加注的機率去除以他叫加注的總機率所得的商，即（1/3）/（1/2）= 2/3。

透過資訊篩選進行差別定價

在篩選概念的應用中，對我們的生活影響最大的是差別定價。對於幾乎所有商品或服務，總有一些人願意支付比別人更高的價格——或者是因為他們更有錢、需求更迫切，或者只是因為他們的口味和別人不同。只要向顧客生產和銷售的成本，低於該顧客願意支付的價格，銷售商就願意為顧客服務，並索取盡可能最高的價格。但是，這也意味著將對不同客群訂出不同的價格。例如，向不願意花太多錢的顧客提供折扣，卻不對那些願意付更高價的顧客提供同樣的低價。

然而，這通常不容易做到。因為銷售商無法準確知道每個顧客願意支付的價格。即使他們知道，公司也不得不努力避免發生低價值顧客以低價買進商品，然後再以高價把商品轉賣給高價值顧客。但在這裡，我們不討論這個問題。我們聚焦在討論訊息問題，即公司不知道哪些顧客願意支付較高價格，哪些顧客則否。

為了解決這個問題，銷售商普遍採取的方法是對同一種商品設計不同的版本，並對不同版本擬定不同價格。這讓顧客可以自由選擇版本商品，並支付該版本的售價，因此不存在公開的差別定價。但由於銷售商為每種版本擬定了不同特性和價格，使得不同類型的顧客就會選擇不同的版本。這些行動悄悄揭露了顧客的私人資訊，即他們的支付意願。銷售者實際上是在篩選顧客。

在美國，一本新書剛出版時，有些人會願意花較多錢去買，也有些會急著買，可能是為了搶先獲得資訊，也有可能是為了讓朋友和同事留下深刻印象。而其他人則希望付少一點的錢並願意等待。出版商利用願意多付和願意等待這

兩種人之間的對比關係，先以較高的價格出版這本書的精裝版，然後大約一年後，再以較低的價格發行平裝版。印刷這兩種書的成本差價遠遠低於價格差距，因此，「版本」只不過是篩選買家的一個手法。

電腦軟體供應商常常提供一種「陽春版」或「學生版」，這種版本的功能較少，售價則非常低。由於廠商願意迎合低價顧客，同時會向那些願意支付高價的顧客索取更高的價格。他們藉由對不同功能版本擬定不同價格來做到這一點。事實上，他們生產陽春版的方法通常是把完整版刪掉一些功能，這樣說來，生產陽春版的成本反而較高，儘管它的售價較低。對這種看似矛盾的情形，我們不得不從它的目的來理解，即廠商能夠透過篩選來實現差別定價。

以 IBM 公司兩種版本的雷射印表機為例。E 版印表機的列印速度是每分鐘 5 頁，而多付 200 美元的話，顧客就可以買到每分鐘 10 頁的高速印表機。這兩種版本之間唯一的差別就是，IBM 公司在 E 版的設計上增加了一個晶片，這會延長等候狀態，從而降低列印速度。[12] 如果沒這樣做，他們就必須以同一價格出售所有印表機；有了這種降速版本，他們就可以向那些願意花更長時間等待列印輸出的家庭使用者提供較低的價格。

夏普（Sharp）的 DVE611 型 DVD 播放機及 DV740U 型播放機都是由同一家上海工廠生產的。兩者主要的差別是，在使用美規（稱作 NTSC）的電視機上，不能播放歐規（稱作 PAL）的 DVD 格式。然而，結果證明，DVE611 播放機上一直都有這種功能，只不過是被隱藏起來讓顧客不知道而已。夏普公司刪掉了系統轉換按鈕，然後用一個遠端控制台遮住它。一個聰明的用戶（大衛‧P）發現了這個情況，補上了這個漏洞，於是恢復了全部功能。[13] 公司通常會花費很大的力氣故意生產有缺陷的版本，而顧客則會想盡一切辦法恢復產品的全部功能。

航空公司的差別定價可能是大多數讀者最熟悉的例子，因此我們在這裡進一步討論一些設計定價方案的問題。為此，我們向你介紹「空中樓閣」

（PITS），它是一家提供從普頓克（Podunk）到南薩克塔什（Succotash）飛行服務的航空公司。它服務商務客和一般旅客，前一種比後一種願意支付更高價格。為了使服務一般旅客的生意也有利潤，同時不必對商務客提供同樣的低價，PITS 想出了一個辦法：為同一個航班設定不同的版本，並對不同的版本訂定不同的價位，以促使不同類型的乘客選擇不同的版本。頭等艙和經濟艙是實現這項目的的方法之一；另一個常見的區隔方式是非限制性票價和限制性票價。

假設 30% 的乘客是商務客，70% 是一般旅客，我們以「每 100 位乘客」為計算基礎。下表顯示兩種類型的乘客願意為每種服務支付的最高價格（用專業術語講即**保留價格**〔reservation price〕），以及公司提供這兩種類型服務的成本。

服務類型	PITS 的成本	保留價格		PITS 的潛在利潤	
		旅客	商務人士	旅客	商務人士
經濟艙	100	140	225	40	125
頭等艙	150	175	300	25	150

我們先設定一種對 PITS 來說最理想的情況。假設它知道每位乘客的類型，例如，透過觀察來預訂機票的顧客的衣著，再假設沒有法律禁止，也沒有轉賣的可能性，那麼，PITS 就有可能實施所謂的完美差別定價。對每位商務客，它可以以 300 美元的價格銷售頭等艙機票，賺進 300 - 150 = 150 美元利潤，或者以 225 美元向其銷售經濟艙機票，利潤為 225 - 100 = 125 美元。對 PITS 來說，前一種情況更好。對每一個一般旅客，它可以 175 美元向其銷售頭等艙機票，利潤為 175 - 150 = 25 美元，或以 140 美元向其銷售經濟艙機票，所得利潤為 140 - 100 = 40 美元；對 PITS 來說，後一種情況更好。對 PITS 最理想的情況是，它希望只賣頭等艙機票給商務人士，只賣經濟艙機票給一般旅客，且每種情況

下的價格都等於乘客願意支付的最高價格。採用這種策略，PITS 公司從每 100 名乘客中得到的總利潤將是：

$$（140 - 100）\times 70 +（300 - 150）\times 30 = 40 \times 70 + 150 \times 30$$
$$= 2,800 + 4,500 = 7,300$$

現在我們回到現實，在實務上，PITS 不可能事先區隔出每位乘客的類型，也不允許利用客戶資料公然歧視。這樣的話，它又怎能使用不同的版本來篩選顧客呢？

最重要的是，它不能向商務客索取他們願意為頭等艙支付的最高價格。當他們願意支付 225 美元購買頭等艙座位時，也可以以 140 美元購買經濟艙座位；這樣做將給他們帶來額外的報酬，或者經濟學術語說的「消費者剩餘」（consumer surplus），即 85 美元。他們可以把這 85 美元用在其他方面，比如，在旅途中享受更好的食宿。而為頭等艙座位支付他們願意支付的最高價格 300 美元，則不會給他們帶來任何消費者剩餘。因此，這些商務客將轉向搭乘經濟艙，篩選就會失敗。

PITS 能對頭等艙索取的最高價格，必須讓商務客得到至少與他們購買經濟艙機票可得到的 85 美元一樣多的額外報酬，所以頭等艙機票的價格最高只能是 300 - 85 = 215 美元。（或許應該是 214 美元，這讓商務客有選擇頭等艙的充分理由，但我們先忽略這種細微差別。）那麼 PITS 的利潤將是：

$$（140 - 100）\times 70 +（215 - 150）\times 30 = 40 \times 70 + 65 \times 30$$
$$= 2,800 + 1,950 = 4,750$$

因此，就像我們所看到的，基於旅客對兩種服務類型的自我選擇，PITS 可

以成功地篩選和分離這兩種旅客。但是要達到這種間接差異，PITS 必須犧牲一些利潤。它必須向商務客索取低於他們的最高支付意願的價格。結果，PITS 從每 100 名乘客中獲得的利潤，從它可以直接根據顧客類型來實施公開差別定價時的 7,300 美元，減少到了實施基於自我選擇的間接差別定價的 4,750 美元。這 2,550 美元的利潤差恰好等於 85×30，其中 85 等於頭等艙價格低於商務客對這種服務的最高支付意願的價格，而 30 是這些商務旅客的人數。

PITS 不得不稍微壓低頭等艙票價，使商務客有足夠的誘因選擇這種服務，而不是「背叛」去選擇 PITS 為一般旅客擬定的方案。這樣的要求或限制，在篩選策略中稱為**激勵相容約束**（incentive compatibility constraint）。

在不引起商務客背叛的情況下，PITS 可以向他們索取高於 215 美元價格的唯一方法，是提高經濟艙的票價。例如，如果頭等艙的票價為 240 美元，而經濟艙為 165 美元，那麼商務客購買這兩種艙位得到的額外報酬（消費者剩餘）相等：頭等艙是 300-240 美元，經濟艙是 225-165 美元，即兩者都是 60 美元，因此他們（剛好）願意購買頭等艙的票。

但是，經濟艙票價 140 美元已經是一般旅客願意支付的臨界值。PITS 哪怕只把價格提高到 141 美元，也會失去這些顧客。這種要求，也就是該類型顧客仍然願意支付的狀況，稱為這種顧客的**參與約束**（participation constraint）。因而，PITS 的定價策略在一般旅客的參與約束和商務人士的激勵相容約束之間受到擠壓。在這種情況下，上述篩選策略，即頭等艙定價 215 美元，經濟艙定價 140 美元，實際上對 PITS 來說是最有利可圖的策略。這需要一點數學程度才能做嚴謹地證明，因此這裡我們只提供結果。

♟ **賽局思考題⑤**

還有對商務客的參與約束，以及對一般遊客的激勵相容約束。請檢視定價如何能滿足這些限制。

但是對 PITS 而言，這個策略是否為最佳策略，取決於乘客的具體人數。假設商務客的比例高很多，如 50%。那麼在每個商務客身上犧牲 85 美元可能太高了，以至於只維持少量一般旅客並不划算，因此，PITS 這時最好是根本不向一般旅客提供服務，也就是說，違背一般旅客的參與約束，同時提高向商務客提供的頭等艙價格。的確，篩選旅客的差別定價策略，所得到的利潤是：

$$（140 - 100）×50 +（215 - 150）×50 = 40×50 + 65×50$$
$$= 2,000 + 3,250 = 5,250$$

而只向商務客提供 300 美元的頭等艙服務，將得到利潤：

$$（300 - 150）×50 = 150×50 = 7,500$$

如果只有少數顧客的支付意願較低，銷售者可能會發現，相對於向大量高支付意願的顧客提供夠低的價格，以阻止他們轉換到低價版本，還不如根本不要服務這些顧客，反而可以得到更好的結果。

只要你知道你在找什麼，你會發現差別定價的篩選無處不在。而且如果你翻一翻研究文獻，你會發現大量有關自我選擇的篩選策略分析。[14] 有些策略非常複雜，而且需要很多數學知識來驗證這些理論，但是指導所有這些例子的基本概念，仍然是激勵相容約束和參與約束這兩種要求之間的相互作用。

案例分析》秘密行動

我們還有一位朋友，人類學家坦婭（Tanya）。雖然大多數人類學家會到地球的天涯海角去旅行，以研究一些不同尋常的部落，坦婭卻是在倫敦做田野調查。她的研究對象是女巫。

是的，女巫。即使在現代的倫敦，仍然有多得驚人的人們聚在一起交易咒語，研究巫術。並不是說成為一個現代女巫很容易，因為要成為一個搭乘地鐵的女巫，需要一定程度的理性。通常，人類學家很難獲得其研究對象的信任，但是坦婭的團隊很受歡迎。當她告訴女巫們她是一個人類學家時，她們把這看成是聰明的騙術：她真實身分是一個偉大的女巫。

女巫集會的最大特色之一是她們裸體聚會。為什麼要這樣呢？

:: 案例討論

任何外部團體都會擔心其成員會成為旁觀者而不是參與者。你坐在那裡是在取笑這整個過程，還是成為這個過程的一部分？如果你裸體坐在那裡，就很難只是在觀察和取笑別人。你已完全融入這個過程中了。

也就是，裸體成了一個可信的篩選手段。如果你真正信任女巫聚會，那麼裸體坐在那裡的代價相對較小；但如果你是一個懷疑論者，那麼不論是對別人還是對你自己，裸體坐在那裡就很難說得通。同理，幫派入夥儀式常常故意讓申請入夥者採取一些行動，如果你是真的對幫派生活（紋身、犯罪）有興趣，那麼採取這些行動的代價就相對較低；但如果你是一個試圖滲入該幫派的臥底警察，那麼採取這些行動的代價就非常高。

更多有關解讀和操縱資訊的案例，請參閱第 14 章中的案例研究「別人的信封總是更誘人」、「只有一條命可以奉獻給你的祖國」、「所羅門王困境重演」及「李爾王的難題」。

第9章
合作與協調

鐘形曲線讓誰付出代價

　　1950 年代，美國常春藤名校聯盟面臨一個難題。每個學校都想訓練出一支戰無不勝的橄欖球隊，結果發現，各校為了打造出一支奪標球隊，過分注重體育，卻忽略了其學術水準。但是，無論各校怎麼勤奮訓練、耗資多少，賽季結束時，各隊的排名都和以前差不多。平均勝負率仍是 50：50。一個逃不掉的數學事實是，有一個贏家就必然有一個輸家，所有的加倍苦練都將付諸東流。

　　大學運動競賽的刺激性同樣取決於兩個因素：競爭的規模、激烈程度以及技巧水準。許多球迷更喜歡觀賞大學籃球賽和橄欖球賽，而非職業球賽；雖然大學球賽的技巧水準稍遜一些，競爭卻往往更刺激、更緊張。抱著這樣的想法，各大學也變聰明了。它們達成協議，將春訓時間限定為一天。雖然球場出現更多的失誤，但是比賽的刺激性卻一點也沒減少。運動員們有更多的時間專心於學術。除了那些希望母校忘記學術表現，一心奪取橄欖球冠軍的校友外，每個人的成績都比原來更好。

　　許多學生都希望和同學在考試前達成類似協議。只要分數是以一條傳統的「鐘形曲線」為基礎，你在班上的相對排名就比絕對的知識水準來得重要。這

和你知道多少沒有關係，重要的是別人知道的比你少。勝過其他同學的秘訣就是學習更多知識；如果他們都勤奮用功，也都掌握更多知識，但是結果相對的排名以及底線（分數）會大致保持不變。只要班上每個人都願意將春季學習限定為一天時間（最好有下雨），他們就都能花較少的努力而得到同樣的分數。

這些情況的共同特點是，成功是以**相對**成績而非**絕對**成績來決定。若某位參與者改善了自己的排名，他必然使另一個人的排名變差了。但是一人的勝利以另一人的失敗為代價，並不能使這個賽局變成零和賽局。在零和賽局中，不可能讓每個人都得到更好的結果。但在這個例子中卻有可能：收益的機會來自減少投入。雖然贏家和輸家的數量一定，但對所有參與者而言，卻可藉此減少參加這個賽局的代價。

為什麼有些學生會太過認真投入學習，原因在於他們不必向其他學生支付任何價格或補償。每個學生的學習好比工廠的污染，會使其他學生更難以喘息。由於沒有買賣學習時間的市場，結果就變成一場你死我活的殘酷競爭：每個參與者都極為努力，卻沒什麼機會展示自己的努力成果。但是，也沒有任何一支隊伍或學生願意變成唯一一個減少努力的人，也不願成為減少這種努力的領頭羊。這就好比超過兩個參與者的囚徒困境，要想逃離這個困境，需要一種可強制執行的集體協議。

正如我們在 OPEC（石油輸出國組織）和常春藤名校聯盟看到的，訣竅在於形成企業聯盟，限制彼此競爭。對大學生來說，問題在於，企業聯盟不容易覺察出作弊的行為，這裡指的是那個花更多時間用功，企圖偷跑以超越別人的同學。很難判斷誰正在偷偷用功，除非等到他們在考試中一鳴驚人那一天，但那時發現已為時已晚。

在一些小鎮，大學生還真找到了一種辦法，執行他們「不學習」的企業聯盟協議：每到晚上大家聚集起來，在中央大街巡邏。誰要是在家用功而缺席，就會馬上被發現，從而遭到排擠或更糟糕的懲罰。

　　參與者很難安排一個能自動執行的企業聯盟協議，但若由局外人來執行這個限制競爭的集體協定，情況就會大為改觀；而這正發生在香菸廣告上，雖然並不是有意形成的。過去，菸草公司常常花錢說服消費者「多走一里路」購買他們的產品，或「寧可打架也不換牌子」。各式各樣的行銷活動養肥了廣告公司，但菸草公司的主要目的其實只是防禦——各家公司之所以做廣告，是因為其他對手也做廣告。後來，1968 年，法律禁止在電視上播出香菸廣告。原本菸草公司認為這限制會傷害它們的利益而極力反對。但是，等到迷霧散盡才發現，這項禁令幫它們省下昂貴的廣告經費，公司利潤反而大獲改善。

人少的路徑

　　從柏克萊到舊金山，有兩條主要路線可供選擇：一是自己開車穿越金門大橋；二是搭乘公共交通工具，即灣區捷運（BART）。穿過金門大橋的路線最短，假如不塞車，只需 20 分鐘；但很少遇到不塞車的時候。金門大橋只有四條車道，並且經常是「車滿為患」[*]。我們假設（每小時）每額外增加 2,000 輛車，就會耽擱路上每個人 10 分鐘的時間。比如，有 2,000 輛車時，行程時間就延長至 30 分鐘；若有 4,000 輛車，則延長至 40 分鐘。

　　捷運沿途須停靠好幾站，而且乘客必須步行到車站等車。客觀地說，前後也要花費將近 40 分鐘，但捷運從不堵塞。若是乘客較多，他們就會加掛車廂，通行時間大致保持不變。

　　假如在交通尖峰時間有 1 萬個人要從柏克萊前往舊金山，這些人會怎樣分布在這兩條路線呢？每個人都會考量自己的利益，選擇最能縮短通行時間的路線。假如讓他們自己決定，則 40% 的人將自己開車，60% 的人將搭捷運，最後每個人的通行時間都是 40 分鐘，這個結果就是這個賽局的均衡解。

---

[*] 有時在地震過後，大橋會全線封閉。

我們可以進一步討論，如果這個比例發生變化，結果會如何？假定只有2,000人願意開車穿越金門大橋，由於車輛較少，交通比較順暢，這條路線的通行時間也會縮短，只要30分鐘。於是，搭乘捷運的8,000名乘客中，有部分人就會發現，改為開車可以節省時間，於是他們就會選擇開車。相反的，若有8,000人選擇開車穿過金門大橋，那麼每個人就要花60分鐘才能到達目的地，於是，當中又有一部分人會改搭捷運，因為搭捷運的時間沒那麼長。但是，當有4,000人開車上了金門大橋，6,000人搭捷運時，這時誰也不會由於改走另一條路線而節省時間：通勤族便達成了一個均衡。

我們可以藉由一張簡圖來解釋這個均衡（見圖9-1），從本質上說，這個圖很接近第4章描述的囚徒困境（課堂實驗的均衡）。圖9-1中，我們假設總通行人數保持為1萬人，當有2,000人正開車經過大橋時，表示有8,000人正在搭乘捷運。上升的直線表示穿越金門大橋的通行時間如何隨開車人數的增加而增加。水平直線則表示搭乘捷運所需的40分鐘固定時間。兩條直線交叉於E點，表示當開車穿越金門大橋的人數為4,000人時，兩條路線的通行時間相等。圖解是描述均衡一種很有用的工具，我們在本章後面的內容還會用到。

這個均衡解對整體通勤族來說是不是最佳選擇？並不然。我們很容易就能找出一個更好的模式。假設只有2,000人選擇走金門大橋，他們每個人可節省10分鐘；至於另外2,000名改搭捷運的人，所花的時間仍然和原來開車時一樣，還是40分鐘。所以那6,000名已經選擇搭乘捷運的人也是如此。這樣總的通行時間就節省了2萬分鐘（幾乎兩週時間）。

怎麼有可能節省時間呢？或者換句話說，為什麼這些司機自行決定，而不是讓一隻「看不見的手」來引導他們達成最佳混合路線結果呢？我們再一次發現，答案在於每一個使用金門大橋的人給其他人造成的不便。每多增加一個人選擇這條路線，其他人的通行時間就會稍微增加一點。但是這個新增加的使用者卻不必為導致這一損害而付出代價。他只是考慮自己的通行時間。

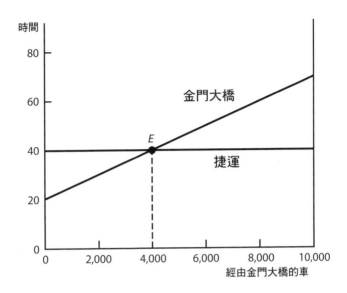

當這些通勤族作為一個整體時，怎樣的通行模式才是最佳策略呢？實際上，我們剛剛確定的那個模式，即 2,000 人開車穿越金門大橋，總共節省 2 萬分鐘的模式，就是最佳模式。為了進一步理解這一點，我們再看看另外兩個方案。假如有 3,000 輛車通過金門大橋，則通行時間就是 35 分鐘，每個人節省 5 分鐘，總共節省 15,000 分鐘。假如只有 1,000 輛車通過金門大橋，則通行時間是 25 分鐘，每人節省 15 分鐘，總共節省時間還是 1 萬 5,000 分鐘。因此，2,000 人選擇走金門大橋，每人節省 10 分鐘的中間點就是最佳模式。

如何才能達到這個最佳模式呢？相信計畫經濟的人打算發出 2,000 份使用金門大橋的許可證。假如他們還擔心這種做法不公平：因為持有許可證的人只要 30 分鐘就可到達目的地，而沒有許可證的 8,000 人則要花 40 分鐘。因此，他們可以設計一個巧妙的系統，許可證每個月輪換一次，讓這 1 萬人輪流使用。

有個以市場經濟為基礎的解決方案，要求人們為自己對別人造成的損害付出代價。假設大家認為每小時的時間價值為 12 美元，換言之，每個人都願意為節省一小時支付 12 美元。於是我們可以向穿越金門大橋的車輛收取通行費；收

費標準比捷運票價高出 2 美元。這是因為根據我們的假設條件，人們認為每多花 10 分鐘等於損失 2 美元。現在這個均衡通行模式將有 2,000 輛車通過大橋，8,000 人選擇搭乘捷運。每一個使用金門大橋的人要花 30 分鐘到達目的地，外加多花 2 美元的過橋費；每個搭捷運的人則要花 40 分鐘。總的實際成本是一樣的，沒有人想要轉換到另一條路線。在這個過程中，我們收取了 4,000 美元過橋費（外加 2,000 張捷運票的收入），這筆錢可以納入國家預算，造福每一個人，因為人們因此可以少繳一些稅。

一個更接近資本主義精神的解決方案，就是允許私人擁有金門大橋。大橋所有者意識到人們願意花錢換取一條不太塞車的路線，以節約通行時間，他就會為這一特權開出一個價格。他如何才能使自己的收入最大化呢？當然是要使總節省的時間價值最大化。

只有給寶貴的「通行時間」標上價格，那隻「看不見的手」才能引導人們選擇最優通行模式。一旦大橋上安裝了利潤最大化的收費站，時間就真的變成了金錢。搭乘捷運者實際上是在向這些使用金門大橋的人賣出自己的時間。

最後，我們承認，收取過橋費的成本有時超出了節省大家通行時間所帶來的收益。創造一個市場並非免費的午餐，收費站本身可能就是導致交通阻塞的主要源頭。若是這樣，忍受原本不那麼有效率的路線，可能還是會好一些。

歷史的選擇

第 4 章首次提到了具有多個均衡的賽局例子。兩個陌生人應該選擇紐約市哪個地點碰面：時代廣場還是帝國大廈？誰應該回撥意外中斷的電話？在這些例子中，選擇哪個協定並不重要，只要大家同意遵守同一個協定即可。不過，有時候一個協定會比另一個協定好得多。即便如此，並不表示人們就會遵循更好的協定。若某個協定已經執行了很長一段時間，接著環境發生了變化，另一種做法可能更適當，這時要改革就極為不易。

打字機的鍵盤就是一個很好的案例。直到 19 世紀後期，打字機鍵盤字母應如何排列，仍然沒有一個標準模式。1873 年，克里斯多夫・休斯（Christopher Scholes）協助設計了一種新的、改良排法。這種排法取其左上方第一排前六個字母為名，稱為 QWERTY。QWERTY 鍵盤排法的目的，在於讓最常用字母之間相距最遠。這在當時的確是一個很好的解決方法：故意降低打字速度，從而減少當時打字機容易卡鍵的問題。到 1904 年前，紐約雷明頓縫紉機公司（Remington Sewing Machine Company）已經大量生產這款打字機，而這種鍵盤後來也成為產業標準。不過，隨著電子打字機及電腦的出現，卡鍵現象已經不是問題。也有工程師曾經發明新的鍵盤排列法，比如 DSK（德沃夏克簡化鍵盤），能使打字者的手指移動距離縮短 50% 以上。同樣一篇文章，用 DSK 輸入要比用 QWERTY 輸入節省 5% 至 10% 的時間[1]。但 QWERTY 是一種存在已久的排法，幾乎所有鍵盤都採用這種模式，所有人學的也是這種鍵盤，因此也不大願意再去學習新的鍵盤排法。於是，鍵盤生產商繼續沿用 QWERTY。一個帶著錯誤的惡性循環就此形成[2]。

假如歷史一開始不是這樣發展，假如 DSK 標準一開始就被採納，那麼今天的技術就會有更大的用武之地。然而，鑑於現在的情況，是否應該轉換標準這個問題，需要進一步考慮。在 QWERTY 之後，已經形成了許多不易改變的慣性，包括機器、鍵盤以及受過訓練的打字員。值不值得為此全部重新改造呢？

從整個社會的角度來看，答案似乎是肯定的。在第二次世界大戰期間，美國海軍曾大規模使用 DSK 打字機，對打字員進行了再訓練，教他們使用這種打字機。結果證明，只要使用新型打字機，10 天就能彌補重新培訓的全部成本。

儘管如此，史坦・利博維茨（Stan Liebowitz）和史蒂芬・馬格利斯（Stephen Margolis）兩位經濟學教授還是對這個研究及 DSK 鍵盤的總體優勢提出了質疑[3]。似乎是海軍少校奧古斯特・德沃夏克（August Dvorak）這位利益相關人，做了最早的研究。1956 年，聯邦總務署的一項研究發現，要打字員改用 DSK

鍵盤打字，以每天培訓 4 小時計算，至少需要一個月，才趕得上他們以前用 QWERTY 時的打字速度。這樣的話，與其培訓打字員改用 DSK 鍵盤，還不如加強訓練用 QWERTY 鍵盤打字的技巧。某種程度上，DSK 鍵盤的確比較快，但只有當打字員一開始就學習 DSK 鍵盤時，才能獲得最大效益。

如果打字員技巧非常熟練，不必看鍵盤就可以打字（默記字母排列位置，或稱盲打），學習 DSK 鍵盤還講得通。用現在的軟體工具重新安排鍵盤排法，是相對比較簡單的（在蘋果電腦上，使用鍵盤功能表便能很容易改變鍵盤排法），鍵盤的排法幾乎不重要。問題在於：人們怎麼可能在一個換過排列位置的鍵盤上學習盲打呢？想把 QWERTY 排法轉換成 DSK 排法，但是還不能默記鍵盤盲打的人，就必須看著鍵盤，再將排法轉換成 DSK 鍵。這樣做一點都不實際。因為打字員都是從 QWERTY 開始學，而這大大降低了再學習 DSK 的效益。

沒有一個個人使用者可以改變社會協定。個人之間未經協調的決策把我們牢牢拴在了 QWERTY 上。這個問題稱為從眾效應（bandwagon effect），可以藉由圖 9-2 來說明。橫軸表示使用 QWERTY 的打字員比率，縱軸則表示一個新打字員願意學習 QWERTY 而非 DSK 的機率。如圖 9-2 所示，若有 85% 的人正在使用 QWERTY，則一個新的打字員選擇學習 QWERTY 的機率是 95%，願意學習 DSK 的機率只有 5%。曲線的畫法刻意強調了 DSK 排法的優勢。假如 QWERTY 的市場占有率低於 70%，那麼，大部分新打字員都會選擇 DSK，而非 QWERTY。不過，即便存在這麼一個不利因素，QWERTY 還是很有可能成為一個均衡的優勢選擇。（確實，這種可能性就發生在優勢均衡中。）

選擇使用哪一種鍵盤是一種策略。當使用每一種技術的人員比例隨著時間流逝卻保持不變時，就表示達到了這個賽局的均衡。要使一個賽局趨向均衡並不容易，每一位新打字員的隨機選擇，都在不斷打破這個體系。當代威力強大的數學工具，即隨機逼近理論（stochastic approximation theory），使經濟學家和統計學家可以證明這個動態賽局的確趨向一個均衡 [4]。我們現在就來介紹這

些可能的結果。

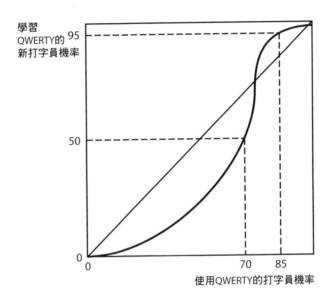

假如正在使用 QWERTY 鍵盤的打字員比率超過 72%，可以預料到，願意學習 QWERTY 的人的比率甚至會超過這個數字。QWERTY 的勢力範圍會一直擴張，直至達到 98%。這時，所有人中願意學習 QWERTY 的新打字員的比例，恰好等於其優勢比例，都是 98%，因此不再存在上升的壓力了[*]。

反過來，假如正在使用 QWERTY 打字員的比率跌破 72%，可以預料，DSK 將會後來居上。不到 72% 的新打字員願意學習 QWERTY，加上現有使用者比率不斷下降，會使得新打字員更有興趣去學習更勝一籌的 DSK 鍵盤。一旦所有打字員都在學習 DSK，新打字員就沒有理由選擇學習 QWERTY，於是 QWERTY 就會完全消失。

---

[*] 若正在使用 QWERTY 的打字員比率超過 98%，可以預期這個數字將回落到 98%。在新打字員當中總會存在那麼一小部分人，約不超過 2%，願意選擇學習 DSK，因為他們有興趣了解這項更好的技術，並不擔心兩者不能相容的問題。

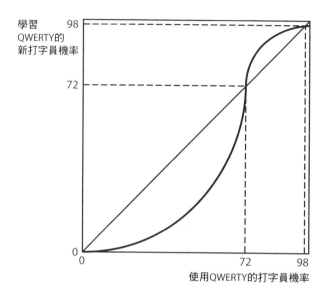

這裡的數學知識只說明我們將得到以下兩個結果之一：要麼人人使用DSK，要麼 98% 的人使用 QWERTY。它並沒有說究竟會出現哪一個結果。假如我們從零開始，那麼 DSK 排法更有機會占據市場優勢地位，但現實並非從零開始。歷史很重要，歷史上那個導致幾乎百分之百的打字員都在使用 QWERTY 的偶然事故，結果看來具有使自身永垂不朽的本事，即便當初開發 QWERTY 的動機早已不存在。

既然壞運氣或向一個較差均衡收斂的事實無法扭轉，還是有可能使得每一個人都得到更好的結果，但這需要協調行動。假如大多數電腦製造商經過協調，一致選擇一種新鍵盤排法，或者一個主要雇主，比如聯邦政府，培訓公務員學習一種新鍵盤打字法，就能將這個均衡完全扭轉，從一個極端走向另一個極端。至關重要的一點是，沒有必要去改變每一個人，只要改變起關鍵性作用的那部分人就可以了。只要取得一個支點，更先進的技術就能站穩腳跟，逐步擴張自己的地盤。

QWERTY 問題只是一個較具普遍意義的小例子。我們之所以選擇汽油引擎

而非蒸汽引擎，選擇輕水核反應爐而非氣冷核反應爐，原因與其說是前者技術更勝一籌，倒不如說是歷史的偶然因素造成的。史丹佛大學經濟學家布萊恩・亞瑟（Brian Arthur），是將數學工具加以發展用於研究「從眾效應」的先驅之一，他這樣描述我們如何選擇使用汽油驅動的理由：

> 在 1890 年，有三種方法可給提供汽車動力：蒸汽、汽油和電力，其中有一種顯然比另外兩種**更差**，那就是汽油……（汽油的轉捩點出現在）1895 年由芝加哥《時代先驅報》主辦的一場「不用馬拉的車輛」比賽上，這次比賽的獲勝者是一輛汽油驅動的杜耶（Duryea），它是全部 6 輛參賽車中僅有的 2 輛完成比賽的車子之一。據說它很可能激發了奧茲（R.E.Olds）的靈感，使他在 1896 年申請了一項汽油驅動的專利，後來他把這項專利用於大規模生產「彎擋板（Curved-Dash）奧茲車」，汽車因此後來居上。蒸汽作為汽車動力一直用到 1914 年，那一年在北美地區爆發了口蹄疫。這一疾病導致馬匹飲水槽退出歷史舞臺，而飲水槽恰恰是蒸汽汽車加水的地方。史丹利兄弟花了大概三年時間發明了一種冷凝器和供熱系統，從而使蒸汽汽車不必每走三、四十英里就得加一次水。可惜那時已經太晚了，蒸汽引擎再也沒能重振雄風[5]。

毫無疑問，當今的汽油遠遠勝過蒸汽，但是，這不是一個公平的比較。假如蒸汽技術也經過長達 75 年的開發和研究，現在會變成什麼樣呢？雖然我們可能永遠不會知道答案，但有些工程師堅信蒸汽獲勝的機會還是比較大[6]。

在美國，幾乎所有的核電都是由輕水反應爐產生的。然而，我們仍然有理由相信，另外兩種可選的技術，重水或氣冷反應爐，本來有可能成為更好的選擇，特別是，如果我們對這兩種技術的知識和經驗相同，情況更有可能如此。

加拿大人憑藉他們對重水反應爐的經驗，用重水反應爐發電的成本，比美國人用同等規模的輕水反應爐發電的成本低 25%。重水反應爐不必重新處理燃料即可繼續運作，最重要的可能還是安全性問題。重水反應爐和氣冷反應爐發生熔毀的風險低得多，這是因為重水反應爐是透過許多管道而非一條爐芯導管來分散高壓，而氣冷反應爐在萬一發生冷卻劑流失事故時，溫度上升的幅度遠遠小於其他反應爐上升的幅度[7]。

羅賓・考恩（Robin Cowen）在他 1987 年史丹佛大學博士論文中，已經對輕水反應爐如何逐漸取得優勢地位的問題做了研究。核電的第一個使用者是美國海軍，1949 年，當時的里科弗（Rickover）上校從效益的觀點做出了有利於輕水反應爐的決定。他有兩個很好的理由：輕水反應爐是當時設計最簡便的技術，這一重要考量主要是為當時空間狹小的潛水艇著想；它也是發展最快的技術，這代表該項技術可被最快投入利用。1954 年，世界第一艘核子動力潛水艇「鸚鵡螺」（Nautilus）下水，結果確實不負眾望。

與此同時，民用核電成為一個必須優先思考的問題。蘇聯人已於 1949 年成功引爆他們的第一顆原子彈。作為對蘇聯的回應，美國原子能專員默里（T.Murray）警告：「一旦我們充分意識到那些（缺乏能源的）國家，在蘇聯贏得核能競賽的時候紛紛投靠蘇聯的可能性，就會清楚認識到這根本不是什麼攀登珠穆朗瑪峰那樣的光榮競賽。[8]」通用電氣和西屋公司憑藉它們為核子動力潛艇生產輕水反應爐的經驗，很自然就成為發展民用核電廠的最佳選擇。對輕水反應爐經過多次實驗證實的可靠性，以及可最快應用的考量，勝過了尋找最經濟和最安全技術的想法。雖然輕水最初只被用來作為過渡性技術，但這個選擇卻足以使輕水成為人們最早學會的技術，這一優勢使其他選擇再也無法趕上。

QWERTY、汽油引擎以及輕水反應爐，只不過是關於歷史因素如何決定當今技術選擇的三個例子，雖然這些歷史因素到了今天可能成為無關緊要的考量因素。今天，在選擇相互競爭的技術時，類似打字機卡鍵現象、口蹄疫以及潛

艇空間限制這樣的問題，與最終選擇的得失已經毫無關係。來自賽局理論的重要啟示在於，早日發現潛力，為明天取得優勢做好準備。這是因為，一旦某項技術取得了相當大的先行者優勢，其他技術哪怕更勝一籌，恐怕也徒呼負負。因此，假若早期能花更多時間，不僅研究什麼技術最能適應當今需要，也要考量什麼樣的技術最能因應未來，那麼未來就可能獲得更大的收益。

誰當領頭羊

　　你開車應該開多快？說得具體一點，你應不應該遵守限速規定？和前面一樣，要找出問題的答案，你需要檢視一個賽局，在該賽局中，你的決定會與其他所有司機的決定相互影響。

　　若誰也不遵守這項規定，那麼你就有兩個理由也違反這項規定。首先，有些專家認為，開車速度與路上車流速度保持一致，其實會更安全[9]。絕大多數高速公路上，誰若是開車只開到每小時 55 英里，就會成為一個危險的障礙物，所有人都必須避開他。其次，若你尾隨其他超速車駕駛，則你被逮住的機會幾乎為零。警方根本沒工夫去逮住大多數超速汽車，然後一一處理。只要你緊跟道路上的車流前進，那麼總體而言你就是安全的。

　　若越來越多司機遵守法律，上述兩個理由就不復存在。這時，超速駕駛就變得越來越危險，因為超速駕駛者需要不斷在車流中穿來插去，被逮住的可能性也急劇升高。

　　我們可以用一個圖來表示這個問題，這個圖跟我們之前討論從柏克萊到舊金山的通行路線的圖差不多。橫軸表示願意遵守速限法規的司機比率。直線 A 和 B 表示每個司機估計自己可能得到的好處，A 線表示遵守法規的好處，B 線表示違規超速的好處。我們認為，假若誰也不肯以低於法規限制的速度行駛（左端所示），那麼你也不該那樣做（這時 B 線高於 A 線）；假若人人遵守法規（右端所示），那麼你也應該遵守（這時 A 線高於 B 線）。與前面一樣，這裡存在

三個均衡，而只有在司機調整彼此行為的這種社會動態過程下，才會出現極端的情況。

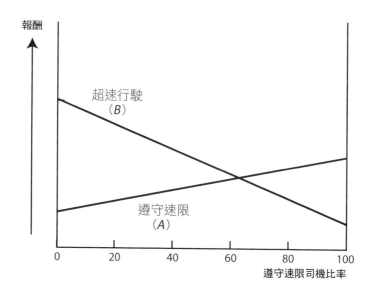

在金門大橋和灣區捷運兩條路線之間進行選擇的案例中，整個動態過程趨向收斂於中間的均衡。而在這裡，趨勢是朝向其中一個極端。之所以不同，原因在於互動的方式。在路線選擇的案例中，無論你選擇哪條路線，一旦越來越多人跟隨你的選擇，該路線的吸引力就會**降低**。而在超速行駛案例中，跟隨你選擇的人越多，這個選擇的吸引力就**越高**。

一個人的決策會影響其他人的原理，在這裡同樣適用。若某位司機超速行駛，他就能稍稍提高其他人超速行駛的安全性。若沒有人超速行駛，則誰也不願做第一個超速、為別人帶來「好處」的人。因為他那樣做不會得到任何「回報」。不過，這裡出現了一個新的變化：如果人人都超速駕駛，那麼誰也不會成為唯一減速的人。

這一情況會不會受到速度限制規定的影響呢？這裡的曲線是根據某個具體的速限繪製的，即時速 55 英里；假設這一限制提高到時速 65 英里，超過這一

速限的好處就會減少，因為一旦超過某個點，車速若再加快就會變得非常危險，從時速 65 英里加速為 75 英里，與從 55 英里加速為 65 英里相比，前者的好處小於後者。再者，時速一旦超過 55 英里，耗油量就會隨之呈級數增加。時速 65 英里的耗油量可能只比 55 英里時高出 20%，但時速 75 英里的耗油量很容易就比 65 英里高出 40%。

立法者若是希望駕駛都遵守速限規定，他們可以從以上討論中得到什麼啟示呢？不一定要把速限設得很高，使得大家都想追速。關鍵在於爭取臨界數量的司機遵守速限規定，這麼一來，只要有一個短期、嚴格且施以重罰的強制執行過程，就能扭轉足夠數量的駕駛修正開車方式，從而產生推動人人守法的力量。於是均衡將從一個極端（人人超速）轉向另一個極端（人人守法）。在新的均衡下，警方便可以減少執法人手，而守法行為也能自動保持下去。這個案例證明，一個短暫而嚴厲的執法過程，可能比一個投入同樣力氣的溫和而長期的執法過程有效得多[10]。

同樣的邏輯也適用於燃油效能標準的問題。多年來，絕大部分美國人都支持大幅提高統合平均燃油標準（CAFE）。2007 年，布希總統簽署了一項能源法案，要求提高汽車燃料效率，實現每加侖行程數從 27.5 英里提高到 35 英里（貨車也一樣）。該方案從 2011 年開始逐步實施，並在 2020 年全面推行。但是，假如大多數人都希望節省更多燃料，他們大可去買一輛節能型汽車，沒有誰攔著他們。然而，為什麼那些提倡更高的燃油效能標準的人，卻一直駕駛著高耗油的越野車呢？

一個原因在於，人們擔心節能型汽車車體比較輕，因此沒那麼安全，更容易發生交通事故，輕型汽車被悍馬車撞到時尤其危險。只有當人們知道路上的其他車和他們的車一樣輕時，他們才會更願意駕駛輕型車。正如一個人超速駕駛將帶動所有人都超速駕駛，路上的重型車輛越多，人們就越需要駕駛一輛越野車以確保安全。就像人一樣，汽車的重量在過去 20 年間增加了 20%。這樣

一來，結果只會導致燃油效能標準更低，且沒有人會更安全。向更高的 CAFE 標準靠攏正是一種協調工具，它有助於使夠多的人從重型車轉向輕型車，讓（幾乎）每個人都會更樂意駕駛輕型車[11]。或許，甚至比技術進步更重要的是，可以改變車種混合的比例，從而使我們可以立即改善燃油效益。

支持集體合作而非獨善其身的觀點，並不是自由主義者、左翼分子以及其他現有社會主義者的獨家專利。偉大的保守主義經濟學家傅利曼（Milton Friedman）在他的經典著作《資本主義與自由》（*Capitalism and Freedom*）一書中，就財富的再分配做了同樣的論證：

> 目睹貧困，我深感悲傷；緩解貧困，我亦獲益；但是，無論我或別人為減少貧困而付出代價，我都同樣可以得到好處；故而我得到了他人慈善行為的部分好處。換句話說，我們大家可能都樂於扶危濟貧，**假使**他人也如我一樣。倘若沒有這樣的信心，那麼，我們可能不願做出一樣多的奉獻。在小團體（小型聚落或小型社會）裡，因公眾壓力較大，即使只藉個人慈善行為也可以達到互助的目的；但在現今主流的成員眾多、且連結性低的社會中，想單靠個人慈善就困難得多。假如人們和我一樣接受這種說法，把它當作政府採取行動以減少貧窮的理由……[12]

不要引爆趨勢

美國的城市很少有種族雜居的社區。假如一個地方黑人居民的比例超過一個臨界水準，這個比例很快就會上升到接近 100%；假如這一比例跌破一個臨界水準，可以預料，這裡很快就會變成白人社區。維持種族間的平衡需要靠某些巧妙的公共政策。

　　這種實際存在大多數社區的種族隔離現象，是不是種族主義擴散的結果？今天，大多數住在城市的美國人都贊成種族混居的社區模式[*]。但困難可能在於，各家各戶選擇住所的賽局均衡會導致種族隔離，即使人們都能承受某種程度的種族混居也無濟於事。這一見解源於湯瑪斯‧謝林[13]。我們現在就來闡述這一見解，看它是如何解釋芝加哥郊區的橡樹園，何以成功維持一個種族雜居的和諧社區。

　　對種族混居的承受力不是黑或白的問題，其中存在灰色地帶。不同的人，無論是黑人還是白人，對於什麼是最佳種族混居比例有著不同的見解。比如，很少有白人堅持認為社區的白人比例應該達到 95% 甚至 99%；但大多數白人在一個白人只占 1% 或 5% 的社區，也會感到沒有歸屬感，多數人寧願看到一個介於上述兩個極端之間的比率。

　　我們可以藉由一個與 QWERTY 案例相仿的圖，說明社區動態的演化過程。縱軸表示下一個遷入的新住戶是白人的機率。我們根據橫軸所示目前的種族混居比例描繪出這條機率曲線。曲線最右端表示，一旦一個社區變成了完全的種族隔離（全是白人），那麼下一個遷入的住戶就很有可能是白人。假如種族混合比例白人占 95% 或 90%，那麼下一個遷入的住戶為白人的機率仍然很高。假如混居比率沿著這個方向繼續發展，那麼下一個遷入的住戶為白人的機率就會急劇下降。最後，隨著白人的實際比率降為 0，這個社區就會變成另外一種極端的種族隔離，即全是黑人，那麼下一個遷入的住戶為黑人的機率就非常高了。

　　在這種情況下，均衡將出現在當地人口種族混居比率恰好等於新遷入住戶種族混居比率的時候。只有在這個時候，才能保持穩定的動態均衡。一共有三個符合這一條件的均衡：當地居民全是白人或全是黑人的兩種極端情形，以及

---

[*] 當然，無論人們喜歡怎樣的種族混居比例，其實都是某種形式的種族主義，只不過不像完全不能容忍其他種族那麼極端而已。

兩個極端中間存在種族混居現象的某個點。不過，到目前為止，這一理論還沒告訴我們，上述三個均衡當中哪一個最有可能出現。為了回答這個問題，我們必須研究推動這一體系趨向或背離均衡的力量，即，促使這種情況出現的社會動力。

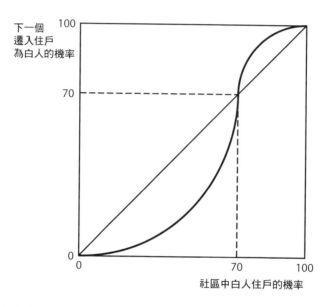

這種社會動力將一直推動社區向一個極端的均衡移動。謝林將這種現象稱為「引爆」（tipping）（隨後麥爾坎‧葛拉威爾的著作《引爆趨勢》〔*Tipping Point*〕使這觀念普及起來）。現在我們來看看為什麼會出現這個現象。假設中間的均衡點是 70% 白人和 30% 黑人。偶然間，一戶黑人家庭搬走了，搬進來一戶白人家庭，於是這一社區的白人比例就會稍稍高出 70%。如上圖所示，下一個搬進來的人也是白人的機率就會高於 70%。這個新住戶增強了向上移動的壓力。假設種族混合比例變成 75：25，引爆的壓力繼續存在。一旦新住戶是白人的機率超過 75%，可以預見整個社區將會變得越來越隔離。這趨勢將一直發展下去，直到新住戶種族比例等於社區人口種族比例。如上圖所示，這一情況只有在整個社區變成白人社區時才會出現。假如反過來，一開始是一戶白人家

庭搬走而一戶黑人家庭搬進來，就會出現相反方向的連鎖反應，那麼整個社區將會變成全黑人社區。

問題在於，70：30的種族混居比例不是一個穩定的均衡。假如這個比例稍微被破壞了，可以確定的是，就會出現向其中一個極端移動的趨勢。令人遺憾的是，無論走向哪個極端，都不會出現回到中間的趨勢。雖然隔離是一個預料中的均衡，但這並不代表人們在此種均衡下會過得更好。每個人或多或少都希望住在混居的社區。但這樣的社區幾乎不存在，即便找到了多半也維持不下去。

我們在這裡再次看到，問題的根源在於一戶家庭的行動，會對其他家庭的行動帶來影響。從70：30的比例開始，若有一戶白人家庭取代一戶黑人家庭，這個社區對有意搬進來的黑人家庭似乎就會減少一分吸引力。但造成這種結果的人不會被罰款，用道路收費站打個比方吧，我們也許應該設計一個「離開稅」。但這麼做將會和一個更基本的原則發生衝突，即每個人都有選擇在哪裡居住的自由。假如社會希望防止出現引爆點，就不得不尋求其他政策工具。

假如我們不能向一戶打算搬走的家庭收取罰金，指責他們將對當地住戶以及現在可能也不想搬進來的住戶造成損失，那麼，我們就應採取措施，降低其他人可能跟著搬離的動機。假如一戶白人家庭搬走了，該社區對外面另一戶白人家庭不應該減少吸引力；假如一戶黑人家庭搬走了，該社區對外面另一戶黑人家庭也不應該減少吸引力。公共政策將有助於阻止這個引爆過程加速發生。

芝加哥郊區的種族混居社區橡樹園提供了一個絕妙的例子，說明什麼樣的政策管用。這個社區採用兩種手段：一是該鎮禁止在房屋前院放置寫有「出售」字樣的招牌；二是該鎮提供保險，保證屋主的房屋和不動產不會因種族混居比例的改變而貶值。

假如很偶然地，同一時間在同一街道上有兩棟房屋要出售，「出售」的招牌就會將這個資訊迅速傳遍整個社區，並傳給潛在的買家。禁止這樣的招牌，使得社區有機會隱瞞這種可能被視為壞消息的資訊。在這棟房屋賣出去以前，

沒有人需要知道有這麼一所房子要出售。結果就能避免恐慌（除非恐慌有正當理由，在這個案例中恐慌只是被延遲罷了）。

光有第一個政策並不夠。屋主們可能還是擔心，覺得自己應該趁著行情還好的時候賣掉房子；假如等到整個社區「引爆」以後再賣，就太遲了，很可能發現房價已經大大貶值，而房屋往往是大部分人的主要資產。不過，假如該鎮提供保險，這就不是問題了。換言之，這份保險消除了經濟上會加速引爆的恐懼。假如這種保證可以成功阻止引爆過程，房屋的價值就不會下跌，且這個政策也不會加重納稅人的負擔。

從一個全白人均衡走向一個全黑人均衡的引爆現象，在美國各地已成為一個越來越普遍的問題。不過，近年來的城市紳士化、貴族化，即僅向全富人均衡的引爆現象，開始成為主流。假如不加以干預，自由市場常常會向一些令人不樂見的結果發展。不過，公共政策加上我們對引爆過程的認識，將有助於阻止向引爆方向發展的趨勢，從而得以維持脆弱的平衡。

高處不勝寒

頂尖律師事務所通常會從自己內部資歷較淺的同事中選擇合夥人，使之成為新的股東。沒被選上的人必須離開，而且通常會轉到一家不那麼有名的律師事務所。在我們虛構的朱思廷—凱絲（Justin-Case）律師事務所，選擇的標準是如此嚴格，以至於多年來根本選不出一個新股東。資淺的同事們對職位停滯不前的狀況提出抗議，股東們於是推出了一個看上去非常民主的新制度。

以下就是他們的做法：到了一年一度決定股東人選時，10 名資歷較淺的同事其能力會按 1 到 10 給予打分，10 分為最高。這些資淺同事會私下得知自己的得分，然後他們會被請進一間會議室，他們將在那裡按少數服從多數的原則，自行投票決定成為股東的最低得分。

他們一致認為，大家都能當上股東是一個好主意，當然勝過從前人人都不

是股東的日子。於是他們將門檻定為 1 分。接著，其中某個得分較高的同事建議將門檻改為 2 分，理由是這樣可以提高股東成員的平均素質。這一提議獲得 9 票贊成，唯一的反對票來自能力最差的同事，而這個人就永遠失去成為股東的資格。

接下來，有人提議將門檻從 2 分提高到 3 分。這時，還有 8 個人得分高於標準，他們一致贊成這一提升整體股東素質的提議，而只有得 2 分的同事反對。令人驚訝的是，得分最低的同事對這個提高標準的提議也投了贊成票，反正無論這個提議能不能通過，他都不可能成為股東了；不過，若是這提議通過了，他跟得 2 分的同事一起成為落選者，這麼一來，其他律師事務所雖然知道他落選了，卻猜不出他究竟得了幾分，而這一不確定性顯然對他本人有利。於是，提高得分門檻的提議最後以 9 票贊成、1 票反對通過。

之後都有人建議再提高門檻 1 分，所有得分高於新標準的人都會以提高股東素質為名（而且不會犧牲自身利益）投票贊成，而所有得分低於新門檻的人也都投了贊成票，希望自己的落選原因變得更加撲朔迷離。而每一回合都只有一個人反對，但他的反對都會以 1：9 的懸殊比數敗下陣來。

如此下去，直到得分標準一路上調到 10 分，最後，有人提議將門檻再提高為 11 分，因為這樣就沒人可以成為股東了。所有 9 分或低於 9 分的同事都贊成這個提議，唯一的反對票來自能力最高的同事，可惜，他的反對也以 1：9 的比數落敗。

這一連串的投票，最後讓每個人都回到起點，他們一致認為這個結果比大家都得到晉升的結果更糟糕。不過，即便如此，整個過程中的每一個決議還是以 9 票贊成、1 票反對獲得通過。這個故事有兩個啟示：

當行動是一點一點推進時，每一小步的行動在絕大多數決策者眼裡，都可能顯得很有吸引力，但結果卻有可能使每個人落得還不如原來的下場。原因在於，投票忽略了偏好的強度。在我們的舉例中，所有贊成者只得到一點點好處，

而唯一反對的那個人卻損失很大。在這一連串連續 10 次投票的過程中，每一個資淺同事都取得了 9 次小小的勝利，但一次重大失敗的損失遠遠超過所有這些小勝利帶來的好處。類似狀況也出現在對一些法案的投票表決中，包括稅收改革法案以及貿易關稅改革法案；這些議案在經過多次修正後，最後被否決了。每一小步的行動都有大多數人支持，不過，最後的結果總會出現某種致命缺陷，以至於使它失去了大多數的支持者。

只有某一個人意識到這個問題，並不表示一個人的力量就可以阻止這個過程的發生。這是一道光滑的斜坡，實在太危險了，誰也不應該走上去。這個團體必須以一種協調的方式向前預測、倒後推理，然後確立規則，避免向那道斜坡跨出任何一步。只要大家同意將改革視為一個一籃子方案，而不是一連串的小步行動，那就是安全的。採取一籃子方案時，每個人都知道自己最後將會到達什麼位置。一連串的小步行動起先可能看起來很誘人，但只要出現一個不利的行動，就足以毀掉整個過程的報酬。

1989 年，美國國會在投票表決要不要為自己加薪 50% 時遭到否決，由此親身領會其危險性。一開始，加薪看起來得到參眾兩院的廣泛支持。但是當大眾聽說他們打算自肥後，就向各自選區的議員提出強烈的抗議。結果，每個議員都認為即便自己投下反對票，加薪議案也能獲得通過，於是每位國會議員私底下都有了反對加薪的想法，而最好的結果就是加薪方案在自己投反對票的情況下仍然能獲得通過。（對他們來說）不幸的是，有太多國會議員都這麼做了，於是突然之間，這個提案能不能過關，變得撲朔迷離。眼看每一次叛逃，就會推動議員沿著那道斜坡下滑一點點，投反對票的理由反而顯得越來越充分。假如加薪提案未能通過，那麼，可能出現的最壞情況就是被人記錄在案，說你投贊成票，這將使你付出政治代價，而且照樣不能加薪。起初，確實可能只有幾個人出於私心希望改善自己在選民心目中的地位，但每一次叛逃都增強了跟隨主流的動機，沒過多久這個提案就胎死腹中。

　　朱思廷—凱絲這個案例還有另一個非比尋常的啟示。假如你注定失敗，你可能寧願敗在一項艱鉅的工作上。失敗會使別人降低對你的前途的期望，而這問題有多嚴重，取決於你敗在什麼地方。沒能跑完 10 公里顯然會比沒能攀登上珠穆朗瑪峰更容易遭人恥笑，關鍵在於，如果別人對你能力的了解確實非常重要，那麼，你最好提高自己失敗的可能性，從而減低遭受失敗的嚴重性。向哈佛而非一般當地大學提出入學申請的人，以及邀請全校最受歡迎的學生做你正式場合舞伴的人，就是採用這種策略。

　　心理學家在其他場合也見過類似的行為，有些人害怕正視自己能力的極限，這時，他們的策略往往是提高自己失敗的機會，從而迴避自己的能力問題。比如，一個成績處在及格線邊緣的學生，可能不願在一場測驗前夕複習功課，這樣的話，若是他考不及格，只會被說是他不用功的緣故，而非他本身能力不足。雖然這麼做是故意跟自己過不去，還會引來不良後果，但你在和自己玩賽局的時候，並不會有「看不見的手」保護你。

政治光譜卡位戰

　　若政壇上有兩個政黨，就必須決定自己處於自由到保守的意識形態光譜中的位置。首先應由在野黨提出自己的立場，執政黨再做回應。

　　假設選民平均分布在整個光譜上，為了使問題具體化，我們把政治立場定為從 0 到 100，0 代表極左派，100 代表極右派。假如在野黨選擇一個位置 48，中間偏左，執政黨就會在這一點和中點之間占據一個位置，比如 49。於是，喜歡 48 或 48 以下的選民就會投票給在野黨；占所有選民比例 51% 的其他人就會投票給執政黨，執政黨就會勝出。

　　假如在野黨選擇高於 50 的立場，那麼執政黨就會在那一點和 50 之間站穩腳跟。這麼做同樣可以為執政黨贏得超過 50% 的選票。

　　基於向前預測、倒後推理的原則，在野黨可以分析出自己的最佳立場是在

中位數。當選民的偏好不一定總是一致時，在野黨會選擇 50% 的選民選左、50% 選民選右的位置。這一中位數不一定就是平均位置，中位數取決於支持各方的呼聲數量是否相等，而平均位置則取決於這些呼聲離自己有多遠。在這個位置，鼓吹向左和鼓吹向右的人勢均力敵，因此執政黨的最佳策略就是模仿在野黨。當兩個政黨的立場完全一致時，它們將只在重要議題上各得一半選票。這種過程讓選民都成了輸家，因為他們最後得到的，只是兩黨互相附和的回聲，卻沒能真正做出政治選擇。

在實務上，政黨並不會採取極端的立場，而是定位在中間。這種現象由哥倫比亞大學經濟學家哈羅德・霍特林（Harold Hotelling）1929 年首先在經濟和公共事務中舉出類似的例子：「許多城市大到不符合經濟原則，而城市的商業區都過於集中；衛理公會和長老教會也太相像；蘋果酒喝起來都一樣。」[14]

假設有三個政黨，還會不會出現這種高度的相似性？假設它們輪流做出選擇並修改自己的立場，也沒有意識形態的包袱。原來處於光譜外側的政黨會向相鄰政黨靠攏，企圖爭奪後者的部分支持群眾。這種做法會使位於中位數的政黨面臨很大壓力，以至於輪到它做出選擇時，它會突然跳到外側去，建立一個全新的立場，以贏得更廣大選民。這個過程將會一直持續下去，完全**沒有**均衡可言。當然，在實務上，政黨通常肩負相當大的意識形態包袱，選民也對政黨懷有相當的忠誠度，從而避免了這種急劇轉變的出現。

但在其他狀況下，立場並非一成不變。看看這個例子：三個正在曼哈頓等計程車的人，他們雖然同時開始等車，但是，最靠近住宅區的那個人，將最先攔到開往市區方向的計程車；而最靠近鬧區的那個人，將最先攔到開往住宅區方向的計程車；於是站在兩區之間的那個人就會被排擠出局。假如站在兩區之間的那個人不想被排擠出局，就必須要麼向住宅區的方向前進、要麼向鬧區方向前進，以占領另外兩個人中任何一個相對有利的位置。但直到計程車到達之前，可能根本沒有一個均衡，因為沒有人甘心待在兩區之間，被別人排擠出局。

在此，我們看到非協調決策過程的另外一種不同的失敗，這個過程可能根本沒有一個明確的結果。遇到這種情況，社會必須尋找不同的協調方法，來達成一個穩定的結果。

重點回顧

本章討論了許多賽局案例，這些賽局的輸家多於贏家。未經協調的選擇之間相互影響，導致整個社會承受糟糕的後果。現在我們簡單總結這些問題，而讀者也可以藉由案例分析，將這些概念運用在現實生活中。

首先我們討論了每個人只能二選一的賽局。其中一個問題是大家非常熟悉的多人囚徒困境：每個人都做出了同樣的選擇，結果卻是一個錯誤的選擇。然後我們看到另一些賽局，部分人做了一種選擇，部分人做另一種選擇，但從整體的立場來看，這兩種選擇都沒有達到最佳比例。會產生這種結果的原因在於，賽局中一個人的選擇會對其他人產生外溢效應，而做出這個選擇的人並沒有預先將這個影響考慮在內。接著我們遇到的情況是，所有人都選擇這個或另一個極端，也都會達到一個均衡。要做出選擇，或確保做出正確的選擇，需要思考對人們的行為產生影響的社會慣例、懲罰或約束。即便如此，強大的歷史力量仍有可能使得這個團體深陷錯誤的均衡。

把焦點轉到具有多種選擇的狀況。我們看到一個團體如何自願滑下那道光滑的斜坡，直至產生一個全體參與者都深感遺憾的結果。在另一些例子中，我們發現了一種過度相同的趨勢。有時人們彼此加強對他人想法的預估，可能會達成一個均衡。另外，在某些例子中，可能根本不存在均衡，我們必須另覓途徑，以達成一個穩定的結果。

這些故事的關鍵在於，自由市場的運作結果並不總是好的。其中有兩個根本問題，一是歷史因素很重要。我們選擇汽油引擎、QWERTY 鍵盤和輕水核反應爐的經歷，可能迫使我們不得不繼續使用這些相對比較差的技術。歷史上的

偶然事件不一定有辦法由今天的市場來修正。當我們向前預測時，發現某項技術一旦占據支配地位，就有可能變成一個潛在的問題，因而政府有理由在技術標準確立之前擬定有關政策，鼓勵開發更多樣化的技術。又或者，假如我們無法擺脫一個相對較差的標準，那麼公共政策可以引導大家協調一致，從一個標準轉向另一個標準。將度量衡的英寸和英尺轉為公制就是一個例子；另一個例子是為了充分利用日光而協調一致轉用夏令時間（日光節約時間）。

較差的標準得以存在，與其說是技術上的問題，不如說是行為上的問題。相關的例子都有一個均衡，在這個均衡點上，大家都在稅單上做手腳，或者超速行駛，或者在事先約定的時間之後 1 小時才趕到晚會現場。要從一個均衡轉向一個更好的均衡，最有效的辦法可能是舉辦一場短期而嚴格的大規模活動，促使達到臨界數目的人引爆新趨勢，然後，從眾效應就能使這個新的均衡自動維持下去。相反的，長期施加一點點壓力的做法不可能達到相同的效果。

自由放任主義的另一個普遍問題在於，生活當中很多很有影響力的事件，都是發生在經濟市場之外。從一般禮節到清潔空氣，這些物品往往沒有價格，從而也就沒有什麼「看不見的手」引導人們的自利行為。有時，給這些物品定價可以解決問題，好比解決金門大橋堵塞問題的例子。但在其他時候，給物品定價就會改變它的本質。比如，一般來說，捐贈的血液比購買的血液更好，因為那些急於賣血換錢的人很可能自己的身體也不是那麼健康。本章所舉出的協調失敗的案例，目的在於說明公共政策的作用。不過，在各位被本章吸引入迷之前，請看下面的案例。

案例分析》牙醫到哪開業？

在本案例分析中，我們會檢視「看不見的手」如何配置（或錯誤配置）城市和鄉村之間的牙醫供給。在很多方面，這個問題與我們之前提到的開車還是搭乘捷運從柏克萊到舊金山的例子密切相關。「看不見的手」能否把正確的人

數分配到各個路線去呢？

　　由於分配不當產生的牙醫短缺問題，通常實際上沒有那麼嚴重。好比即便任憑大家自行選擇通行路線，可能還是會有很多人選擇開車跨越金門大橋。現在這個問題是，會不會有太多牙醫選擇到城市行醫而不是去鄉村呢？假如真是這樣，這是否意味著社會應該向那些打算在城市開業的牙醫徵收一定費用呢？

　　為達到案例分析的目的，我們大大簡化了牙醫的選擇問題。假設住在城市與住在鄉村對牙醫來說吸引力一樣大，他們的選擇僅僅取決於經濟上的考量，也就是說他們會去可以賺最多錢的地方。就像通勤族要在柏克萊和舊金山之間決定哪種通行方式一樣，這是基於自利的本性所做的選擇；而牙醫一心想使自己的收益最大化。

　　由於有太多鄉村地區缺少牙醫，這代表鄉村具有容納更多牙醫開業行醫的空間，而又不至於造成擁擠。於是在鄉村行醫就好比搭捷運。在最理想的情況下，一個鄉村牙醫賺的錢比不上在大城市的同行，但在鄉村行醫卻是一個更穩定、能獲得超過平均收入水準的方式。當鄉村牙醫人數增加時，牙醫的收入及其社會價值，基本上不會改變。

　　在城市行醫則更像開車穿越金門大橋──整個城市只有你一個牙醫時當然非常愉快，但是一旦變得擁擠，就不那麼美妙了。一個地區的首位牙醫具有極高的社會價值，可以把生意做得很大；但如果周圍出現過多牙醫，就可能出現擁擠和價格競爭。假如牙醫人數增加過快，他們將不得不開始搶病人，其才能也將無法得到充分發揮。假如城市牙醫的數量增加得再快一些，他們的收入可能還比不上鄉村的同行。簡言之，隨著城市牙醫人數的增加，他們提供的服務的邊際價值就會下降，收入也會隨之下降。

　　我們可以用一個簡單的圖表來描述這個情況，你會發現，結果還是跟自己開車或搭捷運的例子差不多。假設有 10 萬名新牙醫要在城市或鄉村之間做選擇，如果新的城市牙醫有 2 萬 5,000 人，則表示新的鄉村牙醫有 7 萬 5,000 人。

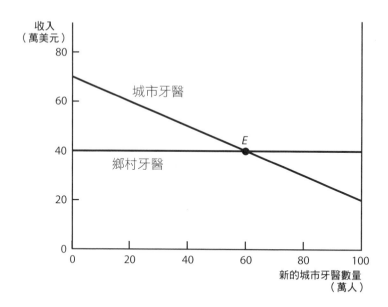

向下的直線（代表城市牙醫）以及水平直線（代表鄉村牙醫）分別表示兩種選擇的經濟優勢。在最左端，人人都選擇在鄉村行醫，城市牙醫的收入就會超過鄉村牙醫。而在最右端情況完全相反，人人都選擇在城市行醫。

地點選擇的均衡點出現在 E 點，此時兩種選擇的經濟報酬完全相等。為了證明這一點，我們假設選擇在城鄉之間的分布始於只有 2 萬 5,000 名新的城市牙醫。由於此時城市牙醫的收入高於鄉村牙醫的收入，我們可以預估，會有越來越多的新牙醫選擇城市而不是鄉村。這一變化將使牙醫在城鄉間的分布向右方移動。假如我們從 E 點右方的一點開始檢視，在該點城市牙醫的收入比不上鄉村牙醫，變動過程將正好相反。只有在達到 E 點時，次年的地點選擇才會與今年的情況大致相仿，而整個系統也將穩定下來，達到一個均衡。

不過，這一結果對整個社會是不是最好的呢？

:: 案例討論

正如前面選擇通行方式的案例，這一均衡不能使牙醫的收入總和達到最大。

不過，社會不僅關心牙醫業的從業者，同時也關心其消費者。實際上，假如不加干預，整體而言，E 點是最好的市場解決方案。理由在於，只要多一個牙醫選擇在城市行醫，就會帶來兩個方面的作用。這個後來者會降低所有其他牙醫的收入，損害牙醫報酬。不過，價格降低對消費者倒是一件好事。兩個副作用正好相互抵消。這種情況與選擇交通方式的案例的差別在於，沒有人會從金門大橋堵塞導致行駛時間增加中得到好處。假如副作用是價格（或收入）的改變，那麼購買者就會得到好處，生產者則會遭受相對的損失。這是一個淨零和效應。

從社會的角度來看，任何一個牙醫都不應該擔心降低同行的收入。每一個牙醫都應該設法使自己的收入達到最高。由於每個人都做出自利的選擇，從而在不知不覺之間實現了牙醫在城市與鄉村的最適分布。於是，城市牙醫和鄉村牙醫都會得到同樣的收入 [*]。

當然，美國牙醫聯合會可能不這麼看。面對城市牙醫收入的減少與消費者縮減就醫支出，它可能更重視前者。從牙醫職業的角度來看，確實存在分配不當的現象，有太多牙醫擠在城市行醫。假如能有多一些牙醫在鄉村開業，那麼，在城市行醫的潛在優勢就不會被競爭和擁擠「浪費掉」。從整體來看，假如我們有可能將城市牙醫的數目維持在自由市場水準以下，那麼牙醫的收入總和就會提高。雖然牙醫不能向那些選擇在城市的牙醫同行收取費用，不過，創立一筆基金用於補貼願意投身鄉村的牙醫學生，倒是符合這個職業的利益的。

更多關於合作與協調的案例，請參閱第 14 章中的「祝你好運」「價格的面紗」以及「李爾王的難題」等案例。

---

[*] 或者說，住在城市的成本應該某種程度高於住在鄉村的成本，這一差距相對體現在城市牙醫和鄉村牙醫收入的差異上。

第10章
拍賣、競標與競爭

　　不久以前，拍賣的典型場景還是：一個操著傲慢的英國腔的拍賣官，將一群珠光寶氣的藝術品蒐藏家集中在一個安靜的房間；蒐藏家坐在路易十四時代的椅子上，豎起耳朵來競標。而今，由於 eBay 網路拍賣業務的擴張，拍賣已經變得更大眾化了，只需按按滑鼠便可參與拍賣。

　　人們最熟悉的拍賣方式是一件物品掛牌出售，出價最高者得標。在蘇富比拍賣會，這件物品通常是一幅油畫或一件古董。而在 eBay 上，則通常是一個糖果盒，一組二手爵士鼓等等物品；在 Google 和 Yahoo!，關鍵字搜尋旁邊的廣告位的拍賣，帶給他們超過 100 億美元的收入；在澳洲，連房子也是透過拍賣來銷售的。普遍的特色是有一個賣家和多位買家，買家為了得到物品相互競價，出價最高者得標。

　　若認為拍賣只是銷售物品的途徑之一，這樣的觀點未免太狹隘；拍賣也可以用在購買物品。一個很好的例子是，地方政府想修建一條公路，於是採取公開招標的方式決定由誰承造。在這時，出價**最低者**得標，因為政府希望以盡可能便宜的代價買到鋪路服務。這就是所謂的採購拍賣。在這種拍賣中，有一個買家，以及許多想得到買家生意的賣家*。

　　在拍賣中，競價需要策略。當然，事實上你只需要一個競價號碼牌或者拍

賣帳號。但這也會帶來另一個問題：當人們出於衝動或興奮而競標，結果卻使他們後悔終生。要在拍賣現場不失控就需要策略。你應該盡早出價，還是等到拍賣即將結束時才競價呢？如果你對一件物品的估價是 100 美元，你應該出多高的價？如何避免得標後又後悔自己出價過高？如我們以前所談到的，這種現象稱為贏家的詛咒；接下來，我們將說明如何避免。

　　你是否應該參加一場拍賣？澳洲的房屋拍賣市場說明了買家的困境。設想你對一棟預定於 7 月 1 日拍賣的房子很感興趣，但是，你更喜歡那棟一週後將開賣的房子。你願一直等到第二個拍賣時再參與，冒最終可能一棟房子都買不到的風險嗎？

　　我們打算從說明某些基本的拍賣類型著手，繼而討論賽局理論可以怎樣幫助你競價，以及幫你明白何時該放棄競價。

英式和日式拍賣

　　最有名的拍賣類型是英式拍賣或稱升價拍賣（ascending auction）。這是讓拍賣人站在拍賣室的前面，大聲喊出不斷拉高的出價：

　　　　我聽到的是 30 嗎？戴粉紅色帽子的女士出價 30。

　　　　40 ？好，我左邊的這位先生出價 40。

---

* 採購拍賣更複雜，因為競價者用的並非同一「通貨」。在一個典型拍賣中，當阿維納什出價 20 美元，貝利出價 25 美元時，賣家知道 25 美元是一個比較好的競價。但是，在採購拍賣中，我們無法確定阿維納什出價 20 美元修路，會比貝里出價 25 美元更好──工程品質可能有好有壞。這就解釋了為什麼逆向拍賣不能在 eBay 運作良好。假設你想買一架珍珠 Export 系列的爵士鼓，這種商品在 eBay 上很常見，而且通常隨時都有十多架待售。要發起一個採購拍賣，你需要讓所有的賣家互相競價；然後在拍賣結束時，你用最低的價錢買到了爵士鼓（假設它低於你的預算）。問題在於，你可能會考慮爵士鼓的顏色、年代以及賣家的信用和及時到貨的商譽，而出價最低的不一定就是最好的。但是，如果你不總是選擇最低的出價，那麼賣家就不知道他們需要出多麼低的價格才能贏得你的生意。一個通常在理論上比較有效的解決方法是，提出對品質要求的標準。這種方法的問題在於，品質高於標準的競價者，在拍賣中通常得不到什麼回報。由於採購拍賣比較複雜，本書主要集中討論一般的拍賣。

有人要出 50 嗎？50，有沒有人？

40 第一次，第二次，成交。

　　在這裡，最優的競價策略（儘管它幾乎不值得用策略這個詞）非常簡單，你應該一直出價，直到價格超出了你的估價預算，就退出。

　　面對競價拉高的問題，通常有一點技巧。假設競價以 10 為單位遞增，但是你的估價是 95，那麼你就應該在 90 的時候停止競價。當然，既然知道 90 是自己的最後出價，你可能會考慮應該在 70 或 80 的時候成為積極競標者。在接下來的討論中，我們將假設競價的每口叫價（bid increment）非常小，只有一美分，這樣，這些最後階段就不重要了。

　　唯一棘手的部分是決定你所設定的「估價」指的是什麼。我們認為你的估價就是剛好讓你轉身離開的數字，它是你想贏得這項物品的最高價格，再多一美元你就寧可放棄，而少一美元你就願意支付的價格，但只是勉強願意支付。你的估價可以包括你不想讓這件物品落入對方手中的某個溢價；還可能包括贏得競標的興奮；也可能包括將來轉手賣出的預期價值。當把所有這些元素都放在一起考量時，你的估價就代表「如果你不得不支付這個價格，就不會在乎你是贏了還是輸了這場拍賣」的那個金額。

　　估價分為兩種，私人的和共同的。在一個私人價值的世界裡，你對這件物品的估價根本不必管別人認為它值多少錢。所以，你對一本附有作者親筆簽名的《思辨賽局》的估價，與你的鄰居認為它值多少錢沒有關係。而在一個共同價值的情況下，競標者知道這件物品對所有人的價值是一樣的，儘管每個人對共同價值是多少可能觀點不同。有個典型的例子是對一份近海石油合約的競價。海底有一些石油，儘管藏油量還不確定，但是不管是埃克森石油還是殼牌石油贏得競標，藏油量都是一樣的。

　　實際上，一件物品的價值通常既包含私人的元素，也包含共同的元素。某

家石油公司的石油開採技術可能高於另一家公司，這就是在基本共同的東西上加上了個人價值元素。

在共同價值的情況下，你對某物品價值的最佳推估可能取決於還有誰在競價，或有多少人競價，以及他們什麼時候退出。在英式拍賣中，這些資訊是封閉的，因為你從來不知道還有誰願意競價但還沒有採取行動；你也不確定某個人是在什麼時候退出的。你知道他們的最後出價，但卻不知道他們能出到多高。

有一個英式拍賣的變形，其透明度比較高，就是所謂的「日式拍賣」。所有競標者開始時都舉著手或者按著按鈕。出價透過一個儀表升起，這個表可能從 30 開始，然後是 31，32，……並繼續上升。只要你的手是舉著的，就是在繼續參與競價。你透過放下你的手表示退出，而規則是一旦你放下了手，就不能再舉起來了。當只剩下一個競標者舉著手時，拍賣就結束了。

日式拍賣的一個優點是，有多少競標者在參與競標，一直是很明確的。在英式拍賣中，即使一個人一直想出價，他也可以保持沉默。然後，這個人可以在競標最後突然出價，參與到競標中來。在日式拍賣中，你可以清楚知道有多少個競爭者，甚至每個人在什麼價格上會退出。所以，日式拍賣就如同一個人人都必須露出手的英式拍賣。

日式拍賣的結果很容易預測，因為競標者會在價格達到他們的估價時退出，最後剩下的就是估價最高的那個人。得標者將要支付的價格等於次高出價，理由是拍賣在倒數第二個競標者退出的時候就結束了，所以得標價是次高估價。

因此，這件物品就賣給了那個估價最高的人，而賣家收到的金額等於次高估價。

維克里拍賣

1961 年，哥倫比亞大學的經濟學家暨後來的諾貝爾獎得主威廉·維克里發明了一種不同類型的拍賣，他自己稱之為次價（second-price）拍賣，而我們為

了向他表示敬意，將它稱為維克里拍賣[*]。

在維克里拍賣中，所有的出價都放在一個密封的信封裡，信封打開決定得標者時，出價最高者勝出。但是這裡有一個轉變，得標者並不是支付自己的出價，而只須支付次高出價。

這個拍賣的亮點甚至神奇之處在於，所有競標者都有一個優勢策略：按照他們認定的估價出價。在一個典型的密封競價拍賣中，出價最高者勝出，並且支付他的實際出價。競價策略是一個複雜的問題，你應該出什麼價，取決於賽局中還有多少競標者，以及你認為他們對這件物品的估價是多少，甚至你認為他們認為你的估價是多少。結果，這變成了一個很複雜的賽局，每個人都必須思考其他人在做什麼。

在維克里拍賣中，你要做的只是找出這件東西對你來說值多少，然後把這個金額寫下來。你的競價策略為何可以這麼簡單？原因在於它是一個優勢策略。無論賽局中的其他參與者如何行動，優勢策略都是你的最佳策略。所以，你無須知道還有多少參與者，他們在想什麼或做什麼。你的最佳策略不必管別人的競價。

這帶來了一個問題：我們如何知道依自己估價來出價的策略是一個優勢策略呢？下面的例子就是上述一般討論的基礎。

你正在參與一場維克里拍賣，你對這件物品的實際估價是 60 美元，但是你的出價不是 60 美元，而是 50 美元。為了說明這是一個壞主意，我們要以結果來論英雄。什麼時候出價 50 美元而不是 60 美元會導致不同的結果？實際上，也可以把這個問題反過來問：什麼時候出價 50 美元和 60 美元會導致相同的結果？

---

[*] 其開創性的論文是「Counterspeculation, Auctions, and Competitive Sealed Tenders」，Journal of Finance 16（1961）8-37。雖然維克里是第一個研究次價拍賣的，但它的使用至少可以追溯到 19 世紀，當時被集郵愛好者廣泛使用。甚至有證據指出，歌德（Goethe）曾在 1797 年向公眾出售他的手稿時，採用了次價拍賣。[見 Benny Moldovanu 與 Manfred Tietzel，"Goethe's Second-Price Auction," Journal of Political Economy，106（1998）854-59]。

> **賽局思考題⑥**
>
> 設想在一場維克里拍賣中，你可以在出價前就知道其他競標者會出價多少，若暫時不考慮道德問題，那麼這件物品對你來說值多少？

如果某個人出價 63 美元或 70 美元，或者任何高於 60 美元的價格，那麼出價 50 美元和 60 美元就會失敗。所以，它們之間沒有差別。在這兩種情況下，你輸掉了拍賣，兩手空空地離開。

如果其他人的最高出價低於 50 美元，如 43 美元，那麼 50 美元或 60 美元的競價就會導致相同的（但比較令人愉快的）結果。如果你出價 60 美元，那麼你就會贏得拍賣，然後支付 43 美元；如果你出價 50 美元，你也會贏得拍賣，然後支付 43 美元。原因是在兩種情況下你都是最高出價者，而且你的支付價是次高價格，即 43 美元。當次高出價是 43 美元或任何低於 50 美元的價格時，出價 50 美元不會為你省下更多錢（與出價 60 美元相比）。

我們已經知道這兩個價格會帶來完全相同的結果。基於此，沒有任何理由更偏向哪個競價，剩下的問題就是這兩種競價是從哪裡開始分道揚鑣的，這就是我們用來判斷哪個競價會產生更好結果的方法。

所有的對手競價，不論是都高於 60 美元，還是都低於 50 美元，結果沒什麼不同。剩下的唯一情況是最高競價在 50 美元到 60 美元之間，如 53 美元。如果你出價 60 美元，你將贏得拍賣並支付 53 美元；如果你出價 50 美元，那麼你就會輸掉拍賣，因為你的估價是 60 美元，而你寧可贏得拍賣並支付 53 美元，也不想輸掉拍賣。

收益等值

此時，你可能已經發現，維克里拍賣得到的結果與英式（或日式）拍賣相

同，都是一步完成。在兩種情況下，結果都是估價最高的那個人贏得拍賣；在兩種情況下，得標者支付的都是次高估價。

因此表面看來，這兩種拍賣得到了完全相同的結果。同樣的人得標，且得標者支付同樣的價格。當然，還有每口叫價的問題：若出價是以 10 為單位增加的，那麼一個估價 95 的競標者，可能會在 90 的時候就退出了。若增加單位非常小，則這個人將恰好在其估價上退出。

這兩種拍賣之間仍有細微的差別。在英式拍賣中，競標者可以透過觀察其他人的出價，獲悉一些有關別人認為該物品值多少的資訊。（還有許多觀察不到的潛在出價。）在日式拍賣中，競標者可以掌握更多資訊：每個人都能看到別人在什麼價格上退出。相反的，在維克里拍賣中，得標者在拍賣結束之前，都沒有機會得知有關他人出價的任何資訊。當然，在私下的估價拍賣中，競標者並不在乎別人認定這件物品值多少錢，因此，額外的資訊並不重要。這就使我們得出了以下結論：在私下的估價拍賣下，賣家無論採用維克里拍賣還是英式（日式）拍賣，最後將得到同樣金額的錢。

可以說，上述結論正是一般競標拍賣的典型結果。在多數情況下，規則的改變並不會給賣家帶來更多或者更少的收益。

:: 買家的溢價

如果你在蘇富比或佳士得的拍賣中初次得標，你可能會大吃一驚，發現你須支付的金額遠大於你的出價。我們說的不只是課稅問題，而是拍賣行會向買家加收 20% 的溢價（佣金）。如果你以 1,000 美元得標，他們將要求你開出 1,200 美元的支票。

誰來支付買家的溢價呢？表面上的答案是買家自己。但如果答案真的這麼明顯，我們就不會問了，或者，我們只是為了讓你保持清醒才問的？

呃，其實支付這筆溢價的不是買主，而是賣家。我們只需假設買家都了解

這個規則，且在出價時也考慮進去，就知道會得到這個結果。假設你是個蒐藏家，願意為一件拍賣品支付 600 美元，那麼你會出價多少？你的最高出價應該是 500 美元，因為你知道得標後你實際得付出 600 美元。

你可以把買家溢價想成一種貨幣換算或貨幣代碼。當你說 100 美元的時候，你真正的意思是 120 美元[*]。每一個競標者都會相對依比例縮減自己的出價。

如果你的得標價是 100 美元，你就不得不開一張 120 美元的支票。你並不關心這 120 美元中有 100 美元給了賣家，另外 20 美元給了拍賣行。你只在意這幅油畫花了你 120 美元。從你的角度出發，你也可以設想是賣家拿走了所有的 120 美元，然後付給拍賣行 20 美元。

我們的重點是，得標者仍然支付同樣金額的價錢，唯一的差別在於，現在拍賣行得到了總價的一部分，所以溢價其實是由賣家全額承擔的，而不是買主。

在這裡，可能會讓你想去改變賽局的規則，但參與者也會調整他們的策略，以適應新的規則。在很多例子中，他們總會恰好精準地抵消了你所做的改變。

線上拍賣

儘管維克里拍賣可以一直回溯到歌德，但是直到近年，這種拍賣形式才開始普及起來。如今，它已成為線上拍賣的標準。以 eBay 為例，你並不是直接在 eBay 拍賣中競價，相反的，你採取的是一種稱為委託出價（proxy bid）的方法。你授權 eBay 為你的競價代理人，替你出價。如果你給他們的委託出價是 100 美元，而現在的最高競價是 12 美元，那麼 eBay 就會先為你出價 13 美

---

[*] 考慮這個賽局的一種方法是，假設該拍賣在紐約舉行，但競標者卻以歐元出價。那麼當競標者喊出 500 歐元時，他預期的是要支付 600 美元（匯率：1 歐元=1.2 美元）。無論如何，改變拍賣的貨幣都不會給拍賣行帶來更多收入。如果蘇富比宣布週一的拍賣將以歐元進行，那麼每個競標者都會進行計算，將他們的出價換算成美元（或日圓，在某種情況下）。不管貨幣單位是什麼，他們都知道出價「100」的真實成本。

元。如果這個價格高到足以得標，它就停止出價。但是如果有人以 26 美元委託
eBay 出價，那麼 eBay 就會把你的出價提高到 27 美元。

看上去，這只不過像是一個維克里拍賣。把委託競價看作維克里拍賣中的
競價。委託出價最高的人最後得標，而且他支付的金額等於次高出價。

為了具體說明這一點，設想有三個委託出價：

A: 26 美元

B: 33 美元

C: 100 美元

一旦競價達到 26 美元，A 的代理就退出拍賣；B 的代理將迫使競價上升到
這個水準；而 C 的代理也會推動競價一路上升到 34 美元。所以，C 將贏得拍賣，
然後支付次高的委託競價。

如果人人都必須同時、一次性的、完全提出他們的委託競價，那麼，這個
拍賣就與維克里拍賣完全相同，而且我們可以建議每個人直接參與拍賣，並以
他們的真實估價出價。以真實估價出價將是一個優勢策略。

但是這個拍賣並不是這樣進行的，而且一些小小的暫停，會使人們迷上競
標活動。一種複雜的情況是，通常同時會有幾件相似的物品在 eBay 上待售，
所以如果你想買一套二手的珍珠 Export 系列的爵士鼓，你隨時都有十個左右的
選擇。不論哪套爵士鼓最便宜，你可能想出的最高價是 400 美元。雖然你願意
為任何一套爵士鼓最高支付 400 美元，但你絕不會對一個其他人可以用 250 美
元買到的鼓組出價 300 美元。你也可能比較想在一個較快結束的拍賣會上競價，
而不必等一個禮拜才能知道是否得標。

這一點可歸納為：不論現在或將來，你對拍賣中商品的估價，取決於其他
相似的待售物品，所以你不應光憑拍賣本身進行估價。

:: 狙擊出價

　　但是，讓我們看一個不考慮上述複雜情況的案例。在此我們轉向某個獨一無二的拍賣品的例子。你有理由不立刻參與，不向競價代理人提出自己的真實估價嗎？

　　出於經驗，人們通常不會立刻參與競價。他們通常一直等到最後一分鐘甚至最後一秒，才報出其最佳委託出價。此種招數叫做**狙擊**（sniping）。事實上，的確有像 Bidnapper 之類的網路服務商可以為你提供狙擊出價服務，因此你不必呆呆地等到拍賣快結束時才親自出價。

　　為什麼要狙擊？我們已經在維克里拍賣中指出，以你的真實估價出價是一個優勢策略。狙擊的發生，一定是因為委託出價和維克里拍賣之間的細微差別。關鍵的不同是，在拍賣結束之前，其他競標者可能會從你的委託出價中得到一些資訊。如果他們得知的資訊會影響他們的競價，那麼你就有動機把你的出價甚至你的委託出價隱藏起來。

　　過早的出價可能會洩露一些有價值的資訊。例如，倘若有個家具商對一把特別的包浩斯椅子競價，你可能（很合理地）推斷這把椅子是真貨，而且具有歷史價值。如果這個家具商願意出 1,000 美元買下這把椅子，那麼你就會很樂意支付 1,200 美元，這個較高的價格使你有希望從這個家具商手上贏來這把椅子，所以家具商不希望其他人知道他願意出多高的價錢。這就使家具商一直等到最後一刻才輸入他的真正出價，在那時候，你或其他人已經來不及做出反應了。等到你發現家具商也在**繼續競價**時，拍賣已經結束了。當然，這表示，競標者的真實身分是對其他人公開的，且不允許使用化名[*]。不過，狙擊出價是如此普遍，這也表示還可以有其他解釋。

　　我們認為對狙擊最好的解釋是，很多競標者並不知道自己的真實估價。以

---

[*]　雖然用假名非常容易，但如果這個競標者沒有信用記錄，賣家可能不願接受其出價。

一輛保時捷 911 老爺車為例，競標的底價是 1 美元，當然，我們對這輛車的估價不可能是 1 美元，我們的估價為 100 美元，甚至是 1,000 美元。假如競價低於 1,000 美元，我們便可以確信這是一筆很划算的交易。我們不必查找藍皮書價格，甚至不必跟我們的配偶商量是否需要另外買一輛小汽車。這裡的問題是我們很懶，而找出我們對一件物品的真實估價需要做一些功課。如果我們根本不需要努力便可以贏得拍賣，那麼誰不想走捷徑。

這就是狙擊行動的原因。設想有位專業買家對這輛保時捷 911 的估價是 1 萬 9,000 美元。這位買家將希望在一段時間內，盡可能維持在較低的競價水準。如果買家一開始就輸入 1 萬 9,000 美元的委託出價，那麼我們沒腦袋的 1,000 美元的競價代理人就會把價格直接提高到 1,000 美元。這時候，我們就會意識到我們需要更多資訊。在這個過程中，我們的配偶可能會來湊熱鬧，讓我們把出價提高到 9,000 美元。如果其他競標者有機會做研究功課，就可能使最終價格上升到 9,000 美元以上。

但是，如果 1 萬 9,000 美元的委託出價者保留自己的實力，那麼只有到拍賣最後一刻，競價才可能超出 1,000 美元，這時，我們已經來不及重新提出更高的競價了，即使我們一直都想出更高價，且可以很快得到配偶的同意。

狙擊的一個原因是讓其他人不知道己方估價的資訊。你不希望人們得知他們慢條斯理的競價其實並沒有機會得標。如果他們很早便發現會這樣，他們就會先做一些功課，而這只會導致你付出更高代價，雖然你仍然可以得標。

就像你已經得標那樣出價

賽局理論中，一個有力的觀念是，要像一個結果導向主義者一樣行動。我們提出這種觀念的意思是：向前預測，看看你的行動會帶來什麼結果。你應當在一開始時就以終為始，然後才採取行動。事實證明，這種觀念在拍賣及生活中至關重要，它也是避免「贏家的詛咒」的重要工具。

　　為了具體說明這一點，不妨想像你正向某人求婚。對方的回答可以是願意或不願意。若答案是不願意，結果你將一無所獲；但若答案是願意，則你將走入婚姻。我們的主張是，你在問這個問題時應假設答案將是願意。我們知道這樣做只是抱持一種樂觀的態度；你的求婚對象也很可能說不願意，那你就會非常失望。但是，之所以仍然要求你假設對方會說願意，原因是希望你要為那個結果的到來做好準備，也就是你也應該說願意。如果聽到對方說願意後，你卻還想再考慮，那表示你一開始就不該去求婚。

　　在求婚時，設想得到願意的答案，實乃自然而然的進行方式。但在談判和拍賣時，這卻是一種需要學習的方法。大家不妨在以下的賽局案例中先練習。

　　你是 ACME 公司的潛在買家。由於具備豐富的賽局理論知識，無論其現在市值是多少，你都有能力讓 ACME 的市值成長 50%。問題是你對這家公司的現值有疑慮。在審慎的調查後，你把市值定在 200 萬到 1,200 萬美元之間，平均值是 700 萬美元，且你認為在 200 萬到 1,200 萬美元範圍內的所有選項都有一樣的可能性。以這種方式確定出價後，你就要對所有人提出一個一次性的「接受，否則放棄」的出價。而他們將接受任何高於現值的出價，反之則拒絕。

　　假設你出價 1,000 萬美元，若結果證明這家公司的現值是 800 萬美元，那麼你可以使它增值到 1,200 萬美元，於是你就會以 1,000 萬美元購買一家價值 1,200 萬美元的公司，你的利潤將是 200 萬美元。如果公司只值 400 萬美元，你可以使它增值到 600 萬美元，但是你花了 1,000 萬美元，所以最後會虧損 400 萬美元。

　　你對現任所有人的最高出價應該是多少，才能不致虧本？不虧本的意思是，儘管你不可能在每種情況下都賺錢，但是平均來說你會既不賺也不虧。注意，我們並非推薦你以這個不虧本的價格出價，你的出價應該務必低於這個金額；這只是一種找到你出價上限的方法。

　　面對上述問題，大部分人的推理如下：

平均來說，這家公司價值 700 萬美元。我可以使它增值 50%，即增值到 1,050 萬美元。所以，我可以一直出價到 1,050 萬美元，而且仍然不會虧本。

1,050 萬美元是你要出的價錢嗎？我們希望不是。

請回頭考慮一下求婚的例子，你現在正在追求一個收購對象，如果他們說願意時怎麼辦？你還想繼續下去嗎？如果你出價 1,050 萬美元，且所有人點頭同意了，那麼你就得到了一些壞消息：你會知道這家公司現在其實不值 1,100 萬美元或 1,200 萬美元。當所有人同意你 1,050 萬美元的出價時，表示這家公司的價值只在 200 萬到 1,050 萬美元之間，即平均 625 萬美元。問題在於，即使你可以給公司帶來 50% 的增值，也只是將價值提高到 937.5 萬美元，這個價值遠遠低於你砸下的 1,050 萬美元。

這是一個嚴肅的問題。似乎只要他們點頭答應，你就不再想買這家公司了。克服這個問題的辦法是：假設你的出價會被接受。這樣的話，如果你想要出價 800 萬美元，你就可以預測，當這個出價被接受時，這家公司的價值是在 200 到 800 萬美元之間，平均價值是 500 萬美元。在 500 萬美元基礎上的 50% 的溢價，只會給你帶來 750 萬美元，而這還不足以**彌補** 800 萬美元的出價。

用同樣方法再來算 600 萬美元的出價。你可以預料，當賣家說同意時，表示公司價值 200 到 600 萬美元之間，平均價值是 400 萬美元；50% 的溢價使價值回升到 600 萬美元，即盈虧平衡點。賣家立即同意出價的確是一個壞消息，但對交易來說倒也不算致命。你必須向下調整你的出價，思考哪個價格會讓賣家對你點頭。

讓我們把上述情形總結一下。如果你出價 600 萬美元，且假定你的出價被接受，那麼你將推測這家公司僅僅值 400 萬美元，所以當你的出價被接受時，你並不會感到失望[*]。在大多數情況下，你的出價會被拒絕，這時就表示你低估

了這家公司的價值，但是在這種情況下，你並不會收購這家公司，所以這個失誤無關緊要。

這種假設你已經得標的觀念，是在密封競價拍賣中做出正確競價決策的重要憑藉。

密封競價拍賣

密封競價拍賣的規則很簡單。每個人都把自己的出價封入信封，然後打開所有的信封，由出價最高者勝出，並向拍賣人支付其出價。

密封競價拍賣的竅門在於決定出價多少。對新手來說，千萬不要以自己的估價出價（出更高價更糟）。如果你這麼做，你得到的最好的結果只是盈虧相抵。與上述策略相比，讓你的出價低於自己的估價，才是比較好的策略，因為這樣至少讓你有機會獲利[†]。你應該隱藏多少來出價，取決於有多少人參與拍賣競爭，以及你預期他們將出價多少。但是，他們的出價又取決於他們對你出價的預期。結束這種無限預期循環的關鍵一步是，務必在假設你已經得標的情況下出價。在你寫下你的出價時，應該假設所有競價對手的出價都在你之下。然後，在這種假設下，你應該思考這是不是你的最佳出價。當然，做這種假設時，你通常會得出錯誤的出價。但是當你犯錯時，這種錯誤是無關緊要的——其他人的出價會超過你，所以你不會得標。但如果你是對的，你就會因為已經做了正確的假設而得標。

---

* 如果你不懂我們是怎樣算出600萬美元的，以下是可以採用的計算方法。如果一個X百萬美元的出價被接受了，那麼賣主的估價就在200萬美元到X百萬美元之間，平均價值是（2＋X）/2。你將使公司的初始價值增值50%，即增加到原來的1.5倍。盈虧相抵表示你的出價X＝（3/2）×（2＋X）/2，或者4X＝3（2＋X），或者X＝6。

† 在採購拍賣中，這個建議需要反過來。設想你自己是一份合約的競價者，比如一段高速公路的建設合約。你的成本（包括你期待的正常報酬）是1,000萬美元，那麼你該提出多高的競價呢？你千萬不要出一個低於你成本的出價，例如，假設你出價900萬美元。若沒有得標就罷；但如果你得標了，你將得到一個低於自己成本的收入，如此一來，你所鋪的路就是一條通往破產之路了。

　　有一種方法可以證明，你出價時的確應該總是假設自己會贏得拍賣。設想你在拍賣行內部有一個同謀，在你的出價是最高價時，這個同謀可以把你的出價下調。不幸的是，他不知道其他人的出價是多少，而且不能準確告訴你把你的出價降低了多少。而如果你不是最高的出價者，他就什麼也幫不了你。

　　你願意雇他為你服務嗎？你可能不願意，因為這是不道德的；你可能不願意，因為你害怕會把可以得標的出價變成一個失敗的競價。但是，如果你與他合作並利用他的服務，當你的原始出價是 100 美元，在知道這個出價可以得標後，你就指示他把出價降低到 80 美元。

　　如果這是一個好主意，你也可以從一開始就出價 80 美元。為什麼？讓我們比較一下這兩種情況。

方案 A	方案 B
出價 100 美元	出價 80 美元
如果 100 美元是最高價格，則 80 美元是次高出價	

　　如果 100 美元會輸掉拍賣，那麼出價 100 美元與 80 美元就沒有差別，兩個出價都會失敗。如果 100 美元會贏，那麼你的同謀會把出價降到 80 美元，在這種情況下，這與你始終都出 80 美元的情況下所得的結果相同。簡而言之，出價 100 美元然後再降價到 80 美元（當你是最高價時）與一開始就出價 80 美元相比，沒有什麼優勢可言。既然你可以在沒有同謀也沒有採取不道德行為的情況下，得到與有同謀時相同的結果，那麼你也可以在一開始就出價 80 美元。所有這些都說明，當你思考該出價多少時，你應該假設所有競標者的出價都或多或少低於你的出價。有了這些假設做準備，然後再考慮你的最佳出價。

　　讓我們先去荷蘭兜兜風，然後再回頭想清楚應該如何出價。

荷式拍賣

股票是在紐約股票交易所交易；電子產品是在東京秋葉原電子城銷售；而荷蘭則是全世界的花卉採購中心。在阿斯米爾（Aalsmeer）花卉拍賣市場，拍賣行面積約 160 英畝，每天約有 1,400 萬朵鮮花和 100 萬株盆栽在此交易。

阿斯米爾及其他荷式拍賣略微不同於蘇富比拍賣的地方是，競價的方向相反。荷式拍賣不是從一個低價開始，之後讓拍賣人陸續喊出更高的價格，而是從一個高價開始往下降。設想一個車速表從 100 開始，然後逐漸下降到 99、98……第一個讓車速指針停住的人就贏得拍賣，並支付指針停止時所指的價格。

這種拍賣與日式拍賣相反。在日式拍賣中，所有競標者都表態參與；價格一路上升，直到只剩一個競標者。而在荷式拍賣中，價格開始很高，然後一直下降，直到第一個競標者表態參與拍賣。如果你在一個荷式拍賣會舉起了手，這個拍賣便結束了，而你就是得標者。

但你不必親自去荷蘭參加一場荷式拍賣。你可以派一個代理人替你出價。思考一下你可能給代理人的指示。你可能說等到牽牛花的價格降到 86.3 時就舉手。當你仔細考慮這個指示時，你應該預計，如果競價降到 86.3，那麼你就得標了。如果你曾在拍賣行待過，就會知道所有競標者也是這樣行動的。有了這些準備知識，你就不想改變你的出價了。如果你再多等一會兒，可能就會有某個競標者突然介入，取代你的位置。

這樣的想法當然都是正確的。在你等待中的任何時間，另一個競標者都有可能介入。問題在於，你等待的時間越長，失去獲益的風險就越高。而且你等待的時間越長，某個對手可能進入的風險就越大。在你的最佳出價點，不應該為了節省成本，而升高失去戰利品的風險。

在很多方面，這與密封競價拍賣中可能採取的行動很像。你給競價代理人的指示就像你在密封競價拍賣中寫下的價格。其他所有人也是如此，寫下最高

數字的人與第一個舉起手的意思是一樣的。

荷式拍賣與密封競價拍賣的唯一差別在於，當你在荷式拍賣中競價時，你知道你已經得標了。當你在密封競價拍賣中寫下你的出價時，你必須晚點才會知道你是否得標。但是，請記住我們的拍賣指南。在一個密封競價拍賣中，你**應該就像**你會得標般出價；你應該假裝其他競標者的出價都或多或少低於你的出價。這也正是你在參與荷式拍賣時應有的心態。

所以，你在這兩種拍賣中出價的方法是一致的。正如一個英式拍賣和維克里拍賣在同一價位結束一樣，荷式拍賣與密封競價拍賣也是如此。因為參與者出價的金額相同，所以賣家也得到一樣的金額。當然，這裡還沒告訴我們應該出價多少，它只不過說出了我們有兩個相同答案的秘密。

♟ 賽局思考題⑦

你應該在一個密封競價拍賣中出價多少呢？為了便於思考，你可以假設總共只有兩個競標者，你相信另一個競標者的估價將有可能出現在 0 到 100 之間的任何一個值，而且這個競標者對你的出價也抱著同樣的預測。

應該出價多少，這個問題的答案是拍賣理論中最出色的成果之一：收益等值定理（revenue equivalence theorem）。其結論是說，若是在估價是私密且賽局是對稱的情況下，則不論拍賣方法是英式拍賣、維克里拍賣、荷式拍賣，抑或密封競價拍賣，賣家通常將得到同樣金額的錢[*]。這意味著，抱持著你的估價最高這個信念，而你的最佳策略則是根據你認為的第二高估價來出價，如此，

---

[*] 這個結論最早是由羅傑・梅爾森所得出。基本上，這來自以下事實：每一個競標者都把注意力集中在結果上，而不是方法上。一個競標者真正應該關心的只有他預期應該出價多少，以及他贏得這件物品的機會有多大。他可以支付更高的價格，以增加他得標的機會，而那些對這件物品估價更高的競標者也會這麼做。這一洞見是梅爾森獲得2007年諾貝爾獎的拍賣理論貢獻之一。詳見其開創性論文 Optimal Auction Design, *Mathematics of Operations Research*, 6(1981):58-73。

荷式拍賣和密封競價拍賣就會存在一個對稱均衡（symmetric equilibrium）。

在一個對稱拍賣中，每個人對其他人都抱著同樣的想法。例如，大家都認為每個競標者的估價在 0 到 100 之間都一樣有可能出現。在這種情況下，不論這個拍賣是荷式拍賣還是密封競價拍賣，只要所有競標者的估價都低於你的估價，你都應該以你所預期的次高競標者的估價進行出價。例如，如果你的估價是 60，若只有一個競爭者，你就應該出價 30；若有兩個競爭者，那麼你的出價應該是 40；而若有三個競爭者，你的出價應該是 45[*]。

你可以看出，這將導致收益等值。在維克里拍賣中，估價最高者得標，但是只需支付次高的出價，也就是次高的估價。而在密封競價拍賣中，每個人都以其認為的次高估價出價（假設他們是最高估價者），由真正估價最高者得標，且這個出價平均而言與維克里拍賣下的結果相同。

這裡更大的啟示是，你可以為一個賽局擬定一連串的規則，但是參與者可以破解這些規則。你可以要求每個人都必須支付其出價的兩倍，但這只會導致人們依其一半的估價出價。你也可以要求人們必須支付他們出價的平方，但這只會導致人們按其估價的平方根出價。這基本上就是在密封競價拍賣中發生的情況。你可以告訴人們，他們必須支付自己的出價，而不是次高出價。那麼，他們將修改他們原本要寫下的數字。他們不會以自己的真實估價出價，而是會隱藏自己的估價，使其降到他們所預期的次高估價。

以下我們將在世界最大的拍賣市場：即美國國庫券（T-bills）市場試試你的直覺，看看你是否已經成為理論的信徒。

---

[*] 一般而言，你會猜測其他競爭者的估價會在你的出價和 0 之間的任何價格都一樣有可能。所以，當只有一個競爭者時，這個人的估價是你的估價的一半；有兩個競爭者時，你預期他們的估價是 20 和 40；有三個競爭者時，你預期他們的估價是 15、30 和 45。你以所預期的對手的最高估價進行出價。隨著競標者數目的增加，你可以發現，你的出價會越來越接近你的真正估價。而隨著競爭者越來越多，這個市場將趨向於完全競爭市場，而且所有的盈餘都歸賣主所有。

國庫券拍賣

每週，美國財政部都會舉行一次國債拍賣，以定出其利率，至少要決定當週到期國債的利率。直到 1990 年代初，該拍賣的運作方式仍然是得標者支付其出價。在米爾頓·傅利曼等經濟學家的倡議下，財政部在 1992 年試行統一定價，並於 1998 年正式採行。（當時的美國財政部長是桑默斯〔Larry Summers〕，一位卓越的經濟學家。）

我們將透過一個例子來解釋兩種情況之間的差異。設想財政部一週有 1 億美元的債券待售。下表中有十個競價：

（單位：百萬美元）

競標者的利率出價	累計金額
3.10%時 10	10
3.25%時 20	30
3.33%時 20	50
3.50%時 15	65
3.60%時 25	90
3.72%時 20	110
3.75%時 25	135
3.80%時 30	165
3.82%時 25	190

財政部希望支付最低的利率，意即他們將優先接受最低競價。因此，所有願意接受 3.6% 以下利率、以及一半願意接受 3.72% 利率的競標者得標。

在傳統規則下，以 3.1% 標購 1,000 萬會得標，且競標者只能得到 3.1% 的利息。以 3.25% 利率標購的 2,000 萬美元的競標者，將拿到 3.25% 的利息，依此類推，一直到以 3.72% 標購的 2,000 萬美元的競標者。注意，以 3.72% 出價時，累計標購數量已大於 1 億美元的待售額度，所以只有一半的金額會被售出，

而另一半的競標者則空手而回[*]。

在新的規則下，所有在 3.25% 和 3.6% 之間的出價都可以得標，還有一半出價 3.72% 的人也得標。而在統一定價規則下，每個得標者都會拿到最高利率，在本案例中是 3.72%。

你的第一個反應可能會認為統一定價規則對政府來說更不利（而對投資者來說更有利）。美國財政部不再是支付 3.1% 到 3.72% 之間的利率，而是向每個得標者都支付 3.72% 的利率。

從本例中所用的數字，你可能是對的。這個分析的問題在於，人們其實不會在兩種拍賣中採取同樣方法競標。我們使用同樣的數字，僅僅是為了揭示拍賣的機制。這是以牛頓第三運動定律——每個作用力都有一個反作用力——來比喻：如果你改變了賽局的規則，你必須預料到參與者就會以不同的方式競價。

讓我們用一個簡單的例子來說明這一點。設想美國財政部曾經宣布，你拿到的利率將不是你出價的利率，而會比它低 1 個百分點。所以 3.1% 的出價將只拿到 2.1% 的利率。你認為這會使財政部必須支付的利息改變多少？

我們是否仍然會以上述同樣的八種利率出價？答案是會的，只是 3.1% 變成了 2.1%，而 3.25% 變成了 2.25%，依此類推。只是在新的制度下，原來打算競價 3.1% 的人現在將會出價 4.1%，也就是當財政部宣布調整以後，每個人都會把競價提高 1 個百分點，結果跟以前會完全一樣。

其實，這把我們帶到了牛頓第三定律的第二部分：每一個作用力都有一個反作用力，大小相等且方向相反。後者也可應用於競價，至少適用於我們現在所討論的例子。競價者的反作用力抵消了規則的改變。

在競標者調整自己的策略後，財政部應該可以預料到，採取統一定價規則

---

[*] 曾有一個簡單的規定，允許小型競標者可以拿到所有得標者的平均利率。如果你想競標，卻又比不過高盛集團等大型且精明的投資銀行，那麼你只要提出想要的數額，但不必出價，你就一定會得標。在這一規則下，大型投資銀行是不能申請的，只有小型投資者可以。

支付的利率，與支付競標者自己出價的利率，兩者的結果是一樣的。但是對競標者來說，事情變得更容易了。一個願意接受 3.33% 利率的競標者，不必再擬定策略以決定該出 3.6% 還是 3.75% 了。如果他們對債券利率的估價是 3.33%，那麼他們就可以出價 3.33%，而且知道如果他們得標了，那他們將至少得到 3.33% 的利率，而且很有可能更高。財政部並不會增加任何支出，而競標者的工作卻簡單多了[*]。

很多賽局可能乍看起來不像是拍賣，但結果卻是一場拍賣。現在，我們來看兩個意志大戰，先占賽局（preemption game）與消耗戰（war of attrition）。在這兩種競爭中，情況跟拍賣非常類似。

先占賽局

1993 年 8 月 3 日，蘋果電腦推出了「牛頓電腦」。結果不僅失敗，而且頗令人難堪。由蘇維埃軟體工程師編寫的手寫辨識軟體，好像根本不能識別英文。在《辛普森家族》片斷中，牛頓將「毆打馬丁」（Beat up Martin）誤判為「吃光馬薩」（Eat up Martha）。杜斯貝里（Doonesbury）的漫畫諷刺了牛頓手寫辨識軟體所犯的這種錯誤。

---

[*] 統一定價的國庫券拍賣並不完全是維克里拍賣。複雜的地方在於，透過競標更多債券單位，競標者將可以攤低其標得總金額的利率，這就會引發一些策略性競標的考量。若要把它轉化成一個多單位的維克里拍賣，每一個競標者都必須在尚無人參與的推理實驗中獲得最高得標利率。

　　5 年後的 1998 年 2 月 27 日，牛頓被徹底出局了。當蘋果公司正焦頭爛額處理時，1996 年 3 月，傑夫‧霍金斯（Jeff Hawkins）發明了掌上型電腦處理器（Palm Pilot 1000），這個發明很快便衝上 10 億美元的年銷售額。

　　牛頓軟體是一個偉大的構想，可惜當時並非推出的黃金時機，這就是矛盾的地方：等你完全做好準備時，卻已錯失良機；進入太早，反而失敗，《今日美國》的創辦也面臨同樣的問題。

　　大部分國家都有歷史悠久的全國性報紙。法國有《世界報》和《費加洛報》，英國有《泰晤士報》、《觀察者報》和《衛報》；日本有《朝日新聞》和《讀賣新聞》；中國有《人民日報》；而俄羅斯有《真理報》；印度有《時代》、《印度教徒報》、《覺悟日報》；還有其他 60 個國家的報紙。只有美國沒有全國性日報。他們有全國性雜誌（《時代雜誌》、《新聞週刊》）和《基督教科學箴言報》週刊，但是沒有全國性日報。直到 1982 年，艾爾‧紐哈思（Al Neuharth）才說服甘奈特（Gannett）報業委員會創辦了《今日美國》。

　　在美國創辦全國性報紙是一件令人頭疼的事。報紙的發行本質上是一種地方商業。這表示《今日美國》不得不在全國各地的工廠印刷。利用網路，這是很簡單的事；但是在 1982 年，唯一可行的選擇是衛星傳輸。而採用彩色印刷，更讓印製《今日美國》成了一項非常高風險的技術。

　　由於現在幾乎隨處可見藍色報箱，我們可能會以為《今日美國》必定曾經是一個好主意。但是，僅僅因為今天的成功，並不表示它當時值得花費這些成本。甘奈特報業花了 12 年時間，才讓這個報紙達到損益平衡。一路走來，他們虧損了 10 億多美元，而且那時的 10 億美元還是現金！

　　只要甘奈特報業再多等個幾年，新技術就可以讓過程順利許多。問題在於，美國全國性報紙的市場胃納頂多只有一家。紐哈思擔心對手奈特瑞德報業（Knight Ridder）會搶先一步發行，這樣的話，他們將永遠不會有銷售機會了。

　　蘋果公司與《今日美國》都是公司發起先占賽局的案例。第一個發起行動

的人，才有機會擁有這個市場，前提是他們取得成功。問題是應該什麼時候扣動扳機？太早了你會打偏，等得太久你就只有挨打的份。

我們所談的先占賽局的方法建議，你應該決鬥，且這個比喻是恰當的。如果你過早開火且打偏了，你的對手就能向前還擊且一定會擊中你；但若是枯等太久，你可能還沒來得及開火就一命嗚呼了[*]。我們可以將這場決鬥比喻成一場拍賣，你可以把開槍的時機想像成出價，出價最低的人有機會首先開槍，而出價低的唯一問題是成功的機率也較低。

兩個對手希望同時開火這種事可能一開始會令人感到驚訝。當兩個對手的技術水準相當時，這是有可能發生的。不過，即使兩人能力不同，也可能會出現這個結果。

想像另一種情況。假設你打算等到數到 10 的時候再開火。同時，你的對手打算在數到 8 的時候開火。這一組策略不可能是一個均衡策略，你的對手應該改變他的策略。現在，他可以等數到 9.99 再開火，這可以提高他成功的機率，又不用冒會先被射中的風險。不論誰打算先開火，他必須等到其對手即將開火的前一刻才開槍。

如果一直等數到 10 確有道理，你就必須甘願被射中，然後指望你的對手打偏。這與搶先第一個開槍是完全一樣的。開火的正確時機是當你成功的機會與對手失敗的機會相等時。而且，因為失敗的機率是 1 減去成功的機率，這就代表你應該在兩個人成功的機率加起來達到 1 的第一時間開火。正如你可以預期的那樣，如果這兩個機率對你而言加起來等於 1，那麼它們對你的對手而言也一樣。所以開槍的時機對兩個參與者而言是相同的。你可以在我們的賽局思考題中證明這一點。

---

[*] 我們耶魯大學的同事本・波拉克（Ben Polak），透過 2 塊濕海綿的決鬥來比喻先占賽局。你們可以在家裡（或者課堂上）做一下這個試驗。你們從一開始時相距很遠，然後慢慢走向對方，你會在什麼時候向對方丟擲海綿？

> **賽局思考題⑧**
>
> 設想你和你的對手都把你們要開槍的時間寫了下來。在時間 T 上，你成功的機率為 P(T)，而你對手成功的機率是 Q(T)。如果第一槍便擊中，那麼賽局結束。而如果第一槍打偏，那麼另一個人就會等到最後，然後一槍把對方擊斃。你應該什麼時候開槍？

　　我們模擬這個賽局的方法是，假設雙方都能知道對方的成功機率，儘管情報未必每次都正確。我們還假設，先開火並失敗的報酬，與讓對方先開火並取勝的報酬是相等的。那麼，就像人們常說的，有時候先嘗試卻失敗，總比從來都沒有試過要好得多。

消耗戰

　　與先占賽局相對的賽局是消耗戰，其目的不是看誰先行動，而是看誰堅持得較久。這個賽局不是誰先進入的賽局，而是誰先退出的賽局。這個賽局也可以視為一場拍賣，把你的出價想像成是你願意待在賽局中並付出代價。這種拍賣有點奇怪，因為所有的參與者最後都會付出他們的出價，也仍然是最高的出價者勝出，而你的出價甚至已經高於你的估價。

　　1986 年，英國衛星廣播公司（BSB）取得在英國提供衛星電視的官方許可證，它可能成為歷史上最有價值的特許經營權之一。許多年來，英國電視觀眾的選擇僅限於兩個英國廣播電臺（BBC）頻道和獨立電視臺（ITV）。你已經猜到了，頻道 4 使頻道總數達到了 4 個。那時英國是一個有 2,100 萬用戶、高收入、多雨的國家。而且，與美國不同，英國幾乎沒有有線電視[*]。所以，設想

---

[*] 當時只有不到 1% 的英國家庭裝設有線電視，而且法律限制只讓沒有直播接收器的地區安裝電纜。

英國的衛星電視特許經營權，每年可以帶來 20 億英鎊的財政收入是完全合理的。坐擁這樣的潛力市場，真是難能可貴。

直到 1988 年 6 月以前，一切都對 BSB 有利。但那時，媒體大亨梅鐸（Rupert Murdoch）決定破壞這樁美事。利用一個位於荷蘭上空的老式的阿斯特拉（Astra）衛星工作，使梅鐸得以向英國播送他的 4 個頻道，這讓英國人終於可以觀賞到《朱門恩怨》（Dallas）節目了，不久便觀賞到《海灘遊俠》（Baywatch）。

儘管市場看起來夠大，可以同時容納梅鐸和 BSB，但是他們兩家的激烈競爭，使獲利的所有希望化為泡影。他們陷入了好萊塢電影的價格戰，以及廣告時段費用的價格戰。因為他們的廣播技術系統是互不相容的，所以很多人都決定等著看誰會贏，然後再投入。

纏鬥一年之後，兩家公司共計虧損了 15 億英鎊，這是完全可以預料的結果。梅鐸非常了解 BSB 是不可能退讓的；而 BSB 的策略是要看他們是否能讓梅鐸破產。兩家公司願意承受如此巨大損失的原因是，勝利後的報酬實在太大了。如果一方設法比另一方堅持得更久，他將得到所有的利益。你可能已經虧損 6 億英鎊的事實，到時就不重要了。反正不論是繼續參加賽局還是退出，你都已經損失了這筆錢。唯一的問題是，**繼續堅持下去的額外成本**，能否由勝利後得到的那一桶金所彌補。

你可能已經猜到，我們可以把這個情況也比喻成一場拍賣。各方的競價就是它將在賽局中所待的時間，並以財務虧損來計算，堅持最久的公司獲勝。此類拍賣的重點在於，根本沒有一個最佳競價策略。如果你認為對方即將屈服，那麼你應該一直堅持到下一回合。你可能認為他們即將屈服的原因是：你認為他們會認為你將**繼續待在賽局中**。

正如你可以看到的，你的競價策略完全取決於你認為他們在做什麼，而這又反過來取決於他們認為你在做什麼。當然，你其實並不知道他們在做什麼，

你必須在腦袋中決定他們認為你在做什麼。因為沒有辦法互相求證，所以你們兩個可能都對自己的能力過於自信，認為自己一定會比對方堅持更長的時間。這就可能導致過高的出價，或者導致兩個參與者都承受巨大虧損。

我們的建議是，這是一個危險的賽局。你的最佳行動是與對方達成一個交易，而這就是梅鐸後來所做的。在最後的危急之秋，他與 BSB 公司合併了。承受損失的能力決定了對該合資企業的股權，兩家公司都瀕臨倒閉的現實，迫使政府允許這僅有的兩家公司合併。

這個賽局第二個啟示是：永遠不要與梅鐸打賭。

案例分析》頻譜拍賣

所有拍賣之母是手機頻譜許可證的出售。1994 至 2005 年，美國聯邦通訊委員會（FCC）賺進了 400 多億美元。在英國，一個 3G（第三代）頻譜的拍賣就獲得了令人瞠目的 225 億英鎊的競價，使其成為有史以來金額最高的單次拍賣。

與傳統的升價拍賣不同，這些拍賣更複雜，因為它們允許參與者同時競標幾張不同的許可證。以下將提供一個美國首次頻譜拍賣的簡化版本，並請你提出競價策略。我們將看看與實際的拍賣參與者相比，你會怎麼做。

簡化的拍賣案例中將只有兩個投標者，分別是美國電話電報公司（AT&T）和美國微波通信公司（MCI），且只有兩個許可證，紐約（NY）和洛杉磯（LA）。兩家公司對兩張許可證都感興趣，但是一家公司只能得到一個。

進行這個拍賣的方法之一是，按先後順序出售這兩張許可證。先 NY 然後 LA，還是應該先 LA 然後 NY？應該先銷售哪一個許可證沒有明顯的答案。每種次序都會引發一個問題。假設 NY 先銷售，AT&T 可能喜歡 LA 勝過 NY，但它知道贏得 LA 非常沒有保證，於是不得不也在 NY 上投標。AT&T 寧可在結束時得到一張許可證，也不願一無所獲。但是若贏得 NY，它接下來可能就沒

有足夠的預算在 LA 上投標了。

在一些賽局理論學家的幫助下，美國聯邦通訊委員會找出了一種解決這個問題的聰明辦法：他們發起一個同步拍賣，讓 NY 和 LA 同時拍賣。事實上，參與者可以針對這兩個許可證的任何一個出價。如果 AT&T 在 LA 上失利了，那麼它既可以提高它在 LA 上的出價，也可以轉向對 NY 出價。

只有在競標者都不願為待售的任何一個許可證提高出價時，這個同步拍賣才會結束。實務上，這個同步拍賣的運作方式是將競價分成幾回合，在每一輪中，參與者可以提高出價，也可以保持原價不動。

我們用下面的例子來說明這個過程是怎樣進行的。在第四輪結束時，AT&T 是在 NY 上較高的出價者，而 MCI 是在 LA 上較高的出價者。

	NY	LA
AT&T	6	7
MCI	5	8

在第五輪投標中，AT&T 可以在 LA 上出價，而 MCI 可以選擇在 NY 上出價。AT&T 再在 NY 上出價已經沒有意義，因為它已經是較高出價者了。同樣的道理也適用於 MCI 之於 LA。

假設只有 AT&T 繼續出價，這樣的話，新的結果可能是：

	NY	LA
AT&T	6	9
MCI	5	8

現在，AT&T 在兩個許可證上都是較高出價者，它就不能再出價了。但是拍賣還沒有結束，只有當雙方在一輪中都不再出價時，拍賣才算結束。因為 AT&T 在先前的一輪中出價了，所以肯定至少還有一輪，於是 MCI 將有機會出價。如果 MCI 不出價，拍賣就結束了。記住，這時 AT&T 不能再出價了，如果

MCI 出了價，比如對 NY 出價 7，那麼拍賣將繼續進行。在接下來的一輪中，AT&T 可以在 NY 上出價，而 MCI 還有另一次機會將它對 LA 的出價提到最高。

上述例子的重點是使拍賣規則顯得清晰。現在，我們仍然請你從頭開始參與這場拍賣。為了幫你解決問題，我們將與你分享我們的市場情報。這兩家公司為了準備這次拍賣，花費了數百萬美元。他們已經知道自己對每一個許可證的估價，以及他們預期對手的估價。下面是他們的估價：

	NY	LA
AT&T	10	9
MCI	9	8

根據上表，AT&T 對兩個許可證的估價均高於 MCI。我們想讓你把這一點當作前提條件，而且，雙方都知道這些估價。AT&T 不僅知道它自己的估價，也知道 MCI 的數字，也知道 MCI 知道 AT&T 的數字，以及 MCI 知道 AT&T 知道 MCI 的數字，每個人都知道所有情報。當然，這是一個極端的假設，但是兩家公司的確花費了大筆錢在所謂的競爭情報上，所以，它們非常了解對方的這個事實是正確無誤的。

現在，你知道了拍賣的規則以及所有的估價，讓我們開始進行賽局吧。因為我們都是紳士，所以我們讓你先選擇你扮演哪一方。你選擇了 AT&T？這是正確的選擇，它有最高的估價，所以你肯定在這個賽局中占有優勢。（如果你沒有選 AT&T，你介意重選一次嗎？）

該你出價了，請把它們寫下來。我們已經寫下我們的出價，你可以信任我們，我們是在沒有看到你寫了什麼的情況下寫下我們的出價的。

:: 案例討論

在透露我們的出價之前，讓我們思考你可能嘗試的一些選擇。

你是在 NY 上出價 10，且在 LA 出價 9 嗎？如果是這樣，那你一定會贏得這兩個拍賣的，但是你根本得不到任何利潤。這是拍賣中出價的諸多微妙點之一。如果你必須支付你的出價（在這個例子中的確如此）那麼以你的估價出價幾乎沒有什麼意義。想像這就像出價 10 美元贏得一張 10 美元的鈔票，這種結果沒什麼價值。

這裡可能令人困惑的地方是，似乎贏得拍賣後總能得到一個額外的獎勵，而這個獎勵不同於你所贏得的東西。或者，如果你把估價數字看作最高出價，而不是你實際認定的這件物品的價值，那麼你可能會再一次很高興地以等於你估價的出價來贏得拍賣。

我們不希望你選擇這兩種方法中的任何一種。當我們說你對 NY 的估價是 10 時，我們的意思是你在出 10 的時候即使沒有獲勝，也能高高興興地離開，而不會發牢騷。在價格是 9.99 時，你寧願獲勝，但是獲利非常小。而價格是 10.01 時，你寧願失敗，雖然損失會很小。

把這種想法考慮進來，你就會發現，為 NY 出價 10 與為 LA 出價 9 實際上是一種（弱）劣勢策略。採取這個策略，你最後一定會得到零，這就是你的報酬，不論你得標與否。任何一個讓你有機會做得比零更好且絕不會虧損的策略，都相對優於立刻出價 10 和 9 的策略。

也許，你是在 NY 上出價 9，且在 LA 上出價 8。如果這樣，你一定能得到比出 10 和 9 更好的結果。基於我們的出價，你將贏得這兩個拍賣。（我們的出價不會高於我們的估價。）所以，恭喜你。

你是怎麼做到的呢？你在每個城市的許可證上獲利 1，即總共獲利 2。關鍵問題在於，你能否做得更好。

你在出價 10 和 9 的時候顯然不可能做到更好；你也無法透過重複你的 9 和 8 的出價得到更好的結果。你還會思考其他什麼策略呢？讓我們假設你出價 5 和 5。對其他的出價，這個賽局的結果會非常相似。現在，我們該透露我們的

出價了：我們開始在 NY 上出價 0（即不出價），在 LA 上出價 1。鑒於第一輪競價的結果，你在這兩個城市上都是高的出價者。所以在這一輪你不能再出價了（因為你提高自己的出價沒有任何意義）。因為我們在兩個城市上都輸了，所以我們將再次出價。

站在我們的立場來思考一下這個問題。我們不能空手回到老闆那裡，說在出價 5 的時候我們就退出了拍賣。我們只能在價格逐步增加到 9 和 8，不值得我們花時間出更高價的時候，才能空手而歸。所以我們將把我們在 LA 上的出價提高到 6。既然我們正好超出了你的出價，這個拍賣就進入了下一輪。（記住，只要有人出價拍賣就延伸到下一輪。）你將會怎麼做呢？

假設你把 LA 的出價提高到 7。當到了我們在下一輪出價時，我們這次將在 NY 上出價 6。我們寧願以 6 贏得 NY，也不想以 8 贏得 LA。當然，你接下來可以再次在 NY 上出價高於我們。

你可以看到拍賣發展的方向。根據誰在什麼時候出價，你將以在 NY 上出 9 或 10 的價格，以及在 LA 上出 8 或 9 的價格，贏得這兩張許可證。這根本不比你一開始就在 NY 上出價 9、在 LA 上出價 8 時的結果更好，看來我們的試驗並沒有改善你的收益。這種情況確實發生了。當你試著採用不同的策略時，你不能指望它們都有效；但是，有沒有你本來可以做的什麼事情，可以使你的利潤大於 2 ？

讓我們回到起點，重新拍賣。當我們在 LA 上出價 6 之後，你本來可以做些什麼事情呢？回憶一下，在那時，你以 4 的價格在 NY 上是高出價者。實際上，你本來可以什麼都不做，你本來可以停止出價。我們沒有興趣在 NY 上出價超過你，而我們非常高興能以 6 的價格贏得 LA 的許可證。我們繼續出價的唯一原因是我們不能空手而歸，當然，除非價格上升到了 9 和 8。

如果你當時停止出價，拍賣就立刻結束了。你將只贏得一張許可證，即以價格 5 贏得 NY 許可證。因為你對這張許可證的估價是 10，所以這個結果對你

來說價值是 5，相對於你若出價 9 和 8 的預期收益 2 而言，這個結果好很多。

再次從我們的角度思考。我們知道自己不可能在兩張許可證上都打敗你，因為你比我們的估價更高，所以我們非常高興能以任何低於 9 和 8 的價錢只帶走一張許可證。

有了所有這些練習，我們給你最後一個出價的機會，證明你真的理解這個賽局是怎樣運作的。你是在 NY 上出價 1，在 LA 上出價 0 嗎？我們希望你這樣做，因為我們在 NY 上出價 0，在 LA 上出價 1。這時，我們都還有另一次出價的機會。你不能在 NY 上出價了，那麼 LA 呢？你會出價嗎？我們無疑希望你不出價。我們沒有出價，所以如果你也不出價，這個拍賣就結束了。如果拍賣在這時結束，你只帶走了一張許可證，但是交易價格是 1，所以你最後獲得的利潤是 9。

讓我們以價格 1 贏得第二張許可證可能會令你沮喪，因為你估價遠高於這個值，甚至比我們的估價還要高。接下來的觀點可能有助於安撫你的心。

在空手而歸之前，我們會一直提高出價，直到 9 和 8。如果你想阻撓我們得到任何一張許可證，你必須做好你的總出價達 17 的準備。而現在，你以 1 的價格得到了一張許可證，所以，**贏得第二張許可證的真正成本是 16**，這遠遠超出了你的估價。

你有一個選擇。你可以以價格 1 贏得一張許可證，也可以以總價 17 贏得兩張許可證，而贏得一張是更好的選擇。只不過因為你可以在兩張許可證上都打敗我們，並不表示你就應該這麼做。

這時，我們敢打賭你肯定還有一些問題。例如，你怎麼才能知道我們會在 LA 上出價，而留給你在 NY 上出價的機會呢？實際上，你不會知道的。在這個案例中，我們為這樣的結果感到幸運。但是，即使在第一輪我們都在 NY 上出價了，每一方各得到一張許可證的結果，不用多久就會出現了。

你也可能會想這算不算合謀。嚴格地說，答案是否定的。儘管合謀確實會

使兩家公司得到更好的結果（而賣家成了唯一大輸家），但是可以觀察出，雙方都沒有與對方達成協議的必要，每一方都會為自己的最大利益行動。MCI 非常了解，它不可能在這個拍賣中贏得兩張許可證。這並不奇怪，因為 AT&T 在每張許可證上都有較高的估價，因此 MCI 無論贏得哪一張許可證都會很高興。至於 AT&T，它可以意識到，第二張許可證的真實成本就是它在這兩張許可證上必須支付的額外費用。在 LA 上出價高於 MCI，會同時提高 LA 和 NY 的價錢。贏得第二張許可證的真實成本就是 16，高於它的估價。

我們這裡看到的情況通常稱為默契合作。該賽局中的兩個參與者都知道在兩張許可證上都競價的長期成本是多少，因而意識到便宜地贏得一張許可證才是最有利的。如果你是賣家，你會希望避免這種結果，所以方法之一是分別出售這兩張許可證。這樣一來，MCI 就不能讓 AT&T 以 1 贏得 NY 許可證了。原因是 AT&T 在下一個拍賣中，仍然有設法得到 LA 許可證的強烈動機。主要的差別在於，MCI 不能回來重新在 NY 拍賣中出價，所以 AT&T 在 LA 上競價不會有任何損失。

本案例更大的啟示是，當兩個賽局被合併成一個時，這就製造出一個可以解決這兩個賽局的策略。當富士軟片進入美國軟片市場時，柯達有機會在美國或日本做出回應。在美國展開價格戰，對柯達來說代價是高的；但在日本進行價格戰，對富士來說代價是高的（對柯達則否，因為它在日本市場的占有率很低）。所以，同時進行的多個賽局之間的互動，創造出懲罰和合作的機會，如果不這樣，懲罰和合作就不可能出現，至少沒有明確的合謀。

啟示：如果你不喜歡你正在參與的賽局，那就尋找更大的賽局。

更多的拍賣案例研究，請見第 14 章「更安全的決鬥」「得標的風險」和「1 美元的價格」。

第11章
討價還價

一個新上任的工會領袖走進該公司董事會會議室，接手第一樁嚴峻的議價會議。四周環境令人神經緊張，手足無措，最後他吞吞吐吐地說出了他的要求：「我們要求得到每小時 10 美元工資，否則……」

「否則怎樣？」老闆咄咄逼人。

工會領袖答道：「9 美元 50 美分。」

沒有幾個工會領袖會這麼快就降低自己的要求，而老闆也通常需要借助一番文攻武嚇而不是用自己的權勢去威脅對方，說服對方維持工資不變。不過，上述情境還是提出了幾個有關討價還價過程的重要問題：會不會達成共識？能不能友好地達成共識，還是非得來一場罷工不可？誰將妥協，什麼時候妥協？誰會得到利益大餅的多大部分？

在第 2 章，我們曾談到一個簡單的最後通牒賽局的故事。那個例子提出了向前預測、倒後推理的策略原理。當然，在那個例子中，討價還價過程的許多現實條件都被簡化了，目的是凸顯這個原理。本章將用到同一個原理，只不過同時還會強調在商界、政界以及其他領域的討價還價過程中出現的一些問題。

　　我們簡單從勞資薪資談判的基本概念開始。為了做到向前預測、倒後推理，從未來某個固定點開始檢視會比較方便。因此，現在就讓我們設想一家擁有天然美景的公司，比如一家夏季度假酒店，其年度旺季將持續 101 天，每開門營業一天，這家酒店就能賺到 1,000 美元的利潤。旺季才剛要展開，工會與資方就工資問題發生了歧見。工會提出要求，要資方要麼接受，要麼拒絕，並於次日提出回應；而酒店只有在勞資雙方達成共識之後才能開門營業。

　　首先，假定討價還價已經持續太久，以至於哪怕下一回合談判就可以達成共識，酒店也只剩下旺季的最後一天可以開門營業。實際上，討價還價不會持續那麼長時間，但由於有了向前預測、倒後推理的邏輯，實際發生的事情就應該從這個邏輯推到極端來思考。假定現在輪到工會提出自己的要求，此時，資方應該完全接受，因為這總比一無所獲要強。於是工會就能全拿 1,000 美元[*]。

　　現在看看旺季結束前倒數第二天，輪到資方提出還價。資方知道，工會可以繼續拒絕，讓抗爭過程一直持續到最後一天，同時得到 1,000 美元。因此資方不能提出低於這個數字的還價。同時，工會在最後一天不可能得到比 1,000 美元更高的收益，資方也就沒有必要在倒數第二天提出任何高於這個數字的還價[†]。這樣一來，資方在這個階段提出的還價已經非常明確：最後兩天的 2,000 美元利潤當中，資方要求拿到一半；換言之，雙方每天各得 500 美元。

　　從這裡再往前一天進行倒後推理。藉由同樣的邏輯，工會提出給資方 1,000 美元，自己要求 2,000 美元；這表示工會每天會得到 667 美元，而資方只有 333 美元。我們用下表來表示整個過程：

---

[*] 我們當然可以做出一個更符合實際情況的假設，即管理層一定需要某個很小的占比，比如100 美元，但這麼做頂多只會使我們的計算複雜化，且不會改變這個故事的基本概念。這和我們在先前的最後通牒賽局中所討論的是同樣問題。你必須給對方足夠的比例，這樣他們才不會因心懷怨恨而拒絕這個提議。

[†] 同樣，這裡也有小甜頭的問題，為簡單起見，我們先忽略它。

勞資連續談判利益分配表

倒數天數	提出者	工會		資方	
		總計（美元）	每天（美元）	總計（美元）	每天（美元）
1	工會	1,000	1,000	0	0
2	資方	1,000	500	1,000	500
3	工會	2,000	667	1,000	333
4	資方	2,000	500	2,000	500
5	工會	3,000	600	2,000	400
...					
100	資方	50,000	500	50,000	500
101	工會	51,000	505	50,000	495

工會每次還價都擁有一個優勢，就在於它是最後一輪全拿或全失的建議方。不過，這個優勢會隨著談判回合增加而逐步削弱。在一個持續 101 天的旺季開始之初，雙方的地位幾乎完全一樣：505 美元對 495 美元。假如資方是提出最後還價的一方，或者完全沒有嚴格規定，如限制每天只能還價一次、雙方必須輪流提出建議案等等，雙方的比例就會差不多。[1]

本章的附錄將會說明如何把這個架構，變成也可以解釋沒有明確期限的談判。我們之所以對輪流提出建議加以限制，同時設定了一個已知的期限，只是為了有助於大家向前預測的思考。只要提議與提議之間間隔的時間很短，而且可以討價還價的期限又很長，這些條件就會變得不重要——在上述情況下向前預測、倒後推理，將引出一個非常簡單而又吸引人的法則：二一添作五。

此外，這個理論預測，談判有可能在第一天就達成共識。如果雙方都向前預測，就可以推論出同樣的結果，雙方就沒有理由不達成共識，否則雙方每天都要共同承受 1,000 美元的損失。並非所有勞資間的討價還價都能圓滿收場，談判破裂確實有可能發生，工人罷工或業主停業屢見不鮮，還有可能達成偏向其中一方的協議。但是，我們只要進一步分析前面提到的例子，並對其前提做一些修改，就能解釋這些事實。

談判中的讓步體系

決定如何劃分利益大餅的一個要素是各方的等待成本。雖然雙方可能損失同樣多的利益，其中一方卻可能有其他替代方法，有助於抵消部分損失。假設勞資談判期間，工會成員可以外出打工，每天掙 300 美元；於是，每次輪到資方提出還價時，出價不僅不能低於工會將在次日得到的收入，同時至少要達到 300 美元。我們用一張新的表格表示這一變化，其中的數字顯然更加有利於工會。這次談判仍然從旺季的第一天開始，沒有任何罷工，但工會的結果卻大有改善。

這一結果可以看作平均分配原則的一個自然修正，使雙方有可能從一開始已經處於不同地位，好比高爾夫球比賽的「差點」（handicap）制度（為強者設定不利條件，為弱者設定有利條件，抑強扶弱）。工會從 300 美元開始，這是其成員在外打工可能掙到的數目。剩下只有 700 美元可以談判，原則是雙方平均分配，即各拿 350 美元。因此，工會最後拿到 650 美元，而資方只得到 350 美元。

在某些情況下，資方也有可能處於有利地位。比如，資方一邊與工會談判，一邊策動不願參加罷工的員工維持酒店營業。不過，由於這些員工的效率比較低或者索價更高，又或是由於某些客人不想穿過工會豎立的警戒線，因而資方每天得到的營業收入只有 500 美元。假設工會成員在外完全沒有任何收入，這時工會可能會願意盡快達成協議，根本不會真的進行罷工。不過，策動不願罷工者維持酒店營業，會使資方處於有利地位，它將因此得到每天 750 美元的收入，工會只得到 250 美元。

假如工會成員有可能外出打工，每天掙 300 美元，**同時**資方在談判期間維持酒店營業，每天掙 500 美元，那麼剩下可供討價還價的數目只有區區 200 美元。雙方平分 200 美元，因此，資方最後得到 600 美元，而工會得到 400 美元。大致上，誰能在沒有協定的情況下過得越好，誰就越能從討價還價的利益大餅

中分得更多。

勞資連續談判利益分配表（員工有外部打工時）

倒數天數	提出者	工會		資方	
		總計（美元）	每天（美元）	總計（美元）	每天（美元）
1	工會	1,000	1,000	0	0
2	資方	1,300	650	700	350
3	工會	2,300	767	700	233
4	資方	2,600	650	1,400	350
5	工會	3,600	720	1,400	280
...					
100	資方	65,000	650	35,000	350
101	工會	66,000	653	35,000	347

測量利益大餅

任何談判的第一步都是正確地測量利益大餅。在上述例子中，雙方並非僅僅針對 1,000 美元談判。如果雙方達成協議，就能每天對 1,000 美元進行分配；但如果未達成協議，那麼工會將得到備案（打工）收入 300 美元，而資方將得到備案收入 500 美元。因此，一個協議只能給他們帶來額外的 200 美元。這麼一來，利益的大小就是 200 美元。一般來說，利益大小的衡量指標是：相對於未達成協議時，雙方達成協議後所創造的價值。

用討價還價的術語來說，工會 300 美元的備案收入數字以及資方 500 美元的備案收入數字，稱為「協議最佳替代方案」（BATNA, Best Alternative to a Negotiated Agreement; 你也可以解讀為「無共識的最佳替代方案」〔Best Alternative to No Agreement〕），這是由羅傑・費雪（Roger Fisher）和威廉・尤瑞（William Ury）創造的一個術語[2]。如果你未能與對方達成協議，它就是

你能得到的最佳結果。

　　既然不談判大家也能得到他們的協議最佳替代方案，那麼談判的整個關鍵就在於，它可以創造的價值比他們的協議最佳替代方案總和高多少。所以思考利益大小的最佳途徑是，其創造的價值比分配給所有人的協議最佳替代方案的總價值高多少。這個概念既深奧，又容易使人迷惑，以為它比較簡單。為了看看我們多麼容易忽視人們的協議最佳替代方案，不妨思考下述這個討價還價的實際案例。

　　有兩家公司，一家在達拉斯，一家在舊金山，都邀請了同一位在紐約的律師。協調行程的結果，該律師可以飛紐約─休士頓─舊金山─紐約這樣的三角航線，而不是兩次分開的行程。

　　單程機票價格如下：

紐約─休士頓：	666 美元
休士頓─舊金山：	909 美元
舊金山─紐約：	1,243 美元
總共：	2,818 美元

　　整個行程的總費用是 2,818 美元。如果該律師把各個行程分開，那麼往返的費用將恰好是單程費用的兩倍（因為來不及提前預訂行程）。

　　我們要思考的問題是，兩家公司如何就機票費用的分攤進行談判。我們知道這裡討論的利益關係並不大，但我們要解決的是其分攤原則。最簡單的方法是將總費用平分成兩部分：休士頓和舊金山各分擔 1,409 美元[*]。對於這樣的提

---

[*] 如果你認為這位律師可能只向休士頓的客戶收取 1,332 美元（往返費用），卻向舊金山的客戶收取 2,486 美元（往返費用），然後把多出來的錢塞進自己的荷包，那麼，也許你可以在安隆（Enron）公司找到工作。可惜，太遲了！

議，你可能會聽到休士頓客戶這樣的回應：我們有疑問。如果休士頓獨自支付往返休士頓—紐約的費用，還比分擔一半要便宜得多。就算獨自支付，費用也只有 666 美元的兩倍，即 1,332 美元。休士頓絕不可能同意這種分法的。

另一種方法是，讓休士頓支付紐約—休士頓的航程，舊金山支付舊金山—紐約的航程，休士頓—舊金山的費用則由二者平分。利用這種方法，舊金山將支付 1,697.5 美元，而休士頓將支付 1,120.5 美元。

這兩家公司也可能同意按比例分攤總費用，該比例就是它們往返費用的比例。這樣一來，舊金山將分攤 1,835 美元，大約是休士頓 983 美元的兩倍。

當面對這樣的問題時，我們傾向於提出一些特別的建議，其中一些提議比其他的建議更合理。我們的首選方案是，從協議最佳替代方案的角度出發，測量利益大餅。如果兩家公司無法達成協議會怎樣？備案是律師把兩次行程分開，這樣一來，費用就變成了往返休士頓 1,332 美元，往返舊金山 2,486 美元，總共3,818 美元。回顧前述，三角行程只需花費 2,818 美元，這就是關鍵所在：兩次往返行程比一次三角行程要多花 1,000 美元，於是這 1,000 美元就是利益大餅。

達成協議的價值在於節省了 1,000 美元，如果沒有達成協議，這 1,000 美元就平白損失了。兩家公司對達成協議的估價是相等的，因此，只要它們在談判中有同等的耐性，我們就可以指望它們最終將平均分配這個數額。相對於往返費用而言，雙方各省下 500 美元：休士頓支付 832 美元，而舊金山支付 1,986 美元。

可以看出，對休士頓客戶而言，這個分攤金額比任何其他的方法要低得多。這表示，雙方分配的基礎不應該是里程數，也不應該是相對機票費用。儘管休士頓客戶分攤的費用更少了，但這並不表示它們最終應該省得更少。記住，如果它們不同意達成交易，整整 1,000 美元便都損失了。我們可能認為你是從可選方案之一開始，不過，既然你已經知道怎樣運用協議最佳替代方案，從而正確地測量利益大餅，你就會相信這個新方案是最公平的結果。如果你一開始就由休士頓客戶付 832 美元，舊金山客戶付 1,986 美元入手，我們脫帽向你致敬。

有證據指出，這種分攤費用的方法，可以追溯到《塔木德》（*Talmud's*）分配衣物的原則。[3]

在我們以上討論的談判案例中，協議最佳替代方案都是固定的：工會能夠得到 300 美元，而資方能夠得到 500 美元；紐約—休士頓和紐約—舊金山的往返費用也是外部既定的；但在其他案例中，協議最佳替代方案可能並非固定的；這就為影響最佳替代方案的策略開啟了大門。一般來說，你一定希望提高自己的協議最佳替代方案，而降低對方的協議最佳替代方案。有時候，這兩個目標是互相衝突的。接下來我們轉而討論這個主題。

這對你的傷害超過對我的傷害

當策略談判者發現，外部機會越好，能從討價還價當中得到的利益大餅也越大，他就會尋找策略性做法來改善其外部機會。同時，他還會留意到，真正影響大局的是其外部機會與對手外部機會的相對關係。他可以提出一個承諾或威脅，即便可能導致雙方的外部機會同時受損，也還是可以從討價還價中得出更好的結果，前提是相比之下，其對手的外部機會將受到更嚴重的損害。

在我們前面提到的例子裡，假如工會成員可以外出打工，每天掙 300 美元，而資方則透過由不想參加罷工者維持酒店營業，每天賺 500 美元，那麼，討價還價的結果是工會得到 400 美元，資方得到 600 美元。現在，假定工會成員放棄部分外出打工的 100 美元，轉而加強設置警戒線，阻止客人進入酒店，導致資方每天少賺 200 美元。於是，討價還價一開始，工會的起點是 200 美元（300美元減去 100 美元）；資方的起點則為 300 美元（500 美元減去 200 美元）。兩個起點相加得到 500 美元，正常營業所得利潤當中只剩下 500 美元用於平均分配。結果，工會得到 450 美元，資方得到 550 美元。工會加強警戒線的做法，實際上等於做出損害雙方利益的威脅（只不過對資方的損害更大），工會因此相對多拿 50 美元。

1980 年，棒球大聯盟的球員在薪資談判中使用了相同的策略。他們在表演賽季罷賽，在例行賽季繼續比賽，同時威脅說要在陣亡將士紀念日週末再次罷賽。要想看清楚為什麼這樣做「對球隊的傷害更大」，請注意一點：在表演賽季，球員沒有薪水可拿，球隊老闆卻能從度假人士和當地球迷那兒賺到門票收入；在例行賽季，球員每週拿到固定數目的薪水，但對球隊老闆而言，門票和電視轉播的收入起初是很低的，而陣亡將士紀念日週末開始則會大幅度提高。這麼一來，球隊老闆的損失與球員的損失的比值，將在表演賽季和陣亡將士紀念日週末達到最高峰。看起來，球員們知道什麼是正確的選擇。[4]

棒球隊球員威脅要舉行的罷賽進行到一半時，球隊老闆屈服了。但罷賽畢竟已經進行了一半。我們的向前預測、倒後推理的理論顯然沒有完全用上。為什麼人們總是不能在傷害發生之前達成協議——為什麼會發生罷工？

邊緣策略與罷工

在原有合約到期之前，工會與公司就會為達成一份新合約展開談判。不過，在這期間沒有理由著急，大家繼續工作，產量方面沒有損失，早一點達成協議與晚一點達成協議相比，沒有任何明顯的好處。看上去雙方都應該等到最後一刻，等到原有合約就要到期而罷工的烏雲籠罩之際，再提出自己的要求。有時確實會發生這樣的事，不過，人們通常會更快達成協議。

實際上，即便還在原有合約繼續有效的平靜時期，延遲達成協議也可能帶來沉重的代價。談判過程本身就存在風險。對於另一方的不耐煩、外部機會、緊張情緒或個性衝突，都有可能產生誤解，同時懷疑對方沒有老老實實進行討價還價。哪怕雙方同樣希望談判取得協議，談判仍然有可能中途破局。

雖然雙方同樣希望達成協議，但可能對談判成功各有不同定義。雙方向前預測時，並不總是看到同一結果。因為他們可能掌握到不同的資訊，看到不同的前景，於是採取不同的行動。各方必須猜測對方的等待成本，由於等待成本

較低的一方占上風,因此各方符合自身利益的做法,就是宣稱自己的等待成本很低。不過,人們對這些說法不會按照字面意思照單全收,必須加以證明。而證明自己的等待成本很低的做法之一是,開始製造這些成本,以顯示自己能支撐更長的時間,或者自願承擔造成這些成本的風險——較低的成本使較高的風險變得可以接受。正是對於談判何時結束未能達成共識,才導致了罷工開始。

把罷工看作一個訊號傳遞的例子。雖然任何人都可以說他繼續罷工或者發起罷工的成本較低,但只有實際上真這麼做了才算是最強有力的證據。和往常一樣,行勝於言。同樣的,透過訊號傳遞資訊會帶來成本,或者導致效率低落。而資方和員工都希望能夠證明他們的等待成本低,而不必造成罷工帶來的損失。

這情況簡直就是為實踐邊緣策略而量身訂做的。工會可以威脅說要立即終止談判,繼而開始罷工,但罷工對工會成員而言也是代價不菲。只要還有繼續談判的時間,這麼一個可怕的威脅就缺乏可信度。但是,一個較小的威脅還是可信的;隨著怒火和緊張情緒逐漸升高,哪怕工會不願意看到談判破裂,這樣的事情也可能發生。假如這一前景給資方造成的困擾大於對工會的困擾,從工會的角度來看這就是一個好的策略。反過來,也有可能成為資方的一個好策略;邊緣策略是雙方之間較強的一方,即相對不那麼害怕談判破裂一方的武器。

有時候,原有合約到期之後,工人沒有舉行罷工,而是繼續按照合約條款工作,工資談判繼續進行。這可能是一個比較好的安排,因為機器和工人都沒有閒著,產量也沒有減少。不過,這表示其中一方,通常是工會,正在努力按照自身利益改寫原有合約的條款,因此對它而言,這種安排非常不利。那麼,資方為什麼應該讓步呢?為什麼不應該讓談判沒完沒了地繼續下去呢,反正原有合約實際上仍然有效?

這種情況下,威脅仍然在於談判破裂而舉行罷工的可能性。工會走的是邊緣策略路線,但現在是在原有合約到期之後進行。例行談判的時間已經過去。一邊按照原有合約規定繼續工作,一邊繼續談判,這會被解讀為工會示弱的跡

象[*]。因此必須保持舉行罷工的某種可能性，才能刺激公司盡力滿足工會要求。

一旦罷工發生，重要的是，什麼會使罷工持續下去？達成承諾的關鍵在於降低這個威脅，使其變得更為可信。邊緣策略以一天之後再來一天的模式，讓罷工進行下去。永不回工作崗位的威脅並不可信，假如資方已經差不多滿足工會的要求了，就更沒人相信了。不過，多持續一天或一星期就是一個可信的威脅，由此造成的工人的損失會比他們將會得到的收益還小。假如他們相信自己將會取勝（而且很快取勝），再堅持一會兒就是值得的。假如工人們的想法是對的，那麼，資方就會意識到，屈服的代價比較小，實際上自己也應該馬上這麼做。於是工人的威脅就不會造成任何損害。問題是，公司對整個局面可能抱有同樣的樂觀看法。假如它相信工人馬上就會讓步，以再損失一天或一星期的利潤，換取一份對自己更為有利的合約就是值得的。這麼一來，雙方繼續僵持狀態，罷工繼續進行。

稍早我們討論過邊緣策略的風險，即雙方同時從光滑斜坡跌落的可能性。隨著衝突持續，雙方遭受重大損失的可能性雖然很小，發生的機率卻不斷升高。正是離風險越來越近的感覺促使其中一方退讓。以罷工形式出現的邊緣策略，造成代價的方式不同，但效果卻是一樣的。一旦罷工開始，與其說存在遭受重大損失的低風險，不如說存在遭受較小損失的高風險，甚至是必然性。隨著罷工持續得不到解決，小損失不斷變大，從光滑斜坡跌落的可能性也隨之升高，證明自己決心的辦法是接受更大的風險，或者白白看著罷工的損失擴大。只有當一方發現另一方確實更強大，它才會考慮退讓。力量可能有很多形式：一方的等待成本可能沒那麼大，因為它有其他很有價值的選擇；取勝可能非常重要，原因可能是這一方還在跟其他工會進行談判；談判失敗的代價可能非常高昂，

---

[*] 有種解釋是，員工正在等待合適的罷工時機。UPS員工在聖誕前夕罷工造成的損失，比在8月淡季時罷工造成的損失要大得多。

因此罷工的代價相對較小。

　　邊緣策略的應用也適用於國家與國家以及企業與企業之間的討價還價。當美國希望盟國增加國防支出的分擔比例時，若是一邊談判一邊按照原有合約行事，美國就會在談判中處於不利地位。只要原本規定美國承擔最大支出比例的合約繼續有效，盟國當然樂意讓談判無止境地繼續下去。美國能不能（又應不應該）尋求邊緣策略呢？

　　風險與邊緣策略會從根本上改變討價還價的進程。在我們以前提到的各方輪流提出還價的談判案例中，對未來將會發生什麼事的預測，促成各方在第一輪談判就達成協議。邊緣策略不可免的部分就在於，有時雙方確實會越過邊界。談判破裂而舉行罷工的情況確實有可能發生，雙方可能真心為此感到遺憾，但這種事情一旦發生就有可能變得難以收拾，且持續時間可能超乎人們的預期。

同時就諸多爭議談判

　　到目前為止，我們對討價還價的討論仍然集中在一個層面，也就是金錢總額及如何在雙方之間分配。實際上，還有更多層面的討價還價：工會與資方在乎的不僅僅有工資，還有醫療制度、退休保障、工作條件等等；美國和它的貿易夥伴不僅在乎二氧化碳排放量的總額，也在乎如何分擔這些污染成本。理論上，許多類似問題都可以簡化到以金錢換算的程度，但雙方之間仍有一個很重要的差異，即各方對這些問題的重視程度可能不同。

　　類似這樣的差異，為達成有共識的協議帶來了新的可能性。假設一家公司有能力簽下一份團體醫療保險合約，而這份保單的條件優於工人自己可能簽下的保單，比如一個四口之家每年只要繳交 1,000 美元，而不是 2,000 美元保費。這樣的話，工人可能更願意接受醫療保險，而不是把年薪增加 1,500 美元，同樣的，公司也寧可為工人提供醫療保險而不是額外多支付 1,500 美元工資。看起來，談判者應該將所有有關共同利益的問題放在一起進行討價還價，利用各

方對這些問題的重視程度不同，達成對大家來說都更好的結果。這有時行得通；比如，以貿易自由化為目標的關稅與貿易總協定（GATT），以及它的後繼者世界貿易組織（WTO）進行的更加廣泛的談判，其成效就超過了侷限於某個特定領域或產品的談判。

不過，要將各種問題混合起來談判的做法，可能也會使得其中一個討價還價賽局，變成可用於另一個賽局的威脅。比如，美國若是威脅日本要打破美日軍事關係，也許可以藉由迫使日本打開進口市場的談判後，取得更大的進展。美國當然不會坐視日本受侵略，因為那不符合美國的利益；它那樣說不過是一個威脅而已，目的是迫使日本在經濟方面讓步。因此，日本可能堅持要把經濟與軍事分開談判。[5]

虛擬罷工的優點

我們對談判的討論，忽略了談判對所有非談判參與方的影響。當 UPS 的工人罷工時，結果就是顧客收不到包裹；當法國航空公司的行李搬運工罷工時，旅客的假日就毀了。每一方都希望別人做得更多，並透過等待來證明自己的協議最佳替代方案的實力。問題是，所有這些都是附帶增加的損失。一場罷工傷害的往往不僅僅是談判雙方；若不能針對全球暖化與二氧化碳排放問題達成協議，事實將證明這會傷害所有後代（他們沒能坐在談判桌旁參與談判）的利益。

但是，當事的雙方卻寧可走開，僅僅為了證明自己的協議最佳替代方案的實力，或者造成對方更多的損失。即使只是一場不大的罷工，附帶的損害也很可能遠遠超過爭議本身的利益大小。直到 2002 年 10 月 3 日，布希總統援引《勞資關係法案》開始干預為止，碼頭工人 10 天的停工，已使美國經濟損失高達 100 億美元。衝突事關生產力提升 2,000 萬美元的爭議，但罷工造成的附帶損害，卻比工人與資方所爭奪的利益總額高出了 500 倍！

是否有什麼辦法可以解決雙方的歧見，而不必把如此大的損失強加於他

人？事實證明，50 多年來，一直有個聰明的主意，可以在實質上消除所有罷工和停工造成的浪費，而且不會改變工人與資方的相對談判力量[6]。這個點子不採取傳統罷工，而是舉行**虛擬**罷工（或虛擬停工）。在這個過程中，工人仍然像往常一樣工作，公司也像往常一樣繼續經營。重點就在於，在虛擬罷工的過程中，任何一方都不會拿到錢。

在傳統的罷工中，工人拿不到工資，雇主則損失利潤。而在虛擬罷工中，工人會無薪工作，雇主也會放棄所有利潤。但既然長期利潤可能很難衡量，公司也可能會低估短期利潤的真實成本，因此，我們讓公司放棄所有收入。至於這些錢要到哪裡去，不妨充公或捐給慈善機構。或者，就讓產品免費供應，也就是讓這些收入歸顧客所有。虛擬罷工不會在經濟上造成損失。UPS 的客戶將不會因為得不到服務而束手無策。直到資方和工會都感到苦不堪言時，就有了和解的動機，政府、慈善機構、顧客則得到了意外的好處。

一場真實的罷工（或資方為了搶在罷工前主動宣布停工）可能會永久性地摧毀顧客的需求，進而對整個公司的存續帶來風險。2004 至 2005 年的曲棍球賽季，美國國家曲棍球聯盟主動宣布停賽，作為對球員發動威脅性罷工的回應。結果不但整個賽季都泡湯，連史丹利盃比賽也取消了，而且爭端平息之後，他們花了很長時間才恢復觀眾的原有規模。

虛擬罷工並不只是一個有待驗證的瘋狂點子。第二次世界大戰期間，海軍曾利用虛擬罷工，平息了發生在康乃狄克州橋港市詹金斯閥門廠的一場勞資糾紛。1960 年，邁阿密巴士罷工也因達成虛擬罷工協議而停息。當時，他們讓顧客免費搭乘巴士。

1999 年，子午線航空公司的飛行員和航務人員上演了義大利第一起虛擬罷工。員工像往常一樣工作，但拿不到薪水；而公司則將其收入全部捐給慈善機構。正如所預料的那樣，虛擬罷工確實起了作用。虛擬罷工的航班並未因此中斷，其他義大利運輸罷工也紛紛效仿子午線航空。2000 年，義大利運輸工會因

其 300 名飛行員發起的虛擬罷工而損失了 1 億里拉。罷工所得用於為兒童醫院購買一台精緻的醫療設備，由此，飛行員的虛擬罷工為公司提供了改善公共關係的契機。虛擬罷工不像 2004 至 2005 年美國國家曲棍球聯盟停賽那樣，會摧毀消費者的需求，相反的，這筆額外的錢反而為公司提升了品牌形象。

有點矛盾的是，虛擬罷工為公司形象加分，反而可能使得虛擬罷工難以為繼。的確，罷工的目的通常是使顧客感到不便，從而對資方施加壓力，迫其退讓和解。因此，讓雇主承受失去利潤的代價，可能比不上傳統罷工。值得注意的是，在所舉的四個歷史實例中，資方同意放棄的金額，是遠大於其利潤的——公司放棄的不是獲利金額，而是其在罷工期間收到的全部營業額。

為什麼工人會同意無薪工作？與現在工人罷工的原因相同：為了給資方帶來痛苦，以證明他們的等待成本較低。確實，在虛擬罷工期間，我們可以預期，工人會更努力工作，因為每額外銷售一件產品，就代表給資方增加額外的痛苦，因為資方不得不放棄所有的銷售收入。

我們的重點是，讓談判雙方體驗談判所牽涉到的各方成本和收益，而不必損害其他人的利益。只要雙方在虛擬罷工中的協議最佳替代方案，與真實罷工一樣，他們採取傳統罷工而不採取虛擬罷工，就沒有任何好處。採取虛擬罷工的恰當時機是當雙方仍在談判時。不必等到發動真正的罷工，工會與資方便可能事先達成協議，一旦雙方接下來的合約談判失敗，就立刻採取虛擬罷工。虛擬罷工免去所有傳統罷工和停工的無效率，其所帶來的潛在好處，證明了用這種新方法來解決勞資糾紛是有效的。

案例分析》施比受更有福？

我們曾討論酒店資方及其員工如何分配旺季收入的談判問題。現在，假設不是員工和資方輪流提出討價還價，而是**只有**資方可以提出建議，員工只能接受或拒絕。

　　正如前面提到的，整個旺季持續101天。酒店每營業一天，就可以賺進1,000美元利潤。談判在旺季開始之際行動。每天，資方都會提出一個建議，由工會表示接受或拒絕。假如工會接受，酒店開門營業，開始賺錢；假如工會拒絕，談判繼續進行，直到工會接受下一個建議，或者旺季結束，損失全部利潤。

　　下表說明，隨著旺季一天天過去，可能賺到的利潤也日漸減少。假如工會和資方的唯一考量是自己的收益，你預測會發生什麼事情，且何時發生？如果你是工會工人，你會如何改善自己的處境？

薪資談判——僅由資方提議

倒數天數	提出者	可分配的總利潤（美元）	勞工同意數（美元）
1	資方	1,000	?
2	資方	2,000	?
3	資方	3,000	?
4	資方	4,000	?
5	資方	5,000	?
...			
100	資方	100,000	?
101	資方	101,000	?

:: 案例討論

　　在這個案例中，我們預測最後結果與50：50平分有天壤之別。由於資方具備唯一的建議權，因此在討價還價當中處於非常強勢的有利地位。資方應該有辦法得到盡可能接近總數的一個數目，並在第一天就達成協議。

　　為了預測這個討價還價的結果，我們從旺季最後一天開始倒推回去。在旺季最後一天，繼續討價還價已經毫無意義，因此工會應該願意接受任何收益為正的金額，比如1美元。而在倒數第二天，工會意識到，今天拒絕對方的建議，

明天只能得到 1 美元；於是它寧可接受今天的 2 美元。這一論證過程一直進行到第一天，資方提議給工會 101 美元，而工會由於看不出以後可能達成什麼更好的方案，便表示接受。這表示，在提出建議的時候，施比受更好。

這個故事顯然誇大了資方討價還價的實力。推遲談判，哪怕只是推遲一天，就要使資方付出 999 美元的代價，而工會的代價只有 1 美元。工會不僅在乎自己的工資，還會拿自己的工資與資方的收入相比，從這個角度來看，不可能發生這樣極端不平等的分配方案；不過，這並不表示我們必須回到一個平等的分配方案上。資方仍然掌握全部討價還價的力量，它的目標是找出工會可以接受的最小數目，提出來，使工會即便知道資方的收益將遠遠超過自己，也仍然願意接受它的建議，而不致落得一無所獲的下場。比如，到了最後階段，工會若是別無選擇，可能願意接受自己得到 200 美元而資方得到 800 美元的結果。若是這樣，資方可以在整整 101 天裡每天沿用這個 4：1 的分配方案，最終獲得總利潤的 4/5。

這一解決討價還價問題的技巧，其價值在於，它提示了討價還價力量的一些不同來源。折衷妥協或平均分配是解決討價還價問題的常見辦法，卻並非唯一途徑。向前預測、倒後推理給出了一個理由，說明我們為什麼可能會看到不平等的分配。然而，向前預測、倒後推理的結論是不足信的。如果你試著這麼做但它沒有效時會怎樣呢？接下來你該怎麼辦呢？

但你可能會發現你對談判對手的分析是錯的，這會使得談判的重複賽局與單次賽局完全不同。在分配 100 美元的單次賽局中，你可以假設對方將發現接受 20 美元就可以滿足他的利益，於是你可以拿到 80 美元。但如果你的假設是錯的，那麼賽局就此結束，你已來不及改變策略；而對方也沒有機會教訓你，期待你改變接下來的策略。相比之下，當你們重複進行 101 次最後通牒賽局時，接受提議的一方可能會在一開始就採取強硬的態度，從而向你證明他可能會變得不理性（或至少堅持 50：50 的分配標準）*。

薪資談判——僅由資方提議

倒數天數	提出者	可分配的總利潤（美元）	勞工同意數（美元）
1	資方	1,000	$1
2	資方	2,000	$2
3	資方	3,000	$3
4	資方	4,000	$4
5	資方	5,000	$5
...			
100	資方	100,000	$100
101	資方	101,000	$101

　　如果第一天你提議按 80：20 分配，而對方拒絕了，你該怎麼辦？在總共只有兩天的情況下，下一次重複是最後一次賽局了，這時候答案最簡單。你覺得他是除了 50：50 之外什麼提議都會拒絕的類型嗎？或者，你認為這只不過是讓你在最後一輪提議 50：50 的詭計？

　　如果對方接受，這兩天他將每天得到 200，總共 400。即使是一台冰冷的電腦也會拒絕 80：20 的提議，只要他認為這樣做可以使他在最後階段中得到平等的分配，即 500。但如果這種拒絕只是虛張聲勢，你可以在最後一輪仍然堅持 80：20 的提議，並確信這個提議一定會被接受。

　　如果你一開始的提議是 67：33，然後被悍然拒絕，那麼分析就會變得複雜多了。如果對方接受，那麼最後他將每天得到 333，即總共 666。但是現在他拒絕了，他能指望的最佳結果就是在最後一輪得到 50：50 平分，即 500。即便他

---

* 在得出這個選項時，我們透過引入對方偏好的某種不確定性，巧妙地改變了賽局。很有可能對方會接受任何能使其報酬最大化的提議；但，雖然機率不高但也不無可能——對方只接受 50：50 的分配方式，所謂公平的一種特定形式。很多期待利益最大化的參與者，即使他的對手不是這種注重公平的人，還是希望讓你相信他是公平的，從而誘使你分給他們更大的利益。

最後如願了，也只能得到最糟的結果。在這個時候，你有證據證明這不是在虛張聲勢。然後在最後一輪提議 50：50 就可能非常合理了。

總之，重複賽局與單次賽局不同的地方在於，即使重複賽局中只有一方一直在提建議，接受方有機會向你表明你的估算不如預期那麼有效，這時，你是繼續堅持，還是改變你的策略？矛盾的是，對手常常透過表現得非理性而獲益，因此你不應簡單地接受這種表面的非理性。不過，他們也許敢嚴重傷害自己的利益（也不斷傷害你的利益），以至於虛張聲勢也起不了作用。在這種情況下，你可能非常需要重新評估對方的真正目的。

附錄》魯賓斯坦議價

如果賽局沒有期限，你也許會認為不可能解決討價還價問題。但是，透過艾爾・魯賓斯坦（Ariel Rubinstein）發明的一種別出心裁的方法，就有可能找到答案了。

在魯賓斯坦的討價還價賽局中，雙方輪流提出一個關於如何分配利益大餅的建議。為了簡化，我們假設利益的大小為 1。提案用（X，1-X）表示雙方所得；因此，若 X = 3/4，這表示 3/4 歸我，1/4 歸你。只要一方接受了對方的提議，賽局便告結束。在此之前，雙方輪流提出建議。拒絕提議的代價是很高的，因為它會導致延遲達成協議。任何雙方可以明天達成的協議，如果能在今天達成，將會更有價值，且立即達成協議最符合雙方的共同利益。

時間就是金錢，這可以透過許多不同的方式表現出來。最簡單的情況是，較早得到的 1 美元，其價值超過後來得到的 1 美元；因為較早得到的 1 美元可以用於投資，並在此後的時間賺取利息或紅利。如果投資報酬率是每年 10%，那麼，現在得到的 1 美元等於明年此時的 1.10 美元。這種思路同樣適用於工會和資方，但還要考慮另外一些情況可能會帶來急迫性。協議每推遲一週簽訂，就會有一種風險，即原有的忠實顧客會轉而向其他供應商建立長期的合作關係，

這將使公司面臨倒閉的威脅；迫使工人和幹部不得不轉而從事工資較低的其他工作，同時工會領袖聲譽受損，資方的股價也會變得一文不值。考量到這樣的事情會在未來一週當中發生的可能性，立即達成協議顯然要比拖延一週更好。

與最後通牒賽局一樣，輪到提建議的當事者就占有優勢。優勢的大小取決於他的急迫感。我們衡量急迫感的指標是：某人如果是在下一輪而非這一輪提出建議時，利益的價值還剩多少。以每週提議一次的情況為例，如果下週的 1 美元在今天價值 99 美分，那麼就還剩下 99% 的價值（手中的 99 美分到了下週價值 1 美元）。我們用變數 δ 來表示等待成本的折現率。在本例中，δ = 0.99。若 δ 趨近於某個較大的值，如 0.99 時，表示人們是有耐心的；若 δ 很小，如 1/3，意味等待是有成本的，且討價還價者是心急的。事實上，當 δ = 1/3 時，表示每週將損失 2/3 的價值。

急迫感主要取決於討價還價各回合之間的時間間隔。如果提出一個還價需要花一週的時間，則有可能 δ = 0.99。如果只需 1 分鐘，則 δ = 0.999999，幾乎沒有任何損失。

只要知道急迫程度，我們就能夠透過思考人們的最低要求或最高付出，找到討價還價賽局的分配方法。你可能接受數量為零的最低分配嗎？不可能。假如你可能接受，那麼對方就會提議給你零。於是，你知道，如果你今天拒絕零，那麼明天就輪到你提出還價了，那時你會提議給對方 δ，他一定會接受。他之所以會接受，是因為他寧願明天接受 δ，也不願意等到下一回合得到 1。（只有在兩期賽局你都接受 0 的最佳情況下，他才能得到 1）。因此，既然你知道他明天一定會接受 δ，這意味著你明天可以指望得到 1 − δ，所以你今天絕不應該接受任何少於 δ（1 − δ）的提議。於是，不管是在今天還是在兩個回合中，你都不應該接受零的提議[*]。

---

[*]　當然，除非 δ = 0，此時，表示你完全不想等待，以後幾回合對你而言便毫無價值。

上述推論並非完全前後一致，因為假設你在兩回合賽局中都願意接受零，我們就找到了你願意接受的最小建議額。我們真正想找出的是你願意接受的最小建議額，而且這個數字不會隨著時間而改變。當每個人都知道你願意接受的最低數額是多少時，就會使你立於絕不接受任何低於該數額的有利位置。

下面介紹我們解決這個循環推理的方法。假設你願意接受的最糟（或最低）的分配方式是給你 L，其中 L 代表最低接受額。為了找出 L 究竟是多少，讓我們設想一下，你為了明天能提出還價而決定拒絕今天的提議。當你仔細思考所有可能的還價時，你能夠預料到，當再次輪到對方提議時，他們絕不可能指望得到超過 1 − L 的數額。（他們知道你不會接受低於 L 的提議，所以他們不可能得到超過 1 − L 的數額。）既然這是他們在兩回合後所能得到的最佳結果，那他們就應該在明天接受 $\delta(1-L)$。

因而在今天，當你仔細思考是否接受他們的提議時，你可以確信，若你今天拒絕他們的提議，然後明天提出還價 $\delta(1-L)$，那麼他們一定會接受。現在，我們基本推理完成了。既然你知道你總是能讓他們明天接受 $\delta(1-L)$，那麼你明天就一定能得到 $1-\delta(1-L)$。

因此，你今天絕不應該接受低於 $\delta[1-\delta(1-L)]$ 的提議。

於是我們得到了 L 的最小價值：

$L \geq \delta[1-\delta(1-L)]$

或者

$$L \geq \frac{\delta(1-\delta)}{(1-\delta^2)} = \frac{\delta}{(1+\delta)}$$

你不該接受任何低於 $\delta/(1+\delta)$ 的提議，因為只要等待，然後提出對方必然接受的還價，你就能得到更多。這對你而言是正確的，對對方而言也是正確的。按照同樣的邏輯，對方也不會接受任何低於 $\delta/(1+\delta)$ 的提議。這就告訴我們，你可以指望得到的最大數額是多少。

用 M 代表最大數額，讓我們來尋找一個足夠大以至於你永遠不應拒絕的數額。既然你知道下一回合對方不會接受低於 δ／（1 + δ）的提議，那麼最有可能的情況就是，你在下期最多能得到 1 - δ／（1 + δ）= 1／（1 + δ）。如果那是你下期能得到的最佳結果，那麼今天你應該接受 δ[1／（1 + δ）] = δ／（1 + δ）。

於是我們有

$$L \geq \frac{\delta}{(1 + \delta)}$$

以及

$$M \leq \frac{\delta}{(1 + \delta)}$$

這意味著，你願意接受的最低額是 δ／（1 + δ），且你絕對會接受任何等於或者大於 δ／（1 + δ）的提議。因為這兩個數額完全相同，所以這就是你將會得到的數額。對方不會提出更低的建議，因為你會拒絕；他們也不會提出更高的建議，因為你絕對會接受 δ／（1 + δ）。

這種分配是合理的。隨著提議與還價之間的時間週期縮短，參與者較不會失去耐心；或者，從數學上來說，δ 越來越接近 1。檢視一下 δ = 1 的極端情況。這時，提議的分配方式成了

$$\frac{\delta}{(1 + \delta)} = \frac{1}{2}$$

利益大餅在雙方之間平均分配。如果等待提出還價沒有任何成本，那麼最先提議的那個人就不具任何優勢，所以分配方式為 50：50。

另一種極端情況是，設想如果提議不被接受，整個利益大餅就會消失，這就成了最後通牒賽局。如果明天的價值協議實際上為零，則 δ = 0，分法為（0,1），就像最後通牒賽局的結果一樣。

再看一個非極端的情況，假設時間在這裡非常重要，以至於每拖延一天，利益大餅就會損失一半，δ = 1/2，現在分配便成了

$$\frac{\delta}{(1+\delta)} = \frac{\frac{1}{2}}{(1+\frac{1}{2})} = \frac{1}{3}$$

我們這樣來思考以下情況。向我提議的那個人宣稱，如果我拒絕，整個利益大餅就會消失，於是他馬上得到了 1/2；剩下的一半中，你可以得到其中一半，即整個利益大餅的 1/4，因為如果他不接受你的提議，這 1/2 的利益大餅也會消失。這樣，兩輪之後，他將有 1/2，你有 1/4，於是我們又回到了原點。這樣下去，在每一組提議中，他都能得到你的兩倍，於是分配結果即為 2：1。

在我們解決這個賽局時，假設雙方耐性相同。你可以用同樣的方法，找出雙方等待成本不同時的解。正如你可能預期的那樣，更有耐心的一方會得到利益大餅的更大比例。確實，隨著提議間隔週期越來越短，利益大餅便以等待成本的比率分配。因此，如果一方的急迫感是對方的兩倍，那麼他會得到利益大餅的 1/3，即對方得到的一半[*]。

討價還價得出的協議，會把較大的比例分配給較有耐心的一方，這一事實對於美國而言真是非常不幸。美國的政府體制以及媒體報導，實際上都在鼓動不耐煩的情緒。一旦與其他國家在軍事和經濟問題上的談判進展緩慢，利害攸關的遊說者就會從國會議員、參議員和媒體那裡尋求支持，迫使政府盡快拿出結果。美國在談判中的對手國家對此非常了解，也就可以想盡辦法迫使美國做出更大的讓步。

---

[*] 比如，工會與資方對談判的拖延風險及結果的估計可能不同。具體來說，假設工會認為現在的 1 美元等價於一週後的 1.01 美元（即 $\delta = 0.99$），資方則認為它等價於一週後的 1.02 美元（即 $\delta = 0.98$）。換句話說，工會的每週「利率」是 1%；而資方的每週「利率」是 2%。這代表資方的急迫感是工會的兩倍，因此其最終報酬將是工會的一半。

第12章
投票

我懶得理睬的人，就是那些懶得投票的人。

—— 奧頓·納許（Ogden Nash，美國詩人）

民主政治的基石，就是尊重人們透過投票箱所表達的願望。不幸的是，實現這些崇高的理想並非易事。與任何多人賽局一樣，投票中會出現策略問題。選民經常有隱藏自己真實偏好的動機。不管採取多數決（majority rule）或其他投票機制，都無法解決這個問題；因為並沒有任何一個完美的制度，能夠將個人偏好匯整成一個整體意志[1]。

實際上，簡單的多數決原則，在兩個候選人競選的情況下很管用。如果你喜歡 A 甚於 B，那就投票給 A，這時不必有什麼策略性的手法*。但是，當有三個或三個以上候選人時，問題就開始浮現。選民的麻煩在於，是如實地投票給自己最推崇的候選人呢，還是策略性地投票給自己其次甚或第三喜歡卻有望勝出的那個候選人？

---

* 這裡有一個限制條件，即你可能會在乎候選人贏多少。你可能希望你的候選人勝出，但只贏一點點（比如，為了壓制一下他狂妄自大的氣焰）。在這種情況下，如果你能確定他最終能勝出，你就可能會對你的首選候選人投下反對票。

在 2000 年美國總統大選中，我們明顯看到這個問題。拉爾夫‧納德（Ralph Nader）的出現，使選情從高爾偏向了喬治‧布希。這裡的意思是，如果納德沒有參選，那麼高爾會贏得佛羅里達州，然後贏得大選。

回想一下，納德在佛羅里達州得到了 97,488 票，而布希只贏了高爾 537 票。不用想也能看得出來，大多數投票給納德的選民本來會選擇高爾，而不是布希。

納德則辯稱，高爾的敗選有很多原因。他提醒，高爾沒有贏得他的家鄉田納西州，而且數千名佛羅里達州選民被誤植為重罪前科犯，而未被列入選舉名冊，加上 12% 的佛羅里達民主黨人把票投給了布希（或者錯投給了布坎南）。的確，高爾的失利可以有很多解釋，但是其中之一就是納德。

在此，我們的重點不是要批評納德或任何第三方候選人。我們的重點是要批判我們投票的方式。我們希望那些真心期盼納德當選總統的選民，可以有辦法表達他們的觀點，而不必放棄他們對「布希對上高爾」競選的投票權[*]。

三方競選的投票難題也並非只對共和黨有利。1992 年大選，羅斯‧裴洛只獲得 19% 選票的結果是，比爾‧柯林頓的當選顯得更加不平衡。柯林頓獲得了 370 張選票，而布希只獲得 168 張。我們很容易想像得到，有些州本來可以投票給裴洛[2]。與 2000 年的選舉相同，在這裡柯林頓仍然會贏，只不過選舉人票不會差距那麼大了。

在 2002 年法國總統大選的第一輪中，有三位主要的候選人：席哈克、社會黨的喬斯班，和極右分子珍—瑪麗‧勒龐；同時還有幾個極端左翼及其他類似黨派候選人。大多數人預期席哈克和喬斯班在第一輪會成為得票最多的兩個人，然後在決賽競選中一決高下。因此，很多左翼選民任性地在第一輪時天真地把

---

[*] 其實，我們曾經給納德提出了一個解決方案，只是他沒有接受。美國選舉制度的特色在於，人民的選票實際上是投給選舉團裡的選舉人，而不是直接投給真正候選人。假定納德推崇高爾勝於布希，那他就可以選擇和高爾相同的選舉人。於是投給納德的每一票都可以算做投給高爾的一票（因為選舉人都是一樣的）。透過這種方法，選民可以表達他們對納德的支持，也可以幫他籌集公共資金（matching funds），而所有的這些行動都不會把選舉拉到對布希有利的方向。

票投給了他們最推崇的極端候選人。但是，當總理喬斯班獲得的選票數低於勒龐時，他們全都嚇壞了。於是，在第二輪投票時，他們不得不做他們從沒想過的事，投給他們討厭的右翼席哈克，僅僅是為了排除更討厭的極右分子勒龐。

這些案例告訴我們什麼情況下策略和道德可能互相衝突。思考一下什麼時候你的一票會很重要。如果不管投不投票，結果都是布希（或者高爾）或者席哈克（或者喬斯班）當選，那麼你可以隨便投，因為你的票無關緊要。你的票只有在打破平局（或者引起平局）的時候才真正有價值，這就是所謂**關鍵選民**。

如果在你投票時認為你的票會有價值，那麼，把票投給納德（或者法國的一個極端的左翼黨）就是錯失良機。即使是納德的支持者，也應該假設自己是打破布希和高爾之間平局的那個人，並在這種假設下投票。這好像有點兒自相矛盾。當你的一票無關緊要時，你就可以隨性投票；但是，當你的一票意義重大時，你就要策略地進行投票。這就是矛盾所在：只有真相無關緊要時，你才可以說出真相。

你可能認為，你的一票根本不可能是**輸贏關鍵**，以至於完全可以忽略不計。在總統大選的案例裡，這種情況確實發生在如羅德島這樣穩定的藍州（較支持民主黨），或者如德克薩斯這樣穩定的紅州（較支持共和黨）。但是在比較勢均力敵的州，比如新墨西哥州、俄亥俄州和佛羅里達州，選舉結果實際上非常接近。所以，儘管打破均衡的機會依然非常渺茫，但影響卻非常重大。

策略性投票問題在總統初選時顯得更加重要，因為此時通常會有四名或以上的候選人進行角逐。投票和募款時也會出現這個問題。支持者不想把他們的選票或捐款浪費在一個無望當選的候選人身上。這麼一來，那些宣布誰正領先的民意調查和媒體報導，就有了左右局勢、使自己的預言變成現實的真正潛力。相反的問題也可能產生：人們預期某個候選人十拿九穩，於是他們就會毫不考慮地把票投給他們推崇的一個邊緣候選人，結果卻發現他們的第二選擇、實際上有望當選的候選人（例如，喬斯班）被淘汰出局。

我們並不是要宣導策略性投票，而是要傳達壞消息。我們最大的願望就是提出一個可以鼓勵人民坦誠投票的機制。在理想情況下，投票機制可以用某種方式表達人民的真實意願，匯聚人民的偏好，而不會把人民引向策略性投票。不幸的是，美國經濟學家肯尼斯・艾羅（Kenneth Arrow）證明這樣的「聖杯」並不存在。任何統計選票的方式都必定有其缺陷[3]。實際上，這表示人們總是有進行策略性投票的動機。所以，選舉的結果同樣由選舉過程和選民的偏好來決定。也就是說，你可以判斷出投票機制的某些缺陷比其他缺陷更糟糕。接下來，我們將分析決定選舉的不同方式，同時可凸顯每種方式的問題及優點。

幼稚的投票

最常採用的選舉程序是簡單的多數決投票。但是多數決規則的結果可能具有似是而非的特性，甚至比 2000 年美國總統大選的結果更為離奇。這種可能性最早由兩百多年前法國大革命英雄康多塞侯爵（Marquis de Condorcet）所發現。為了紀念他，我們就用法國大革命的背景，來闡釋其提出的關於多數決原則的基本悖論。

巴士底監獄被攻陷後，誰將成為法國平民主義的新領袖呢？假定有三位候選人競爭這個職位：羅伯斯比爾先生（R）、丹頓先生（D）和拉法葉夫人（L）。選民可以分為三類：左翼、中間派和右翼，其偏好如下：

左翼	中間派	右翼
40	25	35
R	D	L
D	L	R
L	R	D

有 40 位選民屬於左翼，25 位中間派，35 位右翼。若競選者是羅伯斯比爾對丹頓，則羅伯斯比爾將以 75：25 獲勝。若競選者是羅伯斯比爾對拉法葉夫人，

則拉法葉夫人會以 60：40 勝出。但若競選者是拉法葉夫人對丹頓，則丹頓會以 65：35 獲勝。所以，這裡不存在絕對的勝利者。在每場一對一的競選中，沒有一個候選人可以戰勝所有的對手。無論哪一個候選人當選，都還有另一個多數人更喜歡的候選人。

由於可能存在這種沒完沒了的循環，我們將無法確定哪一種選擇才能代表人民的意志。當康多塞面對這個棘手的問題時，他提出，差距較大的多數決的選舉，應該優先於選票比較接近的選舉。其推理是，人民的真實意願某種程度上是存在的，而上述循環一定反映了某種錯誤。差距較小的多數人出錯的可能性，大於差距較大的多數人。

基於上述邏輯，羅伯斯比爾對丹頓的 75：25 的勝利，以及丹頓對拉法葉夫人的 65：35 的勝利，應該優先於最小差距的多數人，即拉法葉夫人對羅伯斯比爾的 60：40 的勝利。在康多塞看來，羅伯斯比爾明顯比丹頓更受推崇，而丹頓比拉法葉更受推崇。因而，羅伯斯比爾是最佳候選人，而喜歡拉法葉勝於羅伯斯比爾的差距微小的多數人則是個錯誤。得出這一點還有另一種方法，就是羅伯斯比爾應該被宣布為勝利者，原因是他得到的反對票最多只有 60 張，而其他候選人則是被比 60 張更多的反對票打敗的。

諷刺的是，法國採用的是另一種選舉制度，這種制度通常被稱為「複選式排序投票」。在他們的選舉中，假設沒有人獲得絕對多數票，那麼得票最多的兩位候選人就會在決選中相互競爭。

思考一下，如果我們將法國的選舉制度應用在我們上述三位候選人身上，結果會如何。在第一輪，羅伯斯比爾將排在第一位，得到 40 票（因為他是所有 40 個左翼選民的第一選擇）。拉法葉夫人排在第二位，得到 35 票。丹頓排在最後，只得到 25 票。

基於這個結果，丹頓將被淘汰，另外兩個得票最多者，羅伯斯比爾和拉法葉夫人，將在決選投票中再次對決。在決選中，我們可以預測，丹頓的支持者

將轉而支持拉法葉夫人，使她以 60：40 獲勝。這進一步證明了，如果還需要進一步證明的話，選舉的結果同樣地由投票的規則和選民的偏好所決定。

當然，我們預先假設了選民做出決定的時候是幼稚的。如果民意調查能夠準確預測選民的偏好，那麼羅伯斯比爾的支持者就可以預期到他們的候選人會在決選投票中敗給拉法葉夫人，這將使他們得到最糟糕的結果。於是，他們會有策略性投票給丹頓的動機，這樣，丹頓便會在第一輪投票中以 65% 的得票率直接勝出。

康多塞投票規則

康多塞提供一種方法去解決總統初選甚或有三個以上候選人的選舉難題。康多塞的提議是，讓候選人兩兩配對，相互競爭。這樣，在 2000 年大選中，就會出現布希對高爾、布希對納德，以及高爾對納德的投票。選舉的勝出者將是獲得最少的「最大反對票數」的那個人。

設想高爾以 51：49 戰勝了布希；高爾以 80：20 戰勝了納德；布希又以 70：30 戰勝了納德。這樣，反對高爾的最大投票數是 49，這小於反對布希（51）和反對納德（80）的最大投票數。的確，高爾就是所謂的康多塞贏家（Condorcet winner），因為他在一對一的爭奪中戰勝了所有的對手[*]。

有人可能認為，這在理論上是很有意思，但卻非常不切實際。我們怎麼能要求人民投三次票？甚至在有 6 個候選人的初選中，得投 15 次票，來表達他們對所有雙人競選的看法。這看起來真的不太可行。

幸運的是，有一種簡單的辦法可以使這一切變得十分可行。選民需要做的只是在選票上對候選人進行排名。根據這些排名，電腦就會知道如何對所有的

---

[*] 雖然我們知道，沒有一種選舉制度是完美無缺的。在某些情況下，策略性投票是值得的，即使是採取了康多塞投票機制。不過，由於策略性投票的方式相當複雜，所以如果人們不很清楚他們應該怎樣調整其選票來達到最大效果，我們也不必過於擔心這種方式對選舉會產生影響。

一對一競選進行投票。所以，對候選人的排名順序是

　　高爾

　　納德

　　布希

的選民，將會投票支持高爾而不是納德，支持納德而不是布希，以及支持高爾而不是布希。在總統初選中對 6 位候選人進行排名的選民，實際上也含蓄地對所有可能的 15 個配對選擇進行了排名。如果決選是發生在他的第二選擇和第五選擇之間，那麼選票就會投給第二選擇。（排序不完整也沒關係。排上名的候選人將戰勝所有沒有排上名的候選人，對於兩個沒有排名的候選人之間的競爭，這相當於選民棄權。）

在耶魯大學管理學院，我們用康多塞投票制度來評選年度教學獎。在此之前，獲勝者是由簡單多數規則決定的。在大約有 50 位教員，即 50 名符合資格候選人的情況下，從理論上看，有可能會出現候選人以剛好超過 2% 的選票獲獎的情況（如果選票在所有候選人之間幾乎平均分配的話）。更現實的情況是，總是會出現五、六個強勢競爭者，還有五、六個有一定支持者的候選人。一般情況下，25% 的選票就足以獲勝了，所以，哪個候選人的支持團隊能夠把他們的選票集中起來，哪個候選人就會在最後勝出。現在，學生只需要對他們的教授進行排名，電腦就會替他們進行所有的投票。與簡單多數決相比，這樣的勝出者更能符合學生們的期待。

努力改變我們投票的方式值不值得？下文將說明，議程控制如何影響投票結果。在存在投票循環的情況下，投票結果對於投票程序高度敏感。

審判的程序

按照美國司法體系的運作方式，首先要裁定被告是無罪還是有罪。只有在被告被裁定有罪後才能進行判刑。表面看來，這可能是一個無關宏旨的程序問

題。但是，這一決策的程序卻可能帶來生與死的差別，甚至定罪與無罪開釋的不同。我們用一個被控犯了死罪的被告為例，來解釋我們的觀點。

有三種程序可用來決定一個刑事案件的結果。每種過程都有其優點，你可能希望根據某些潛規則來在它們之間做出選擇。

1. 現行制度：首先裁定無罪還是有罪；如果有罪，再思考合適的懲罰。
2. 羅馬傳統：聽證結束之後，先從最嚴厲的懲罰開始，一路向下尋找合適的懲罰。首先決定要不要對這個案件適用死刑。如果不要，再思考判處終身監禁合不合理。如果一路研究下來，沒有一種刑罰合適，那麼該被告就會被無罪釋放。
3. 強制判刑：首先指定該項罪名的相應刑罰，然後才確定應不應該給這名被告定罪。

這些審判制度只有一個議程的差別：優先決定哪一個問題。為了說明這點差別可能具有多大的重要性，我們僅考慮一個只有三種可能結果的案件：死刑、終身監禁以及無罪開釋[4]。這個故事是以一個真實的案例為基礎；這是西元前 1 世紀的羅馬律師小蒲林尼（Pliny）為圖拉真（Trajan）皇帝效命時所遇困境的一個現代版[5]。

該名被告的命運掌握在三位意見嚴重分歧的法官手裡，裁決由少數服從多數決定。其中一個法官 A 認為被告有罪，而且應該被判處該罪的最高刑罰。這位法官力求判處被告死刑，第二選擇是終身監禁，而無罪開釋是最壞結果。

第二位法官 B 也認為被告有罪。但是，這位法官堅決反對死刑，他的首選是終身監禁。以前判處死刑的案例至今仍然讓他心煩意亂，因此，他寧願看到被告被無罪開釋，也不願意看到被告被國家處死。

第三位法官 C 是唯一認為被告無罪的人，因而力求無罪開釋。他的意見

與第二位法官相反，他認為終身監禁比死刑更殘酷。（對此被告也持同樣的觀點。）結果，如果不能判處無罪開釋，他的第二選擇將是看到被告被判處死刑；終身監禁是他的最壞結果。

	A法官	B法官	C法官
最好	死刑	終身監禁	無罪開釋
中等	終身監禁	無罪開釋	死刑
最差	無罪開釋	死刑	終身監禁

在現行制度下，首先投票決定的是被告無罪還是有罪。但是這三位都是老練的決策者。他們懂得向前預測、倒後推理。他們準確地預料到，如果被告被判有罪，投票的結果就是 2：1 決定被告被判處死刑。這實際上意味著，最初的投票就是在無罪開釋與死刑之間進行選擇。這樣結果就是以 2：1 判處被告無罪開釋，因為法官 B 投了關鍵一票。

但情況不一定會以這種方式發展。法官們可能決定沿用羅馬傳統，先從最嚴厲的懲罰開始，一路減輕下去。他們首先決定要不要判處被告死刑。如果選擇了死刑，接下來就沒有什麼要做決定的了。如果死刑遭到否決，剩下的選擇就是終身監禁和無罪開釋。透過向前預測，法官們意識到終身監禁將成為第二階段投票的結果。再透過倒後推理，第一個問題就簡化成了終身監禁與死刑之間的選擇。結果是以 2：1 判處被告死刑，只有法官 B 投了反對票。

第三種合理的做法是，首先決定該案罪行的合適懲罰。這裡我們沿著強制懲罰準則的路線思考，一旦確定了刑罰，法官必須確定該案中被告是否犯有這個罪行。在這種情況下，如果首先確定的刑罰是終身監禁，那麼被告就會被判有罪，因為法官 A 和法官 B 都會投票判定被告有罪。但是，如果首先確定的是死刑，那麼我們會看到，被告將被無罪開釋，因為法官 B 和法官 C 都不願判被告有罪。於是，刑罰的選擇最終簡化成終身監禁與無罪開釋之間的選擇。投票的結果是終身監禁，只有法官 C 投了反對票。

你可能已經發現這個故事的意義非比尋常，或許還會因為上述三種結果可能完全取決於投票順序而心煩意亂。因為，你對司法制度的選擇，可能會取決於其最後結果，而不是潛規則。這就意味著賽局的結構非常重要。比如，當國會必須在眾多相互競爭的法案之間做出選擇時，投票順序可能會對最終的結果產生重大影響。

中間選民

目前為止，在思考投票問題時，我們都是假設候選人只採取一種立場。但候選人選擇其立場的方式也同樣是策略性的。所以我們接下來討論的重點就是，選民如何努力去影響候選人的立場，以及候選人最終會站在什麼立場上。

要想避免你的選票淹沒在茫茫票海，有一個辦法就是別出心裁：選擇一個極端的立場，與大眾劃清界限。誰若是認為這個國家太過自由化，可以把票投給一個溫和保守派候選人。或者轉向極右路線，支持保守派名嘴拉什‧林博。就像候選人會妥協，採取中間立場一樣，使自己看起來顯得比實際更極端，也許更符合某些選民的利益。但這種戰術只在一定程度上有效。如果你太過分了，大家就會認為你是個異想天開的瘋子，結果你的意見便無人理睬。關鍵在於，如何在理性範圍內採取一個最極端的立場。

為了具體說明這一點，假設我們可以把候選人按照從自由到保守的程度，排在一條刻度為 0 至 100 的軸上。綠黨奉行極左路線，位置接近於 0，而拉什‧林博採取最保守的立場，接近 100。選民透過在這條政治光譜上選擇一個點來表達自己的偏好。假設選舉的勝利者就是位於所有選民立場平均值的那個候選人。你可以這麼看待這種情況：透過談判和妥協所選出領先的候選人的立場，反映了整個選舉的平均立場。討價還價的本質在於提供折衷方案以解決分歧。

設想你自己是一個中間選民：如果你能控制大局，你就會傾向選擇一個立場位於 50 的候選人。但結果可能是這個國家比中間值稍微傾向保守派一點。假

如沒有你，平均值可能達到 60。具體來說，你就是 100 個選民被抽出來參加民意調查，確定平均立場的那一個人。如果你說出你的真實偏好，那麼候選人就會移動到（99×60 + 50）= 59.9 的立場上。反過來，如果你誇大自己的主張，聲稱你想要 0，那麼最終結果就會變成 59.4。透過誇大你的主張，你對候選人立場的影響力是原來的 6 倍。在這裡，為了維護自由主義而採取極端的立場並不是什麼邪門歪道。

當然，你不會是這麼做的唯一一個人。所有比 60 更傾向自由派的那些人都會聲稱他們想要 0，而那些比 60 更保守的人都會為 100 而奮鬥。結果是，每個人看起來都很極端，儘管候選人依然會選擇某個中間立場。妥協的程度將取決於轉向各個方向的選民的相對數量。

這種採取平均立場的方法有個問題，就是它試圖同時把偏好的強度和方向都考慮在內。人們願意說出自己的真實傾向，但是談到強度的時候就會誇大其詞。同樣的問題也出現在妥協的過程中：如果這就是解決問題的法則，那每個人都會採取極端立場。

解決這個問題的一個方案與美國數理經濟學家哈樂德·霍特林的發現有關（我們已經在第 9 章討論過這個問題），即各政黨將收斂於中間選民的立場。如果候選人迎合中間選民的偏好，那麼就沒有任何選民會採取極端的立場了。也就是說，這位候選人選擇了一個立場，在這一點上，希望他左傾和右傾的選民數目正好相等。與平均立場不同，中間立場並不取決於選民偏好的強度，而只取決於他們偏好的方向。要找到這個中間點，候選人可以從 0 開始，不斷向右移動，只要還有多數人支持他這一移動。而在中間點，支持他繼續向右移動的力量就正好被希望他向左移動的力量所抵消。

當一位候選人採取中間立場時，就沒有任何選民需要去扭曲自己的偏好。為什麼？只需要思考三種情況：（1）傾向中間左側的選民，（2）恰好位於中間的選民，以及（3）傾向中間右側的選民。在第一種情況下，誇大左傾偏好不

會改變中間點的位置，因此這個立場最終被採納了。這個選民改變結果的唯一辦法就是支持向右移動，但是這正好與他自己的利益相違背。在第二種情況下，選民的理想立場無論如何都會被採納，誇大自己的偏好不會帶來任何好處。第三種情況與第一種情況類似。再向右移動對中間點沒有任何影響，而投票支持向左移動則有違自己的利益。

這個論點的陳述方式暗示，選民知道全體選民的中間點位置，無論自己是處於中間點的左側還是右側。而說真話的動機和究竟出現哪個結果沒有關係。你可以把上述三種情況當作三種可能性一起思考，然後就會意識到，不管結果如何，選民還是希望誠實地表達自己的立場。採取中間立場的優點在於，沒有一個選民有動機扭曲自己偏好；因此誠實投票是所有選民的優勢策略。

採納中間選民立場的唯一問題就是，其應用範圍非常有限。這一選擇只有在一切都能簡化成單一面向選擇的時候才適用，就像在自由派對保守派的競爭中一樣。但是，並非所有問題都可以這樣簡單劃分。一旦選民的偏好超過單一面向，就不會有中間點可言，這種簡單的解決方案也就不再有效了。

憲法為什麼有效？

提示：本節的內容很難，即使賽局思考題也是如此。我們把它放在本章，是因為它提供了一個例子說明賽局理論如何有助我們明白美國憲法為什麼持久有效的原因。這結論是以本書作者之一的研究為基礎的，這一事實也可能會起點兒小作用。

我們曾說過，當候選人的立場不能再以單一面向（一維）排序時，事情就會變得複雜得多。現在，我們轉而看另一種情況，在這種情況下，選民主要關心兩個議題，比如，稅收問題和社會問題。

當一切都在一維上時，候選人的立場可以用 0 至 100 的分數來表示，你可以把這個分數看作在一條直線上的某個點。而現在，候選人在兩個議題之間的

立場，就可以用平面（二維）上的某個點來表示。如果有三個重要議題，那麼候選人的立場就必須處在一個三維空間裡，不過這個三維空間很難在一本平面的書上畫出來。

我們用候選人所處的位置來表示他在各個議題上的立場。

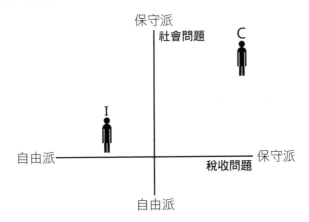

如圖所示，現任者（I）是一個中間派，在稅收問題上略微傾向自由派，而在社會問題上略微傾向保守派。相比之下，挑戰者（C）在稅收問題和社會問題上都採取非常保守的立場。

選民的規則很簡單：他們投票支持最接近他們偏好立場的那位候選人。每一種選民都可以被認為處於空間中的一個點上。這個點的位置就是選民最偏好的立場。

接下來的圖展示了選民將如何在這兩個候選人之間分配。所有傾向左邊的選民都會投票給現任者，而那些傾向右邊的選民都會投票給挑戰者。

既然我們已經解釋了賽局的規則，那麼你認為挑戰者會選擇站在哪個立場？還有，如果現任者夠聰明，能夠為自己選擇一個最佳立場來對抗挑戰者，那麼他一開始會選擇哪個點呢？

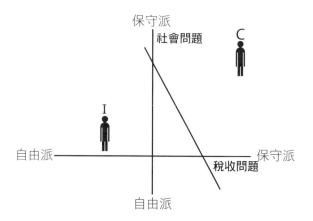

注意，當挑戰者越來越向現任者靠近時，他可以獲得越來越多的選票，但不會損失一張選票。（比如說，從 C 點到 C* 點的移動，擴大了偏好 C 的選民團體；現在，分割線變成了那條虛線。）這是因為，任何偏好挑戰者的立場，勝過現任者的立場的選民，同時也偏好兩個立場之間的某個立場，勝過現任者的立場。所以一個偏好徵收 1 美元燃油稅勝過不徵稅的選民，很可能也偏好徵收 50 美分稅勝過不徵稅。這就意味著，挑戰者有動機去選擇右邊挨著現任者的立場，從選民最多的方向開始向現任者靠近。在下圖中，挑戰者將從右上角方向開始向現任者靠近。

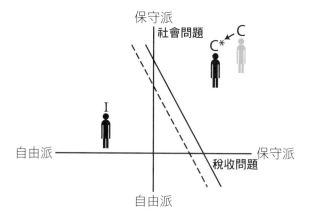

　　對現任者而言，這個難題就好像著名的切蛋糕問題一樣。在切蛋糕問題裡，兩個小孩需要分一個蛋糕。問題在於，如何為他們設計一個切分蛋糕的方法，以確保他們每個人都覺得自己（至少）分到了一半蛋糕。

　　解決這個經典問題的辦法就是「我來切，你來選」。一個小孩負責切蛋糕，而另一個小孩來選。這使得第一個小孩有動機盡可能平均地切蛋糕。因為第二個小孩可以選擇其中一半，所以他不會感到被騙了。

　　但這裡的問題有點不同。在這個問題中，挑戰者負責切蛋糕，然後選擇。但是，現任者會指定一個位置，挑戰者必須從這裡切開。例如，如果所有選民均勻地分布在一個圓盤中，那麼現任者可以把自己定位在正中心。

　　儘管挑戰者努力把自己定位在與現任者相近的立場上，現任者依然可以吸引到半數選民。例如，虛線表示挑戰者從右上角移過來。這個圓盤依然是被平分成兩半，圓盤的中心總是最接近至少一半圓盤中的點。

　　當選民均勻分布在一個三角形中時，情況又變得更複雜。（為了簡化起見，我們先省略掉表示議題的軸線。）現在，現任者應該把自己定位在什麼位置呢？他可以確保自己得到的選票數最多是多少？

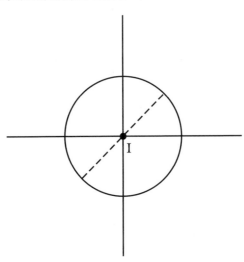

在下圖中，現任者選擇的位置很糟糕。如果挑戰者從左邊或右邊開始靠近現任者，那麼現任者依然可以吸引到半數選民的支持。但是，如果挑戰者從下方開始接近他，挑戰者就可以獲得遠遠超過半數的選票。所以，現任者最好把自己的定位向下移動，先發制人，攻擊對方。

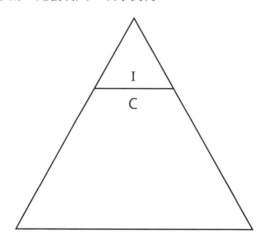

結果是，定位在集合的平均點，即我們熟知的重心，可以確保現任者至少獲得總選票的4/9。而現任者可以在平面中的每一個面向中都吸引到2/3的選票，於是總得票是 (2/3) × (2/3) ＝ 4/9。

在下圖中你可以看出，我們把大三角形分成 9 個小三角形，每一個小三角形都與大三角形等比例，大三角形的重心就是這三條線的交點（這一點也是普通選民最偏好的立場）。現任者把自己定位在重心上，就可以確保自己至少獲得 9 個小三角形中的 4 個的選民支持。比如，挑戰者可以從正下方發動進攻，奪取下面 5 個小三角形中的選民。

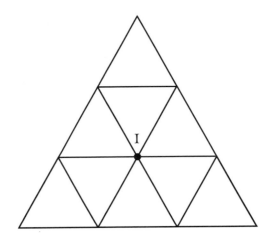

如果我們把這個三角形擴展為三維，那麼現任者的最佳選擇依然是把自己定位在重心上，但這時只能保證得到（3/4）×（3/4）×（3/4）＝ 27/64 的選票。

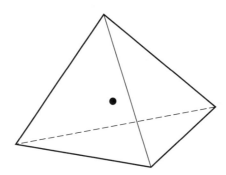

一個非常令人驚奇的發現是，對現任者而言，在任何維度的所有凸集（對於集合中的任意兩點 A 和 B，如果連接這兩點的線段也在這個集合內，那麼這個集合就是凸集。所以，圓盤和三角形都是凸集，而字母 T 則否。）中，三角形（以及它的多維模擬）其實是一種最壞的結果。

而真正令人感到意外的是，在所有凸集中，現任者透過把自己定位在重心處，可以確保至少得到 1/e ＝ 1/2.71828 ≈ 36% 的選票。即使當選民呈常態分布（如鐘形曲線）而非均勻分布時，結果也是如此。這表示，如果需要有 64% 的

多數票才能改變現狀，那麼，透過選擇所有選民偏好的平均點，就有可能得到一個穩定的結果。不管挑戰者的立場如何，現任者都至少能吸引到36%的選票，以保住自己的位置[6]，而這只須選民的偏好分布不要過於極端。對於某些人來說，只要還有相對多數的人採取中間立場，他們就可以採取極端的立場，正如常態分布所顯示的那樣。

這個「現任者」可以不僅僅代表一個政治家，也可以是一個政策或是一個慣例，這也許可以解釋美國憲法的穩定性。如果只需要簡單多數通過（50%），就可以對憲法進行修訂，那憲法的修訂就有可能陷入不能自拔的修訂循環中。但是，如果修訂憲法需要超過64%的多數同意，也就是要有2/3同意，那麼就會出現某種立場，面對任何修訂方案都會立於不敗之地。這並不是說任何現狀都不會被其他選擇打敗；這裡的意思是，總是存在某種現狀，即所有選民的平均立場，不可能根據67：33的投票而被打敗。

我們希望有這麼一個多數決規則，這個規則足夠小，可以在偏好改變時允許靈活性或變化性；但又不至於太小，以至於變得不穩定。簡單多數決原則是最靈活的，但它有可能陷入修訂循環，或者變得不穩定。另一種極端情況是，以100%或者全數同意的原則來消除循環，但是也同樣會造成鎖定現狀。我們的目標是，選擇一個可以確保穩定結果的最小多數決原則。看起來2/3多數決原則恰好在64%右邊，因而恰好成功運作至今。美國憲法做得很正確。

我們知道這一切確實推進得有點快。而這個結論是以安德魯・凱普林（Andrew Caplin）和奈勒波夫的共同研究為基礎的[7]。

歷久不衰的名人

讓我們回到現實世界。入選古柏鎮棒球名人堂可能是僅次於入主白宮、最令人垂涎的全國性榮耀了。棒球名人堂的成員由選舉產生，每次都有一組符合資格的候選人——具有10年比賽經驗的選手且退役滿5年便具有候選資格*。

投票人是棒球記者聯合會的成員，每人最多可投票給 10 位候選人。所獲選票超過投票成員數 75% 同意的候選人都可以當選。

就像你現在預期的那樣，這個制度有一個問題，就是投票人沒有正確的動機，將票投給自己真正推崇的候選人。該制度限定每個投票人最多只能投10票，這就迫使投票人不僅要考量候選人的優點，還要考量他們獲選的可能性。（你可能會覺得 10 票已經夠多了，但不要忘了，候選名單上有大約 30 名候選人。）一些體育記者可能覺得某個候選人應該入選，但是如果這個候選人不大可能入選，他們也不想把票浪費在這個人身上。這個問題同樣出現在總統初選的過程及其他各種選舉中，只要這場選舉中，每個投票人必須以固定數量的選票分配給多位候選人。

兩位賽局理論專家對選舉提出了一個替代方案。他們是史蒂芬‧布拉姆斯（Steven Brams）和彼得‧費什本（Peter Fishburn），一位是政治學家，另一位是經濟學家。他們認為「贊成投票」可以讓投票人表達他們的真實偏好，而不必考慮候選人當選的可能性[8]。在贊成投票的規則之下，每個投票人想投多少人就投多少人。這樣一來，把票投給某一個人，不會成為把票投給其他人的障礙。當然，如果人們可以想投多少人就投多少人，那麼最後誰會當選？就像古柏鎮的規則一樣，可以事先確定一個獲選者應得的選票比例；或者也可以事先設定獲選者的人數，然後得票多者依次填滿全部席位。

贊成投票已變得頗為普及，被很多專業團體所引用。如果棒球名人堂使用贊成投票方法，情況會是怎樣？如果國會在決定哪些支出項目應該包含在年度預算時，也使用贊成投票，會不會得到更好的結果？我們會在確定獲選比例的前提下檢視「贊成投票」的相關策略問題。

---

* 然而，如果一位選手在年度候選名單上出現了15次而仍未入選，那他就失去了參選資格。對於其他不符合資格的運動員，還有另外一個管道。一個資深球員委員會將考慮特殊個案，有時候也會一年推出一兩位候選人。

設想入選不同運動項目的名人堂是由投贊成票來決定，所有得票超過某個固定百分比的候選人都可以入選。乍看上去，投票人似乎沒有動機去扭曲他們的偏好。候選人之間並非相互競爭，而只是在與規則中隱性的衡量素質的絕對標準進行競爭，而這個規則規定了贏得贊成票的百分比。如果我認為馬克‧麥奎爾（Mark McGwire）應該入選棒球名人堂，那麼，我不投贊成票給他，結果只會降低他入選的機會；而如果我認為他不應該入選，那麼，我違背自己的觀點投票給他，只會使他更容易入選。

即便如此，儘管規則中沒有明說，在投票人看來，候選人之間還是可能相互競爭著。這種情況經常會發生，因為投票人對名人堂成員的人數和結構有著自己的看法。假設馬克‧麥奎爾和薩米‧索沙（Sammy Sosa）同時入選棒球名人堂的候選名單*，而我認為麥奎爾是更出色的打擊手，儘管我也承認索沙同樣達到入選標準，不過，我認為最重要的一點是，同一年不應該有兩個強棒打擊手入選。但我猜其他投票人對索沙的評價可能更高一些，所以無論我投不投他，他都可能入選；但是麥奎爾的情況就有點難說了，我若是投給他贊成票，很可能就會把他送進名人堂。按照自己真實偏好進行投票，意味著我應該投給麥奎爾，而這樣做可能會導致他們雙雙入選。在這種情況下，我就有動機去隱瞞自己的真實偏好，轉而投票給索沙。

這看起來有點令人費解，確實如此。這就是人們要在贊成投票的機制下開展策略行動的時候，需要用到的推理類型。這是有可能的，儘管機會不大。如果在投票人心目中，兩名選手是互補關係而不是相互競爭關係，類似的問題也會出現。

---

* 2007年，名單上總共有32位候選人，投票人則有545位。入選名人堂至少需要75%的選票，即409票。馬克‧麥奎爾得到了128票。卡爾‧瑞普肯（Cal Ripken Jr）創下紀錄，贏得了537票，打破了諾蘭‧萊恩（Nolan Ryan）在1999年創下的491票的記錄。瑞普肯98.53%的得票率在歷史上排名第三，僅次於湯姆‧西佛（Tom Seaver，在1992年得票率為98.83%）和諾蘭‧萊恩（在1999年得票率為98.79%）。薩米‧索薩最早也要到2010年才有資格參選。

我可能認為，不管是傑夫‧博依考特（Geoff Boycott）還是撒尼爾‧格瓦斯卡（Sunil Gavaskar）都不該入選板球名人堂，但是如果其中一個入選而另一個落選，那也是極大的不公。如果據我判斷，即使我不投票給博依考特，別人也會投票給他，而我的投票可能對格瓦斯卡能否入選至關重要，那麼我就有動機去隱瞞自己的偏好，而投票給格瓦斯卡。

相反的，如果採取配額制度，那就擺明讓候選人相互競爭。假定棒球名人堂限定每年只能有兩名新人入選，每一位投票人可投兩票，且他可以把票分別投給兩名候選人，也可以全部投給同一人。統計候選人的總得票，得票最高的兩名入選。現在，假設共有三名候選人——狄馬喬（Joe DiMaggio）、斯隆貝里（Marv Throneberry）和維克爾（Bob Uecker）[*]。人人都認為狄馬喬排在第一位，但是對於另外兩名候選人，選民分成了勢均力敵的兩派。我知道狄馬喬一定會入選，於是，作為斯隆貝里的球迷，我會把我的兩張選票都投給他，以提高他贏過維克爾的機會。當然，其他人也打著同樣的小算盤。結果是：斯隆貝里和維克爾入選，而狄馬喬一票也得不到。

只要總預算是有限的，或者國會議員和參議員對預算規模有很強的偏好，那麼政府的支出項目很自然就會相互競爭。我們要留給大家思考的問題是，如果在聯邦支出計畫中套用上面的例子，那麼哪一個像狄馬喬，哪些又像是斯隆貝里和維克爾？

愛上可惡的敵人

人們會有扭曲個人真實偏好的動機，是一個普遍存在的問題。一個例子就是，當你可以先採取行動時，你就會藉由這次機會，對其他人產生影響[9]。以

---

[*] 斯隆貝里是 1962 年大都會隊的一壘手，當時的大都會隊可能是棒球史上最糟糕的球隊。他的表現對球隊的名聲起了很壞的影響。至於維克爾，他在棒球場上的表現還不如他在米勒淡啤酒廣告中的表演更為人所知。

基金會的慈善捐款為例，假設有兩個基金會，每個基金會都有 25 萬美元的預算。現在它們收到三份捐助申請：一份來自一個幫助遊民的組織，一份來自密西根大學，還有一份來自耶魯大學。兩個基金會都認為，捐助遊民 20 萬美元是他們的首選目標；對於另外兩個申請，第一個基金會願意向密西根大學投入較多預算，而第二個基金會則更傾向資助耶魯大學。假設第二個基金搶先一步，把自己的總預算 25 萬美元都捐給了耶魯大學。那麼，第一個基金會已經別無選擇，只能捐助 20 萬美元給遊民，只留下 5 萬美元捐給密西根大學。如果兩個基金會平均分攤捐遊民的款項，那麼密西根大學和耶魯大學就會各得 15 萬美元。所以第二個基金搶先一步的行動，實際上把 10 萬美元從密西根大學轉到了耶魯大學。

從某種意義上來說，第二個基金會扭曲了自己的真實偏好——它沒有對其首選目標捐助任何一分錢。但是這一策略承諾依然符合它的真正利益。實際上，這種類型的資助賽局是相當普遍的[*]。透過搶先行動，小型基金會可以發揮更大的影響力，使排在第二位的捐助項目也可以獲得資助。這樣一來，大型基金會，尤其是聯邦政府，就只能去資助最迫切需要資助的項目了。

這種安排優先次序的策略，和投票過程有著直接相關。在《1974 年預算法案》推出之前，國會曾多次使用同樣的把戲。不重要的支出項目優先被投票通過，這樣一個一個項目討論下來，錢越來越少了，但是剩下的支出項目實在太重要了，以至於誰也不願投否決票。為了解決這個問題，國會現在會優先投票決定預算總額，然後再處理內部的分配問題。

如果你可以指望別人在以後幫助你挽回局面，那你就有動機去扭曲你的真

---

[*] 一個類似的例子就是馬歇爾獎學金和羅德獎學金之間的策略互動。馬歇爾獎學金當後行者（藉由候補名單的方式），如此一來，它就可以對誰能獲得獎學金前往英國留學發揮最大的影響力。如果某人同時具有獲得馬歇爾獎學金和羅德獎學金的潛力，那麼馬歇爾獎學金就會讓這個人成為羅德獎學金的得主。這樣，不只這個人可以去英國留學，馬歇爾獎學金卻不用花一分錢，而且還可以用這筆錢多選送一個人。

實偏好，利用其他人偏好以增加你可獲得的好處。你可能願意冒著失去你想要東西的風險來得到更多好處，只要你還可以指望別人會來挽回局面。

案例分析》勢均力敵

現在的總統選舉已經開始強調選擇副總統的重要性。此人距總統寶座只有一步之遙。但是，大多數總統候選人完全忽略了選票上的第二個名字，而大多數副總統看起來並不喜歡自己的這種經驗[*]。

美國憲法只有一個條款規定了副總統的一切實際行動。第 1 章第 3.4 小節提到：「美利堅合眾國的副總統擔任參議院主席，但不能投票，除非參議員被分為勢均力敵的兩派。」這種主持工作是「儀式性的，無所事事的儀式性」，且在大多數時候，副總統都會把這個工作委派給參議院多數黨領袖所指定的資淺參議員來輪流負責。打破平局的投票重要嗎，還是它也只是另一個儀式？

:: 案例討論

乍看起來，似乎邏輯推理和現實證據都支持儀式性的觀點。副總統的那一票似乎並不重要。打成平局的投票很少會出現，最可能出現平局的情況是，每個參議員投給任何一方的可能性相等，且參與投票的參議員人數是偶數。這樣來看，結果就是大約每 12 次投票中可能會出現 1 次平局[†]。

最積極打破投票平局的副總統是美國首任副總統約翰·亞當斯。他在 8 年

---

[*] 毫無疑問，他們可以想一想英國查理斯王子的悲慘處境，以此自我安慰一番。約翰·南斯·迦納（John Nance Garner）是羅斯福的首任副總統，對此做了簡潔的表述：「副總統的職位連一桶熱乎乎的唾沫都不值。」

[†] 出現 50 名參議員投贊成票，其餘 50 名參議員投反對票的機率等於 $(1/2)^{50} \times (1/2)^{50}$。把這個機率與可以從總人數 100 中找出 50 個支持者的方法總數相乘，得到的結果接近 1/12。當然，參議員的投票絕非隨機性的。只有當兩黨幾乎勢均力敵的時候，或者當有一個特別容易引起分歧的議題，使得整個團體分裂成兩派時，副總統的選票才會有作用。

的任期裡總共打破了 29 次平局。這並不奇怪，因為那時參議院只有 20 人，與今天有 100 名成員的參議院相比，出現平局的可能性幾乎高出 3 倍。實際上，在美國建國的頭 218 年裡，總共只有 243 次機會讓副總統投票。尼克森在艾森豪手下當副總統時，成為最積極打破投票平局的副總統，他總共投過 8 次打破平局的票。與此同時，在 1953 至 1961 年間，參議員總共做出了 1229 項決議[*]。打破平局的投票次數的減少也反映了這樣的事實：兩黨體系日益穩固，以至於很少有什麼議題可能引起黨派分歧了。

但是，這種關於副總統的投票只有儀式意義的說法有誤導之嫌。比起投票頻率而言，副總統這一票的影響力更為重要。仔細衡量一下就會發現，副總統這一票的重要性大致相當於任何一位參議員的投票。副總統的投票之所以很重要，一個原因就是該投票通常只決定最重要和分歧最嚴重的議題。例如，布希擔任副總統時，曾挽救了 MX 飛彈計畫——該計畫加速了蘇聯的解體。這表示，我們應該更仔細研究一張選票究竟什麼時候才重要。

一張選票可能有兩種效果：它可以有助於決定投票的結果，也可以成為影響勝利或失敗比例的一種「聲音」，但卻不會改變結果。在像參議院這樣的決策機構裡，第一種效果更為重要。

為了說明副總統當前地位的重要性，我們假設副總統作為參議院主席，得到了一張普通選票。什麼時候這張選票會有額外的影響力呢？對於一個重要的議題，所有 100 個參議員都會想方設法去參加[†]。**結果取決於副總統這第 101 票的唯一機會，是在參議院分成 50：50 的兩派之時，這相當於只有副總統擁有唯一一張打破平局的選票。**

---

[*] 尼克森與湯瑪斯·R·馬歇爾（威爾遜總統時的副總統）、阿爾本·巴克利（杜魯門的副總統）差不多。

[†] 或者是對立雙方的參議員想方設法雙雙缺席。如果 100 名參議員分為 51：49 或者更懸殊的兩派，那麼，不論副總統把票投向哪一方，結果都不會有什麼改變。

　　關於這一點，最好的例子是在布希首任總統期間的第107屆國會。當時參議院正好平分成兩派，即50：50。所以，副總統錢尼打破平局的一票，使得共和黨控制了參議院。所有51名共和黨參議員都很關鍵，如果任何一名被替換掉，控制權就會轉移到民主黨手中。

　　我們知道，我們對副總統的投票權力的描述忽略了現實面。其中某些方面削弱了副總統的權力；而某些方面則會擴大其權力。參議員的大部分權力來自在委員會的工作，而副總統卻不能參與這些工作。不過，另一方面，副總統的身邊有總統的耳朵和否決權。

　　我們對副總統投票的解釋，得出了一個重要的、具有更廣泛應用性的啟示：只有當一個人的投票能夠創造或打破平局時，他的投票才會對結果產生影響。思考一下不同背景下你的一票的重要性。在一場總統選舉中，你可以有多大的影響力？在你們城市的市長選舉中呢？在你們俱樂部的秘書選舉中呢？

　　第14章中的「弄巧成拙的防鯊網」將提供另一個關於投票的案例研究。

　　為什麼社會主義經濟體系會一敗塗地？史達林和其後繼者最完美的五年經濟計畫，因為工人和管理者缺乏足夠的激勵，人算不如天算。最重要的是，這個制度對於工作做得相對出色的人，並沒有提供任何報酬；使得人民沒有理由去表現主動和創新，甚至千方百計偷工減料，例如，有數量卻沒品質。在前蘇聯經濟體，流行這麼一句諷刺話：他們假裝付工錢，我們假裝工作。

　　市場經濟有更好且自然的激勵機制，也就是獲利動機。一家公司若能成功降低成本或推出新產品，就能賺取更高利潤；反之，一家公司若被對手拋在後面，就會虧損。即便如此，這個機制仍無法完美運作。公司的每一個員工和管理者並非完全暴露在市場競爭的威脅下，因此，最高管理階層必須設計出內部的胡蘿蔔和棍子政策，激勵部屬的工作表現。當兩家公司合作進行某特定專案時，他們就需要思考，怎樣正確設計出一份可以激勵彼此全力以赴的合約。

　　我們將透過一連串例子來說明一個巧妙的激勵機制必須包括哪些因素。

對努力程度的激勵

　　對作者而言，寫書所涉及的全部流程中，最冗長乏味的莫過於出版前的校對工作。對不熟悉這個流程的讀者，讓我來解釋一下其中的具體細節。出版社

首先會對作者的定稿進行排版，這個流程現在都是透過電腦完成的，因此錯誤相對較少，但仍有些莫名其妙出現的錯誤——缺字少行、整大段落移位、出現錯行和錯誤分頁。而且，這是作者校正任何寫作甚至思維上小失誤的最後一次機會，因此作者不得不對照自己的手稿，仔細校對列印稿，找出並標出所有錯誤，以便讓排版人員修正過來。

這已經是作者第無數次看這本書了，所以，如果他的視覺開始麻痺，從而漏看了一些錯誤也不足為奇；因此，還是雇一個人來幫他校對比較好。我們通常會找一個學生，一名優秀的學生不僅能找出排版錯誤，還能看出並幫作者發現更多的寫作和思維上的問題。

不過，雇用學生來做校對工作也會有一些問題。作者自然有動機希望自己的書盡可能不要有錯誤，但學生卻較缺乏動機。因此，給學生適當的激勵變得非常必要，常用的方法則是將支付給學生的報酬與他的工作表現連結起來。

作者希望學生能找出可能存在的所有排版錯誤；然而作者若想知道學生是否出色地完成任務，唯一方法是作者自己再進行一次完整的校對；但是這樣一來，就背離了雇用這名學生的目的了。作者將觀察不到學生的努力狀況——學生把稿件帶走，然後大約一週後回來，交給作者一份他找出的錯誤清單。更糟的是，甚至結果也是無法立即觀察到的；只有當其他讀者（比如你）發現了錯誤並告知作者時，作者才會發現這名學生有沒找出的錯誤，而這種事可能在好幾個月甚至好幾年後才會發生。

因此，學生有偷懶的動機——光只是把資料放在手邊幾天，然後告訴作者說沒有錯誤。所以，向學生提供固定報酬並無法達到應有的激勵效果。不過，假如採取按件計酬的方式（他每找到一個錯誤所得到的工資），可能會讓學生考慮到，如果排版工作已經做得很完美了，可能會讓他花上一個禮拜或更長的時間完成工作，結果卻一分錢都拿不到。這樣一來，他就不會想承攬這項工作。

這裡頭存在一個資訊不對稱的問題，但不同於我們在第 8 章所討論的。在

本例中，作者是資訊不利的一方：他無法觀察到這名學生的努力程度。這並不是學生本性不努力，而是他刻意的選擇。因此，這個問題不屬於逆選擇問題[*]；反而類似「投保後的屋主可能更不注意鎖好門窗」的問題。當然，保險公司會認定這樣的行為可說是不道德的，於是他們用**道德風險**（moral hazard）一詞來描述這種行為。經濟學家和賽局理論學者對此則採比較輕鬆的態度。他們認為，人們基於其自身的最佳利益來回應他們面對的各種激勵，是自然而然的行為。如果他們在工作偷懶後能僥倖免於懲罰，他們就會偷懶；你還能指望從理性的參與者身上得到什麼呢？所以，另一個參與者的當務之急，就是把這套激勵機制設計得更好一些。

儘管道德風險和逆選擇是兩個不同問題，解決方式卻有些共通之處。就像篩選機制必須同時考慮激勵相容約束和參與約束；處理道德風險問題的激勵報酬機制也是如此。

固定報酬制度並不能有效解決激勵方面的問題，但是純粹採取按件計酬一樣無法有效解決參與的問題。因此，報酬機制必須是兩個極端之間的折衷方案——固定工資加上這名學生每找出一個錯誤的獎金。這一機制應該保證能付給他夠高的總報酬，使得該工作對他有足夠的吸引力，同時還要提供夠多的激勵，讓他願意細心地校對。

我們當中的一位（迪克西特）最近雇用一名學生幫他校對一本 600 多頁的書。他提供的報酬是 600 美元的固定稿酬（每頁 1 美元），加上每個錯誤 1 美元的激勵性報酬（該學生最後找到 274 處錯誤）。這份工作花了這名學生大概 70 個小時，因此平均工資是 12.49 美元／小時，以研究生的標準來看，這算是一個相當體面的工資水準。我們認為這個激勵機制並不完全是迪克西特可以採

---

[*] 這裡可能也會有逆選擇；某個學生可能由於工作品質太差，在其他地方得不到更好的報酬，才會願意在教授提供的工資下工作。不過，教授還可以透過其他方法來了解學生的工作品質：該學生的課業成績表現、同事推薦等等。

取的最優或最佳協議。工作的最終成果相當不錯，但還稱不上盡善盡美：從工作完成到現在，這名學生已經被找到大約 30 處漏掉的錯誤[*]。不過，這個例子還是示範了混合報酬機制的大致概念，以及它在實務中是如何發揮作用的[†]。

我們可以看到，同樣的原理也適用於許多工作和合約。你怎樣對一名軟體設計師或一名撰稿人支付報酬？你很難時時刻刻監督他們的工作，他們有沒有把時間浪費在打球、飆網，或者在創作過程中時而亂寫亂畫，抑或只是單純偷懶？更重要的是，衡量他們的工作努力程度更是難上加難。解決方法就是，以專案和公司的成功程度來定他們的部分報酬，而這可以採取公司股權或股票選擇權的方式。這個原則是結合了基本薪資和與績效相關的激勵獎金；同樣方法也適用於給高階經理人帶來更大激勵效果的報酬。

當然，像許多事情一樣，這些機制具有可操縱性，但作為激勵報酬機制，其背後的一般運作原理仍然是有效的。

賽局理論學者、經濟學家、商業分析師、心理學家等學者，各自都對這一原理進行了擴展和運用。接下來我們將簡單介紹其中部分研究成果，並提供一些相關參考文獻，以便你可依自己的意願深入探討這個主題[1]。

設計有激勵性的合約

道德風險的主要問題在於，員工的行動和努力程度難以觀察。因此，報酬不能以努力程度為基礎，即便更多或更好的努力是身為雇主的你希望達到的目標，但報酬必須以某種可觀測的元素為基礎，比如最後的成果或利潤。如果在

---

[*] 你覺得書裡的錯誤未免太多？那你自己試試寫一本又厚又複雜的書，看看會出現多少錯誤。

[†] 或許，如果採取每發現一個錯誤報酬 2 美元，但每漏掉一個錯誤就扣 10 美元這樣一種激勵機制，效果可能會更好。既然漏掉的錯誤在過一段時間後才會被發現，那麼，這就需要將學生的部分報酬暫時扣住，但這樣就太複雜了，根本不值得這麼做。這些扣押金額什麼時候才會結清？扣除額度有沒有最高限制？激勵機制的第三個條件就是簡單易操作，也要讓被激勵的對象清楚整個機制的運作方式。

可觀測的成果和難以觀測的行動之間，存在一種完美的、絕對的一對一關係，那麼也就可以完全控制努力的程度。然而，在實務中，成果的產出不僅取決於努力程度，也取決於其他一些機會因素。

比如，保險公司的利潤取決於其業務員和理賠代理人、保險費以及各種天災因素。在颶風季節裡，無論員工多努力工作，獲利都會比較差。實際上，由於索賠人數的增多，往往迫使員工不得不更努力工作。

可觀察的最終成果，只不過是反映難以觀察的努力程度的不完美指標。由於兩者具有相關性，因此，以最終成果為基礎的激勵報酬，仍然能有效影響員工的努力程度，只不過作用得還不夠完美。由於某位員工的良好績效而獎勵他，也許部分也獎勵了他的好運；由於他的差勁績效而懲罰他，也許部分也懲罰了他的霉運。假如機會的因素占很大，那麼獎勵和努力程度的連結就十分脆弱，這一來，基於最終績效所提供的激勵，對努力程度所產生的效果就很小。意識到這點，你就不會提供這樣的激勵機制了。相反的，假如機會所占因素很小，那就可以採取更強、更敏銳的激勵機制了。下文將反覆提到這種對比。

:: 非線性激勵方案

許多激勵機制，例如依校稿人找到的錯誤數量支付報酬，向業務員支付固定抽成的銷售額，或支付部分公司利潤所組成的股票，它們的特性就是皆為線性的：報酬增加與最終成果的提升成絕對正比；然而其他常用的報酬機制卻顯然是非線性的。最明顯的就是，當績效超出了某個指定水準或數額時，就支付獎金。相對於線性或抽成的報酬制度，定額或紅利式的獎金機制有哪些優點？

以一個業務員為例，在純粹採取定額獎金的制度下，如果該業務員在這一年內沒有達成目標額度，那麼他只能得到一個較低的固定總報酬；如果他達成了，就能得到較高的固定總報酬。首先假設他的目標額度訂在這樣一個水準：如果他全力以赴，達標的機會就很高；但一旦偷懶，哪怕只一點點，這個機會

就會大幅下降。那麼，這個獎金計畫就提供了一個強有力的激勵：這名業務員最後是獲得高額報酬還是損失慘重，取決於他決定努力工作還是偷懶。

不過，假如目標額度定在一個非常苛刻的水準，以至於即便業務員使出超人般的努力，也幾乎不可能達成目標，那麼，他就會覺得為那些不可企及的獎金而賣命實在毫無意義。而且在這一年中，環境也可能發生變化，當初以為合理的額度，後來可能會變得太高，從而使得激勵失效。

例如，假設全年額度訂得並非高得離譜，但由於這名業務員上半年的運氣太差，以致他在剩下的六個月中根本不可能達成全年目標。這個狀況將導致他開始放棄，在下半年裡慢條斯理地工作，這顯然不是雇主想看到的結果。相反的，假如這名業務員非常走運，在上半年就達成目標，同樣的，他在下半年也可能放鬆下來：因為那一年裡，任何多付出的努力都得不到額外的獎勵。其實，這名業務員甚至可能與一些客戶合謀，把他們的訂單延遲到下一年，這樣他在進攻下一年的目標時就能有一個好的開始了。同樣的，這對你幾乎沒有好處。

上面這段以比較極端的方式，說明了許多非線性激勵機制的缺陷。它們必須被設計得恰到好處，否則可能發揮不了激勵作用。而且還要易於操作。線性機制可能無法在恰到好處的點上提供額外的激勵，但它們非常穩定，不易受環境變化的影響，也不易被誤用。

♟ 賽局思考題⑨

一般情況下，房地產經紀人的佣金是 6%，這是一個線性激勵機制。這個佣金要多高，才能激勵你的經紀人賣出比較高的價格？假如一間房子多賣 2 萬美元，經紀人可以拿到多少佣金？提示：答案不是 1,200 美元。你會怎樣設計一個更好的激勵機制？你選擇的機制方案可能有哪些重要議題？

在實務中，線性和非線性激勵機制通常是結合起來運用的。例如，業務員得到的報酬通常是一定百分比的佣金，再加上達到指定額度後發給的獎金。而且，如果達到更高的臨界值，如目標額度的 150% 或 200%，獲得的獎金還可能更高。這樣的混合報酬機制，能夠達到業績制的一些有用的目的，而不致有發生太大缺陷的風險。

:: 胡蘿蔔加棍子

一個激勵性報酬機制包括兩個重要面向：首先是支付給員工的平均報酬，它必須足以滿足參與約束條件；其次是好績效與差績效之間的報酬利差，這會有效激勵員工投入更多或更好的努力。利差越大，激勵作用就越大。

若平均工資非常低，則這屬於「棍子式」激勵：即便工人努力的最終成果很好，他也不會獲得很高的收入，而一旦最終成果很糟糕，他就會受到懲罰，只得到一個非常低的收入（或者更糟）。若平均工資非常高，則屬於「胡蘿蔔式」激勵：工人得到一份體面的工資，而且當最終成果不錯時，還能得到獎金。

平均工資取決於參與約束，從而反過來取決於工人在其他就業機會中可能獲得的收入。雇主希望盡量壓低員工薪資，好提高自己的收入。他可能會故意找那些沒有其他選擇的人，但在如此低的平均工資下，前來工作的那些工人的技術可能很低；逆選擇的問題便可能出現。

在某些情況下，雇主可能會採取一些策略，故意減少工人的選擇機會。那就是史達林所想的。即使工人表現非常傑出，前蘇聯體制沒有給予他更優渥的工資；但如果工人表現得差，就會被送往西伯利亞勞改。工人無法逃離前蘇聯，所以沒有其他選擇。

這本來可以是一個很好的機制，它提供了強大的激勵，且執行成本低廉。但是，它並沒能發揮作用。因為員工發現，不論他們是努力工作還是偷懶，被揭發和懲罰的可能性幾乎一樣，所以他們終究沒有努力工作的動機。幸好，私

有財產和民主制度不會專制地剝奪工人的選擇權。

　　從這個角度來思考一下 CEO 的報酬機制。情況似乎是，假如公司在他們的管理下運作良好，他們就可以得到鉅額的激勵報酬；假如公司經營績效普通，他們的鉅額收入只會降低一點點；而如果公司在他們的管理下最後破產了，他們還能得到一筆「黃金降落傘」。根據發生各種可能結果的機率，我們可以算出，這些巨額收入的平均值，遠遠高於吸引這些 CEO 擔負管理工作的實際所需水準。用經濟學的行話來說，他們的參與約束似乎過分得到滿足了。

　　出現這種情形的原因在於 CEO 人選的爭奪戰。與開計程車或提早退休去打高爾夫球的替代性選擇相比，支付給 CEO 的薪酬，遠遠超出讓他們繼續工作所需支付的水準。不過，假如另一家公司無論如何都願意支付給他一千萬美元，那麼，你公司的參與約束就不能與開計程車或打高爾夫球相比，而只能與其他公司 CEO 的千萬美元收入做比較了。在歐洲，CEO 的收入普遍比美國低得多，但公司仍然能夠聘請到 CEO，並能有效激勵他們。當然，這一收入仍然比打高爾夫球有價值得多，而且因為許多候選人不願舉家搬遷到美國，所以參與約束只與歐洲的其他公司有關。

激勵制度的各種面向

　　目前為止，我們談的都還只是單一任務，比如校對一本書或者銷售一種產品。實際上，運用於各種情境中的激勵方案都包含各種面向，不論是多種任務、還是諸多員工，甚至許多員工同時參與多項類似的任務，且最終成果在許多年後才能完全得知。激勵機制必須考量到這些任務之間的關係，這就需要更複雜的分析，但基本原理仍然是一樣的。接著我們來看一些相關案例。

:: 職涯思考

　　假如一份工作預期將持續好幾年，那麼，在頭一兩年，員工可能不會受到

立即的現金（或股票）獎酬的激勵，而是受到未來加薪、升遷的激勵，即受到整個職業生涯前景的激勵。人們在公司任職的時間越長，這樣的想法就越強烈。這些想法對即將退休的人來說不那麼有效；對剛剛進入勞動力市場、在工作穩定之前可能跳槽好幾次的年輕人來說，作用也不大；對中低階層的年輕員工來說，晉升激勵則是最有效的方式。例如，以我們自身經驗為例，助理教授做研究的動力，大多來自職位或升等的前景，並非來自助理教授的立即加薪。

在學生幫教授校對書稿的例子中，可能存在長期的互動關係，因為教授一直監督著學生的研究，或者這名學生在將來申請與該技能有關的工作時，還需要教授寫推薦信。這些事業考量會使得立即的現金激勵顯得沒那麼重要。為了將來的隱性報酬——教授更密切地指導他的研究，或將來幫他寫一封更好的推薦信，都會讓學生願意努力把工作做好。這種事甚至不需要教授明說；在這種時候，每個人都明白他其實是在參與一場更大的賽局。

:: 重複性

持續雇用的一個現象是，同一名員工會重複做同樣的工作，而每次做這項工作，總是帶著一種機運的因素，使得產出不能精準反映他努力的程度，因此，激勵效果不可能很理想。不過，假如每次做這項工作時的機運都是獨立的，那麼，根據大數法則，平均產出是可以更準確地測量其平均努力的程度，這就有可能發展出強大的激勵機制。也就是，雇主可能會相信員工倒楣的故事一次，但員工若老是怪罪自己運氣差，便不那麼可信了。

:: 效率工資

你正打算雇用某人來填補公司的某個職缺，這份工作需要認真仔細，如果做得好，每年將為你帶來 6 萬美元的收益。但這名員工卻寧願保留實力，因為如果他全力以赴，就會承受一些精神甚至物質上的損失。這名員工對這種代價

的主觀估價是 8,000 美元。

因此，你必須提供夠高的報酬，才能說服他到你的公司工作，且報酬支付的方式還要能激勵他努力投入工作。那些不需要特別努力、沒什麼前途的工作，一般薪資行情是 4 萬美元。因此，你必須支付高於這個水準的報酬。

就激勵他努力工作來看，你無法直接觀察他是否全力以赴、認認真真地工作。假如他不全力以赴，就會有某個你能觀察到事情出錯的機率。假設這個機率為 25%，那麼要怎樣的激勵獎酬才能激發這個員工盡心盡力呢？

你可以提議簽訂這樣一份合約：「只要沒發現你偷懶，我付給你的報酬就會高於你在其他工作所能得到的報酬。但是，如果你偷懶被發現了，我就會解雇你，並且在所有老闆圈散布你的不當行為，這樣，你就永遠再也不能賺到高於基本工資 4 萬美元的收入。」

這份薪水應該有多高，才能讓員工為了不想失去它，而不敢作弊偷懶？顯然，你支付的報酬必須高於 4.8 萬美元，否則，即便他接受了這份工作，也會打算偷懶。問題是應該高出多少？我們用 X 表示這份額外報酬，則總薪酬是 4.8 萬美元 +X。這意味著，與其他替代選擇相比，這名員工在你這裡工作能多得 X 美元。

假設在某一年，該員工確實作弊偷懶了。那一年裡，他將不必損失 8,000 美元的主觀努力成本，所以他可以獲得 8,000 美元的等值收入。但是，他將冒著 25% 的被發現的風險，從而這一年和以後每年都將損失 X 美元。這一次額外的 8,000 美元的收入，值不值得以後每年損失 0.25X 的收入？

這取決於不同時期獲得的實際報酬是多少，也就是說，取決於利率。假設利率為 10%。那麼，每年獲得額外的 X 美元，實際上相當於擁有一張面值為 10X 美元的債券（在 10% 的利率下，每年獲得 X 美元的收入）。這一即時的 8,000 美元的等值收入，應該與損失 10X 美元的 25% 的機率相比較。若 8,000 美元 < $0.25 \times 10X$，那麼這名員工就會計算出他不應該偷懶。因為這意味著

X ＞ 8,000/2.5 美元 ＝ 3,200 美元。

假如你向這名工人提供 4 萬 8,000 美元 ＋ 3,200 美元的年薪——只要沒有發現他偷懶，那麼，事實上他確實不會偷懶了。為了這一偷懶得到 8,000 美元的收入，而去冒永遠損失 3,200 美元額外收入的風險，這樣做是不值得的。而且，由於對你來說，員工的努力工作每年價值 6 萬美元，所以提供這一較高的工資符合你的利益。

這份工資的目的是讓員工全力以赴，工作更有效率，所以稱為**效率工資**（efficiency wage）。而高於平均薪資行情的超額部分，在本例中是 1 萬 1,200 美元，則稱為**效率溢價**（efficiency premium）。

效率工資背後的基本原理出現在日常生活的許多方面。比如，如果你經常找同一個汽車維修師為你修車，那麼，你最好向他支付高於該工作最低工資的報酬。對穩定的額外收益的期待，能有效阻嚇這名修理工人欺騙你[*]。在這個例子中，你其實是對他支付了一筆溢價，目的不是提升效率，而是對你誠實。

:: 分工的設計

員工通常須從事多項工作任務。舉一個身邊的例子，教授既從事教學工作，也要進行學術研究。在類似案例中，對不同任務的激勵可以相互作用。整體的激勵效果取決於這些任務是互相替代的（即當員工投入某項任務較多努力時，對另一項任務所投入努力的淨生產率就會降低）還是互補的（即對某項任務投入較多努力時，也會提高對另一項任務所投入努力的淨生產率）。想像一名同時在玉米田和牛奶工廠工作的農場工人。他在玉米田投入越多，就越耗損體力，

---

[*] 進一步模擬，設想這個工人能夠「製造」一個問題，解決這個問題可以為他帶來 1,000 美元的額外收益，若利率為 10%，則相當於以後每年他可獲得 100 美元的額外收益。然而，你有 25% 的機率會發現他的欺騙行為，一旦發現，你將永遠不再光顧這家維修廠了。假如你以後的光顧會給他帶來每年 400 多美元的收益，那麼，他就會寧可保持誠實，也不願冒著失去你以後的收益風險來欺騙你。

於是花在牛奶工廠的時間效率就越低。反之,再想想一名要同時照管蜂箱和蘋果園的農場工人。他養蜂越努力,在種植蘋果樹方面的努力就會越有效率。

當任務是彼此替代的關係時,對其中任何一項任務給予強力激勵時,都會損及另一項任務的最終成果。因此,如果你獨立考量這兩項任務,就會發現它們的激勵效果都比你想像的要差。但是,當任務是彼此互補時,對其中任何一項任務的激勵措施,都有助於提升另一項任務的最終成果。所以老闆可以分別設計強力的激勵措施,利用它們之間的協同效應,而不必擔心出現任何異常的交互作用。

這一理論已被運用於組織設計領域。假設你希望讓員工完成多種任務,則你應該盡可能以讓每個員工完成一連串互補的任務為原則,來分配你們的工作任務。同樣的道理,一家大公司應該成立一些部門,讓每個部門都負責一塊具互補性的任務,而相互替代性的任務則應該分配給不同的部門。這樣的話,你就能夠利用強有力的激勵機制,有效激勵每個部門內部的每個員工。

不遵循這一規則的後果,所有曾飛往或途經倫敦希斯洛機場的旅客大概都曾觀察到,機場的職責是接待即將出發的旅客,把他們送上飛機,以及從飛機上接待抵達的旅客,然後把他們送到地面運輸處。每個過程涉及的所有事項,登機手續、安檢、購物等,都是互補的。相反的,服務於同一個城市的多個機場則是相互替代的(儘管不是完全替代——它們與大城間的相對位置不同、與之連結的地面交通運輸工具不同等等)。在這裡,將互補的活動整合起來、將相互替代的活動分開的原則,就是指一個機場內部的所有職責應該統一管控,而不同的機場之間應該相互競爭,爭奪航線及旅客業務。

英國政府的做法恰好相反。倫敦附近共有三個機場——希斯洛機場、蓋威特機場以及斯坦斯特機場,它們都由同一家公司所擁有和管理,即英國機場管理局(BAA)。但是,在每個機場內部,不同的任務卻是由不同單位來管理——BAA 負責商業區及其租賃業務;警察局負責安檢,但由 BAA 提供安檢的硬體

設施；監管機關規定降落費等等。也難怪激勵機制發揮不了理想的作用。BAA 為了從出租店面賺取利潤，以致沒有為安檢作業提供太大空間；監管機關從消費者利益出發，擬定的降落費太低，以致太多航班都選擇在距離倫敦市中心比較近的希斯洛機場降落等等。本書的兩位作者都親身體驗，其他數百萬搭乘過這些航班的乘客應該也有同樣感受。

現在轉而看一個更貼近作者經驗的應用：教學和研究兩者是替代的還是互補的？假如兩者是相互替代的，則它們應該由不同的機構進行，就像法國的做法一樣，法國大部分的教學工作由大學負責，而研究工作則歸屬於專門的機構。假如兩者是互補的，那麼最佳安排就是將教學和研究結合起來歸到同一個機構，正如美國主要幾所大學的形態。比較這兩種組織形態所達到的成就，證明了兩者互補才是比較對的。

美國新國土安全部內部執行的各種任務，是互補的還是相互替代的？換句話說，該部門是不是適合組織這些活動的機構？我們並不知道答案，不過可以確定的是，這是一個值得國家最高政策制訂者仔細思考的問題。

:: 員工間的競爭

在許多企業及組織中，有許多人會同時執行幾項類似甚至完全相同的任務。比如，值班時間不同的工人在同一流水線上工作，而基金經理人都處理同樣的總體市場狀況，每項任務的最終成果都混合了個人的努力、技能以及機會等因素。由於這些任務高度相似，且在同一時間、相似的條件下完成，因此，機會因素在員工之間是高度關連的，也就是假如一個人運氣好，表示其他人的運氣可能也都不錯。這樣一來，對不同工人之間產出結果的比較，就可以成為反映他們付出的相對努力和技能的有效指標。換句話說，面對以運氣欠佳為藉口，辯解其不良績效的工人，雇主可以說：「那麼，為什麼其他人的績效都比你好得多呢？」在這種情形下，可以設計以相對績效表現為基礎的激勵機制。比如，

基金經理人的排名是以他們與同行比較的相對表現為基礎的。但在某些情況下，激勵機制是透過競爭進行的，方法是獎勵表現頂尖的人。

再細想一下教授雇用學生校對書稿的例子。他可以雇用兩名學生（他們互不相識），將任務分給他們，但分給兩人糾錯的書稿其中有幾頁是重複的。假如其中一個學生在重複的部分中只找到幾個錯誤，而另一位找到的錯誤比他多許多，那麼就可以證明第一位學生偷懶了。因此，為了提高激勵效果，支付的報酬可以以他們在重複部分的「相對表現」為基礎。當然，這名教授不能告訴任何一個學生對方是誰（否則他們可能取得共謀），也不能讓他知道哪幾頁是重疊的（不然，他們就會只認真校對重複的部分）。

實際上，因重複作業導致的低效率，大可經由改良的激勵制度來彌補。這也是雙重供應來源的優點之一：每個供應方都為對方提供了一個判斷績效的基準線。

至於本書，貝利把影印好的書稿分發給了耶魯大學賽局理論班的學生校對，報酬是每個錯誤 2 美元，但你必須是第一個找到該錯誤的人。這勢必導致大量的重複工作，不過學生們是把這本書當作課堂的一部分來讀的。儘管很多學生都做得不錯，但賺錢最多的還是貝利的助手凱薩琳。她之所以做得最好，原因並不僅僅在於她找到的錯誤最多，而在於，她與耶魯大學的其他學生不同，她是向前預測，然後從書的最後一頁開始找起。

:: 積極的員工

我們已經假設，員工在乎的不是為了把工作本身做好，也不是為了讓雇主事業成功，他們關心的是這項工作怎樣直接影響其報酬和職涯發展。許多組織只想吸引那些關心工作本身及組織成功的員工，這種情況在非營利組織、衛生保健機構、教育機構以及一些公部門尤為明顯。這種情況也出現在那些需要創新性或創造力的工作中。一般而言，當人們從事能夠改善其自我形象，且能讓

他們有自主感的工作時，他們就會受到一種內在驅動的激勵。

　　讓我們再回到學生校對書稿的例子。如果一個學生願意在大學校園內做一份報酬相對較低的學術相關工作，而非校園外那些更賺錢的工作，如當地企業的軟體顧問，那麼，他可能對本書的主題更由衷地感興趣。這種學生更具備一種內在的動力，想把校對工作做好。而且，這樣的學生也更有可能想成為一名學者，從而更能意識到之前提到的「職涯思考」的重要性，並且更容易受到職涯思考的強大激勵。

　　著重內在報酬的工作以及慈善機構，只須提供更少或更弱的物質激勵。其實，心理學家已經發現，在這樣的環境中，「外在的」物質激勵可能反而會減弱員工「內在的」動機；會讓他們認為自己做這種工作只是為了錢，而不是為了從幫助他人或者工作本身的成就中獲得溫暖的光輝。而物質性的懲罰，如失敗後會被減薪或解僱，則可能會減損從事有挑戰性或有價值的工作的樂趣。

　　葛尼奇（Uri Gneezy）和魯斯提契尼（Aldo Rustichini）曾做過一個實驗，在這個實驗中，受測者被要求做 50 道選自一份 IQ 測試的問題[2]。受測者被分為四組，一組被要求做題時盡力而為就行；另一組每答對一道題能得到 3 美分；第三組每答對一題能得到 30 美分；而第四組每答對一道題能得到 90 美分。正如你所料，得到報酬為 30 美分和 90 美分這兩組，平均答對了 34 題，都比沒有獎金的那一組答對的 28 題還要多。令人意外的是，只得到 3 美分報酬的這一組表現最差，平均只答對 23 題。一旦有金錢介入，金錢就成了主要的激勵來源，然而 3 美分是不足以產生激勵效果的。3 美分還可能傳達了一種訊息，即這件事沒那麼重要。因此，葛尼奇和魯斯提契尼得出結論：你應該要麼提供優厚的金錢獎勵，要麼一分錢也不給。只提供少少的報酬，可能會導致最壞的結果。

:: 科層組織

　　大部分組織，無論規模大小，都設有多個層級——公司的階層結構由股東、

董事會、高階主管、中階及基層主管，以及一般員工所組成。階層結構中的每個層級都是下一級的上司，並負責對他們提供適當的激勵。在這種情況下，每個層級的上司必須意識到部屬之間勾心鬥角的風險。例如，假設對員工的獎懲取決於由直接主管認定的工作品質，那麼，為了達到目標以贏得自己的獎金，這位主管就可能會對差勁的工作結果睜一隻眼閉一隻眼。因為在這個過程中，這位主管不可能在懲罰員工的同時，不會損害到自己的利益。而當這位主管的上級設計了某種激勵機制來避免這種行為時，結果往往會弱化對下級員工的激勵，因為這會削減他們舞弊和欺騙的潛在收益。

:: 多頭領導

在某些組織中，管理結構並不是金字塔型的。有些組織的金字塔是倒過來的：一個員工要對應好幾位上司，這種情況甚至會出現在私人企業，但更普遍的是發生在公部門。大部分公部門機構必須對應行政部門、立法機關、法院、媒體，和各種各樣的遊說團體等等。

這些「公公婆婆」的利益往往不完全一致，甚至是完全衝突的。這一來，每個上司都可以透過自己設計的激勵機制，暗中抵消和破壞其他上司的激勵機制。比如，某個主管機關可能隸屬於行政部門，但卻由國會來控制它的年度預算；當該主管機關更聽令於行政部門時，國會就可以削減其預算。一旦來自不同公婆的激勵措施，以這樣的方式相互抵消，就會減弱整體的激勵效果。

設想父母中的一位想獎勵孩子的好成績，而另一位則獎勵他運動方面的表現。這兩種獎勵的作用不是協調的，甚至可能相互抵消。原因在於，當孩子花在課業上的時間越多，花在運動上的時間就會減少，從而減少他獲得體育獎勵的機會。孩子每多花一小時埋頭讀書的預期收入就不是，比方 1 美元，而是 1 美元減去他在體育方面可獲獎勵的減少程度。而這兩種獎勵可能也不會完全相抵，因為孩子也可以減少睡覺和吃飯的時間，而花更多時間學習和訓練。

實際上，一些數學模型已顯示，在這樣的情況下，激勵的總效果與上級主管的數目成反比。這可能解釋了為什麼在像聯合國及世界貿易組織這樣的國際機構中，很難達成所有的目標，因為所有的主權國家都是它的上級主管。

在公公婆婆的利益完全衝突的極端情況下，整體的激勵措施可能會完全失靈。就如同「聖經」裡的訓誡一樣：「一僕難事二主……上帝和財神。[3]」這句話的意思是，上帝和財神的利益是完全相悖的；當兩個都是上司時，一方提供的激勵就會完全抵消另一方提供的激勵。

如何獎勵努力工作者

我們已經指出設計良好的激勵方案應包括哪些主要因素。現在，我們透過介紹更多的例子，以便豐富其中一些原理。

假設你是一家高科技企業老闆，打算開發銷售名為「巫師 1.0」的新款電腦西洋棋遊戲。如果你成功了，你將從銷售中獲利 20 萬美元；一旦失敗，你將一無所獲。成功或失敗取決於你的專業棋手兼軟體工程師怎麼做。他可能全心全意投入工作，也可能只做一些普通的努力，敷衍了事。如果他付出高品質的努力，那麼你成功的機會有 80%；但如果他只付出一般程度的努力，這個機率將降到 60%。只要 5 萬美元就可以聘到西洋棋軟體工程師，但他們喜歡做白日夢，在這樣的總報酬下，他們只會敷衍了事。要想得到高品質的努力，你不得不支付 7 萬美元。但你應該怎麼做？

如下表所示，軟體工程師只憑一般程度的努力，給你帶來 20 萬美元收入的機率只有 60%，結果就是平均 12 萬美元；減去 5 萬美元的工資，平均利潤等於 7 萬美元。假如你雇到一個全心付出的專家，透過同樣的計算，平均利潤等於 20 萬美元的 80% 減去 7 萬美元，即 9 萬美元。很顯然，以高工資雇用一個付出高品質努力的專家比較合算。

	成功機率	平均收入	支付薪酬	平均利潤
低品質的努力	60%	$120,000	$50,000	$70,000
高品質的努力	80%	$160,000	$70,000	$90,000

不過這裡有一個問題。單是觀察這位專家的外在行為，你看不出他究竟是在做一般程度的努力，還是全力以赴工作。創作的過程神秘莫測，你的軟體工程師在便條紙上的塗鴉，既可能是一個了不起的圖形，從而奠定「巫師 1.0」的成功基礎，也可能只不過是他做白日夢的同時胡亂畫出來的兵卒。既然你看不出一般努力和全力以赴的差別，怎樣才能防止這位專家，在拿了給全力以赴者 7 萬美元的薪水後，卻只付出一般程度的努力呢？即便這個產品失敗了，他也總是可以怪運氣不好。畢竟，就算有全心全意的投入，這個產品仍有 20% 的機率會遭到失敗。

當你看不出努力品質的高低時，我們知道，你不得不將你的報酬機制建立在一個你可以看得出差別的基礎之上。在這個例子中，唯一能被觀察到的東西就是最終結果，即整個程式編製工作最終是成功還是失敗。這當然和工作努力的程度有關，雖然並不完全相關，但是，努力的程度越高，意味著成功的機率也越高。這個關聯性可以用來設計成一個激勵機制。

你要做的是，向這名專家提供一份取決於最終結果的報酬：成功則總報酬多一些，失敗則少一些。兩者之間的差距，即成功的獎金，應足以讓專家為了其自身利益而願提供高品質的努力。在這個案例，獎金數目應足以讓專家期待他的努力可以讓他多賺 2 萬美元，即從 5 萬美元增加到 7 萬美元。以此倒推，當產品成功機會可以提高 20 個百分點時（從 60% 增加到 80%），則他可獲得 2 萬美元的預期報酬，故應將成功的獎金設定為至少 10 萬美元，才能激勵他做出高品質的努力。

現在我們知道了獎金應該是多少，但還不知道基本報酬應該是多少，也就

是一旦失敗，應該支付的金額。這需要一點計算。由於即使是低品質的努力，也有 60% 的成功機率，所以由 10 萬美元的獎金可以得出，低努力的預期收入為 6 萬美元。這比市場行情還多出 1 萬美元。

因而基本報酬是 -1 萬美元。若是成功，你應該支付員工 9 萬美元；一旦失敗，他應該付你 1 萬美元的罰金。按照這個設計，這名軟體工程師成功後的獎金增加為 10 萬美元，這是促使他提供高品質努力的最低必要金額。因此，你支付給她的平均報酬為 7 萬美元（即 9 萬美元的 80% 機率加上 -1 萬美元的 20% 機率）。

這個報酬機制給你這個老闆帶來的平均利潤為 9 萬美元（即 20 萬美元的 80% 減去 7 萬美元的平均薪酬）。對這結論的另一種說法是，你的平均收入為 16 萬美元，而你的平均成本是這名專家期望獲得的工資，即 7 萬美元。這個金額恰好是當你能透過直接監督觀察到努力品質的高低時，可以獲得的數目。這一激勵方案非常管用，外表無法判定其努力程度也就毫無影響。

從本質上說，這一激勵機制等於將公司 50% 的股份賣給這名軟體工程師，以此換取 1 萬美元和他的努力*。如此一來，他的淨收入要麼是 9 萬美元，要麼就是 -1 萬美元。眼看這個專案的最終成果對自己的收入有這麼大的影響，提供高品質的努力從而提高成功的機率（以及他 10 萬美元的分紅）就會非常符合他自身的利益。這份合約與獎罰激勵方案的唯一差別只是名稱不同。雖然名稱可能也很重要，但我們卻看到，不止一個辦法可以達到同樣的效果。

不過，這些解決方案可能並不可行，或者因為向員工收取罰金是不合法的，或者因為員工沒有足夠的資本，來為他那一半的股份倒貼 1 萬美元。

這時候你該怎麼辦？答案是盡可能找出一個最接近的罰金／獎金機制或者

---

* 想一下，若一個成功的專案價值 20 萬美元，由於員工的成功獎金是 10 萬美元，就有如這名員工擁有公司的一半。

股權分享方案。由於有效果的最低獎金是 10 萬美元，所以，如果成功，員工得到 10 萬美元；若是失敗，員工一無所獲。也就是，員工的平均收入是 8 萬美元，而你的利潤也減到 8 萬美元（因為你的平均收入仍為 16 萬美元）。若採取股權分享方案，員工沒有任何資金可以投資這個專案，只能出賣自己的勞動力。但是，你仍然不得不給他 50% 的股份，目的是激勵他提供高品質的努力。於是，你的最佳做法就是單純賣給他股份，以換取他的勞動力。不能強制執行罰金制度，或要求員工拿出資金投入到專案中的事實意味著，從你的角度來看，最終成果差強人意——在這個案例中是 1 萬美元。這樣，外表辨識不出努力程度便有影響了。

分紅機制或股權分享機制的另一個難處在於風險問題。員工一旦參與這個 10 萬美元的賽局，激勵效果就會提高。但是，這個重大風險也可能導致員工對自己應得報酬的估價低於 7 萬美元的平均工資。在這個情況下，員工所付出的高品質努力和承擔風險，都必須得到補償。風險越大，補償應該越高。這一額外補償也是由於公司無法監控員工努力所產生的另一項成本。通常最好的解決方案就是達成妥協；向員工提供低於理想激勵金額的激勵，從而降低風險，同時接受由此導致的低於理想水準的努力程度。

在其他例子中，你可能遇到其他反映努力品質高低的指標，在你設計激勵機制時，你可以而且應該利用這些指標。也許最有趣且最常見的情況是同時進行多個專案。雖然成功只是努力品質高低一個不太精準的統計指標，卻可以經由對其做更多觀察而變得更加精確。有兩個辦法可以做到這一點。假如同一位專家承攬了多個專案，你可以建立一個檔案，記錄他的成敗狀況。若他一再失敗，你就更能確信應歸咎於他的努力不足，而非機運因素。推理越精確，你就越能設計出一個好的激勵機制。第二種可能的情況是有多位專家為你進行一連串相關的專案工作，且各專案之間的成敗具有某種相關性。假如其中一名失敗了，而其他人卻都有所進展，你就更能確定是他偷懶，而不是單純的運氣不好。

因此，建立在績效基礎上的報酬，也就是獎勵，能產生適當的激勵效果。

案例分析》版稅合作模式

　　一般情況下，作者寫書的報酬是透過一份版稅合約協議的。每賣出一本書，作者可以得到一定比例的銷售額，比如精裝本定價的 15%，及平裝本定價的 10%。作者也可能先得到一筆預付版稅，這筆預付版稅通常分成幾階段支付，一部分是在簽訂合約後支付，另一部分在交稿後支付，而剩下的在出版後支付。這種支付制度如何形成適當的激勵？它可能使出版社和作者的利益之間的哪個環節出現嫌隙？有沒有更好的支付報酬的方式？

:: 案例討論

　　　　唯一的優秀作家已經不在人世了。

—— Patrick O'Connor（出版商）

　　　　編輯把麥子和麥殼分開，然後把麥殼印刷出來。

—— Adlai Stevenson（作家）

　　正如這兩句話所呈現的，作者和出版社之間的緊張關係有許多可能原因。合約有助於解決其中一些問題，但同時也引起其他問題。保留部分預付款項，給了作者準時交稿的激勵誘因。而預付款也同時將風險從作者身上轉移到出版社，這可能由於出版社處在一個比較好的位置，能夠透過大量專案來分散風險。預付款的大小也是一個可信的訊號，傳遞了出版社是否真的為這本書的前景感到興奮。任何一家出版社都可能宣稱欣賞一本書的內容企畫，但實際上，如果你認為這本書不會暢銷，那麼對出版社而言，提供一筆不菲的預付款，代價將非常高。

　　作者和出版社產生歧見的地方之一就是書的定價。你的第一反應可能認為，

既然作者將得到定價的一定比率版稅，他們一定希望定價越高越好。但是，作者實際得到的是總收入的一定比率，比如精裝本銷售額的 15%。因此，作者真正關心的是總收入，所以他們希望的是，出版社選擇一個使總收入最大化的定價。

另一方面，出版社力求利潤極大化。利潤等於收入扣除成本，這意味出版社總是希望索取一個高於收入極大化的價格。假如出版社開始時採取收入極大化的定價，然後把定價再稍微提高一點兒，這就能使總收入幾乎保持不變，但銷售量會稍微降低，因而降低了成本。在我們的情況中，我們提前預料到了這個問題，於是透過協商，把定價納為合約的一部分。歡迎你購買拙著，並感謝你的賞閱。

第 14 章將提供另外兩個關於激勵的案例：「金門大橋」和「只有一條命可以奉獻給你的祖國」。

賽局思考題⑩

出版社和作者之間的嫌隙有多大？試估計，與作者想要的定價相比，出版社想要的定價高多少？

案例分析

別人的信封總是更誘人

　　賭博不可避免的一個事實是，一人所得意味著另一人所失。因此，在參與一場賭博之前，從對方的角度對該賭局進行評估，是非常重要的。原因在於，假如對方願意參與這場賭局，他們一定是預期自己會**贏**，也就是預期你會**輸**。但總有一方的預期是錯的，究竟是哪一方呢？本案例將探討一個看起來對雙方都有利的賭局。當然實際情況不可能對雙方都有利，可是，問題究竟出在哪裡？

　　現在有兩個信封，每一個都裝著一定數量的錢：具體數目可能是 5 美元、10 美元、20 美元、40 美元、80 美元或 160 美元，而且所有人都知道這件事。同時，我們還知道，一個信封的錢是另一個信封裡的兩倍。我們把兩個信封打亂次序，一個給阿里，一個交給巴巴。兩個信封打開之後（其中的金額只有打開信封的人知道），阿里和巴巴還有一個交換信封的機會，假如雙方都想交換，我們就讓他們交換。

　　假定巴巴打開他的信封，發現裡面裝了 20 美元。他會這樣推理：阿里拿到 10 美元和 40 美元信封的機率是一樣的，因此，假如我交換信封，期望回報等於（10 + 40）/2 = 25 美元，大於 20 美元。對於數目這麼小的賭博，這個風險

無關緊要，所以，交換信封看來符合我的利益。透過同樣的邏輯，阿里也想交換信封，無論他打開信封發現裡面裝的是 10 美元（他推測巴巴要麼拿到 5 美元，要麼 20 美元，平均值為 12.50 美元）還是 40 美元（他估計巴巴要麼拿到 20 美元，要麼 80 美元，平均值為 50 美元）。

　　這裡出了點問題。雙方交換信封不可能讓自己都得到更好的結果。因為用來「分配」的錢不會因為交換就突然變多。推理過程在哪出了錯呢？阿里和巴巴是否都應該提出交換呢？他們是否應該只有一方提出交換呢？

:: 案例分析

　　假設阿里和巴巴兩個人都是理性的，並且也互相假設對方是理性的，那就永遠不會發生交換信封的事情。這個推理的瑕疵在於假設對方交換信封的意願不會透露任何訊息。我們透過深入檢視一方對另一方的思考過程的推理，來解決這個問題。首先，我們從阿里的角度思考巴巴的思考過程；然後再從巴巴的角度想像阿里可能怎樣看待他；最後，我們回到阿里的角度，檢視他怎樣看待巴巴怎樣看待阿里對巴巴的看法。其實，這聽上去比實際情況複雜多了。但用這個例子來說明，每一步都不難理解。

　　假設阿里打開自己的信封，發現裡面有 160 美元。在這種情況下，他知道自己得到的數目絕對比較大，也就不願意交換。既然阿里在他得到 160 美元的時候不願意交換，巴巴在他得到 80 美元的時候也應該拒絕交換，因為阿里唯一願意跟巴巴交換的前提是阿里得到 40 美元，但若是這種情況，巴巴一定更想保住自己原來得到的 80 美元。不過，如果巴巴在他得到 80 美元時不願交換，那麼阿里就不該在他得到 40 美元時提出交換，因為交換只會在巴巴得到 20 美元的前提下發生。現在我們已經回到上面提出問題時的情況。如果阿里在他得到 40 美元的時候不肯交換，那麼，當巴巴發現自己信封裡有 20 美元時，交換信封也不會有任何好處；他一定不肯用自己的 20 美元交換對方的 10 美元。唯一

一個願意交換的人，一定是那個發現信封裡只有 5 美元的人，不過，當然了，這時候對方一定不肯跟他交換。

祝你好運

我們同事中有一位決定去薩拉托加溫泉療養地欣賞傑克森‧布朗（Jackson Brown）的音樂會。他是最先到達現場的觀眾之一，於是他四處張望，想要尋找一個最佳位置坐下。這個地方最近剛下過雨，舞臺前方的那片區域完全是泥濘不堪。我同事選了最靠近舞臺但在泥濘地後面的前排座位。他哪裡做錯了？

:: 案例分析

不，錯誤並不是出在選擇了傑克森‧布朗；他 1972 年的熱門歌曲「蒙上我的眼睛」（Doctor My Eyes）至今仍是一首經典歌曲。錯誤出在這位同事沒有向前預測：隨著人潮陸續進場，草坪上擠滿了人，直到他後面的座位全部坐滿。這時，晚來的觀眾蜂擁到前面的泥濘地，當然，沒有人會在那裡坐下來，他們都站著。我同事的視線就完全被擋住了，而他腳下的地毯同樣也被無數的泥腳印弄髒。

在這個案例中，假如能夠**向前預測、倒後推理**，結果就會大不相同。關鍵不在於找到一個最佳座位，卻不管別人怎麼做。關鍵在於你必須預料到遲到的觀眾會奔向哪裡，然後基於這一預測，選擇你預期的最佳座位。正如「偉大的冰上曲棍球選手」格雷茨基（Gretzky）所說的，你必須溜向球要去的地方，而不是它現在的地方。

紅色算我贏，黑色算你輸

雖然本書兩位作者也許永遠沒有機會擔任美洲盃帆船賽的船長，但我們其中一位卻曾遇到一個非常類似的狀況。貝利畢業時，為了慶祝一番，參加了劍

橋大學的五月舞會，這是英式的大學正式舞會。慶祝活動的一部分包括玩一場賭局，每個人都得到相當於 20 英鎊的籌碼，在舞會結束前取得最多籌碼者，將免費得到下一年度舞會的入場券。到了最後一輪盤賭時，出於巧合，貝利手中已經有了相當於 700 英鎊的籌碼，獨占鰲頭，第二位是一名有 300 英鎊籌碼的英國年輕女子，其他參加者實際上已經淘汰出局。就在最後一次下注前，那位女子提出分享下一年舞會入場券的提議，但是貝利拒絕了。他占有那麼大的優勢，怎麼可能滿足於得到一半的獎賞呢？

為了讓大家更能理解接下去的策略行動，我們先簡單介紹一下賭輪盤的規則。輪盤的輸贏取決於輪盤停止轉動時小球落在什麼位置。一般而言，輪盤上刻有 0 ～ 36 的 37 個格子，假如小球落在 0，就算莊家贏了。賭輪盤時最可靠的玩法就是賭小球落在偶數還是奇數格子（分別用黑色和紅色表示）。這種玩法的賠率是一賠一，比如 1 美元賭注變成 2 美元，不過取勝的機會只有 18/37。在這種情況下，即便那名英國女子把全部籌碼押上，也不可能穩操勝券；因此，她被迫選擇一種風險更大的玩法，她把全部籌碼押在小球落在 3 的倍數上。這種玩法的賠率是二賠一（假如她贏了，她的 300 英鎊就會變成 900 英鎊），但取勝的機會只有 12/37。現在，那名女子把她的籌碼擺上桌檯，表示她已經下注，不能反悔。那麼，貝利應該怎麼辦？

:: 案例分析

貝利應該模仿那名女子，同樣把 300 英鎊籌碼押在小球落在 3 的倍數上。這麼做可以確保他領先對方 400 英鎊，最終贏得那張入場券：要麼他們就都輸了這一輪，貝利將以 400：0 取勝；要麼他們就一起贏，貝利將以 1,300：900 取勝。那名女子根本沒有其他選擇，即使她不賭這一輪，她還是會輸；無論她如何下注，貝利都可以跟隨她的做法，照樣取勝[*]。

她的唯一希望就是貝利先賭，假如貝利先在黑色下注 200 英鎊，她應該怎

麼做？她應該把她的 300 英鎊押在紅色。把她的籌碼押在黑色，對她沒有半點好處，因為只有貝利取勝，她才能取勝（這時她將是亞軍，只有 600 英鎊，排在貝利的 900 英鎊後面）。自己取勝而貝利失敗才是她唯一反敗為勝的希望所在，這就代表她應該下注在紅色。這個故事的策略啟示與馬丁·路德和戴高樂的故事恰恰相反。在這個輪盤賭局裡，先行者處於不利地位。假如那名女子先下注，貝利可以選擇一個確保勝利的策略。假如貝利先下注，那名女子就可以選擇一個具有同樣取勝機會的賭注。這裡的主要觀點是，**在賽局中，搶占先機、率先行動並不總是好事**。因為這麼做會暴露你的行動，其他參與者可以利用這一點占你的便宜。延後行動可能使你處於更有利的策略地位。

弄巧成拙的防鯊網

　　企業常會採取許多新鮮有創意的做法，通常稱為「防鯊網」，用來阻止外界投資者併吞他們的公司。我們並不打算評價這種做法的效率或道德意義，只想介紹一種未經實證檢驗的新型毒藥條款，請大家思考應該怎麼因應。

　　這家公司叫 Piper's Pickled Peppers。雖然該公司已經股票公開上市，卻仍然保留了過去的家族經營模式，董事會的 5 名成員聽命於創辦人的 5 名孫子孫女。創辦人早就意識到他的孫輩之間會有衝突，也預見會有外來威脅。為了防止家族內訌和外來襲擊，他首先要求董事會任期必須錯開。這代表，哪怕某人取得公司 100% 的股權，也不能立即拿下整個董事會；他只能取代那些任期即將屆滿的董事。5 名董事各有 5 年任期，屆滿時間各不相同。外來者一年最多只能指望取得一席董事。表面看來，要花 3 年時間才能奪得多數席次，從而控

---

* 事實上，這是貝利事後懊悔自己沒有採取的策略。當時是凌晨 3 點，他已經喝了太多香檳，無法保持頭腦清醒了。結果，他把 200 英鎊押在偶數上，心裡估算他輸掉冠軍寶座的唯一可能性就是這一輪他輸而她贏，而這種機率只有 1：5，所以形勢對他非常有利。當然，機率為 1：5 的事偶爾也會發生，這裡就有一個活生生的例子：那位女士贏了。

制這家公司。

創辦人又擔心，假如有個惡意併吞的對手奪下全部股權，這個董事任期錯開的制度可能也會被篡改。因此，有必要附加一個條款，規定董事會的選舉章程**只能**由董事會本身來修訂。而董事會議上的任何一位董事都可以提交建議，無須得到其他董事的附議。但問題來了，提議的人必須投他自己的提議一票；而提議是以順時針沿著董事會議室的圓桌進行——表決的，提議必須獲得董事局至少 50% 的選票才能通過（缺席者計為反對）。在董事局只有 5 名成員的前提下，代表至少要得到 3 票才能通過。要命的是，任何人的**提議一旦未獲通過**，不管提議的內容是修改董事會架構還是董事選舉方式，他都將失去自己的董事席次和股份，他的股份將平均分配給其他董事。同時，任何一個投票贊成該協議的董事，也會失去他的董事席位和股份。

有那麼一段時間，這條款看來非常管用，成功將敵意收購者排除在外。但是後來，海岸有限公司的海貝殼先生透過一個敵意收購行動，買下了該公司51% 的股權。海貝殼先生在年度選舉裡投了自己一票，順利成為董事。不過，乍看上去，董事局失去控制權的威脅並非迫在眉睫，畢竟海貝殼先生是以一敵四。

在第一次董事局會議上，海貝殼先生提議大幅修改董事資格的規定。這是董事局首次就這樣一項提議進行表決。結果海貝殼先生的提議不僅得到通過，更不可思議的是，這項提議竟然是全票通過！結果，海貝殼先生隨即拿下整個董事局。原來的董事在得到一項「鉛降落傘」的微薄補償後（總比什麼也沒有強），就被掃地出門了。

他是怎麼做到的呢？我們給你的提示是：整個做法非常狡猾，倒後推理正是關鍵。首先設計一個提案，使自己的提議過關，然後思考能不能獲得全數通過。海貝殼先生為了確保自己的提議獲得通過，以終為始，並確保最後兩名投票者有動機對該提議投贊成票。這樣，就足以使海貝殼的提議獲得通過，因為

海貝殼先生將以一張贊成票展開整個表決程序。

::案例分析

　　許多提議都用過這個把戲。這裡只不過是其中一例。海貝殼先生的修改提案包含下列三種狀況：

1. 假如這項提議獲全數通過，海貝殼先生可以選擇一個全新的董事會。每一位被取代的董事將得到一份小小的補償。
2. 假如這項提議以 4 比 1 通過，投反對票的董事就要滾蛋，不會得到任何補償。
3. 假如這項提議以 3 比 2 通過，海貝殼先生就會把他在該公司的 51% 股份，平分給另外兩名投贊成票的董事；投反對票的董事就要滾蛋，不會得到任何補償。

　　到了這裡，倒後推理為故事畫上了句號。假設一路投票下來，走到這樣的狀況：最後一名投票者面臨一個 2 比 2 的平局；如果他投贊成票，提議就會通過，他本人會多得到該公司 25.5% 的股份；假如提議遭到否決，海貝殼先生的財產（以及另外一名投贊成票的董事的股份）就會在另外三名董事之間平分，所以他本人會得到（51 + 12.25）/3 ＝ 21.1% 的公司股份。他當然會投贊成票。

　　大家都可以透過倒後推理，預估到假如出現 2 比 2 平局的狀況，最後一票投下之後海貝殼先生就贏定了。接下來看第四人的兩難處境。輪到他投票時，可能出現以下三種情況之一：

只有 1 票贊成（海貝殼先生投的）；
2 票贊成；

3 票贊成。

假如有 3 票贊成，提議實際上已經通過了；第四人當然寧可得到一些好處也不願一無所獲，因此他也會投贊成票。假如有 2 票贊成，他可以預料到哪怕自己投反對票，最後一個人也會投贊成票。所以這第四個人根本無力阻止這項協議通過，因此，較聰明的選擇還是投靠即將獲勝的一方，所以他會投贊成票。最後，假如只有 1 票贊成，他會願意投贊成票以得到 2 比 2 的平局。因為他相信最後一位也會投贊成票，而且他們兩人將合作得非常漂亮。

這麼一來，最早投票的兩名董事就陷入了困境。他們可以預料到，哪怕他們都投反對票，最後兩個人還是會跟他們唱反調，這項提議還是會獲得通過。既然他們無法阻止這項提議通過，還是隨波逐流換取某些補償比較好。

這個案例證明了**倒後推理**的威力。當然，這個技巧也有助於設計一個狡猾的方案。

硬漢軟招

當羅伯特・坎普（Robert Campeau）第一次投標收購聯邦百貨公司（及其「皇冠之珠」布魯明戴爾百貨）的時候，運用了一種稱為**兩階段**出價的策略。典型的兩階段出價法，支付給先出讓股份的股東較高的價格，給後出讓的股東較低價格。為避免複雜的計算，我們來看一個案例，在這個案例中，收購前的股價為每股 100 美元。收購者在第一階段提出以每股 105 美元收購，直到全部股份的一半出讓為止；另一半則進入第二階段，這時支付的價格只有 90 美元。出於公平原則，股份不是按照股東出讓的時間先後分屬不同階段；而是讓每個股東都得到一個混合價格：所有投標的股份會按照一定比例均等歸入兩個階段（假如招標成功，那些未出讓自己股份的股東就會發現他們的股份落入第二階段）[1]。

我們可以用一個簡單的代數運算式來說明這些股份的平均支付價格：假如願意出讓的股份不超過 50%，那麼每個人都會得到 105 美元的價格；假如這家公司的全部股份當中有 X% 願意出讓，且 X% ≥ 50%，那麼，每股平均價格就是

$$\$105 \left(\frac{50}{X} \right) + \$90 \left(\frac{X-50}{X} \right) = \$90 + \$15 \left(\frac{50}{X} \right)$$

值得注意的一點是，兩階段出價的方式是無條件執行的；即便收購者沒能獲得公司的控制權，仍然會按照第一階段的價格收購全部願意拍賣的股票。第二個特點在於，假如**所有人**都願意出讓自己的股票，那麼每股的平均價格就只有 97.50 美元。這個價格不僅低於收購者提出收購前的價格，也低於萬一收購失敗後股東們可能得到的價格；假如收購失敗，股東就會期待股價會回到原來 100 美元的水準。因此，股東們希望要麼收購失敗，要麼再出現另一個收購者。

事實上，當時的確出現了另一個收購者，那就是梅西百貨公司。假設梅西提出了一個有條件的收購計畫：它願意以每股 102 美元的價錢收購，**前提是**它能得到該公司的大部分股份，那麼，你將向哪一家出讓你的股份，而你又覺得哪一家的計畫會成功呢（如果只有一家會成功）？

:: 案例分析

在兩階段出價的競價方案中出讓股份，是一種優勢策略。為了證明這一點，我們來檢視所有可能出現的情形。一共有 3 種可能性，分別是：

兩階段出價方案吸引到的股份不足 50%，因此收購失敗。

兩階段出價方案吸引到超過 50% 的股份，因而收購成功。

兩階段出價方案恰好吸引到 50% 的股份；假如這時你願意出讓你的股份，

收購就能成功，否則收購就會失敗。

在第一種情形下，兩階段出價方案失敗，因此，股價要麼在兩階段出價都失敗的情況下回到100美元，要麼在競爭對手收購成功的情況下達到102美元。不過，假如你出讓自己的股份，就能賣到105美元的價格，比前面提到的兩個結果都要好。在第二種情形下，假如你不出讓自己的股份，你能得到的股價只有90美元，而出讓股份至少能讓你得到97.50美元。因此，出讓股份仍然是一個更好的選擇。在第三種情形下，假如收購成功，別人得到的股價都不如以前，而只有你的結果變好了。理由是，由於出讓的股份剛好達到50%，你將得到105美元的股價。這個價格值得出讓，因此你願意促成這樁收購。

因為出讓是一個優勢策略，我們可以預計人人都會出讓自己的股份。一旦人人都出讓股份，每股的平均混合價格就可能低於收購前的價格，甚至可能低於預期收購失敗後的價格。因此，兩階段出價策略可以使收購者以低於公司價值的價格收購成功。由此可見，股東們擁有一個優勢策略的事實，並不表示他們就能占到便宜。收購者利用第二階段的低價，不公平地占據了優勢。通常，第二階段的這種操控本質，不會像本例一樣赤裸裸地顯露出來，因為這一脅迫手段或多或少會被收購後紅利的誘惑掩藏起來。假如這家公司在收購後的實際價值是每股110美元，收購者仍然可以在第二階段以低於110且高於100美元的出價占到便宜。律師們認為兩階段出價法具有脅迫性，並且成功地利用這一點作為依據，在法庭上跟收購者打官司。在爭奪布魯明戴爾的戰役中，是坎普取得了最終勝利，但他卻是透過一個調整過的價格來達到目的的，也不再是階段性出價。

我們還發現，一個有條件的競購方案，對於一個無條件的兩階段出價方案來說，不是一個有效的防禦策略。在我們提出的案例中，假如梅西百貨承諾無條件支付每股102美元的話，那麼它的競購方案就會有效得多。梅西百貨的無條件競購，將會破壞兩階段出價方案總會取勝的均衡。原因在於，假如人們認

為兩階段出價方案篤定取勝，它們將預期只得到 97.50 美元的平均混合價格；而這顯然低於他們把股份賣給梅西的價格。因此，不可能出現股東們既希望兩階段出價方案成功，但同時又樂於把股份出讓給梅西百貨的情況[*]。

1989 年底，坎普由於負債累累而陷入經營困境。聯合百貨依《破產法》第 11 條聲請重組。當我們說坎普的策略很成功時，我們談的只是他的競購策略成功，這可和成功經營一家公司是完全不同的賽局。

更安全的決鬥

隨著手槍的精準度越來越高，這會不會改變一場決鬥的致命性？

::案例分析

乍看之下，答案似乎非常明顯：是的。不過，回想一下我們所說過的，參與者會調整他們的策略，以適應新的情況。其實，假如我們把問題反過來，答案就很容易看出來：如果我們降低了手槍精準度，是否能使決鬥變得更安全。這時，新的結果是，對手將在距離對方更近的地方開槍。

回想一下我們有關對決的討論。每個參與者都在等待，直到他射中對方的機率與對方失手的機率恰好相等時，才開槍射擊。注意，手槍的精準度並沒有放進這個方程式中，真正重要的只有最後成功的機率。

為了用一些數字來說明這一點，假設對手的槍法都同樣好。那麼，對雙方來說，最優策略就是慢慢接近對方，直到擊中的機率達到 1/2 時。在那時，其中一個決鬥者開了一槍。（哪一個人開槍並不重要，因為射擊者的成功機率是 1/2，被射者成功的機率也是 1/2。）無論手槍的精確度多高，每個參與者倖存

---

[*] 不幸的是，同樣不可能出現一個梅西百貨競購成功的均衡點，因為若是這樣，意味著兩階段出價的競購方案只吸引到不足 50% 的股份，但其股價仍將高於梅西百貨願意支付的價格。唉，這就是一個沒有均衡解的例子之一。找到解決方案必須用到隨機策略，正如我們在第 5 章討論的。

的機率都是相等的（1/2）。參與規則的改變不會影響最終結果；因為**所有參與者將會調整自己的策略，以抵消規則的變化。**

三方對決

話說有三個仇家，分別叫賴瑞、莫依和捲毛，他們決定來一場三方對決。總共有兩個回合：第一回合，每人得到一次射擊機會，射擊次序分別為賴瑞、莫依和捲毛。第一回合過後，倖存者得到第二次射擊機會，射擊次序還是賴瑞、莫依和捲毛。對每個參與決鬥的人來說，最佳結果就是成為唯一的倖存者；次佳結果則是成為兩個倖存者之一；排在第三位的結果，是無人死亡；最差的結果當然是自己被對方打死。

賴瑞的槍法很糟糕，瞄準 10 次只有 3 次能夠打中目標。莫依的水準高一點，命中率有 80%。捲毛是神槍手，百發百中。那麼，賴瑞在第一回合的最優策略應該是什麼？在這個問題裡，誰有最大的機會倖存下來？

::案例分析

雖然倒後推理是解決這個問題的妥當方法，但我們可以運用一些向前預測的論證，向前跳一步。我們依次從討論賴瑞的每一個選擇開始。假如賴瑞打中莫依，會發生什麼事？假如賴瑞打中捲毛，又會怎樣？

假如賴瑞向莫依開槍並打中對方，他等於簽下了自己的死亡執行書，因為接下來輪到捲毛開槍，而他百發百中。捲毛不可能放棄向賴瑞開槍的機會，因為開槍將使他成為最後的勝利者。因此賴瑞向莫依開槍似乎不是一個吸引人的選擇。

假如賴瑞向捲毛開槍並打中對方，接下來輪到莫依。莫依會向賴瑞開槍。（想想我們是怎麼認定這一點的。）因此，假如賴瑞打中捲毛，則他倖存的機會仍不到 20%，這是莫依失手的機率。

到目前為止，上述選擇沒有一個有吸引力。實際上，賴瑞的最佳策略是向空中開槍！在這種情況下，莫依就會向捲毛開槍，假如他沒打中，捲毛就會向莫依開槍，並且把他打死。接著進入第二輪，又輪到賴瑞開槍了。由於只剩下一個對手，他至少有 30% 的機率保住性命，因為這是他打中剩下這個對手的機率。

這個案例的啟示在於，**弱者透過讓出自己的第一次機會，可能會得到較好的結果**。我們在每四年一次的美國總統競選活動中都會看到同樣的例子，只要競爭對手很多，實力頂尖者都會被實力中等者的不斷攻擊搞得狼狽不堪，敗下陣來。等到其他人相互鬥爭並且紛紛退選時再登場亮相，形勢反而對自己更有利。

因此，你的倖存機會不僅取決於你自己的本事，還要看你威脅到的人。一個沒有威脅到任何人的弱者，可能由於較強對手的相互殘殺而倖存下來。捲毛，雖然是最厲害的神槍手，他倖存的機率卻最低，只有 14%。最強者倖存的機率就這麼一點點！莫依有 56% 的取勝機會。賴瑞的最佳策略卻使他能以 30% 的命中率換取 41.2% 的倖存機會[2]。

得標的風險

維克里密封競價拍賣的一個不同尋常之處是，最終會得標的競價者，事先並不知道他應該支付多大金額，而必須等到拍賣結束而他也得標之後，才能得知這個金額。記住，在維克里拍賣中，得標者只須支付次高出價。相反的，在傳統的密封競價拍賣中不會有這種不確定性，因為得標者支付的是他自己的出價。

這種不確定性提醒我們，也許應該思考風險對參與者的競價策略的影響。針對這一不確定性，反應通常是負面的：競價者將在維克里拍賣中落得更糟糕的下場，因為他們不知道，假如他們的出價得標了，他們將需要支付多大的金

額。那麼，針對這種不確定性或風險，競標者把自己的出價降到低於真實估價水準，這種做法是否比較合理？

:: 案例分析

不錯，競標者不喜歡有關這種得標後該付出多大金額的不確定性，看起來的確更不利。不過，雖然存在這種風險，參與者仍然應該按照自己的真實估價出價。理由是，一個真實的出價是一種優勢策略。只要售價低於估價，競標者總會想買下這個標的。以真實估價出價，是確保你在售價低於自己的估價時，唯一可以得標的辦法。

在維克里拍賣中，按照真實估價出價，並不會讓你付出更高代價——除非別人出價高過你，而那時說不定你還想追價，直到售價超出你的估價為止。在維克里拍賣中的風險是有限的，得標者永遠不會被迫支付一個高於他出價的金額。雖然須支付的真正金額具有不確定性，但這個不確定性只對得標這個好消息好到什麼程度有影響。儘管這個好消息可能存在變數，但只要交易仍然有利可圖，最佳策略仍然是贏得競標。這意味著只要以你的真實估價出價，你永遠不會錯過有利可圖的機會，而且只要你贏了，你要支付的金額就會低於你的真實估價。

只有一條命可以奉獻祖國

一支軍隊的指揮官怎樣才能激勵士氣，使士兵願意冒著生命危險，誓死保衛祖國？假如戰場上的每一個士兵都對獻身之舉的得失做一番理性思考，那麼，世界上大多數軍隊早就完蛋了。有哪些辦法，可以激發和激勵士兵為國獻身？

:: 案例分析

首先，我們來看有哪些辦法可以改變士兵自利的理性。這個過程通常從新

兵訓練開始。世界各地的武裝部隊的基本訓練，其實都是一次次傷痕累累的歷程。新兵會面臨巨大的身心壓力，以至於要不了幾個星期，他的個性就會發生改變。在這個過程當中學會的一個重要習慣是，自動自發、無異議的服從。為什麼襪子必須疊好、床鋪必須整理，而且要按照某個特定方式完成，完全沒有理由可言，唯一的理由就是軍官下了這樣的命令。這麼做的目的是，當將來有更加重要的命令時，士兵也會照樣服從。一旦訓練出不問是非地服從命令的士兵，這支軍隊就會變成一支戰鬥機器；承諾也會自然形成。

許多軍隊會在作戰前讓他們的士兵喝得酩酊爛醉，這麼做雖然可能會降低他們的作戰效率，但同時也降低了他們對自我保護進行理性思考的能力。

這樣一來，每個士兵似乎都缺乏理性的表面現象，就會凝聚成一種策略的理性。莎士比亞深諳此道，在《亨利五世》（*Henry V*）中，發動阿金庫爾戰役的前一夜，亨利王這樣祈禱：

> 啊，戰神！使我的戰士們的心像鋼鐵樣堅強，不要讓他們感到一點兒害怕！
> 假使對方的人數嚇破了他們的膽，**那就叫他們忘了怎樣計數吧。**

就在發動戰爭之前，亨利做了件乍看似乎是消磨自己士氣的事情。他不是強迫他的士兵去作戰，而是這樣聲明：

> ……如果有誰沒勇氣打這一仗，就隨他掉隊；
> 我們發給他通行證，並且把沿途所需的旅費放進他的錢袋。
> 我們不願跟這樣一個人死在一塊兒
> 他竟然害怕跟咱們大夥兒一起死。

　　問題的關鍵在於，任何想接受這一臨陣脫逃提議的士兵，都不得不在所有同袍眾目睽睽下離開。當然沒有人會這麼做，因為實在太丟臉了。而且公開拒絕這一提議的行動（實際上是不行動）改變了士兵的偏好，甚至是個性，無法回頭。透過拒絕這個提議，他們在心理上已經破釜沉舟，切斷了回家的退路；他們彼此之間已經簽下了一份隱形合約，宣誓在面臨性命威脅時，誰也不能苟且偷生*。

　　接下來思考怎樣激勵士兵行動。這些激勵可以是物質上的，古代時，勝利的士兵有機會掠奪一些財物，甚至砍下敵人的腦袋。即便發生最糟糕的事，也保證有豐厚的死亡撫恤金發給死者的至親。但是，對士兵誓死戰鬥的激勵卻往往是非物質的：勇敢戰鬥者將得到勳章、名譽及榮耀，無論他們在戰爭中是生是死；倖存者則能在往後的有生之年裡，不斷誇耀自己的豐功偉績。以下又是亨利五世的一番妙語：

> 誰只要度過今天這一天，將來到了老年，
>
> 每年過克里斯賓節的前夜，將會擺酒請他的鄉鄰，
>
> ……他即使忘去了一切，也會分外清楚地記得
>
> 在那一天裡他幹下的英雄事蹟……
>
> 而克里斯賓節，從今天直到世界末日，永遠不會隨便過去，
>
> 而行動在這個節日裡的我們也永不會被人們忘記。

---

* 同樣的策略也被其他人採用過。阿蒙森（Roald Amundsen）就是用一個計謀展開了他的南極探險之旅；那些簽了協議的同伴，原本以為他們只是要做一次路途遙遠，但是不怎麼危險的北極航行。直到船隊到了幾乎無法折返的地方時，阿蒙森才公布自己的真正目的，並允許那些不願繼續行程的人回到挪威，而且提供返程費用。結果沒有人接受他這一提議，雖然後來有諸多的抱怨：「為什麼當時你說願意繼續下去呢？只要你說不，我一定也會說不。」（羅蘭·亨特福德（Roland Huntford），《地球上的最後一個地方》〔紐約：當代文庫，1999〕，289）。像亨利五世一樣，阿蒙森最後成功了，成為第一個站上南極的人。

我們，是少數幾個人，幸運的少數幾個人，我們，是一支兄弟的
隊伍。

因為，今天他跟我一起流著血，他就是我的好兄弟；……

而這會兒正躺在床上的英格蘭的紳士以後將會埋怨自己的命運，

悔恨怎麼輪不到他上這兒來；

而且以後只要聽到哪個在聖克里斯賓節跟我們一起打過仗的人說
話，就會面帶愧色，覺得自己夠不上當個大丈夫。

　　成為國王的兄弟；你一開口其他人就會面帶愧色，多麼強有力的激勵！不
過，細想一下，成為國王的兄弟真正的意義是什麼？假設你就住在英格蘭，戰
爭勝利後帶著軍隊凱旋。國王會這樣對你說嗎：「啊，我的兄弟！來和我一起
住在宮殿裡吧。」不。你仍然會回到昔日貧困的生活。說白了，這樣的激勵只
是一句空話而已，就像與可信度有關的「廉價交談」一樣。但這樣的激勵方式
卻很有用。賽局理論科學還不能完全解釋個中緣由，可見亨利王的演講本身就
是最佳的策略藝術。

　　有一個相關的小插曲。戰爭前夕，亨利王微服出巡，目的是想了解士兵的
真實想法和感受。他發現了一個令人尷尬的事實：士兵害怕被殺死或俘獲，而
且他們認為亨利王並不會和他們一樣承受這樣的風險。即使敵人抓到了他，也
不會殺他。因為把他扣留然後索取贖金是有利可圖的，而且敵人一定會得逞。
如果亨利王想維持軍隊的忠誠和團結，他必須解除士兵的這種擔憂。但在次日
早上的演講中這樣宣誓是沒有用的：「嘿，夥計們，我聽說你們有人認為我不
會和你們一樣為祖國獻身。現在，我真誠地向你們保證，我會的。」這樣說了
比沒說還要糟糕，反而只會加重士兵的疑慮，恰如尼克森在水門事件期間發出
的「我不是騙子」的聲明一樣。不，在亨利王的演講中，他把冒死戰鬥視為理
所當然的事，進而反問士兵：「你會**和我一起**冒死戰鬥嗎？」那正是我們對「我

們不願跟這樣一個人死在一塊兒」和「今天他跟我一起流著血」這兩句話做出的詮釋。這是策略藝術的又一個漂亮例子。

當然,這並不是真實歷史,只不過是莎士比亞虛構的歷史而已。不過我們認為,藝術家對人類的感情、推理以及動機的洞察力,通常比心理學家還透徹,更不用說經濟學家了。因此,我們應樂於向他們學習策略的藝術。

糊塗取勝

第2章介紹了參與者輪流採取行動且回合次數已知時的賽局。理論上而言,我們可以探討行動的每一個可能順序,然後找出其中的最佳策略。這對剪刀－石頭－布遊戲是比較容易的,但對象棋卻幾乎不大可能(至少目前是這樣)。以下的賽局尚未發現最佳策略。但是,即使我們不知道最佳策略是什麼,先行者將取勝的事實,已足以顯示最佳策略的存在。

ZECK 是兩個人玩的取點點遊戲,目標是把最後一個點留給你的對手。這個遊戲由一連串排成矩形的小點開始,例如下面的 7×4 圖形:

```
. . . . . . .
. . . . . . .
. . . . . . .
. . . . . . .
```

每輪到一個參與者,這個參與者就會拿走一個點及這個點東北方的**所有的點**。譬如,第一個參與者若選擇了第二排第四個點,那麼留給他對手的局面就變成:

```
. . .
. . .
. . . . . . .
. . . . . . .
```

每次至少要移走一點。被迫移走最後一個點的人就是輸家。

對於包含超過一個點的任何矩形，先行者都有一個取勝的策略，只不過我們現在並不知道是什麼策略。當然，我們可以研究所有可能的策略，然後為任何一個特定的賽局找出這一局的取勝策略，如上面的 7×4 矩形版本。但我們並不知道，適用於這類型的所有可能配置的最佳策略。我們怎樣能在自己尚不清楚的情況下告訴大家，誰掌握了那個取勝策略呢？

::案例分析

假如後行者有一個取勝策略，這就表示對先行者的任何一種開局方式，他都有使自己立於取勝地位的對策。就以下情況而言，即使先行者只移走最右上角的一點，後行者也必定有一個取勝的對策。

```
· · · · · · ·
· · · · · · ·
· · · · · · ·
· · · · · · ·
```

但是，不論後行者如何應對，留下的都是先行者可以透過第一次創造出來的局面。如果後行者的回應確實是一種取勝策略，先行者早就應該而且可以用這樣的策略開局。**沒有什麼事情是後行者可以對先行者做而先行者不能搶先做到的。**

價格的面紗

赫茲與艾維斯兩家租車公司打出廣告宣稱，你能以一天 19.95 美元的價格租到一輛汽車。但一般情況下，汽車租金並不會告知另有還車時加滿油箱的額外費用，通常是加油站價格的兩倍。旅館房間價格的廣告中，並沒有提到打長途電話時每分鐘要收費 2 美元。要在惠普與利盟印表機之間做出選擇時，哪種

印表機列印一張紙的成本較低？當你並不知道一個碳粉盒能列印多少張紙時，就很難得知這個問題的答案。手機通訊服務的價格方案，都會包含每月可用的固定通話分鐘數，你沒用完的分鐘數就浪費了；一旦你超過額度，超出部分的通話費就會非常高[*]。廣告承諾每月 40 美元可以撥打 800 分鐘，但這個費用幾乎比每分鐘 5 美分還貴。結果是，理解或比較真實的成本即使不是不可能，也是非常困難。為什麼這種事仍然持續發生？

::案例分析

設想一下，如果一家租車公司決定在廣告中打出包含一切費用的價格，會發生什麼情況。這個標新立異的公司為了彌補由於過高的汽油收費而損失的收入，不得不擬定一個較高的日租價格。（這仍是個好主意：難道你不是寧可每天額外支付 2 美元，這樣就不必擔心當你得衝向飛機場時，卻要先找地方加油？這可能會讓你不致錯過飛機，甚至可以挽救你的婚姻。）問題在於，採取這種策略的公司，等於直接把自己放在一個與其對手相比的不利位置。當顧客在 Expedia（全球最大的網路旅遊公司）上對各家公司進行比較時發現，最可靠的一家公司似乎是要價最高的。只因為沒有一家公司這樣說，「我們不會像其他公司那樣在汽油上揩您的油。」

問題在於，我們陷入了一個糟糕的均衡，就像陷入 QWERTY 鍵盤的均衡一樣。顧客已預設租車價格一定包括許多隱含的額外費用。除非某家公司可以打破這一混亂的局面，讓顧客相信他們不是在玩相同的遊戲，否則，可靠的公司只會讓自己看起來比較貴而已。更糟糕的是，因為顧客並不知道你競爭對手的真實收費是多少，所以他們也不知道應該付你多少錢。設想一家手機公司提供了一種以分鐘計價的單一收費服務。那麼，每分鐘收費 8 美分的價格，會比

---

[*] 美國電話電報公司（AT&T）是個例外。

花 40 美元通話 800 分鐘（然後每超出一分鐘收費 35 美分）的價格便宜嗎？誰會知道呢？

現況就是電信公司繼續在廣告中只打出總價格的部分資訊，然後在沒有提到的部分收取極高的費用。但這並不表示他們會賺到更多錢。因為每家公司都預期在後期可以獲得高額利潤，所以它們會想盡辦法吸引和竊取顧客。因此，雷射印表機幾乎是用送的，大部分手機也是如此。公司把它們將來的利潤都用在搶奪顧客的戰爭中了，最終結果是顧客紛紛琵琶別抱，忠誠度大幅下降。

如果社會希望改善消費者的狀況，一個辦法就是透過立法來改變這個慣例：要求旅館、租車公司以及通訊服務商，在廣告中打出消費者包含一切費用的支付價格。現在，購物網在線上賣書時，就已採取這種做法，他們的一切費用包括了運送費和包裝費[3]。

所羅門王困境重演

所羅門王想要找出一種可以獲得某個資訊的方法：誰才是真正的母親？擁有該資訊的兩個婦人對透露這個資訊的動機是互相衝突的。然而單憑言語不足信；策略性參與者企圖從其自身利益出發來操縱答案。這裡需要一種方法，能使參與者用他們的錢，或者他們重視的東西來打賭，以保證他們說的話是真實的。這個擁有賽局理論知識的國王，是怎樣說服這兩個婦女說出實情的呢？

::案例分析

有幾個策略，即使在兩名婦人採取其策略行動下，也依然管用，下面是其中最簡單的策略[4]。我們稱這兩名婦人為安娜和貝絲。所羅門王建立了下面的賽局：

步驟 1：所羅門王決定一項罰金（或懲罰）。

步驟2：他要求安娜，要麼放棄爭取孩子，讓貝絲得到孩子，賽局結束；
　　　　要麼堅持下去，並決定一項要求……

步驟3：貝絲或者接受安娜的要求，讓安娜得到孩子，賽局結束；或者拒
　　　　絕安娜的要求，貝絲必須為得到孩子出價，而安娜必須向所羅門
　　　　王支付罰金。接下來……

步驟4：安娜接受貝絲的出價，支付給所羅門王，安娜得到孩子，而貝絲
　　　　向所羅門王支付罰金；或者安娜不接受這個出價，此時貝絲得到
　　　　孩子，並向所羅門王支付她的出價。

我們用樹圖來表示該賽局：

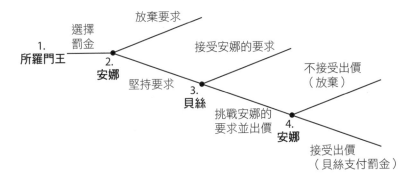

　　只要真正的母親對孩子的估價高於假的母親，那麼，子賽局完美均衡就是
真正的母親得到孩子。所羅門王不必知道這些估價是多少，實際上也沒有真的
支付罰金或者出價；**罰金和出價的唯一目的是避免任何一個婦人做出任何虛假
的爭取。**

　　推理過程很簡單。首先，假設安娜是真正的母親。貝絲在步驟3中知道，
除非她的出價高於孩子對她的真實價值，否則安娜會在步驟4中接受她的出價，
而她（貝絲）最終將支付罰金，卻得不到孩子。所以貝絲將不會出價。安娜知
道這一點，所以在步驟2中就會爭取孩子，並且得到了孩子。

接下來，我們假設貝絲是真正的母親。那麼，安娜在步驟 2 中知道，貝絲將在步驟 3 中選擇一個不值得安娜在步驟 4 中接受的出價，所以她（安娜）最後將只是支付罰金，而得不到孩子。所以在步驟 2 中，安娜會宣布放棄爭取，以得到最好的結果。

這時，你們一定會指責我們，把所有事情都降格到骯髒的金錢世界來解決。我們將回應：在結果是均衡賽局的現實生活中，出價實際上並沒有得到支付，罰金也是一樣。它們唯一的目的只是作為一個威脅；對每個婦人而言，出價使得說謊變得代價高昂。從這方面來說，這與把孩子劈成兩半的威脅十分相似，而且遠沒有那麼可怕。

不過還有一個潛在的問題。要使這個策略有效，一個必要前提是，真正的母親能夠負擔得起一個至少與假母親同樣高的出價。或許，在主觀意識上，她對孩子的愛和估價至少是一樣多的，但是，如果她沒有足夠的錢來支持她的估價，結果會怎樣？在原版的故事中，這兩個婦女來自同一個家庭，所以所羅門王可以合理判斷她們的支付能力大致相當。即便不是這樣，這個困難也還是可以解決。出價和罰金根本不一定要是金錢。所羅門王可以指定某種其他「貨幣」來取代，而這兩名婦女擁有的這種「貨幣」數量應該差距不大，例如，必須完成一定天數的社區服務。

金門大橋

每天早上 7 點半到 11 點，從奧克蘭經金門大橋到舊金山就會出現交通壅塞。在 11 點交通壅塞解除之前，每一輛加入車龍的汽車都會使後來者多等上一段時間。計算這一成本的正確方法是將各人被耽誤的時間加總起來，以上午 9 點加入車龍的一輛汽車為例，它產生的總等候時間有多長？

你可能會想，你了解的資訊還不夠。這問題的一個重點在於外部性，它可以從你已經知道的一點點資訊中推算出來。你不必知道汽車要花多少時間才能

通過收費站，也不必知道 9 點以後加入車龍的汽車分布情況。不管交通堵塞解除前車龍長度保持不變還是不斷變化，答案都是一樣。

:: **案例分析**

　　訣竅在於看出真正重要的是等候時間的總長度。我們不問是誰在塞車。（若是在某些狀況下，我們可能要衡量被堵在路上的人所等候時間的貨幣價值。）找出額外增加的總等候時間的最簡單方法，是忽略誰在等候的問題，直接將所有損失放在一個人身上。假定這個剛剛加入車龍的司機沒有在 9 點開上金門大橋，而是駛向一邊，讓其他司機先走。如果他這麼做了，其他司機就不會額外多等一段時間。當然，他自己不得不等上兩小時，直到交通堵塞解除，才得以繼續上路。不過，這兩小時恰巧等於他直接開上金門大橋以後的塞車時間。理由一點就明：總的等候時間是讓全體司機開過金門大橋的時間；任何一個解決方案，只要涉及經由金門大橋的全體司機，都會得出相同的總等候時間，只不過分散到每個人時所等候的時間有所不同罷了。**用一輛汽車來看全部額外等候的時間**，是最容易得出總等候時間的方法。

1 美元的價格

　　耶魯大學教授馬丁・舒比克（Martin Shubik）設計了下面這個陷阱賽局：一名拍賣人拿出一張 1 美元鈔票，請大家給這張鈔票開價，每次叫價以 5 美分為單位升價，出價最高者得到這 1 美元鈔票，但出價最高和次高者都要向拍賣人支付相當於出價數目的費用[5]。

　　教授在課堂實驗上，和毫無疑心的大學生玩這個遊戲，賺了一小筆錢，至少足夠在教職員俱樂部吃一兩次午餐。假設目前的最高叫價是 60 美分，你叫價 55 美分，排在第二位。出價最高者勢必賺進 40 美分，而你卻鐵定要虧掉 55 美分。如果你追加 10 美分，叫出 65 美分，你就可以和他調換位置。哪怕領先的

叫價達到 3.60 美元而你的叫價 3.55 美元排在第二位，這一**邏輯仍然成立**。如果你不肯追加 10 美分，贏家就會虧損 2.60 美元，而你則要虧損 3.55 美元。

你打算怎麼玩這個賽局？

:: 案例分析

這是光滑斜坡的又一例子。一旦你開始向下滑，就很難回頭。**最好不要跨出第一步**，除非你知道自己會去哪裡。

這個賽局有一個均衡，即從 1 美元起拍，且沒有人再追價。不過，假如起拍價低於 1 美元又如何？這樣的層層加價可以是沒完沒了的，唯一的上限就是你錢包裡的數目，至少在你掏空錢包之後競爭不得不停止。這正是我們需要用到法則 1——向前預測、倒後推理的地方。

假定伊萊和約翰是兩個學生，現在參加舒比克的 1 美元拍賣。每人各揣著 2.50 美元，而且都知道對方有多少預算[6]。為了簡化敘述，我們改以 10 美分為加價單位。

從結尾倒推回來，如果伊萊叫價 2.50 美元，他將贏得這張 1 美元的鈔票（同時卻虧了 1.50 美元）。如果他叫價 2.40 美元，那麼約翰只有叫 2.50 美元才能獲勝。因為多花 1 美元去贏得 1 美元並不划算，如果約翰現在的價位是 1.50 美元或 1.50 美元以下，伊萊只要叫 2.40 美元就算贏了。

如果伊萊叫 2.30 美元，上述論證照樣行得通。約翰不可能期待叫價 2.40 美元就可以獲勝，因為伊萊一定會叫 2.50 美元進行反擊。要想擊敗 2.30 美元的叫價，約翰必須一直叫到 2.50 美元。因此，2.30 美元的叫價足以擊敗 1.50 美元或者 1.50 美元以下的價格。同樣，我們可以證明 2.20 美元，2.10 美元一直到 1.60 美元的叫價都可以取勝。如果伊萊叫到 1.60 美元，約翰應該預見到伊萊不會放棄，非等到價位升到 2.50 美元不可。伊萊既然已經注定損失 1.60 美元，再花 90 美分贏得那張 1 美元鈔票，終究還是划算的。

第一個叫到 1.60 美元的人就會勝出，因為這個叫價就代表他一定會堅持到 2.50 美元。我們在思考的時候，應該將 1.60 美元和 2.50 美元的叫價同樣視為可以取勝的叫價。要想擊敗 1.50 美元的叫價，只要追價到 1.60 美元就夠了，但任何低於這個數目的叫價都會無功而返。這表示 1.50 美元可以擊敗 60 美分或者 60 美分以下的叫價，其實只要 70 美分就能做到這一點，為什麼？一旦有人叫 70 美分，對他而言，一路堅持到 1.60 美元而確保獲勝是划算的。在這種認知下，叫價 60 美分或以下的對手就會覺得繼續跟進得不償失。

我們可以預計，約翰或伊萊一定會有人叫價到 70 美分，然後這場拍賣就會結束。雖然數目可以改變，結果卻並非取決於只有兩個競價者。哪怕預算不同，倒後推理仍然可以得出答案。不過，關鍵點是大家都知道別人的預算是多少。如果不知道別人的預算，可以猜到的結果是，均衡只存在於混合策略之中。

當然，對學生而言，還有一個更簡單也更有好處的解決方案：聯合起來。如果叫價者事先達成共識，選出一名代表叫價 10 美分，然後誰也不再加價，全班同學就可以分享 90 美分的利潤。

你當然可以把這個例子當成耶魯大學學生都是傻瓜的證明。不過，超級大國之間的核武裝備升級競賽難道和這個有什麼差別嗎？雙方都付出了億萬美元的代價，為的是博取區區「1 美元」的勝利。聯合起來，意味著和平共處，才是一個更有好處的解決方案。

李爾王的難題

告訴我，我的女兒們——

在我還沒有把我的政權、領土和國事的重任全部放棄以前，

告訴我，你們中間哪一個人最愛我？

我要看看誰最有孝心，最有賢德，

我就給她最大的恩惠。

——莎士比亞，《李爾王》（*King Lear*）

李爾王擔心，等他年紀大了，不知道他的孩子會怎樣對待他。讓他深感遺憾的是，他發現孩子並不總是遵守自己的承諾。除了關愛與尊敬，孩子的行為還受到繼承遺產的可能性所影響。現在我們來看一個策略實例，說明遺產只要運用得當，就可以促使孩子去探望自己的父母。

假設父母希望孩子每週去探望一次，電話問候兩次。為了給孩子正確的激勵，父母威脅說誰若達不到這個標準，就會失去繼承權。他們的財產將在所有符合要求的孩子之間平均分配。（除了可以鼓勵探望，這個規定還有一個好處，即可以避免讓孩子為了爭取較多遺產而頻頻探望，導致父母失去私人空間。）

但孩子們意識到父母其實並不願意剝奪所有孩子的繼承權，於是他們串通起來，一起減少探望的次數，最後降到一次也不去。

這對父母現在請你幫忙修改他們的遺囑。只要有遺囑，就有辦法讓它發揮作用。不過，怎樣才能做到呢？一個前提是，這對父母不允許你剝奪所有孩子的繼承權。

:: 案例分析

和原先的版本一樣，任何一個探望次數不能達標的孩子都將失去繼承權。問題在於，假如他們的探望次數統統低於標準時怎麼辦？若出現這種情況，不妨將所有財產分給探望次數最多的孩子，這麼做可以打破孩子之間結成的減少探望次數的聯盟，並使孩子們陷入一個多人困境。每個孩子只要多打一次電話，就有可能使自己應得的財產比率從平均值躍升為 100%，而唯一的方法就是遵照父母的心願行事。（很顯然，這種策略在只有一個孩子的情況下就沒有效。對於只有一個孩子的夫婦，沒有什麼好的解決方案。真是抱歉得很。）

起訴美國鋁業公司

每個行業的老牌公司都會透過排擠新的競爭對手，阻止其進入市場，以維持可觀的報酬；然後便可以成為壟斷企業，一路抬價。由於壟斷對社會是有害的，反壟斷當局會竭力偵察和起訴那些運用策略手段阻止對手進入市場的公司。

1945 年，美國鋁業公司（Alcoa）遭到起訴，罪名是進行類似的操作手段。巡迴法庭的檢察官發現，美國鋁業公司不斷建置精煉設備，其數目一直高於實際需求。法官漢德（Learned Hand）這樣提出自己的看法：

> 它一直預估工業純鋁的需求將會增加，並使自己做好準備應付這種變化，其實這不是非做不可的事。沒有任何理由迫使它得在其他公司進入這一領域以前，這麼加倍再加倍的提高自己的產能。雖然它堅決否認曾排擠任何競爭者，但我們想不出任何更好的排擠方式，能夠超越一有新的機會就搶到手，同時擺出早就建成一個龐大集團的新設備，以迎擊任何一個後來者。

研究反壟斷法與經濟學的學者們就這個案例進行了深入的辯論[7]。現在我們請你思考一下這個案例的理論基礎：過度建置生產設備如何能夠阻嚇新的競爭對手？

:: 案例分析

一家老牌公司總想讓新的競爭者相信，這個行業不會讓它們有利可圖。這基本上意味著，如果它們硬要進入這個市場，產品價格就會大跌，跌到不能打平其成本的地步。當然了，這家老牌公司只不過是放放風聲，說它將發動一場無情的價格戰，打擊一切後來者。不過，後來者為什麼會相信這麼一個口頭威脅呢？畢竟，價格戰也會使老牌公司付出重大代價。

老牌公司建置超過目前所需產能的做法，可以**使它的威脅變得可信**。一旦如此龐大的設備建置完成，產量就能大幅度提升，新增成本也會降低。唯一要做的只是配備生產人員和採購原料；主要成本已經發生，不可挽回。因此打起價格戰來會很容易，代價更小，因此也更可信。

大西洋兩岸的武裝

在美國，很多屋主都持有自衛用的手槍，而在英國，幾乎沒有人有槍。文化差異無疑提供了一個解釋；策略性行動的可能性則提供了另外一個解釋。

在這兩個國家，大多數屋主都喜歡住在沒有武裝警衛的社區。但如果他們真的害怕遇到武裝歹徒，也會願意買一支槍。許多歹徒則喜歡在作案時攜帶槍枝。

下表顯示了各種可能的排名情況。與其為每一種可能性設定一個具體的貨幣報酬，不如用 1、2、3 和 4 表示雙方心目中的排名。

<table>
<tr><td></td><td></td><td colspan="2" align="center">罪犯</td></tr>
<tr><td></td><td></td><td align="center">沒槍</td><td align="center">有槍</td></tr>
<tr><td rowspan="2">屋主</td><td>沒槍</td><td>1   2</td><td>4   1</td></tr>
<tr><td>有槍</td><td>2   4</td><td>3   3</td></tr>
</table>

如果沒有任何策略行動，我們應該把這個案例視為一個同步行動賽局，運用第 3 章學習的技巧進行分析。首先我們應尋找優勢策略。由於歹徒在第二列（有槍）的排名永遠高於第一列（沒槍）的對應數字，我們可以說歹徒有一個優勢策略：不管屋主有沒有槍，他們都寧可身上有槍。屋主卻沒有優勢策略，但他們願意差別對待：如果歹徒沒有帶槍，那他們也就沒必要買槍自衛了。

假如我們把這個賽局視為同步行動賽局，將會出現什麼結果？根據法則 2，

我們預料，擁有優勢策略的一方會採用其優勢策略，另一方則會根據對手的優勢策略，採取自己的最佳回應策略。由於持槍是歹徒的優勢策略，我們應該預見到這就是他的行動方針。屋主針對持槍歹徒選擇自己的最佳回應策略：自己也應該持槍。這就得出一個均衡，即兩個排名均為 3 的情況（3,3），代表雙方都認為這是彼此可能得到的第三好的結果。

儘管雙方利益彼此衝突，但仍然可以就一件事達成一致：他們都傾向於誰也沒有槍的結果（1,2），而不是雙方都持槍的結果（3,3）。怎樣的策略行動才能帶來這個結果，且該怎麼做才能使這個結果變得可信呢？

:: 案例分析

我們暫時假設歹徒有本事在同步行動賽局裡先發制人，首先採取一個策略行動，他們將承諾不帶槍。而在這個變成逐步行動的賽局裡，屋主並不一定非要預測歹徒可能怎麼做。他們將會發現，歹徒已經採取行動，而且沒有帶槍。於是，屋主可以選擇回應歹徒這一承諾的最佳策略：他們也不打算用槍。這個情形以偏好次序表示就是（1,2），**這對雙方而言都是較好的結果**。

歹徒透過做出一個承諾就可以得到更好的結果，這並不意外[*]；然而屋主也得到了比較好的結果。雙方共同受益的原因在於，他們對對方行動的重視勝過對自己行動的重視。屋主可以允許歹徒採取一個無條件行動，從而扭轉其行動[†]。

---

[*] 歹徒可不可能得到更好的結果？不可能。他們的最佳結果等於屋主的最壞結果，既然屋主可以藉由持有槍枝，來保證自己得到第三甚至更好的結果，那麼歹徒的任何策略行動就不可能迫使屋主落到最差的結果。因此，做出不帶槍的承諾是歹徒的最佳策略行動。歹徒做出帶槍的承諾又能怎樣？帶槍是他們的優勢策略，無論如何都在屋主的預料之中，因此，做出帶槍的承諾並不具備任何策略價值。以警告與保證的方法類推，採取優勢策略的承諾可以稱為一種「宣示」：它是告知性的，而不是策略性的。

[†] 如果屋主搶先行動，而由歹徒做出回應，又會怎樣？屋主可以預期，對於自己任何無條件的行動選擇，歹徒都會選擇用槍做為回應。因此，屋主希望持槍，但結果並不會比同時行動賽局的情況更好。

在現實中，屋主們並不會聯合結盟成一個賽局參與者，歹徒也不會。即便歹徒暫時性的可以透過採取主動、解除武裝而獲益，但集團中的任何成員也還是可能作弊以獲得額外優勢。這一囚徒困境會破壞歹徒主動解除武裝之舉的可信度。因此他們需要用其他方法，使他們可以在一個共同承諾中結盟。

如果該國歷來就有嚴格管制槍支的法律，槍支也就無處可得，屋主便可以相信歹徒應該沒有帶槍。英國嚴格的槍支管制迫使歹徒不得不「承諾」不帶槍「幹活」。這一承諾是可信的，因為他們別無選擇。而在美國，槍支廣為流行，這等於剝奪了歹徒承諾不帶槍「幹活」的選擇。結果，許多屋主不得不為自衛而配備槍枝，使得雙方都沒有得到更好的結果。

但很顯然，這一論證過度簡化了現實情況；該論證隱含的一個條件是歹徒支持立法管制槍枝。但即便在英國，這一承諾也難以為繼。北愛爾蘭持續蔓延的政治衝突已經帶來一種間接作用，使歹徒取得槍枝的可能性大大提高。結果，歹徒不帶槍的承諾開始失去可信度。

回頭再看這個案例時，注意一點：這個賽局從同時行動轉向逐步行動之際，某種不同尋常的東西出現了。歹徒選擇搶先採取他們的優勢策略，在同步行動賽局裡，他們的優勢策略是帶槍；而在逐步行動賽局裡，他們卻沒有這麼做。理由是在逐步行動賽局裡，他們的行動路線會影響屋主的選擇。由於這樣一種互動關係，他們再也不能認為屋主的回應不受他們影響。他們是先行者，所以他們的行為會影響屋主的選擇。在這個逐步行動賽局裡，帶槍便不再是一種優勢策略。

拉斯維加斯的老虎機

任何一本賭博指南都應該會告訴你，吃角子老虎機是你最糟糕的選擇，它的勝率對你大為不利。為了扭轉這個印象，刺激人們玩吃角子老虎機，賭城拉斯維加斯的一些賭場開始大做廣告，將其機器的回報率（即每 1 美元賭注以

獎金形式返還的比例）公之於眾。有些賭場更進一步，保證它們那裡有些老虎機的回報率設在高於 1 的水準！這些機器使勝率變得對你有利了，如果你能找出這些機器，只在這些機器上投注，你就能賺大錢。當然，關鍵在於賭場不會告訴你哪台機器是他們特別設定過的機器。當它們在廣告上宣稱平均回報率是 90%，且一些機器設定已達 120% 的水準時，這也代表其他機器一定低於90%。為了提高難度，它們不會每天都以同樣的方式設定它們的老虎機，今天的幸運機明天可能讓你輸個精光。你怎樣才能猜出一台機器是怎樣的機器呢？

:: 案例分析

　　既然這是我們最後一個案例，我們不妨承認我們不知道答案，而且，如果我們真的知道，大概也不願意和別人分享。不過，策略性思考有助於人們做出更合理的猜測，關鍵是設身處地從賭場主人的角度看問題。他們賺錢的唯一機會，是遊客玩倒楣機的機率至少等於玩幸運機的機率。

　　賭場是不是真有可能「藏」起勝率對遊客比較有利的機器？或者換句話說，如果遊客只玩回報最多的機器，他們有可能找出最有利的機器嗎？答案當然是不一定，要及時發現就更不一定了。機器的回報率，在很大程度上是由出現一份累積獎金的機率決定的。我們來看一台每投幣 25 美分即可以拉一次杆的拉把機。一份 1 萬美元累積大獎的機率若為 1：40,000，那麼這台機器的回報率就為1。如果賭場將這個機率提高為 1：30,000，回報率就會變為 1.33。不過，旁觀者幾乎總是看著一個人一次又一次地投入 25 美分硬幣，卻一無所獲。一個非常自然的結論可能是，這是那台最不利的機器。最後，當這台機器終於吐出一份累積大獎時，它可能就會被重新調整，把回報率設定在一個較低的水準。

　　相反的，最不利的機器其實也可能調整成很頻繁吐出一點小獎的狀況，但基本上就省掉了獲得一份累積大獎的希望。我們來看一台回報率為 80% 的機器，如果它平均大約每拉杆 50 次就吐出一個 1 美元獎金，這台機器就可能引發

很多討論，引起賭客的注意，從而可能吸引更多賭客的錢。

一個有經驗的吃角子老虎機玩家，可能早就意識到這些問題。不過，若是這樣，你可以打賭說賭場做的恰恰相反。無論如何，賭場總是可以在當天結束之前，發現哪台機器引來了最多賭客。它們可以設法確保最多人玩的機器其實際回報率最低。因為，雖然回報率 1.20 和 0.80 的差別看起來很大，也決定了你是贏錢還是輸錢，但光憑一個賭徒玩的次數（或實驗次數）就能判斷出兩台機器的不同，顯然難如登天。賭場可以重新設計機器的回報方式，使你更難做出任何推論，甚至使你經常不知不覺就走錯了方向。

策略性的領悟在於，拉斯維加斯的賭場可不是慈善機構，它們開門營業的目的可不是當散財童子。大多數賭客在尋找有利機器時總是會找錯，這是因為，如果大多數賭客都可以找出有利的機器，賭場就不會放置有利的機器，坐等虧損。所以，別再排隊了，你可以打賭說很多人玩的機器，一定不是具有很高回報率的機器。

賽局思考題解答

賽局思考題①

　　你取勝的方法是，只給對方留下一支旗子，迫使對方取走這最後一支旗。也就是說，某一輪開始時面臨 2 支、3 支或 4 支旗，是一個必勝的局面。所以，一個面臨 5 支旗的人一定會輸，因為不論他怎麼做，都會給對方留下 2 支、3 支或 4 支旗。思考到下一輪，一個面臨 9 支旗的人也一定會輸。根據同樣的推理，面對 21 支旗的選手一定會輸（假設對手懂得運用正確的策略，且總是能夠以四支旗為一組，使旗子總數減少）。

　　弄懂這一點的另一種方法是，注意，取走倒數第二支旗的人是獲勝者，因為這樣做只給對方留下一支旗，迫使他們不得不取走這支旗。取走倒數第二支旗，就好比在旗子總數少一支（即 20 支）的遊戲中取走最後一面旗。在有 21 支旗的情況中，你的行動以假設只有 20 支旗為前提，並努力取走這 20 支旗的最後一支。不幸的是，這是一個必輸的局面，至少在對方也了解這個遊戲的情況下。順便一提，這也證明了，賽局中的先行者並不總是具有優勢。

賽局思考題②

　　如果你想親自計算出表格中的數字，那麼，RE 確切的銷售量計算公式為：RE 的銷售量＝ 2,800 － 100×RE 的定價 + 80×BB 的定價。

　　BB 的銷售量公式也類似上述公式。要計算出每家商店的利潤，回憶前面所述，它們的成本都是 20 美元，於是

　　RE 的利潤＝（RE 的價格－ 20）×RE 的銷售量

　　BB 的利潤公式與此類似。

這些公式可以輪流輸入到 Excel 試算表中。在左列（A 列）中，輸入 RE 的定價，根據這些定價，你可以在第 2、3……行中進行計算。我們這裡有 5 個價格，即第 2 ～ 6 行。在頂行（第 1 行）中，在 B、C……列中輸入 BB 相對的定價，在這裡是從 B 列到 F 列。在儲存格 B2 中輸入公式：= MAX（2,800 − 100 * $A2 + 80 * B$1,0）。

要特別注意公式中的美元符號；在 Excel 標記法中，它們確保當公式在複製到具有不同價格組合的其他儲存格時，能夠正確地「絕對」或「相對」參照儲存格。該公式也確保了當兩家公司的定價差距很大時，高價公司的銷售額不會成為負值。這就是 RE 的銷量表。

要根據這些銷售量計算出 RE 的利潤，在該試算表的其他某個空格中（我們使用儲存格 J2）記下 RE 的成本，即 20。使用同一個試算表，在該銷量表的正下方，如第 8 ～ 12 行中（為了突顯它，將第 7 行空出），將 A 列中 RE 的價格複製過來。在儲存格 B8 中輸入公式：= B2*（$A8 − J2）。

這就得出了當 RE 訂出我們考慮的價格集合中的第一個價格（42），且 BB 也訂出其第一個價格（42）時，RE 的利潤額。將該公式複製貼到其他儲存格中，於是得到了整個 RE 的利潤表。

我們可以將 BB 的銷售量公式與利潤公式分別輸入到第 14 ～ 18 行及第 20 ～ 24 行中。在這裡，BB 的銷售量公式為：= MAX（2,800 − 100 * B$1 + 80 * $A14,0）。另外，將 BB 的成本輸入到空格 J3 中，則其利潤公式為：= B14 * （B$1 − J3）。

當所有這一切做好之後，你最後應該得到這樣的表格：當然，如果你想利用這些公式，代入不同的銷售量或不同的成本來進行測試，那麼，你也可以相應地更改這些數值。

	A	B	C	D	E	F	G	H	I	J
1		42	41	40	39	38			成本	
2	42	1,960	1,880	1,800	1,720	1,640			RE	20
3	41	2,060	1,980	1,900	1,820	1,740	RE		BB	20
4	40	2,160	2,080	2,000	1,920	1,840	的數量			
5	39	2,260	2,180	2,100	2,020	1,940				
6	38	2,360	2,280	2,200	2,120	2,040				
7										
8	42	43,120	41,360	39,600	37,840	36,080				
9	41	43,260	41,580	39,900	38,220	36,540	RE			
10	40	43,200	41,600	40,000	38,400	36,800	的利潤			
11	39	42,940	41,420	39,900	38,380	36,860				
12	38	42,480	41,040	39,600	38,160	36,720				
13										
14	42	1,960	2,060	2,160	2,260	2,360				
15	41	1,880	1,980	2,080	2,180	2,280	BB			
16	40	1,800	1,900	2,000	2,100	2,200	的數量			
17	39	1,720	1,820	1,920	2,020	2,120				
18	38	1,640	1,740	1,840	1,940	2,040				
19										
20	42	43,120	43,260	43,200	42,940	42,480				
21	41	41,360	41,580	41,600	41,420	41,040	BB			
22	40	39,600	39,900	40,000	39,900	39,600	的利潤			
23	39	37,840	38,220	38,400	38,380	38,160				
24	38	36,080	36,540	36,800	36,860	36,720				

賽局思考題③

將儲存格 J2 中 RE 的成本值從 20 改為 11.60，該 Excel 試算表很容易便得到修改：

	A	B	C	D	E	F	G	H	I	J
1		40	39	38	37	36			成本	
2	37	2,300	2,220	2,140	2,060	1,980			RE	11.60
3	36	2,400	2,320	2,240	2,160	2,080	RE		BB	20
4	35	2,500	2,420	2,340	2,260	2,180	的數量			
5	34	2,600	2,520	2,440	2,360	2,280				
6	33	2,700	2,620	2,540	2,460	2,380				
7										
8	37	58,420	56,388	54,356	52,324	50,292				
9	36	58,560	56,608	54,656	52,704	50,752	RE			
10	35	58,500	56,628	54,756	52,884	51,012	的利潤			
11	34	58,240	56,448	54,656	52,864	51,072				
12	33	57,780	56,068	54,356	52,644	50,932				
13										
14	37	1,760	1,860	1,960	2,060	2,160				
15	36	1,680	1,780	1,880	1,980	2,080	BB			
16	35	1,600	1,700	1,800	1,900	2,000	的數量			
17	34	1,520	1,620	1,720	1,820	1,920				
18	33	1,440	1,540	1,640	1,740	1,840				
19										
20	37	35,200	35,340	35,280	35,020	34,560				
21	36	33,600	33,820	33,840	33,660	33,280	BB			
22	35	32,000	32,300	32,400	32,300	32,000	的利潤			
23	34	30,400	30,780	30,960	30,940	30,720				
24	33	28,800	29,260	29,520	29,580	29,440				

然後，將這些利潤數字輸入到賽局的報酬表中：

BB的價格

		40	39	38	37	36
R E 的 價 格	37	35,200 58,420	**35,340** 56,388	35,280 54,356	35,020 52,324	34,560 50,292
	36	33,600 **58,560**	33,820 56,608	**33,840** 54,656	33,660 52,704	33,280 50,752
	35	32,000 58,500	32,300 **56,628**	**32,400** 54,756	32,300 52,884	32,000 51,012
	34	30,400 58,240	30,780 56,448	**30,960** 54,656	30,940 52,864	30,720 **51,072**
	33	28,800 57,780	29,260 56,068	29,520 54,356	**29,580** 52,644	29,440 50,932

　　注意觀察，我們必須用一個較低的價格帶來確定最佳回應。在新的納許均衡中，BB 定價 38 美元，RE 定價 35 美元。RE 的獲利幾乎是 BB 的兩倍，這一方面是因為它的成本較低，另一方面是因為它的削價致使一些顧客從 BB 轉移到 RE。結果，BB 的利潤大幅下降（從 4 萬美元下降到 3 萬 2,400 美元），而 RE 的利潤大幅上升（從 4 萬美元上升到 5 萬 4,756 美元）。儘管 RE 的成本優勢只有 42%（11.60 美元是 20 美元的 58%），但它的利潤優勢有 69%（5 萬 4,756 美元是 3 萬 2,400 美元的 1.69 倍）。現在，你就可以明白，為什麼企業如此渴望竭力維持看起來很小的成本優勢，以及為什麼工廠總是遷到低成本的地區和國家。

賽局思考題④

　　如果美國不採取策略行動，賽局樹便為

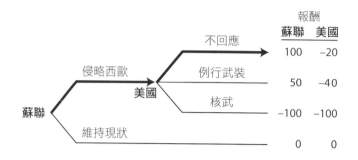

如果蘇聯侵略西歐，那麼，美國若是不做出回應，而是接受這一事實，就會有損其威信。但是如果美國試圖採取例行武裝回應，則將遭受軍事上的慘敗、嚴重傷亡，甚至遭受更大的威信損失，因為蘇聯軍隊強大得多。如果美國利用核武來回應，則將遭受更大的損失，因為蘇聯會發動自己的核武反過來攻擊美國。因此，對美國而言，進攻西歐的事實發生後的最佳回應就是，聽任西歐由命運決定。你可能認為不可能有這種事，北約組織的歐洲成員卻認為這是完全有可能的，並希望美國能事先做出可信的承諾。「如果你進攻西歐，我們就以核武進行回擊」，美國的這一威脅，刪掉了美國行動選項的前兩個分支，使賽局變成了如下所示：

現在，如果蘇聯選擇進攻，它們就面臨著收益為 –100 的核武回擊；因此，它們選擇接受現狀，還能得到好一點的收益 0。我們在第 6 章和第 7 章中討論了怎樣才能使美國的威脅顯得可信。

賽局思考題⑤

頭等艙機票價格 215 美元，大大低於商務旅行者願意為頭等艙支付的價格，即 300 美元。所以，他們的參與約束得到了滿足。遊客從購買經濟艙機票中得到了零消費者剩餘（140－140 美元），但他們若購買頭等艙，卻會得到負的消費者剩餘（175－215＝－40 美元）。因此，他們不願改變選擇；他們的激勵相容條件得到了滿足。

賽局思考題⑥

在維克里拍賣中，你根本不願付錢來知道其他參與者的出價。記住，在維克里拍賣中，以你的真實估價出價是一個優勢策略。因此，不論你得知其他參與者在做什麼，你都會給出同樣的出價。

然而，我們需要提出警告。我們在此的假設是，在拍賣中，你的估價是由你私人決定的，並不受其他參與者估價的影響。在共同價值維克里拍賣中，你可能會根據其他參與者的行動改變自己的出價，但是，這只不過是因為它改變了你對這件商品的估價。

賽局思考題⑦

為了說明怎樣在密封競價拍賣中出價，我們把一個維克里拍賣轉換成密封競價拍賣。我們在只有兩個競標者的情況下進行這一轉換，這兩個競標者的估價都在 0 到 100 之間，且該區間內的每個數字出現的可能性相等。

讓我們從維克里拍賣開始。你的估價是 60，所以你出價 60。如果我們告訴你已經贏得了拍賣，你一定會很高興，但是你不知道自己將要支付多少錢。你只知道這一金額低於 60。低於 60 的所有可能的金額都是以相同的機率出現，所以，平均而言，你將支付 30 美元。如果我們現在提議，你要麼支付 30 美元，要麼支付最終的次高出價，那麼，你的考慮就不同了，你會希望支付 30 美元。

同樣的道理，在維克里拍賣中，如果你的估價是 80 美元，那麼當被告知你贏得拍賣時，你將非常樂意支付 40 美元。一般而言，在維克里拍賣中，如果你的估價是 X 美元，那麼，當你贏得拍賣時，你會期望支付 X/2 美元，以此作為次高出價。如果你在自己的出價 X 美元得標時只需支付 X/2 美元，你將非常高興。

讓我們再跨一步。我們將不讓你支付次高出價，而是改變規則：當你出價 X 美元得標後，你只需支付 X/2 美元。既然這樣做的平均結果與維克里拍賣相同，你的最優出價就不應該改變。現在，我們讓所有人都遵循同樣的規則，那麼他們的出價也不應該改變。

這時，我們得到了某種與密封競價非常類似的情況。每個人都寫下一個數字，由最高數字得標。唯一的區別在於，你無須支付自己的出價，而只需支付一半。這就好比以美元支付，而不是以英鎊支付。

競標者不會被這個賽局愚弄。如果出價 80 美元意味著你必須支付 40 美元，那麼，一個「80 美元」的出價，其實意味著 40 美元。如果我們再次改變規則，使得你必須支付你的出價，而不是你出價的一半，那麼，大家都會把他們的出價降低一半。那樣的話，如果你願意支付 40 美元，你就會出價 40 美元，而不是 80 美元。走完這最後一步，我們便到達了密封競價拍賣。你將會注意到，對雙方參與者而言，一個均衡策略就是以他們估價的一半出價。

如果你想重新檢驗這是否為一個均衡，你可以假設對方參與者以他的估價的一半出價，並設想你會如何回應。如果你出價 X，那麼，對方參與者的估價若低於 2X（從而出價低於 X），你就會得標。這種情況發生的機率是 2X/100。所以，當你的真實估價為 V 時，你出價 X 的收益為：

$$（X 得標的機率）\times（V - X）=（\frac{2X}{100}）（V - X）$$

當 X = V/2 時，收益達到最大化。如果對方參與者以他估價的一半出價，那麼，你希望也以你估價的一半出價。同時，如果你以你估價的一半出價，那

麼，對方參與者也希望以他估價的一半出價。因此，我們得到了一個納許均衡。正如你可以看到的，檢驗某種情況是否為一個均衡，比從一開始就找出均衡來得簡單。

賽局思考題⑧

假設你知道你的對手會在 t = 10 的時候行動。那麼，你既可以在 9.99 的時候行動，也可以一直等下去，讓你的對手先冒險行動。如果你在 t = 9.99 的時候開槍，你取勝的機率只有約 p（10）。如果你等下去，那麼你的對手失敗後，你一定會取勝。這種情況的機率是 1 - q（10）。因此，當 p（10）>1 - q（10）時，你應該先發制人。

當然，你的對手也在進行同樣的推理。如果他認為你會在 t=9.99 的時候先發制人，那麼，當 q（9.98）>1 - p（9.98）時，他寧可在 t=9.98 的時候搶先行動。

你可以看出，決定各方不想搶先行動的時間條件是

p（t）≤ 1 - q（t）及 q（t）≤ 1 - p（t）

由此可得出同一個條件：

p（t）+ q（t）≤ 1

因此，雙方都希望等到 p（t）+ q（t）=1 時再行動，這樣，他們就會同時開槍。

賽局思考題⑨

如果你的房子銷售價格為 25 萬美元，則佣金為 1 萬 5,000 美元，一般情況下，這一金額會在你的經紀人和買方經紀人之間平分。問題在於，這一支付結構提供的激勵較弱。你的經紀人辛辛苦苦工作，最終帶來了額外的 2 萬美元，但在平分後，他只能多得 600 美元佣金。更糟糕的是，通常情況下，這名經紀

人不得不與經紀人機構平分這筆佣金,於是最後只得到 300 美元。這麼小的數字,幾乎不值得付出額外的努力,所以,經紀人有盡快完成交易的動機,卻沒有達成最佳價格的動機。

為什麼不提供一個非線性激勵機制呢:前 20 萬美元支付 2.5% 的佣金,然後超過這個金額的部分支付 20% 的佣金?如果銷售價格為 25 萬美元,佣金不變,仍為 1 萬 5,000 美元。但如果你的經紀人真的成功以 27 萬的價格賣出,那麼,佣金就會提高 2,000 美元,哪怕是在平分之後。

當然,問題在於,應該把這一佣金率臨界點設在哪裡。如果你認為你的房子可以賣到 30 萬美元,那麼,你會把佣金率臨界點設在 25 萬美元左右。相反的,經紀人會更加保守,他認為 25 萬美元是市場價,所以突破 20 萬美元後就應該得到較高的佣金。於是,你與你的經紀人之間的關係從一開始便產生了嚴重的歧見。

賽局思考題⑩

為了釐清這一效應可能會有多大,我們更深入一點探究這一經濟現象。一般來說,出版社以定價的 50% 作為批發價。印刷和運送精裝書的成本約為 3 美元。這樣,當價格為 p,從而銷售量為 q(p) 時,出版商的利潤為

$$(0.5p - 0.15p - 3) \times q(p) = 0.35 \times (p - 8.6) \times q(p)$$

因為出版社只能得到定價的一半,且必須向作者支付定價的 15%,所以,出版社最終只能得到大約定價的 35%,但還必須承擔所有的印刷成本。結果,實際印刷成本約為 8.60 美元,幾乎是 3 美元的 3 倍。

我們可以選擇一個簡單的線性需求情況來說明,比如,q(p) = 40 − p,且需求量以千為單位衡量。為了使收入最大化,作者將選擇定價 20 美元。反之,出版社將選擇定價 24.30 美元,目的是使利潤最大化。

深入閱讀

　　開創性的著作總令人手不釋卷。我們由衷推薦約翰・馮・紐曼和奧斯卡・摩根斯坦的《賽局理論與經濟行為》（*Theory of Games and Economic Behavior*, Princeton,NJ：Princeton University Press, 1947），儘管讀懂本書所需要的數學知識有點難度。湯瑪斯・謝林的《衝突的策略》（*The Strategy of Conflict*, Cambridge, MA:Harvard University Press, 1960）實非一般的開創性著作，其教導和洞見迄今影響深遠。

　　威廉姆斯的《老謀深算的策略家》（修訂版, *The Compleat Strategyst*, New York：McGrew-Hill, 1966）在輕鬆講述零和賽局方面至今仍無出其右者。在謝林的賽局理論之前，最為透徹和高度數學化的著作是杜恩坎・盧斯和霍華德・雷法的《賽局與決策》（*Games and Decisions*, New York：Wiley, 1957）。在一般性介紹賽局理論的著作中，莫頓・大衛斯的《賽局理論：非技術性的導論》（*Game Theory：A Nontechnical Introduction, 2nd ed.*, New York：Basic Books, 1983）可能是最易於閱讀的。

　　如果要說人物傳記，關於賽局理論的最有名的著作毫無疑問當屬西爾維亞・娜薩的《美麗境界》。這本書比電影要好得多。威廉・龐士東（William Poundstone）的《囚徒的困境》（*Prisoner's Dilemma*, New York：Anchor, 1993）遠非一個知名賽局的描述，而是關於約翰・馮・紐曼的一流傳記；正是這個學識淵博的人發明了電腦和賽局理論。

　　說到教材，自然而然地，我們偏愛自己的兩本：阿維納什・迪克西特和蘇珊・斯凱絲（Susan Skeath）的《策略賽局》第 2 版（*Games if Strategy, 2nd ed.*, New York：W.W. Norton & Company, 2004），該書適用於本科生；貝利・奈勒波夫和亞當・布蘭登伯格（Adam Brandenburger）的《競合策略》（*Co-opetition*, New

York：Currency/Doubleday, 1997）為 MBA 和經理人提供了更為廣泛的賽局理論應用。

其他的優秀教材包括：羅伯特・吉本斯（Robert Gibbons）的《寫給應用經濟學家的賽局理論》（*Game Theory for Applied Economists*, Princeton, NJ：Princeton University Press, 1992）；約翰・麥克米蘭（John McMillan）的《賽局、策略與管理者：管理者如何運用賽局理論擬定更佳的商業決策》（*Games, Strategies, and Managers：How Managers Can Use Game Theory to Make Better Business Decisions*, New York：Oxford University Press, 1996）；艾瑞克・拉斯繆森（Eric Rasmusen）的《賽局與信息》（*Games and Information*, London：Basil Blackwell, 1989）；羅傑・邁爾森（Roger Myerson）的《賽局理論：矛盾衝突分析》（*Game Theory：Analysis of Conflict*, Cambridge, MA：Harvard University Press, 1997）；馬丁・奧斯本（Martin J. Osborne）和艾爾・魯賓斯坦（Ariel Rubinstein）的《賽局理論教程》（*A Course of Game Theory*, Cambridge, MA：MIT Press, 1994），以及馬丁・奧斯本的《賽局理論導論》（*An Introduction to Game Theory*, New York：Oxford University Press, 2003）。我們一直對肯・賓莫爾（Ken Binmore）的書充滿期待。《玩真的：一本關於賽局理論的教科書》（*Playing for Real：A Text on Game Theory*, New York：Oxford University Press, 2007）是賓莫爾《趣味賽局》（*Fun and Games*, Lexington, MA：D.C. Heath, 1992）一書值得期許的修訂版。（提醒：該書的標題有點兒誤導讀者，全書在概念上或數學上實際上都頗具挑戰性。但對基礎較好的讀者，閱讀該書定會收穫頗豐。）賓莫爾還撰寫一本《賽局理論：一個簡明導論》（*Game Theory：A very Short Introduction*, New York：Oxford University Press, 2008）。

下列著作更為深入，常用於研究生課程。它們僅適合有心挑戰的讀者閱讀：大衛・克雷普斯的《微觀經濟理論教程》（*A Course in Microeconomic Theory*, Princeton, NJ：Princeton University Press, 1990），以及朱・弗登伯格（Drew

Fudenberg）和讓‧梯若爾（Jean Tirole）的《賽局理論》（*Game Theory*, Cambridge, MA：MIT Press, 1991）。

我們的疏漏之一是缺乏對「合作賽局」的討論。在這類賽局中，參與人聯合選擇和採取其行動，並產生諸如「核」（core）或「夏普利值」（Shapley Value）之類的均衡。之所以犯下這樣的疏漏，是因為我們認為，合作應當作為非合作賽局的均衡結果而對照出來，在非合作賽局中各自的行動是各自單獨選擇的。也就是說，應當承認個人在合約中有進行欺騙的動機，而欺騙也是個人策略選擇的一部分。有興趣的讀者，可以在前面提及的大衛斯以及盧斯和雷法的著作中找到一些闡述；更廣泛的展開可見於馬丁‧蘇比克（Martin Shubik）的《社會科學中的賽局理論》（*Game Theory in Social Sciences*, Cambridge, MA：MIT Press, 1982）。

有幾本極好的著作，將賽局理論運用於特定的背景。一個最強大的應用是拍賣設計。圖盧茲經濟學講義之一，保羅‧柯倫伯的《拍賣：理論與實踐》（*Auctions：Theory and Practice*, Princeton, NJ：Princeton University Press, 2004），是這方面最好的原始資料。柯倫伯教授是許多頻譜拍賣的幕後設計者，包括聯合王國的拍賣，該拍賣掙到了大概 340 億英鎊，幾乎讓電信業在這一過程中破產。至於將賽局理論用於法律，可參閱道格拉斯‧拜爾、羅伯特‧格特勒和蘭德爾‧皮克爾的《賽局理論與法律》（*Game Theroy and the Law*, Cambridge, MA：Harvard University Press, 1998）。他們的諸多貢獻之一是「基於資訊的有條件轉讓契約」（information escrow）概念，該概念最後成為談判中的有用工具[*]。

在政治學領域，值得留意的著作包括史蒂芬‧布拉姆斯的《賽局理論與政治》（*Game Theory and Politics*, New York, Free Press, 1979），以及他最近的《數學與民主：設計更好的投票和公正分擔程式》（*Mathematics and Democracy：Designing Better Voting and Fair-Division Procedures*, Princeton, NJ：Princeton

University Press, 2007）；威廉・里克爾的《政治控制的藝術》（*The Art of Political Manipulation*, New Haven, CT：Yale University Press, 1986）；以及彼特・奧德斯胡克更具技術性方法的《賽局理論與政治理論》（*Game Theory and Political Theory*, New York：Cambridge University Press, 1986）。

在商業應用領域，麥可・波特的《競爭策略》（*Competitive Strategy*, New York：Free Press, 1982）；普雷斯通・麥克菲的《競爭之道：策略家的錦囊》（*Competitive Solutions：The Strategist's Toolkit*, Priceton, NJ：Princeton University Press, 2005）；以及霍華德・雷法的《談判的科學與藝術》（*The Art and Science of Negotiation*, Cambridge, MA：Harvard University Press, 1982），都是非常出色的閱讀資料。

在網路上，www.gametheory.net 堪稱最棒，收羅了許多有關賽局理論與應用的圖書、電影和閱讀清單的連結。

---

* 在一個資訊性的有條件轉讓契約中，每一方都提出一個要價，然後由第三方評估雙方要價是否有交集。在法律環境下，原告主張一個法庭認可的調解方案，比如3年。被告的主張是只要少於5年就全盤接受。既然被告願意接受原告的主張，交易就得以達成。但是，倘若彼此的主張沒有交集，比如說原告要求6年，則任何一方都會得知另一方的談判條件。

參考文獻

第1章

1. 該研究報導請見 "The Hot Hand in Basketball: On the Misperception of Random Sequences," *Cognitive Psychology* 17 (1985): 295–314.

2. *New York Times*, September 22, 1983.

3. These quotes are from Martin Luther's speech at the Diet of Worms on April 18, 1521, as described in Roland Bainton, *Here I Stand: A Life of Martin Luther* (New York: Abingdon-Cokesbury, 1950).

4. Don Cook, *Charles de Gaulle: A Biography* (New York: Putnam, 1982).

5. David Schoenbrun, *The Three Lives of Charles de Gaulle* (New York: Athenaeum, 1966).

6. 參 見 Thomas Schelling, *Arms and Influence* (New Haven, CT: Yale University Press, 1966), 45; and Xenophon, *The Persian Expedition* (London: Penguin, 1949), 136–37, 236.

7. 該 節 目 為 *Life: The Game*, aired on March 16, 2006，DVD 可 於 此 購 買 www.abcnewsstore.com as "PRIMETIME: Game Theory: 3/16/06." 節目播送於 December 20, 2006，亦可於此觀賞 "PRIMETIME: Basic Instincts – Part 3 – Game Theory: 12/20/06."

8. Warren Buffett, "The Billionaire's Buyout Plan," *New York Times*, September 10, 2000.

9. Truman Capote, *In Cold Blood* (New York: Vintage International, 1994), 226–28.

10. 該句引自 *New York Times* coverage of the story, May 29, 2005.

11. Perry Friedman 的人工智慧演算法可見於此網站：http://chappie.stanford.edu/cgi-bin/roshambot，此法在第二次國際猜拳程式大賽獲第十六名 www.cs.ualberta.ca/~darse/rsbpc .html. 讀者可至此想溫習他的技巧：Douglas Walker and Graham Walker's *The Official Rock Paper Scissors Strategy Guide* (New York: Simon & Schuster, 2004)；請造訪：www.worldrps.com. 12. Kevin Conley, "The Players," *The New Yorker*, July 11, 2005, 55.

第2章

1. Louis Untermeyer, ed., *Robert Frost's Poems* (New York: Washington Square Press, 1971).

2. 許多州的州長擁有逐項否決權，其預算支出和赤字是否較其他州為低？據雪城大學教授 Douglas Holtz-Eakin（後擔任國會預算辦公室主任）研究顯示並未較低：("The Line Item Veto and Public SectorBudgets," *Journal of Public Economics* 36 (1988): 269–92).

3. 開局讓棋法的免費公開資源可於此下載：http://gambit.sourceforge.net.

4. 可於此觀賞：www.cbs.com/primetime/survivor5/.

5. 「Nim-type games」是賽局課題中特別簡單的例子，具體而言，又稱為「減法遊戲」(subtraction game with one heap)。哈佛數學學者 Charles Bouton 是首先討論此遊戲的學者，研究可見於："Nim, a game with a complete mathematical theory," *Annals of Mathematics* 3, no. 2 (1902): 35–39，提供了許多解方，深具價值，其後研究有：Richard K. Guy, "Impartial Games," in Richard J. Nowakowski, ed., *Games of No Chance* (Cambridge: Cambridge UniversityPress, 1996), 61–78. 也可參見維基百科 Nim-type games 條目：http://en.wikipedia.org/wiki/Nim.

6. 案例族繁不及備載，請見以下卓越研究：Colin Camerer, *Behavioral Game Theory: Experiments in Strategic Interaction* (Princeton, NJ: Princeton University Press, 2003), 48–83, 467；Camerer 也曾做過相關賽局研究，大部分稱為信心賽局，如弗里多與查理的賽局（參見 83–90）。再次強調，實際行為與純出於自私角度的倒後推理不同，實際上有相當多互信與互惠的事。

7. 參見 Jason Dana, Daylian M. Cain, and Robyn M. Dawes, "What You Don't Know Won't Hurt Me: Costly (but Quiet) Exit in Dictator Games," *Organizational Behavior and Human Decision Processes* 100 (2006): 193–201.

8. Alan G. Sanfey, James K. Rilling, Jessica A. Aronson, Leigh E. Nystrom, and Jonathan D. Cohen, "The Neural Basis of Economic Decision Making in the Ultimatum Game," *Science* 300 (June 2003): 1755–57.

9. Camerer, *Behavioral Game Theory*, 68–74.

10. Ibid., 24：以原版為主。

11. Ibid., 101-10：對這類理論的研究與討論。

12. Burnham 合著有 *Mean Genes* (Cambridge, MA: Perseus, 2000)；著有 *Mean Markets and Lizard Brains: How to Profit from theNew Science of Irrationality* (Hoboken, NJ: Wiley, 2005). 此研究的論文為 "High-Testosterone Men Reject Low Ultimatum Game Offers," *Proceedings of the Royal Society B* 274 (2007): 2327-30.

13. 想知道詳細的專業意見，請參閱：Herbert A. Simon and Jonathan Schaeffer, "The Game of Chess," in *The Handbook of Game Theory*, Vol. 1, ed. Robert J. Aumann and Sergiu Hart (Amsterdam: North-Holland, 1992)。電腦下棋已有長足進步，但該文的原理仍有效。Simon 於經濟組織決策過程的卓越研究使其榮獲1978年諾貝爾獎。

第3章

1. 取自〈Brief History of the Groundfishing Industry of New England〉一文，見美國政府網站：www.nefsc.noaa.gov/history/stories/groundfish/grndfsh1.html.

2. Joseph Heller, *Catch-22* (New York: Simon & Schuster, 1955), 455 in Dell paperback edition published in 1961.

3. 哥倫比亞大學生物學教授 Garrett Harding 一篇影響深遠的文章使此問題受世人關注："The Tragedy of the Commons," *Science* 162 (December 13, 1968): 1243-48.

4. "The Work of John Nash in Game Theory," Nobel Seminar, December 8, 1994. 請見此網頁：http://nobelprize.org/nobel_prizes/economics/laureates/1994/nash-lecture.pdf.

5. William Poundstone, *Prisoner's Dilemma* (New York: Doubleday, 1992), 8-9; Sylvia Nasar, *A Beautiful Mind* (New York: Simon & Schuster, 1998), 118-19.

6. James Andreoni 與 Hal Varian 曾以此概念設計出許多實驗，稱為「Zenda」，參考："Preplay Communication in the Prisoners' Dilemma," *Proceedings of the National Academy of Sciences* 96, no.19 (September 14, 1999): 10933-38。我們曾在課堂上嘗試，發現非常容易發展成合作，但在現實生活中實踐則比較困難。

7. 研究來自其論文："Identifying Moral Hazard: A Natural Experiment in Major League Baseball," available at http://ddrinen.sewanee.edu/Plunk/dhpaper.pdf.

8. 同時，席林正在國家聯盟的亞利桑那響尾蛇隊，蘭迪・強森是他的隊友。摘錄自 Ken Rosenthal, "Mets Get Shot with Mighty Clemens at the Bat," *Sporting News*, June 13, 2002.

9. 結果來自 M. Keith Chen 與 Marc Hauser, "Modeling Reciprocation and Cooperation in Primates: Evidence for a Punishing Strategy," *Journal of Theoretical Biology* 235, no. 1 (May 2005): 5-12. 亦可於此觀賞影片：www.som.yale.edu/faculty/keith.chen/datafilm.htm.

10. 參見 Camerer, *Behavioral Game Theory*, 46-48.

11. 參見 Felix Oberholzer-Gee, Joel Waldfogel, and Matthew W. White, "Social Learning and Coordination in High-Stakes Games: Evidence from Friend or Foe," NBER Working Paper No. W9805, June 2003. Available at SSRN: http://ssrn.com/abstract=420319；也可見於 John A List, "Friend or Foe? A Natural Experiment of the Prisoner's Dilemma," *Review of Economics and Statistics* 88, no. 3 (2006): 463-71.

12. 此實驗細節可見於 Poundstone, *Prisoner's Dilemma*, 8-9; and Sylvia Nasar, A Beautiful Mind, 118-19.

13. Jerry E. Bishop, "All for One, One for All? Don't Bet On It," *Wall Street Journal*, December 4, 1986.

14. 報告來自 Thomas Hayden, "Why We Need Nosy Parkers," *U.S. News and World Report*, June 13, 2005；細節可見於：D. J. de Quervain, U. Fischbacher, V. Treyer, M. Schellhammer, U. Schnyder, and E. Fehr, "The Neural Basis of Altruistic Punishment," *Science* 305, no. 5688 (August 27, 2004): 1254-58.

15. 康乃爾大學教授 Robert Frank 著作 *Passions Within Reason* (New York: W. W. Norton, 1988) 做出以下主張：人的情感（如罪咎感與愛）與人的演化與社會價值（如信賴與誠實），會發展並維持一種傾向，讓個人不受短期誘惑而欺騙，以確保長期合作的優勢。Robert Wright 著作 *Nonzero* (New York: Pantheon, 2000) 發展以下想法：非零和賽局中的互惠機制可以解釋人類的文化與社會演進。

16. Eldar Shafir and Amos Tversky, "Thinking through Uncertainty: Nonconsequential Reasoning and Choice," *Cognitive Psychology* 24 (1992): 449–74.

17. *The Wealth of Nations*, vol. 1, book 1, chapter 10 (1776).

18. Kurt Eichenwald 對這個案例有很精彩有趣的說明，請見：*The Informant* (New York: Broadway Books, 2000). The "philosophy" quote is on p. 51.

19. David Kreps, *Microeconomics for Managers* (New York: W. W. Norton, 2004), 530–31，對渦輪機產業有詳盡說明。

20. 關於拍賣場上的共謀，請參見 Paul Klemperer, "What Really Matters in Auction Design," *Journal of Economic Perspectives* 16 (Winter 2002): 169–89。

21. Kreps, *Microeconomics for Managers*, 543.

22. 想像一座對所有人開放的牧場，可以預見每個牧人都會在牧場裡盡可能養最多牛隻……這是個悲劇。在資源有限的世界，每個人都陷入被迫在公共區無限制增加牛隻的困局。在相信可以自由使用公共資源的社會，當每個人都追求自己最大的利益，結局就是一起毀滅。(Harding, "The Tragedy of the Commons," 1243–48).

23. Elinor Ostrom, *Governing the Commons* (Cambridge: Cambridge University Press, 1990), and "Coping with the Tragedy of the Commons," *Annual Review of Political Science* 2 (June 1999): 493–535.

24. 相關資料很龐大，有兩個為人熟知的說明如下：*The Origins of Virtue* (New York: Viking Penguin, 1997); 以及 Lee Dugatkin, *Cheating Monkeys and Citizen Bees* (Cambridge, MA: Harvard University Press, 1999).

25. Dugatkin, *Cheating Monkeys*, 97–99.

26. Jonathan Weiner, *Beak of the Finch*, 289–90.

第 4 章

1. 見第1章、第7條。

2. 凱恩斯經常被引用的段落現今仍非常適用：「專業投資可比擬報紙的選美比賽，讀者要從上百張照片選出六張最漂亮的，選擇最接近全部回函偏好的讀者得獎。這樣一來，讀者不會選自己覺得最漂亮的那位，而是選多數人最可能注意到的那位。每個人都用這樣的觀點選擇；不是做自己的最佳選擇（最漂亮），甚至不是多數人認為真正最漂亮的。由此，第三種角度出現了：我們怎麼花腦筋在預測多數人對多數意見。參見：*The General Theory of Employment, Interest, and Money, vol. 7, of The Collected Writings of John Maynard Keynes* (London: Macmillan, 1973), 156.

3. 引自 Poundstone, *Prisoner's Dilemma*, 220.

4. 讀者想要了解這些賽局更多細節，請造訪以下網站：http://en.wikipedia.org/wiki/Game_theory 以及 www.game theory.net.

5. 開局讓棋法再畫賽局樹時很有用，也是設定、解開賽局表的要件。參見第2章、第3條。

6. 在進階的分析中，在兩人賽局中，如果參賽者可用混合策略，這兩者效果是相等的。見 Avinash Dixit and Susan Skeath, *Games of Strategy*, 2nd ed. (New York: W. W. Norton, 2004), 207.

7. 有數學背景的讀者，以下是計算步驟

BB 銷售量可以寫為：

BB 銷售量 = 2800 - 100 × BB 定價 + 80 × RE 定價

賣出每一件，BB 獲利等於其售價減去成本20美元，因此，BB 的總獲利為：

BB 獲利 = (2800 - 100 × BB 定價 + 80 × RE 定價) × (BB 定價 - 20).

如果 BB 將價格訂為成本，即20美元，則獲利為零。若其定價為

(2800 + 80 × RE 定價)/100 = 28 + 0.8 × RE 定價

BB 就賣不掉衣服，也沒有獲利。BB 要在這兩個極端中求取最大獲利，事實上，需求線的公式會使定價正好落在兩個極端的中心點：因此：

BB 的最佳因應定價 $= \frac{1}{2}$ (20 + 28 + 0.8 × RE 定價) = 24 + 0.4 × RE 定價.

相同地，RE 的最佳因應定價 = 24 + 0.4 × BB 定價

當RE定價為40美元，BB最佳因應定價是24 + 0.4 × 40 = 24 × 16= 40，RE定價亦然。這確定了納許均衡的結果，各家都定價為40美元。細節請參照Dixit and Skeath, *Games of Strategy*, 124–28.

8. 對此主題有興趣的讀者，我們推薦這本書：Peter C. Reiss and Frank A. Wolak, "Structural Econometric Modeling: Rationales and Examples from Industrial Organization," in *Handbook of Econometrics, Volume 6B*, ed. James Heckman and Edward Leamer (Amsterdam: North-Holland, 2008).

9. 此研究來自：Susan Athey and Philip A. Haile: "Empirical Models of Auctions," in *Advances in Economic Theory and Econometrics, Theory and Applications, Ninth World Congress, Volume II*, ed. Richard Blundell, Whitney K. Newey, and Torsten Persson (Cambridge: Cambridge University Press, 2006), 1–45.

10. Richard McKelvey and Thomas Palfrey, "Quantal Response Equilibria for Normal Form Games," *Games and Economic Behavior* 10, no. 1 (July 1995): 6–38.

11. Charles A. Holt and Alvin E. Roth, "The Nash Equilibrium: A Perspective," *Proceedings of the National Academy of Sciences* 101, no. 12 (March 23, 2004): 3999–4002.

第5章

1. Pierre-Andre Chiappori, Steven Levitt, and Timothy Groseclose, "Testing Mixed-Strategy Equilibria When Players Are Heterogeneous: The Case of Penalty Kicks in Soccer," *American Economic Review* 92, no. 4 (September 2002): 1138–51; and Ignacio Palacios-Huerta, "Professionals Play Minimax," *Review of Economic Studies* 70, no. 2 (April 2003): 395–415. Coverage in the popular media includes Daniel Altman, "On the Spot from Soccer's Penalty Area," *New York Times*, June 18, 2006.

2. 本書於1944年由普林斯頓大學出版。

3. 研究數據與帕蘭喬斯—胡爾塔有些微出入，因其數據取到小數後第二位，我們為便於敘述取整數。

4. Mark Walker and John Wooders, "Minimax Play at Wimbledon," *American Economic Review* 91, no. 5 (December 2001): 1521–38.

5. Douglas D. Davis and Charles A. Holt, *Experimental Economics* (Princeton, NJ: Princeton University Press, 1993): 99.

6. Stanley Milgram, *Obedience to Authority: An Experimental View* (New York: Harper and Row, 1974).

7. 請見第1條引用的文獻。

8. Graham Walker在World RPS Society的電子郵件, July 13, 2006.

9. Rajiv Lal, "Price Promotions: Limiting Competitive Encroachment," *Marketing Science* 9, no. 3 (Summer 1990): 247–62，對相關案例做出實驗。

10. John McDonald, *Strategy in Poker, Business, and War* (New York: W. W. Norton, 1950), 126.

11. 有許多工具可用，包括開局讓棋法（參見第2章、第3條），與ComLabGames，可在網路上進行賽局實驗的分析及得出結果，可於www.comlabgames.com下載。

12. 更進一步資料請見Dixit and Skeath, *Games of Strategy*, chapter 7, 徹底解決方式請見：R. Duncan Luce and Howard Raiffa, *Games and Decisions* (New York: Wiley, 1957), chapter 4 and appendices 2–6.

第6章

1. 請見：www.firstgov.gov/Citizen/Topics/New_Years_Resolutions.shtml.

2. 請見：www.cnn.com/2004/HEALTH/diet.fitness/02/02/sprj.nyr.resolutions/index.html.

3. 請見第1章、第7條。

4. 1950年代中期曾有個相當卓越、且至今仍適用的理論提出，請見Luce and Raiffa, *Games and Decisions*.

5. Thomas C. Schelling, *The Strategy of Conflict* (Cambridge, MA: Harvard University Press); and Schelling, *Arms and Influence* (New Haven, CT: Yale University Press).

6. 此概念的先驅謝林創造了這個專有名詞，請見William Safire's *On Language* column in the *New York Times Magazine*, May 16, 1993.

7. James Ellroy, *L.A. Confidential* (Warner Books, 1990), 135–36, in the 1997 trade paperback edition.

8. Schelling, *Arms and Influence*, 97–98, 99.

9. 古巴飛彈危機的細節請參見 Elie Abel, *The Missile Crisis* (New York: J. B. Lippincott, 1966). Graham Allison 提供了很棒的賽局理論分析：*Essence of Decision: Explaining the Cuban Missile Crisis* (Boston: Little, Brown, 1971).

10. 請見 Allison's *Essence of Decision*, 129–30.

第 7 章

1. 聖經經文引用自新國際版（中譯版引自中文和合本聖經）。

2. *Bartlett's Familiar Quotations* (Boston: Little, Brown, 1968), 967.

3. Dashiell Hammett, *The Maltese Falcon* (New York: Knopf, 1930)，摘文來自 1992 Random House Vintage Crime ed., 174.

4. Thomas Hobbes, *Leviathan* (London: J. M. Dent & Sons, 1973), 71.

5. *Wall Street Journal*, January 2, 1990.

6. 此例來自他在蘭德研究所畢業致詞的內容，其後出版為 "Strategy and Self-Command," *Negotiation Journal*, October 1989, 343–47.

7. Paul Milgrom, Douglass North, and Barry R. Weingast, "The Role of Institutions in the Revival of Trade: The Law Merchant, Private Judges, and the Champagne Fairs," *Economics and Politics* 2, no. 1 (March 1990): 1–23.

8. Diego Gambetta, *The Sicilian Mafia: The Business of Private Protection* (Cambridge, MA: Harvard University Press, 1993), 15.

9. Lisa Bernstein, "Opting Out of the Legal System: Extralegal Contractual Relations in the Diamond Industry," *Journal of Legal Studies* 21 (1992): 115–57.

10. Gambetta, *Sicilian Mafia*, 44. 原劇可見於：http://opera.stanford.edu/Verdi/Rigoletto/III.html
   斯巴拉夫奇勒唱道：
   Uccider quel gobbo! . . .
   che diavol dicesti!
   Un ladro son forse? . . .
   Son forse un bandito? . . .
   Qual altro cliente
   da me fu tradito? . . .
   Mi paga quest'uomo . . .
   fedele m'avrà

11. Ibid., 45.

12. 許多甘迺迪著名演說已被集結成書與 CD，附有解釋及評論：Robert Dallek and Terry Golway, *Let Every Nation Know* (Naperville, IL: Sourcebooks, Inc., 2006). 就職演說引述可見於 83 頁；古巴飛彈危機相關演說可見於 183 頁，演說書籍資料請見 Fred Ikle, *How Nations Negotiate* (New York: Harper and Row, 1964), 67.

13. 電影對白取自 www.filmsite.org/drst.html，該網頁有電影摘要及分析。

14. 根據《衛報》報導：「批評美國國防部長唐納德·倫斯斐的人很多，但沒人批評他的文采。倫斯斐曾說，我總對報告顯示出沒發生的事感興趣，因為，如我們所知，『知道就知道，不知道就不知道』，我們知道自己知道什麼，不知道自己不知道什麼。這的確複雜，帶點康德哲學的味道，需要集中精神才能領會。然而這也絕對不荒謬，十分清楚。這句話非常平易近人，不帶術語或官腔」，請見 www.guardian.co.uk/usa/story/0,12271,1098489,00.html.

15. 參見 Schelling's "Strategic Analysis and Social Problems," in his *Choice and Consequence* (Cambridge, MA: Harvard University Press, 1984).

16. William H. Prescott, *History of the Conquest of Mexico*, vol. 1, chapter 8；該書首次出版於 1843 年，可見於 Barnes & Noble Library of Essential Readings series, 2004. 我們對科爾特斯的詮釋並未被現代史學家普遍接受。

17. 描述及引用來自 Michael Porter, *Cases in Competitive Strategy* (New York: Free Press, 1983), 75.

18. Schelling, *Arms and Influence*, 39.

19. 關於獎勵對於激發士兵鬥志的吸引力，請見Keegan's *The Face of Battle* (New York: Viking Press, 1976).

20.《孫子兵法》的翻譯來自 Lionel Giles, *Sun Tzu on the Art of War* (London and New York: Viking Penguin, 2002).

21. Schelling, *Arms and Influence*, 66–67.

22. 學生期待教科書改版的證據引自 Judith Chevalier and Austan Goolsbee, "Are Durable Goods Consumers Forward Looking? Evidence from College Textbooks," NBER Working

23. Michael Granof教授是早期倡導教科書許可證的學者，請見他的提議www.mccombs.utexas.edu/news/mentions/arts/2004/11.26_chron_Granof.asp.

第2篇結語

1. "Secrets and the Prize," *The Economist*, October 12, 1996.

第8章

1. C. P. Snow's *The Affair* (London: Penguin, 1962), 69.

2. Michael Spence 是此概念的先驅，可見於一本非常重要且好讀的書：*Market Signaling* (Cambridge, MA: Harvard University Press, 1974).

3. George A. Akerlof, "The Market for 'Lemons': Quality Uncertainty and the Market Mechanism," *Quarterly Journal of Economics* 84, no. 3 (August 1970): 488–500.

4. Peter Kerr, "Vast Amount of Fraud Discovered In Workers' Compensation System," *New York Times*, December 29, 1991.

5. 該觀點詳述於：Albert L. Nichols and Richard J. Zeckhauser, "Targeting Transfers through Restrictions on Recipients," *American Economic Review* 72, no. 2 (May 1982): 372–77.

6. Nick Feltovich, Richmond Harbaugh, and Ted To, "Too Cool for School? Signaling and Countersignaling," *Rand Journal of Economics* 33 (2002): 630–49.

7. Nasar, *A Beautiful Mind*, 144.

8. Rick Harbaugh and Theodore To, "False Modesty: When Disclosing Good News Looks Bad," working paper, 2007.

9. Taken from Sigmund Freud's *Jokes and Their Relationship to the Unconscious* (New York: W. W. Norton, 1963).

10. 故事基礎來自 Howard Blum's op-ed "Who Killed Ashraf Marwan?" *New York Times*, July 13, 2007. Blum is the author of *The Eve of Destruction: The Untold Story of the Yom Kippur War* (New York: HarperCollins, 2003), 馬爾萬被描述為以色列間諜且因此遭暗殺。

11. McDonald, *Strategy in Poker, Business, and War*, 30.

12. 此策略研究可見於：Raymond J. Deneckere and R. Preston McAfee, "Damaged Goods," *Journal of Economics & Management Strategy* 5 (1996): 149–74. IBM公司雷射印表機案例來自該書及以下論文 M. Jones, "Low-Cost IBM LaserPrinter E Beats HP LaserJet IIP on Performance and Features," *PC Magazine*, May 29, 1990, 33–36. Deneckere 與McAfee提出一系列有缺陷商品案例，從磁碟機的晶片、計算機到化學藥品。

13. 這個故事來自McAfee, "Pricing Damaged Goods," Economics Discussion Papers, no. 2007–2, 可見於www.economicsejournal.org/economics/discussionpapers/2007-2. McAfee的論文提出企業會故意生產有缺陷版本的理論。

14. 這本書用很有趣的方法解釋案例Tim Harford, *The Undercover Economist* (New York: Oxford University Press, 2006); 請見2、3章，此書有差別定價原則與應用的精彩討論：Carl Shapiro and Hal Varian, *Information Rules* (Boston: Harvard Business School Press, 1999), chapter 3.該理論應用，尤其是規則，請見於Jean-Jacques Laffont and Jean Tirole, *A Theory of Incentives in Procurement and Regulation* (Cambridge, MA: MIT Press, 1993).

第9章

1. 判斷DSK優於QWERTY的研究可見於Donald Norman and David Rumelhart, "Studies of Typing from

the LNR Research Group," in *Cognitive Aspects of Skilled Typewriting*, ed. William E. Cooper (New York: Springer-Verlag, 1983).

2. 這故事悲傷的真相來自史丹佛大學經濟系教授 W. Brian Arthur 的著作："Competing Technologies and Economic Prediction," *Options*, International Institute for Applied Systems Analysis, Laxenburg, Austria, April 1984. 補充資訊來自史丹佛大學經濟史教授 "Clio and the Economics of QWERTY," *American Economic Review* 75 (May 1985): 332–37.

3. 參見 S. J. Liebowitz and Stephen Margolis, "The Fable of the Keys," *Journal of Law & Economics* 33 (April 1990): 1–25.

4. 參見 W. Brian Arthur, Yuri Ermoliev, and Yuri Kaniovski, "On Generalized Urn Schemes of the Polya Kind." Originally published in the Soviet journal *Kibernetika*, 翻譯版為 *Cybernetics* 19 (1983): 61–71；用不同運算方式得出相似結果，可見於 Bruce Hill, D. Lane, and William Sudderth, "A Strong Law for Some Generalized Urn Processes," *Annals of Probability* 8 (1980): 214–26.

5. Arthur, "Competing Technologies and Economic Prediction," 10–13.

6. 參見 R. Burton, "Recent Advances in Vehicular Steam Efficiency," Society of Automotive Engineers Preprint 760340 (1976); and W. Strack, "Condensers and Boilers for Steam-powered Cars," NASA Technical Note, TN D-5813 (Washington, D.C., 1970). 雖然蒸汽或電力車整體優點在工業師之間仍有爭議，但其排氣量較低是明確優勢。

7. 輕水、重水或氣冷反應爐的比較可見於 Robin Cowen's "Nuclear Power Reactors: A Study in Technological Lock-in," *Journal of Economic History* 50 (1990): 541–67. 其結論的工程學理論出處如下：Hugh McIntyre, "Natural-Uranium Heavy-Water Reactors," *Scientific American*, October 1975; Harold Agnew, "Gas-Cooled Nuclear Power Reactors," *Scientific American*, June 1981; and Eliot Marshall, "The Gas Reactor Makes a Comeback," *Science*, n.s., 224 (May 1984): 699–701.

8. 引自 M. Hertsgaard, *The Men and Money Behind Nuclear Energy* (New York: Pantheon, 1983). Murray 使用「powerhungry」而非「energy-poor」，但他指的當然是電器科學中的電力。

9. 加州大學爾灣分校的 Charles Lave 發現強有力的統計證據來支持此說，請見其論文："Speeding, Coordination and the 55 MPH Limit," *American Economic Review* 75 (December 1985): 1159–64.

10. 臺灣大學經濟系朱敬一教授曾以數學驗證溫和執法後接著嚴刑重罰的循環，見其論文："Oscillatory vs. Stationary Enforcement of Law," *International Review of Law and Economics* 13, no. 3(1993): 303–15.

11. James Surowiecki 於《紐約客》雜誌提出論證："Fuel for Thought," July 23, 2007.

12. Milton Friedman, *Capitalism and Freedom* (Chicago: University of Chicago Press, 1962), 191.

13. 參見其著作 *Micromotives and Macrobehavior* (New York: W. W. Norton, 1978), 第4章，可試驗種族雜居的各種狀況的軟體可購網路，如以下兩種：http://ccl.northwestern.edu/netlogo/models/Segregation 及 www.econ.iastate.edu/tesfatsi/demos/schelling/schellhp.htm.

14. 參見其論文 "Stability in Competition," *Economic Journal* 39 (March 1929): 41–57.

第 10 章

1. 參見 Peter Cramton, "Spectrum Auctions," in *Handbook of Telecommunications Economics*, ed. Martin Cave, Sumit Majumdar, and Ingo Vogelsang(Amsterdam: Elsevier Science B.V., 2002), 605–39; and Cramton, "Lessons Learned from the UK 3G Spectrum Auction," in U.K. National Audit Office Report, The Auction of Radio Spectrum for the Third Generation of Mobile Telephones, Appendix 3, October 2001.

第 11 章

1. 非慣常程序的討價還價歸納於經濟學家 Motty Perry 及 Philip Reny 的研究。

2. Roger Fisher and William Ury, *Getting to Yes: Negotiating Agreement without Giving In* (New York: Penguin Books, 1983).

3. 參見 Adam Brandenburger, Harborne Stuart Jr., and Barry Nalebuff, "A Bankruptcy Problem from the Talmud," Harvard Business School Publishing case 9-795-087; and Barry O'Neill, "A Problem of Rights Arbitration from the Talmud," *Mathematical Social Sciences* 2 (1982): 345–71.

4. 該案例說明請見：Larry DeBrock and Alvin Roth in "Strike Two:Labor-Management Negotiations in Major League Baseball," *Bell Journal of Economics* 12, no. 2 (Autumn 1981): 413–25.

5. 該論證更正式討論請見 M. Keith Chen's paper "Agenda in Multi-Issue Bargaining"，可見於網頁 www.som.yale.edu/faculty/keith.chen/papers/rubbarg.pdf. 以下著作對混合問題討價還價有極佳說明：Howard Raiffa, *The Art and Science of.*

6. 虛擬罷工的想法由哈佛談判大師 Howard Raiffa、David Lax 所提出，在1982年成為美式橄欖球罷賽的解決方法。請見 Ian Ayres and Barry Nalebuff, "The Virtues of a Virtual Strike," in *Forbes*, November 25, 2002.

7. 解答在大部分賽局書教科書都找得到。原版文章請見 Ariel Rubinstein, "Perfect Equilibrium in a Bargaining Model," *Econometrica* 50 (1982): 97–100.

第12章

1. 這項洞見來自史丹佛大學教授、諾貝爾獎得主肯尼斯‧艾羅（Kenneth Arrow），其著名的「不可能定理」指出，在三位以上候選人、選民偏好未受限制（即民主）的選舉中，不可能同時滿以下原則①遞移性（transitivity，即A、B中選A，在B、C中選C，則在A、C中選C）②意見一致（unanimity，即當所有人對A偏好勝於B，則在A、B中選A）③無關變化的獨立性（independence of irrelevant alternatives，即所有人對A和B的偏好不會在C出現時改變）④非獨裁（nondictatorship，即沒有人擁有獨裁權力）。參見 Kenneth Arrow, *Social Choice and Individual Values*, 2nd ed. (New Haven, CT: Yale University Press, 1970).

2. 在科羅拉多州，柯林頓獲得 40張選票、布希獲得36張，柯林頓勝；但裴洛獲得23%支持，該8張選票可能影響勝負。在喬治亞州，柯林頓獲得43%支持，等於13張選票，布希也獲得43%（但較低），裴洛的13%支持肯定會扭轉戰局。共和黨的大本營肯塔基州（有兩位共和黨參議員），柯林頓領先布希4張，支持裴洛的14%亦肯定會扭轉局勢。蒙大拿州，新罕布什爾州和內華達州情形相似。請見：www.fairvote.org/plurality/perot.htm.

3. 艾羅的簡短專著《*Social Choice and Individual Values*》說明了這項精彩結果。 選舉機制的操控性是以下兩篇論文的重點：Alan Gibbard, "Manipulation of Voting Schemes: A General Result," *Econometrica* 41, no. 4 (July 1973): 587–601; 以 及 Mark Satterthwaite, "Strategy-Proofness and Arrow's Conditions," *Journal of Economic Theory* 10, no. 2 (April 1975): 187–217.

4. 即使有更多種可能選項，結果仍是相似的。

5. 小蒲林尼的故事首度以賽局角度討論，可見於 The story of Pliny the Younger was first told from the strategic viewpoint in Robin Farquharson 1957年牛津大學的博士論文，其後出版為：Theory of Voting (New Haven, CT: Yale University Press, 1969). William Riker的 The Art of Political Manipulation (New Haven, CT: Yale University Press, 1986) 為該故事提出更多細節與形式，Riker的書提出許多複雜投票策略的著名歷史事例，包括制憲會議及平等權利修憲案提案過程。

6. 運用最小最大多數法則（the smallest super-majority rule）驗證的辛普森—克拉馬極小化極大算法（Simpson-Kramer minmax rule），在此最大多數比率不超過64%，請見 Paul B. Simpson, "On Defining Areas of Voter Choice: Professor Tullock On Stable Voting," *Quarterly Journal of Economics* 83, no. 3 (1969): 478–87，以及 Gerald H. Kramer, "A Dynamic Model of Political Equilibrium," *Journal of Economic Theory* 16, no. 2 (1977): 538–48.

7. 原版論文請見 www.som.yale.edu/Faculty/bn1/， 見 "On 64%-Majority Rule," *Econometrica* 56 (July 1988): 787–815，其歸納見於 "Aggregation and Social Choice: A Mean Voter Theorem," *Econometrica* 59 (January 1991): 1–24.

8. 論證可見於其著作 *Approval Voting* (Boston:Birkhauser, 1983).

9. 此主題發表於：Hal Varian, "A Solution to the Problem of Externalities When Agents Are Well-Informed," *The American Economic Review* 84, no. 5 (December 1994): 1278–93.

第13章

1. 討論該理論的各種應用可見於 Canice Prendergast, "The Provision of Incentives in Firms," *Journal of*

Economic Literature 37, no. 1 (March 1999): 7–63，以理論為主的專文可見於 Robert Gibbons, "Incentives and Careers in Organizations," in *Advances in Economics and Econometrics, Volume III*, ed. D. M. Kreps and K. F. Wallis (Cambridge: Cambridge University Press, 1997), 1–37. 多重工作的激勵理論先驅研究請見：Bengt Holmstrom and Paul Milgrom, "Multitask Principal-Agent Analysis: Incentive Contracts, Asset Ownership, and Job Design," *Journal of Law, Economics, and Organization* 7 (Special Issue, 1991): 24–52. 在公部門與階層組織中的激勵需要不同的形式及方法，請見：Avinash Dixit, "Incentives and Organizations in the Public Sector," *Journal of Human Resources* 37, no. 4 (Fall 2002): 696–727.

2. 參見 Uri Gneezy and Aldo Rustichini, "Pay Enough or Don't Pay At All," *Quarterly Journal of Economics* 115 (August 2000): 791–810.

3. Matthew 6:24 in the King James Version.

第14章

1. 獲得公司控制權的收購者有權利私有化該公司，買斷所有股份。法律規定必須提出「公平市場價格」買入股票。典型的狀況是，第二階段較低價出價仍在公平市場可接受的價格範圍之內。

2. 更多資訊及歷史的分析請見：Paul Hoffman's informative and entertaining *Archimedes' Revenge* (New York: W. W. Norton, 1988).

3. 更多資訊請見 Barry Nalebuff and Ian Ayres, "In Praise of Honest Pricing," *MIT Sloan Management Review* 45, no. 1 (2003): 24–28, and Xavier Gabaix and David Laibson, "Shrouded Attributes, Consumer Myopia, and Information Suppression in Competitive Markets," *Quarterly Journal of Economics* 121, no. 2 (2006): 505–40.

4. 完整討論請見 John Moore, "Implementation, Contracts, and Renegotiation," in *Advances in Economic Theory*, vol. 1, ed. Jean-Jacques Laffont (Cambridge: Cambridge University Press, 1992): 184–85 and 190–94.

5. Martin Shubik, "The Dollar Auction Game: A Paradox in Noncooperative Behavior and Escalation," *Journal of Conflict Resolution* 15 (1971): 109–11.

6. 使用混和預算接著運用向後推理的邏輯，可見於以下研究：Barry O' Neill, "International Escalation and the Dollar Auction," *Journal of Conflict Resolution* 30, no. 1 (1986): 33–50.

7. 該論證的摘要可見於：F. M. Scherer, *Industrial Market* This idea of using a fixed budget and then applying backward logic is basedon research by *Structure and Economic Performance* (Chicago: Rand McNally, 1980).

思辨賽局（修訂版）

作者	貝利‧奈勒波夫、阿維納什‧迪克西特
譯者	董志強、王爾山、李文霞
商周集團執行長	郭奕伶
商業周刊出版部	
責任編輯	林雲
封面設計	Bert
內頁排版	林婕瀅、中原造像
出版發行	城邦文化事業股份有限公司 - 商業周刊
地址	115台北市南港區昆陽街16號6樓
電話	(02)2505-6789 傳真：(02)2503-6399
讀者服務專線	(02)2510-8888
商周集團網站服務信箱	mailbox@bwnet.com.tw
劃撥帳號	50003033
戶名	英屬蓋曼群島商家庭傳媒股份有限公司城邦分公司
網站	www.businessweekly.com.tw
香港發行所	城邦（香港）出版集團有限公司
	香港灣仔駱克道193號東超商業中心1樓
	電話：(852)2508-6231 傳真：(852)2578-9337
	E-mail：hkcite@biznetvigator.com
製版印刷	中原造像股份有限公司
總經銷	聯合發行股份有限公司 電話：(02)2917-8022
初版1刷	2016年6月
二版1刷	2024年6月
定價	台幣500元
ISBN	978-626-7492-11-6（平裝）
EISBN	9786267492062（EPUB）／9786267492055（PDF）

國家圖書館出版品預行編目資料

思辨賽局/貝利.奈勒波夫(Barry J. Nalebuff), 阿維 什.迪克西特(Avinash K. Dixit)著；董志強, 王爾山, 李文霞譯. -- 二版. -- 臺北市：城邦文化事業股份有限公司商業周刊, 2024.06
　面；　公分
譯自：The art of strategy : a game theorist's guide to success in business and life
ISBN 978-626-7492-11-6(平裝)
1.CST: 策略規劃 2.CST: 博奕論
494.1　　　　　　　　　　　　　113006839

藍學堂

學習・奇趣・輕鬆讀